高职高专"十二五"规划教材——机电专业系列

机械制造基础

主　编　周正元
副主编　赖华清
主　审　刘进球

东南大学出版社
SOUTHEAST UNIVERSITY PRESS
·南京·

内容简介

本书是为适应我国迅速发展的高等职业教育的改革而编写的应用型示范教材。

全书共分为10章,内容主要包括:机械制造常用的金属材料的种类、性能、典型用途及热处理、表面处理方法;零件毛坯的成形方法;机械零件的尺寸、形位误差和表面粗糙度的检测;金属切削原理及金属切削条件的合理选择;常用金属切削机床的运动分析、工件安装、切削刀具及典型加工工艺范围;工件在夹具中的定位、夹紧及典型机床夹具;机械加工工艺规程制定的步骤与方法;典型机械零件的加工与工艺编制;装配的工艺过程及常用机构的装配;先进制造技术及先进生产制造模式等。

本书具有注重生产实际应用、综合性强的特点,可供高职高专机电类及相关专业使用,也可供社会职业教育培训使用,还可作为其他相关专业师生的教学参考书。

本书有配套的教学多媒体课件、试题库及相应的教学录像,便于不同类型的学校或不同专业选用和组织教学。凡选用本书作为教材的学校均可加 QQ(771794621)索取。

图书在版编目(CIP)数据

机械制造基础 / 周正元主编. —南京:东南大学出版社,2016.1(2022.12重印)
 ISBN 978-7-5641-6144-6

Ⅰ.①机… Ⅱ.①周… Ⅲ.①机械制造-高等职业教育-教材 Ⅳ.①TH

中国版本图书馆 CIP 数据核字(2015)第 266155 号

机械制造基础

出版发行	东南大学出版社
社　　址	南京市四牌楼2号
网　　址	http://www.seupress.com
出 版 人	江建中
责任编辑	姜晓乐(joy_supe@126.com)
经　　销	全国各地新华书店
印　　刷	苏州市古得堡数码印刷有限公司
开　　本	787 mm×1092 mm　1/16
印　　张	26.25
字　　数	655 千
版 印 次	2016 年 1 月第 1 版　2022 年 12 月第 3 次印刷
书　　号	ISBN 978-7-5641-6144-6
定　　价	59.00 元

本社图书若有印装质量问题,请直接与营销部联系。电话(传真):025-83791830

前　言

市场经济的迅猛发展,对我国的高等职业技术教育提出了更高的要求。如何在两到三年时间内培养出适应生产、技术、管理、服务一线急需的高技能应用型人才成为当务之急。由于职业教育的特点,理论教学时数的压缩成为必然。但如何在有限的学时内使学生掌握机械制造过程中必备的基本理论知识和基本技能,为后续学习以及走上工作岗位后的持续发展打下坚实的基础,是许多从事高等职业教育工作者正在探讨的问题。

为了适应我院国家级示范性高等职业院校建设及教学改革不断深入的需要,根据机械类专业或以机械为主的机电工程类专业培养目标的要求,本编写组对机械基础类课程及相关教学环节进行了积极的改革探索,将机电类专业基础课程教材整合为《机械制图与计算机绘图》《机械设计基础》及《机械制造基础》三本书。本书在高职机电类专业教学改革实践基础上,对传统的机械制造工艺、工程材料、公差与测量技术、机床夹具等多门课程进行整合,结合多年的教学和工程实践经验编写而成。本教材具有如下特点:

（1）宽而精练。根据国家教材规划中对职业教育的少学时、宽内容的要求,全书参考学时为84～92学时。在内容安排上,既注重全面,尽量涉及机械制造所需各方面知识,又在具体知识点选取上以"必需"与"够用"为度精练、重组,满足不同专业需求。

（2）注重应用。以工程应用与实践的实际需求为导向,删除了一些理论性较强的计算与公式推导,列举了较多的工程实例,由浅入深,由简到繁,贴近实际应用;列举了较多的与机械制造有关的图表、标准以及应用图例,以便查找使用。

（3）服务教学。每章开头都制定了本章教学目标,末尾都对章节中的重要知识点进行小结,便于复习,每章都对应相关知识点编写了相应贴近工程实践的习题和实训与实验项目。

(4) 同步更新。一方面在形式上对国家标准有更新的新材料牌号、新形位公差标注方式、新的表面粗糙度标注方式都采用新国标,另一方面在内容上对相关制造技术有进步和提高的,也进行同步更新,基本体现出现代机械制造技术的总体水平。

(5) 表面处理。表面处理技术是机械零件制造过程中必不可少的一道工序,而几乎所有机械设计与制造教材都不涉及这部分内容。本书在介绍表面热处理技术的基础上,又将表面涂镀技术和表面转化膜技术概括介绍,弥补了该类技术的不足。

参加本书编写工作的有:常州信息职业技术学院周正元(编写绪论、第1章、第5章、第7章、第9章、第10章);赖华清(编写第2章);储岩(编写第6章);苏沛群(编写第8章);杨桂府(编写第3章);王磊(编写第4章)。全书由周正元担任主编并统稿,赖华清担任副主编,刘进球担任主审。本教材在编写过程中得到了常州信息职业技术学院领导、相关教师及一些企业单位的工程技术人员的大力支持和帮助,在此一并表示由衷的谢意。

由于编者水平有限,加之时间仓促,尽管已经为本书的编写做出了巨大的努力,但仍难免有不妥乃至错误之处,欢迎同行专家和读者批评指正。

编者

2015 年 8 月

目　　录

绪论 ·· 1
第1章　机械工程材料与热处理 ·· 3
1.1　金属材料的力学性能 ·· 3
　　1.1.1　强度和塑性 ·· 3
　　1.1.2　硬度 ·· 6
　　1.1.3　韧性 ·· 8
　　1.1.4　疲劳强度 ·· 8
1.2　铁碳合金的基本成分、组织、性能之间的关系 ·· 9
　　1.2.1　铁碳合金的基本组织 ··· 9
　　1.2.2　铁碳合金平衡图 ··· 12
　　1.2.3　钢的成分、组织、性能之间的关系 ··· 15
1.3　钢的热处理 ·· 16
　　1.3.1　钢在加热及冷却时的组织转变 ·· 16
　　1.3.2　钢的退火、正火、淬火、回火 ·· 20
　　1.3.3　钢的表面处理方法 ·· 25
1.4　碳素钢 ··· 27
　　1.4.1　碳素钢的分类 ··· 27
　　1.4.2　碳素钢的牌号、性能和用途 ··· 28
1.5　合金钢 ··· 31
　　1.5.1　合金元素在钢中的作用 ·· 31
　　1.5.2　合金钢的分类、牌号表示方法 ·· 32
　　1.5.3　合金钢的性能和用途 ··· 32
1.6　铸铁 ·· 38
　　1.6.1　铸铁的石墨化 ··· 38
　　1.6.2　灰铸铁 ·· 39
　　1.6.3　可锻铸铁 ··· 40
　　1.6.4　球墨铸铁 ··· 42

1.7 有色金属 ... 43
1.7.1 铝及铝合金 ... 43
1.7.2 铜及铜合金 ... 45
1.8 硬质合金和超硬刀具材料 ... 48
1.8.1 硬质合金材料及性能 ... 48
1.8.2 超硬刀具材料及性能 ... 50
1.8.3 陶瓷材料及性能 ... 50
1.9 金属表面处理技术及应用 ... 52
1.9.1 金属表面预处理 ... 53
1.9.2 金属表面涂镀层技术 ... 54
1.9.3 金属表面转化膜技术 ... 56
本章小结 ... 57
习题一 ... 58
实验与实训 ... 60

第2章 零件毛坯的成形方法 ... 61
2.1 铸造 ... 61
2.1.1 砂型铸造 ... 61
2.1.2 常用铸造金属及其铸造性能 ... 66
2.1.3 铸造工艺设计基础 ... 67
2.1.4 铸件结构工艺性 ... 69
2.1.5 特种铸造 ... 73
2.2 锻压加工 ... 76
2.2.1 金属的塑性变形 ... 76
2.2.2 锻造 ... 79
2.2.3 冲压 ... 83
2.3 焊接 ... 86
2.3.1 常用的焊接方法 ... 86
2.3.2 常用金属的焊接性能 ... 90
2.3.3 焊件变形和焊件结构的工艺性 ... 91
本章小结 ... 94
习题二 ... 95
实验与实训 ... 95

第3章 机械零件的检测 ... 96
3.1 测量技术基础知识 ... 96

3.1.1　计量的概念 ··· 96
　　3.1.2　测量与检验 ··· 96
　　3.1.3　长度基准和量值传递 ··· 97
　　3.1.4　量块 ··· 98
3.2　测量误差 ··· 99
　　3.2.1　测量误差的来源 ·· 99
　　3.2.2　测量误差的分类 ··· 100
　　3.2.3　测量不确定度 ·· 100
3.3　孔、轴尺寸公差检测 ·· 100
　　3.3.1　普通计量器具测量孔、轴尺寸 ·· 101
　　3.3.2　光滑极限量规检验孔、轴尺寸 ·· 104
3.4　形状和位置误差的检测 ··· 107
　　3.4.1　形状和位置误差的检测原则与评定 ····································· 107
　　3.4.2　形位和位置误差的检测 ··· 111
3.5　表面粗糙度的检测 ··· 120
　　3.5.1　表面粗糙度的评定参数 ··· 120
　　3.5.2　表面粗糙度的检测 ·· 121
本章小结 ··· 123
习题三 ·· 124
实验与实训 ·· 124

第4章　金属切削条件的合理选择 ··· 125
4.1　金属切削的基本定义 ·· 125
　　4.1.1　切削运动 ·· 125
　　4.1.2　切削过程中的工件表面 ··· 126
　　4.1.3　切削用量 ·· 126
　　4.1.4　刀具的几何参数 ··· 127
　　4.1.5　切削层参数 ··· 132
4.2　金属切削过程中的物理现象 ··· 133
　　4.2.1　切削层的变形 ·· 133
　　4.2.2　切削力 ··· 137
　　4.2.3　切削热与切削温度 ·· 140
4.3　刀具的磨损与刀具的耐用度 ··· 142
　　4.3.1　刀具磨损的形式 ··· 142
　　4.3.2　刀具磨损的原因 ··· 143

  4.3.3 刀具磨损过程及磨钝标准 ………………………………………… 144
  4.3.4 刀具耐用度、寿命及影响因素 ……………………………………… 145
 4.4 工件材料的切削加工性 ………………………………………………… 146
  4.4.1 材料切削加工性的评定 ……………………………………………… 146
  4.4.2 影响材料切削加工性的主要因素 …………………………………… 147
  4.4.3 常用金属材料的切削加工性 ………………………………………… 148
  4.4.4 改善金属材料切削加工性的途径 …………………………………… 149
 4.5 金属切削条件的合理选择 ……………………………………………… 149
  4.5.1 刀具材料的选择 ……………………………………………………… 149
  4.5.2 刀具几何参数的选择 ………………………………………………… 150
  4.5.3 刀具耐用度的选择 …………………………………………………… 156
  4.5.4 切削用量的选择 ……………………………………………………… 156
  4.5.5 切削液的选择 ………………………………………………………… 159
本章小结 ……………………………………………………………………… 160
习题四 ………………………………………………………………………… 160
实验与实训 …………………………………………………………………… 161

第5章 金属切削机床与加工 …………………………………………… 162

 5.1 金属切削机床的分类与编号 …………………………………………… 162
  5.1.1 金属切削机床的分类 ………………………………………………… 162
  5.1.2 机床型号的编制方法 ………………………………………………… 163
 5.2 车削加工 ………………………………………………………………… 165
  5.2.1 车削加工概述 ………………………………………………………… 165
  5.2.2 车床 …………………………………………………………………… 166
  5.2.3 工件在车床上的安装 ………………………………………………… 170
  5.2.4 车刀种类 ……………………………………………………………… 174
  5.2.5 车削加工 ……………………………………………………………… 175
 5.3 铣削加工 ………………………………………………………………… 181
  5.3.1 铣削加工概述 ………………………………………………………… 182
  5.3.2 铣床 …………………………………………………………………… 183
  5.3.3 工件在铣床上的安装 ………………………………………………… 186
  5.3.4 铣刀与铣削方式 ……………………………………………………… 189
  5.3.5 铣削加工 ……………………………………………………………… 191
  5.3.6 铣削用量的选择 ……………………………………………………… 194
 5.4 磨削加工 ………………………………………………………………… 195

5.4.1　磨削加工概述 ·· 195
　　5.4.2　砂轮 ·· 196
　　5.4.3　外圆磨削 ·· 199
　　5.4.4　内圆磨削 ·· 203
　　5.4.5　平面磨削 ·· 205
　　5.4.6　无心磨削 ·· 207
　5.5　齿轮加工 ·· 208
　　5.5.1　成形法 ·· 208
　　5.5.2　展成法 ·· 209
　5.6　钻削与镗削 ··· 212
　　5.6.1　钻削加工 ·· 212
　　5.6.2　镗削加工 ·· 216
　5.7　刨削与拉削 ··· 218
　　5.7.1　刨削加工 ·· 218
　　5.7.2　拉削加工 ·· 221
　5.8　机械加工质量 ··· 222
　　5.8.1　加工精度与表面质量的概念 ························ 222
　　5.8.2　影响机械加工精度的因素 ··························· 224
　　5.8.3　影响机械加工表面质量的因素 ···················· 229
　　5.8.4　提高机械加工质量的途径与方法 ················ 231
本章小结 ·· 235
习题五 ·· 235
实验与实训 ·· 236

第6章　机床夹具 ··· 237

　6.1　概述 ··· 237
　　6.1.1　机床夹具在机械加工中的作用 ···················· 237
　　6.1.2　机床夹具的分类 ··· 237
　　6.1.3　机床夹具的组成 ··· 238
　6.2　工件在夹具中的定位 ·· 239
　　6.2.1　工件定位的基本原理 ·································· 239
　　6.2.2　常见的定位方式及其所用定位元件 ············· 244
　6.3　工件在夹具中的夹紧 ·· 252
　　6.3.1　夹紧装置的组成及要求 ······························· 252
　　6.3.2　夹紧力的确定 ··· 253

6.3.3 典型夹紧机构及其特点 ·· 256
6.4 各类机床夹具简介 ·· 261
　6.4.1 车床常用夹具 ·· 261
　6.4.2 铣床常用夹具 ·· 262
　6.4.3 钻床常用夹具 ·· 264
　6.4.4 镗床常用夹具 ·· 266
本章小结 ··· 268
习题六 ··· 268
实验与实训 ··· 270

第7章 机械加工工艺规程的制定 ······································ 271
7.1 概述 ··· 271
　7.1.1 生产过程与机械加工工艺过程 ·································· 271
　7.1.2 机械加工工艺规程及其制定原则和步骤 ························ 272
　7.1.3 机械加工工艺过程的组成 ······································ 275
　7.1.4 生产类型及其工艺特征 ·· 277
7.2 零件工艺性分析与毛坯的选择 ··································· 279
　7.2.1 原始资料准备及产品工艺性分析 ······························ 279
　7.2.2 零件工艺性分析 ··· 279
　7.2.3 毛坯的选择 ·· 282
7.3 基准的选择与机械加工工艺路线的拟定 ························ 284
　7.3.1 定位基准的选择 ··· 285
　7.3.2 表面加工方法的确定 ·· 289
　7.3.3 加工阶段的划分 ··· 293
　7.3.4 加工顺序的安排 ··· 294
7.4 工序设计 ··· 296
　7.4.1 加工余量的确定 ··· 296
　7.4.2 工序尺寸及其公差的确定 ······································ 300
　7.4.3 机床与工艺装备的选择 ·· 308
　7.4.4 时间定额的确定与提高机械加工生产率的工艺措施 ··········· 308
本章小结 ··· 312
习题七 ··· 312
实验与实训 ··· 315

第8章 典型零件加工与工艺编制 ······································ 316
8.1 轴类零件加工 ··· 316

8.1.1 概述 ·········· 316
8.1.2 轴类零件加工的工艺问题分析 ·········· 317
8.1.3 阶梯轴加工工艺 ·········· 323
8.1.4 轴类零件的检验 ·········· 326

8.2 套筒类零件加工 ·········· 328
8.2.1 概述 ·········· 328
8.2.2 套筒类零件加工工艺问题分析及典型工艺 ·········· 329
8.2.3 深孔加工 ·········· 333
8.2.4 套筒类零件的检验 ·········· 334

8.3 箱体类零件的加工 ·········· 334
8.3.1 概述 ·········· 334
8.3.2 箱体类零件加工的主要工艺问题 ·········· 336
8.3.3 圆柱齿轮减速器箱体加工工艺 ·········· 339
8.3.4 箱体类零件的检验 ·········· 341

8.4 圆柱齿轮加工 ·········· 342
8.4.1 概述 ·········· 342
8.4.2 圆柱齿轮加工的主要工艺问题 ·········· 344
8.4.3 典型圆柱齿轮的加工工艺 ·········· 345
8.4.4 圆柱齿轮的检验 ·········· 350

本章小结 ·········· 350
习题八 ·········· 351
实验与实训 ·········· 351

第9章 装配工艺 ·········· 352
9.1 概述 ·········· 352
9.1.1 装配的工艺过程 ·········· 352
9.1.2 常用装配工具 ·········· 354
9.1.3 装配方法 ·········· 357

9.2 常用机构装配 ·········· 360
9.2.1 可拆卸连接件的装配 ·········· 360
9.2.2 传动机构的装配 ·········· 365
9.2.3 滚动轴承的装配 ·········· 369

9.3 单级圆柱齿轮减速器的装配 ·········· 372
9.3.1 减速器的结构及工作原理 ·········· 372
9.3.2 减速器装配的主要技术要求 ·········· 374

  9.3.3 减速器的装配工艺过程 ·· 374
 本章小结 ·· 378
 习题九 ·· 378
 实验与实训 ··· 379
第 10 章 先进制造技术与先进生产制造模式 ··· 380
 10.1 快速原型制造技术 ·· 380
  10.1.1 RPM 技术的产生与发展 ··· 380
  10.1.2 RPM 技术原理 ··· 381
  10.1.3 典型的 RPM 工艺方法 ··· 381
  10.1.4 RPM 技术的应用 ·· 384
 10.2 高速加工技术 ·· 385
  10.2.1 高速加工的概念与特征 ·· 385
  10.2.2 高速加工技术的发展 ··· 387
  10.2.3 高速切削加工的关键技术 ··· 387
  10.2.4 高速加工的应用 ·· 391
 10.3 超精密加工技术 ··· 391
  10.3.1 概述 ··· 391
  10.3.2 超精密切削加工 ·· 392
  10.3.3 超精密磨削加工 ·· 395
  10.3.4 影响超精密加工的主要因素 ·· 397
 10.4 先进制造生产模式 ·· 399
  10.4.1 并行工程 ··· 399
  10.4.2 精益生产 ··· 400
  10.4.3 虚拟制造 ··· 402
  10.4.4 敏捷制造 ··· 403
  10.4.5 绿色制造 ··· 404
 本章小结 ·· 406
 习题十 ·· 406
 实验与实训 ··· 407
参考文献 ·· 408

绪　论

1. 机械制造工业及其在国民经济中的地位

机械制造是将制造资源(物料、能源、设备工具、资金、技术、信息和人力),通过制造过程,转化为可供人们使用或利用的工业品或生活消费品的过程。

社会生产的各行各业,如航空航天、电力电子、交通运输、轻纺食品、农牧机械乃至人们的日常生活中,都使用着各种各样的机器、机械、仪器和工具,它们的品种、数量和性能极大地影响着这些行业的生产能力、质量水平及经济效益等。这些机器、机械、仪器和工具统称为机械装备,它们的大部分构件都是一些具有一定形状和尺寸的金属零件。能够生产这些零件并将其装配成机械装备的工业,称之为机械制造工业。显然,机械制造工业的主要任务,就是向国民经济的各行各业提供先进的机械装备。因此,机械制造工业是国民经济发展的重要基础和有力支柱,其规模和水平是反映国家经济实力和科学技术水平的重要标志。

2. 机械制造技术国内外状况

近年来,随着现代科学技术的发展,特别是微电子技术、电子计算机技术的迅猛发展,机械制造工业的各方面都已发生了深刻的变革。一方面以提高加工效率、加工精度为特点,向纵深方向发展,如特种加工、快速成形技术、高速加工技术、超精密加工技术等,加工精度达纳米级($0.001\ \mu m$),切削钢的速度超过 $3\ 000\ m/min$;另一方面,以机械制造与设计一体化、机械制造与管理一体化为特征,向综合方向发展,如 CAD/CAE/CAM 一体化技术、制造资源计划 MRPⅡ、敏捷制造等。

我国的机械制造工业经过 60 多年的发展,特别是 30 多年来的改革开放,我国已经建立了自己独立的、门类齐全的工业体系,机床、汽车、高速铁路、航天航空等技术难度较大的机械制造工业得到快速发展,取得了举世瞩目的成就。中国制造的规模仅次于美国,居世界第二位,预计 2025 年迈入制造强国行列。但是,与发达国家相比,我国机械制造业从工艺到装备都存在阶段性差距,自主产权的制造技术也有待提高,制造业人均产值仅为发达国家的几十分之一,中国要从制造大国成为制造强国任重而道远。

3. 本课程的性质、主要研究内容、学习要求及学习方法

"机械制造基础"课程是机械类专业或近机类专业的一门主干技术基础课程,是学生学习其他专业课程的基础。

本课程涵盖了机械制造过程的大部分内容,主要有常用机械工程材料与热处理、零件毛坯的成形方法、机械零件的检测方法、金属切削原理及金属切削条件的合理选择、典型金属切削机床及切削加工、机床夹具基础知识及典型机床夹具、机械加工工艺规程的制定、典型零件的加工及工艺编制、装配的工艺过程及常用机构的装配、先进制造技术与先进生产制造模式等。其任务是使学生掌握机械制造过程中的常用材料、机械零件尺寸和形位误差测量及机械加工的基础知识,了解其基本工艺过程,为学习其他有关课程和从事生产技术工作打下必要的基础。

通过本课程的学习,使学生达到下列基本要求:

(1)掌握工程材料和热处理、表面处理的基本知识,具有合理选择常用机械工程材料和热处理、表面处理方法的能力;

(2)了解零件毛坯成形方法,具有选用毛坯及成形方法的能力;

(3)掌握机械零件的尺寸、形位公差、表面粗糙度的检测方法;

(4)掌握金属切削加工原理及加工工艺基本知识,具有选用零件切削加工方法、编制典型零件的机械加工工艺规程、解决机械加工过程中的常见问题的初步能力;

(5)了解相关的新材料、新工艺及先进制造技术和先进生产制造模式。

本课程的综合性和实践性很强,涉及的知识面也很广。因此,学生在学习本课程前,一般要进行车削、铣削、磨削加工及钳工等实践环节学习,获得加工制造的感性知识;在学习本课程相关章节时,除了重视其中必要的基本概念、基本理论外,还要通过实物模型、电化教学、现场教学、工厂参观及实训等方式,将理论知识与实际结合,注重实践知识的学习和积累。课程结束后,可通过课程设计环节,提高相关知识的综合应用能力。

第1章 机械工程材料与热处理

学习目标

1. 了解金属材料的力学性能,了解硬质合金和超硬刀具材料,了解零件表面处理方法;
2. 理解 Fe-Fe$_3$C 相图及铁碳合金的成分、组织、性能之间的关系;
3. 掌握典型钢铁材料、有色合金材料的牌号、性能、典型用途及其热处理方法。

本章简要介绍金属材料的力学性能,介绍硬质合金和超硬刀具材料,介绍 Fe-Fe$_3$C 相图及铁碳合金的成分、组织、性能之间的关系。主要介绍钢、合金钢、铸铁、有色金属的牌号、性能、用途及热处理方法。

材料是人类生产和生活所必需的物质基础。工程材料是指工程上使用的材料。按材料的化学成分、结合键的特点分类,可分为金属材料、非金属材料和复合材料三大类。由于金属材料具有优良的性能,所以它是目前应用最广的工程材料。

机器的性能和寿命除了取决于机器的结构设计及其使用与维护程度外,还取决于其所用材料的基本性能是否与其使用要求和使用条件相适宜。因此,合理选用材料,正确选定热处理方法,对充分发挥材料的性能潜力、节约材料、降低成本、提高产品质量有着十分重要的意义。

1.1 金属材料的力学性能

金属材料在各种不同形式的载荷作用下所表现出来的特性叫做力学性能,也称机械性能。在机械制造领域选用材料时,大多以力学性能为主要依据。力学性能的主要指标有强度、塑性、硬度、韧性和疲劳强度等。

1.1.1 强度和塑性

若载荷的大小不变或变动很慢,则称为静载荷。金属材料的强度、塑性是在静载荷作用下测定的。

1) 强度

所谓强度,是指金属材料在静载荷作用下抵抗变形和断裂的能力。由于所受载荷的形式不同,金属材料的强度可分为抗拉强度、抗压强度、抗扭强度、抗剪强度等,各种强度之间有一定的联系。一般情况下多以抗拉强度作为判别金属强度高低的指标。

抗拉强度是通过拉伸试验测定的。拉伸试验的方法是用静拉伸力对标准试样进行轴向拉伸,同时连续测量力和相应的伸长,直至断裂。根据测得的数据,即可求出有关的力学性能。

(1) 拉伸试样。为了使金属材料的力学性能指标在测试时能排除因试样形状、尺寸的不同而造成的影响,并便于分析比较,试验时应将被测金属材料制成标准试样。图1-1所示为圆形标准拉伸试样。图中 d_0 是试样的直径, l_0 是标距长度。根据标距长度与直径之间的关系,试样可分为长试样($l_0=10d_0$)和短试样($l_0=5d_0$)。

(2) 力—伸长曲线。拉伸试验中记录的拉伸力与伸长的关系曲线叫做力—伸长曲线,也称拉伸图。图1-2是低碳钢的力—伸长曲线。图中纵坐标表示力 F,单位为 N;横坐标表示绝对伸长 Δl,单位为 mm。

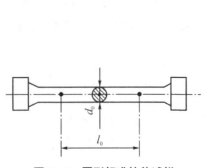
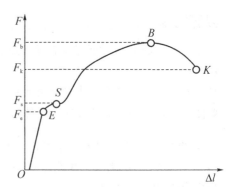

图1-1 圆形标准拉伸试样　　　图1-2 低碳钢的力—伸长曲线

由图可见,低碳钢在拉伸过程中,其载荷与变形关系有以下几个阶段:

① 弹性变形阶段(OE):当载荷不超过 F_e 时,拉伸曲线 OE 为直线,即试样的伸长量与载荷成正比。如果卸除载荷,试样仍能恢复到原来的尺寸,即试样的变形完全消失。这种随载荷消失而消失的变形叫弹性变形。

② 塑性变形阶段(ES):当载荷超过 F_e 后,试样将进一步伸长,此时若卸除载荷,变形却不能消失,即试样不能恢复到原来的尺寸,这种载荷消失后仍继续保留的变形叫塑性变形。当载荷达到 F_s 时,拉伸曲线出现了水平或锯齿形线段,这表明在载荷基本不变的情况下,试样却继续变形,这种现象称为"屈服"。引起试样屈服的载荷称为屈服载荷。

③ 均匀变形阶段(SB):当载荷超过 F_s 后,欲使材料继续变形,必须继续施力。随着塑性变形增大,材料形变抗力不成比例地逐渐增加,这种现象叫形变强化或加工硬化。此阶段试样的变形是均匀发生的。

④ 缩颈阶段(BK):当载荷继续增加到某一最大值 F_b 时,试样的局部截面缩小,产生所谓的"缩颈"现象。由于试样局部截面的逐渐缩小,故载荷也逐渐降低,当达到拉伸曲线上 K 点时,试样随即断裂。F_k 为试样断裂时的载荷。

(3) 强度指标。强度指标是用应力值来表示的。根据力学原理,试样受到载荷作用时,则内部产生大小与载荷相等而方向相反的抗力(即内力)。单位截面积上的内力,称为应力,用符号 σ 表示。

从拉伸曲线分析得出,有三个载荷值比较重要:一个是弹性变形范围内的最大载荷 F_e,第二个是最小屈服载荷 F_s,另一个是最大载荷 F_b。通过这三个载荷值,可以得出金属材料的三个主要强度指标。

①弹性极限。是金属材料能保持弹性变形的最大应力,用 σ_e 表示,单位 MPa。

$$\sigma_e = F_e/S_0 \tag{1.1}$$

式中：F_e——弹性变形范围内的最大载荷(N)；

S_0——试样原始横截面积(mm^2)。

②屈服强度。是使材料产生屈服现象时的最小应力,用 σ_s 表示,单位 MPa。

$$\sigma_s = F_s/S_0 \tag{1.2}$$

式中：F_s——使材料产生屈服的最小载荷(N)。

对于低塑性材料或脆性材料,由于屈服现象不明显,因此这类材料的屈服强度常以产生一定的微量塑性变形(一般用变形量为试样长度的 0.2% 表示)的应力为屈服强度,用 $\sigma_{0.2}$ 表示,称为条件屈服强度。即：

$$\sigma_{0.2} = F_{0.2}/S_0 \tag{1.3}$$

式中：$F_{0.2}$——塑性变形量为试样长度的 0.2% 时的载荷(N)。

③抗拉强度。试样断裂前所能承受的最大应力,用 σ_b 表示,单位 MPa。

$$\sigma_b = F_b/S_0 \tag{1.4}$$

式中：F_b——试样断裂前所能承受的最大载荷(N)。

20 正火钢的屈服强度 σ_s 约为 245 MPa,抗拉强度 σ_b 约为 410 MPa。工程上所用的金属材料,不仅希望其具有较高的 σ_s,还希望其具有一定的屈强比(σ_s/σ_b)。屈强比越小,结构零件的可靠性越高,万一超载也能由于塑性变形而使金属材料的强度提高,不至于立即断裂；但如果屈强比太小,则材料强度的有效利用率就会太低,一般以 0.75 左右为宜。

2) 塑性

金属发生塑性变形而不被破坏的能力称为塑性。在拉伸时它们分别为伸长率与断面收缩率。

(1) 伸长率。伸长率是指试样拉伸断裂时的绝对伸长量与原始长度比值的百分率,用符号 δ 表示。即：

$$\delta = \frac{l_k - l_0}{l_0} \times 100\% \tag{1.5}$$

式中：l_k——试样拉断时的标距长度(mm)；

l_0——试样原始标距长度(mm)。

必须说明,伸长率的大小与试样的尺寸有关。试样的长短不同,测得的伸长率是不同的。长、短试样的伸长率分别用 δ_{10} 与 δ_5 表示。习惯上,δ_{10} 也常写成 δ。对于同一材料而言,短试样所测得的伸长率 δ_5 要比长试样所测得的伸长率 δ_{10} 大一些,两者不能直接比较。

(2) 断面收缩率。断面收缩率是指试样拉断后,试样断口处断面缩小的面积与原始横截面积比值的百分率,用符号 ψ 表示。即：

$$\psi = \frac{S_0 - S_k}{S_0} \times 100\% \tag{1.6}$$

式中：S_k——试样断裂处的横截面积(mm^2)；

S_0——试样原始横截面积(mm^2)。

δ 和 ψ 是材料的重要性能指标。它们的数值越大，材料的塑性越好。金属材料的塑性好坏，对零件的加工和使用有十分重要的意义。例如，低碳钢的塑性好，故可以进行压力加工；普通铸铁的塑性差，因而不便进行压力加工，只能进行铸造。同时，由于材料具有一定的塑性，故能够保证材料不至于因稍有超载而突然破断，这就增加了材料使用的安全性和可靠性。

1.1.2 硬度

硬度是指金属表面上局部体积内抵抗弹性变形、塑性变形或抵抗压痕划伤的能力。它是金属材料的重要性能之一，也是检验工模具和机械零件质量的一项重要指标。由于测定硬度的实验设备比较简单，操作方便、迅速，又属于无损检测，故在生产中应用都十分广泛。

测定硬度的方法比较多，其中常用的硬度测定法是压入法。它用一定的静载荷（压力）把压头压在金属表面上，然后通过测定压痕的面积或深度来确定其硬度。常用的硬度实验方法有布氏硬度、洛氏硬度和维氏硬度三种。

1) 布氏硬度

布氏硬度的测定原理是用一定大小的载荷 F，把直径为 D 的硬质合金球压入被测材料表面，保持一定时间后卸除载荷，测量出压痕的平均直径 d，用金属表面压痕的面积 S 除以载荷所得的商作为布氏硬度值，用符号 HBW 表示，如图 1-3 所示。

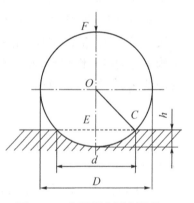

图 1-3 布氏硬度测定原理

在实际应用时，布氏硬度值既不用计算，也不用标注单位，只需测出压痕直径 d 后，再查压痕直径与布氏硬度对照表即可。其表示方法的书写顺序为：

硬度值＋压头符号＋压球直径/试验力/保持时间（10～15 s 可不标注），例如：

500HBW5/7500 表示用直径 ϕ5 mm 的硬质合金球在 7 500 N 的载荷作用下保持 10～15 s 测得的布氏硬度值为 500。

布氏硬度压痕面积较大，能较真实地反映材料的平均性能，测量精度较高，常用来测量灰铸铁、有色金属及硬度较小（HBW＜650）的钢材。但因压痕较大，一般布氏硬度不适宜检验成品或薄件。

2) 洛氏硬度

当材料的硬度较高或尺寸过小时，需要用洛氏硬度计进行硬度测试。洛氏硬度试验，是用顶角为 120°的金刚石圆锥或直径为 1.588 mm(1/16″)的淬火钢球作压头，在初试验力 F_0 及总试验力 F（初试验力 F_0 与主试验力 F_1 之和）分别作用下压入金属表面，然后卸除主试验力 F_1，在初试验力 F_0 下测定残余压入深度，用深度的大小来表示材料的洛氏硬度值,并规定每压入 0.002 mm 为一个硬度单位,用 HR 表示。

洛氏硬度不用计算,也不用查表,试验时 HR 值可从硬度计的表盘上直接读出。根据试验时所用的压头和试验力不同,洛氏硬度常采用三种标尺:HRA、HRB 和 HRC。常用洛氏硬度标度的试验条件和适用范围见表 1-1。其中,HRC 应用最广。

表 1-1 常用洛氏硬度标度的试验条件和适用范围

硬度标度	压头类型	试验力/N		硬度值有效范围	应用举例
		初试验力	主试验力		
HRC	120°金刚石圆锥体	98	1 373	20～67 HRC	一般淬火钢件
HRB	ϕ1.587 5 mm 淬火钢球	98	883	25～100 HRB	软钢、退火钢、铜合金
HRA	120°金刚石圆锥体	98	490	60～85 HRA	硬质合金、表面淬火钢

洛氏硬度的表示方法为:硬度值+符号。如 58 HRC 表示 C 标尺测定的洛氏硬度值为 58。

洛氏硬度试验的优点是操作迅速、简便,可从表盘上直接读出硬度值;测试硬度值范围较大;而且压痕直径小,可测量成品或薄工件。其缺点是精确性较差,硬度值重复性差,通常需要在材料的不同部位测试数次,取其平均值来代表材料的硬度。

3) 维氏硬度

维氏硬度的测定原理基本上和布氏硬度相同,也是以单位压痕面积的力作为硬度值计量。所不同的是所用压头为锥面夹角为 136°的金刚石正四棱锥体,如图 1-4 所示。试验时在载荷 F 的作用下,在试样表面上压出一个正方形锥面压痕,测量压痕对角线的平均长度 d,借以计算压痕的面积 S,以 F/S 的数值来表示试样的硬度值,用符号 HV 表示。

由于维氏硬度所用压头为正四棱锥,当载荷改变时,压痕的几何形状恒相似,所以正四棱锥所用载荷可以随意选择(如 50 N、100 N、1 200 N 等),而所得到的硬度值是一样的。

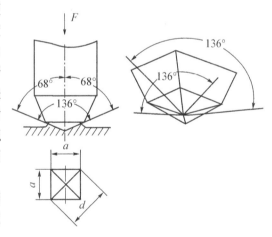

图 1-4 维氏硬度测定原理

维氏硬度表示方法为:硬度值+符号+载荷大小/保持时间(10～15 s 不标注)。例如:
640HV300　表示用 300 N 的载荷保持 10～15 s 测定的维氏硬度为 640。
640HV300/20　表示用 300 N 的载荷保持 20 s 测定的维氏硬度为 640。

维氏硬度可测软、硬金属,尤其是极薄零件和渗碳层、渗氮层的硬度,它测得的压痕轮廓清晰、数值较准确,而且不存在布氏硬度试验那种载荷与压头直径的比例关系的约束,也不存在压头变形问题。但是求维氏硬度需要先测量压痕对角线,然后经计算或查表才能获得,效率不如洛氏硬度试验高,所以不适宜用于成批零件的常规检验。

1.1.3 韧性

韧性是指金属材料在断裂前吸收变形能量的能力。它主要反映金属抵抗冲击抗力而不断裂的能力。许多机械零件在工作中往往要受到冲击载荷的作用,如活塞销、锤杆、冲模、锻模、凿岩机零件等。制造这些零件的材料,其性能不能单纯用静载荷作用下的指标来衡量,而必须考虑材料抵抗冲击载荷的能力。

金属抵抗冲击载荷而不被破坏的能力称为冲击韧度。目前常用一次摆锤冲击弯曲试验来测定金属材料的韧度,其试验原理如图 1-5 所示。

试验时,把按规定制作的标准冲击试样的缺口(脆性材料不开缺口)背向摆锤方向放在冲击试验机上(图 1-5(a)),将摆锤(质量为 m)扬起到规定高度 H_1,然后自由落下,将试样冲断。由于惯性,摆锤冲断试样后会继续上升到某一高度 H_2。根据功能原理可知,摆锤冲断试样所消耗的功 $A_K = mg(H_1 - H_2)$,单位为 J。A_K 常叫做冲击吸收功,可从冲击试验机上直接读出。用 A_K 除以试样缺口处的横截面积 S 所得的商即为该材料的冲击韧度值,用符号 a_K 表示,单位为焦耳/厘米² (J/cm²)。即:

$$a_K = A_K / S \tag{1.7}$$

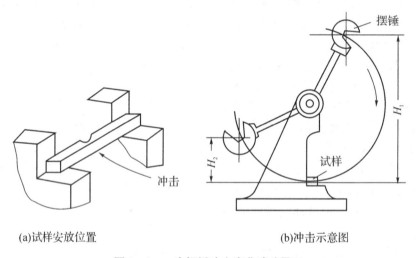

(a)试样安放位置　　(b)冲击示意图

图 1-5　一次摆锤冲击弯曲试验原理

试样缺口有 U 和 V 两种,冲击韧度值分别以 a_{KU} 和 a_{KV} 表示。A_K 值越大,材料的冲击韧度越好,断口处则会发生较大的塑性变形,断口呈灰色纤维状;A_K 值越小,材料的冲击韧度越差,断口处无明显的塑性变形,断口具有金属光泽且较为平整。

一般来说,强度、塑性两者均好的材料,a_K 值也高。材料的冲击韧度除了取决于其化学成分和显微组织外,还与加载速度、温度、试样的表面质量(如缺口、表面粗糙度等)、材料的冶金质量等有关,加载速度越快,温度越低,表面及冶金质量越差,则 a_K 值越低。

1.1.4 疲劳强度

有许多机件(如冷冲模、齿轮、弹簧等)是在交变应力(指应力大小、方向或大小和方向都随时间作周期性变化)作用下工作的,零件工作时所承受的应力通常都低于材料的屈服强度。机件在这种交变载荷作用下经过长时间工作也会被破坏,通常这种破坏现象叫做金属的疲劳。统计表明，机械零件失效约有80%以上属于疲劳破坏。

金属的疲劳是在交变载荷作用下，经过一定的循环周次后出现的。图1-6是某材料的疲劳曲线，横坐标表示循环周次，纵坐标表示交变应力。从该曲线可以看出，材料承受的交变应力越大，疲劳破坏前能循环工作的周次越少；当循环交变应力减少到某一数值时，曲线接近水平，即表示当应力低于此值时，材料可经受无数次应力循环也不被破坏。我们把材料在无数次交变载荷作用下也不被破坏的最大应力值称为疲劳强度。通常光滑试样在对称弯曲循环载荷作用下的疲劳强度用符号 σ_{-1} 表示。对钢材来说，当循环次数 N 达到 10^7 周次时，曲线便呈现水平线，所以我们把经受 10^7 周次或更多周次而不被破坏的最大应力定为疲劳强度。对于有色金属，应力循环次数一般需要达到 10^8 或更多周次，才能确定其疲劳强度。

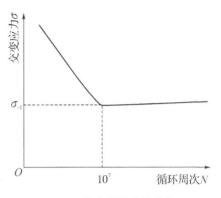

图1-6 某金属的疲劳曲线

影响疲劳强度的因素很多，其中主要有循环应力、温度、材料的化学成分及显微组织、表面质量和残余应力等。减少零件表面粗糙度，对其进行表面强化处理，如表面淬火、滚压加工、喷丸处理等，均可提高零件的疲劳强度。

1.2 铁碳合金的基本成分、组织、性能之间的关系

铁碳合金是以铁和碳为主要组成元素的合金，是现代工业中应用最为广泛的金属材料。不同成分的铁碳合金在不同的温度下具有不同的组织，因而表现出不同的性能。

1.2.1 铁碳合金的基本组织

1）合金的基本概念

合金是由一种金属元素加上一种或多种其他元素（金属或非金属）组成的具有金属特性的物质。例如：钢主要是由铁和碳组成的合金，黄铜主要是铜和锌组成的合金。

组成合金的最基本的、独立的物质叫组元。组元在一般情况下是元素，但在所研究范围内既不发生分解，也不发生化学反应的稳定化合物，也可成为组元，如钢中的 Fe_3C。由若干给定组元按不同比例配制成一系列不同成分的合金，构成一个合金系。如含碳量不同的碳钢和生铁构成了"铁碳合金系"。

在金属或合金中，具有相同的物理和化学性质，并与该系统其他部分有界面分开的物质部分，称为相。例如，钢在液态或固态时分别为液相或固相；钢液在结晶过程中则有液相和固相两个相。将金属或合金制成试样，在金相显微镜下看到的内部各组成相晶粒的大小、方向、形状、排列状况等的构造情况，称为显微组织，简称为组织。它是决定金属材料性能的主要因素。

2）合金的基本组织

合金有三种基本组织：固溶体、金属化合物和机械混合物。

(1) 固溶体。一个组元的原子均匀地溶入另一个组元的晶体中所形成的晶体称为固

溶体。固溶体中,含量较多的元素称为溶剂,含量较少的元素称为溶质。

　　溶剂晶格中的部分原子被溶质原子所替换而形成的固溶体称为置换固溶体(见图 1-7(a));溶质原子位于溶剂晶格的间隙处而形成的固溶体称为间隙固溶体(见图 1-7(b))。这里,为了描述晶体中原子排列的规律,将原子看成一个点,再用假想的线条把各点连接起来得到的空间格子,称为晶格。常见的金属晶格类型有体心立方晶格、面心立方晶格和密排六方晶格(见图 1-8)。例如,纯铁在室温下为体心立方晶格(称 α-Fe),在 912 ℃时转变为面心立方晶格(称 γ-Fe)。

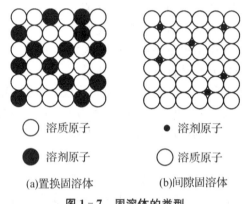

图 1-7　固溶体的类型

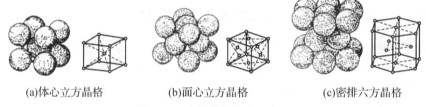

(a)体心立方晶格　　(b)面心立方晶格　　(c)密排六方晶格

图 1-8　金属晶格的常见类型

　　由于各种元素的原子大小不一,无论形成置换固溶体还是间隙固溶体,都会使固溶体的晶格发生扭曲(见图 1-9),从而使合金塑性变形的阻力变大,表现为固溶体的强度和硬度要比纯金属高。这种溶质原子使固溶体的强度和硬度升高的现象叫固溶强化。铁中溶入碳和合金元素后硬度高于纯铁,普通黄铜强度高于纯铜,就是固溶强化的结果。在实际应用中,固溶强化已成为提高金属强度的主要方法之一。

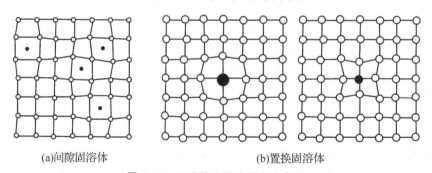

(a)间隙固溶体　　　　　　(b)置换固溶体

图 1-9　固溶体中晶格畸变示意图

(2) 金属化合物。金属化合物是合金组元间相互作用而形成的一种具有金属特性的固相。金属化合物的晶格类型和性能不同于任一组成组元。其显著特征是硬度高、脆性大、熔点高。在许多合金中,金属化合物作为强化相,可以大大提高合金的强度、硬度和耐磨性。如铁碳合金中的 Fe_3C。

(3) 机械混合物。由两种或两种以上具有不同晶体结构的相(纯金属、固溶体、金属化合物)机械地混合在一起而得到的组织叫机械混合物。在机械混合物中,各组成相仍保持各自的晶体结构和性能,而整个混合物的性能则取决于各组成相的性能及其形状、数量、大小和分布情况。

3) 铁碳合金的基本组织

铁碳合金在液态时可以无限互溶,在固态时碳能溶解于铁的晶体中,形成间隙固溶体。当含碳量超过铁的溶解度时,多余的碳便与铁形成金属化合物 Fe_3C。此外,还可以形成由固溶体与 Fe_3C 组成的机械混合物。因此,铁碳合金的基本组织有以下几种。

(1) 铁素体。碳溶于 α-Fe 中所形成的间隙固溶体称为铁素体,用符号 F 表示。铁素体保持 α-Fe 的体心立方晶格,其显微组织如图 1-10 所示。

碳在 α-Fe 中的溶解度很小,在 727 ℃时,最大溶解度为 0.021 8%,而在室温时降低为 0.000 8%。因此,铁素体的性能与纯铁基本相同,即强度、硬度较低(约 50~80 HBW),韧性、塑性好(伸长率 δ 为 30%~50%)。

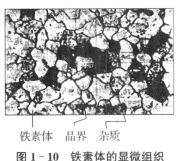

图 1-10 铁素体的显微组织

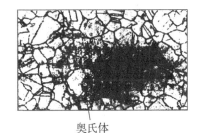

图 1-11 奥氏体的显微组织

(2) 奥氏体。碳溶于 γ-Fe 中所形成的间隙固溶体称为奥氏体,用符号 A 表示。奥氏体保持 γ-Fe 的面心立方晶格,其显微组织如图 1-11 所示。

奥氏体的溶碳能力比铁素体大得多。在 1 148 ℃时,碳在 γ-Fe 中的溶解度最大,可达 2.11%。随着温度下降,奥氏体的溶碳能力逐渐减小,在 727 ℃时,降至 0.77%。奥氏体的强度、硬度不高,塑性韧性良好,其硬度约为 170~220 HBW,伸长率 δ 为 40%~50%,是多数钢种在高温下进行压力加工和热处理时要求的组织。

(3) 渗碳体。渗碳体是铁和碳所形成的具有复杂晶体结构的金属化合物,用分子式 Fe_3C 表示。渗碳体的含碳量为 6.69%,熔点约为 1 227 ℃。渗碳体的硬度很高(达 800 HBW)、脆性极大,而塑性和韧性很差,几乎为零。一般说来,在铁碳合金中,渗碳体越多,合金就越硬、越脆。例如,在退火状态下,高碳钢由于所含的渗碳体比低碳钢和中碳钢多,所以硬度较高。

(4) 珠光体。铁素体和渗碳体组成的机械混合物叫珠光体(也叫共析体),用符号 P 表示。珠光体中平均含碳量为 0.77%。在珠光体中,渗碳体以片状分布在铁素体基体上,其显微组织如图 1-12 所示。

由于珠光体是铁素体和渗碳体相间组成的机械混合物,所以其力学性能介于两者之间,有较高的强度(σ_b 约为 750 MPa),一定的硬度(180 HBW)、塑性(δ 为 20%~30%)和韧性。

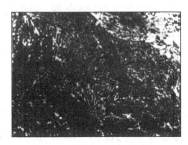

图 1-12 珠光体的显微组织

图 1-13 低温莱氏体的显微组织

(5) 莱氏体。奥氏体和渗碳体组成的机械混合物叫莱氏体(也叫共晶体),用符号 Ld 表示。莱氏体缓冷到 727 ℃时,其中的奥氏体将转变成珠光体,称低温莱氏体,用符号 Ld′表示。低温莱氏体的显微组织如图 1-13 所示。

莱氏体因含有大量的渗碳体,故力学性能与渗碳体相近,即硬度高、脆性大。

1.2.2 铁碳合金平衡图

铁碳合金平衡图是表示在极其缓慢的加热或冷却条件下,不同成分的铁碳合金,在不同温度下所具有的状态或组织的图形。它是表示铁碳合金的成分、温度和组织三者之间在平衡条件(极其缓慢的加热或冷却)下相互关系的图形,是认识铁碳合金性能、正确选用钢铁材料和制定铁碳合金的热加工工艺(如热处理、铸造、锻造)的重要依据。

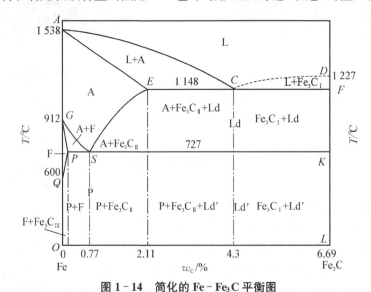

图 1-14 简化的 Fe-Fe₃C 平衡图

由于含碳量 $w_C>6.69\%$ 的铁碳合金力学性能极差,工业上无实用价值。所以,目前应用的铁碳合金相图只是含碳 0%~6.69% 的部分,即以 Fe 作为一组元,以 Fe₃C 作为另一组元的 Fe-Fe₃C 二元合金平衡图。图 1-14 为简化的 Fe-Fe₃C 平衡图。

1) Fe-Fe₃C平衡图的分析

Fe-Fe₃C平衡图的纵坐标表示温度，横坐标表示成分（含碳量）。平衡图中的每个点表示某种成分的铁碳合金在某个温度时的组织、状态或相。

(1) Fe-Fe₃C平衡图的主要特性点。平衡图主要特性点的温度、成分、含义如表1-2所示。

表1-2 Fe-Fe₃C平衡图的主要特性点

特性点	温度/℃	w_C/%	含义
A	1 538	0	纯铁的熔点
C	1 148	4.3	共晶点
D	1 227	6.69	渗碳体的熔点
E	1 148	2.11	碳在γ-Fe中的最大溶解度
G	912	0	纯铁的同素异构转变点
P	727	0.021 8	碳在α-Fe中的最大溶解度
S	727	0.77	共析点
Q	600	0.005 7	碳在α-Fe中的溶解度

(2) Fe-Fe₃C平衡图的主要特性线。

①ACD线——液相线。在此线以上合金处于液体状态，用L表示。冷却时含碳量小于4.3%的合金在AC线开始结晶出奥氏体；大于4.3%的合金在CD线开始结晶出一次渗碳体Fe₃C$_I$。

②AECF线——固相线。在此线下方，铁碳合金全部结晶为固相。其中AE段为钢的固相线。

③ECF线——共晶线，也是生铁的固相线。液态合金冷却到此线都会发生共晶转变，形成莱氏体。

共晶转变是指一定成分的液相在恒温下同时结晶出两个固相的转变。其转变式为：

$$L_C \xrightarrow{1148℃} Ld$$

④GS线——A₃线。它是含碳量小于0.77%的奥氏体和铁素体的相互转变线。在冷却过程中从奥氏体中析出铁素体。

⑤ES线——A$_{cm}$线。它是碳在γ-Fe中的溶解度曲线，在1 148℃时，奥氏体的溶碳能力最大为2.11%，随温度降低，溶解度沿此曲线降低，到727℃时，奥氏体的含碳量为0.77%。在冷却过程中从奥氏体中析出二次渗碳体Fe₃C$_{II}$。

⑥PSK线——共析线，又称A₁线。奥氏体冷却到此线时发生共析转变，形成珠光体。

共析转变是指一定成分的固溶体在恒温下同时结晶出两种新固相的转变。其转变式为：

$$A_S \xrightarrow{727\ ℃} P$$

2)铁碳合金的分类

根据铁碳合金中的含碳量不同,可将铁碳合金分为以下三类:

(1)工业纯铁。其成分在 P 点的左边,即 $w_C<0.021\ 8\%$ 的铁碳合金。在冷却过程中不发生共析转变,室温组织为铁素体。

(2)钢。钢的含碳量在 P 点和 E 点之间。其中,含碳量在 S 点的钢称为共析钢;含碳量在 S 点以左的钢称为亚共析钢;含碳量在 S 点以右的钢称为过共析钢。

此外,常根据含碳量把钢分为低碳钢($w_C<0.25\%$)、中碳钢($0.25\%\leqslant w_C\leqslant 0.6\%$)和高碳钢($0.6\%<w_C<2.11\%$)。

(3)白口铁。白口铁的含碳量大于 E 点成分。白口铁在冷却过程中都要发生共晶转变,室温组织中都有低温莱氏体。

白口铁以 C 点为界又可分为三类:亚共晶白口铁($2.11\%<w_C<4.3\%$)、共晶白口铁($w_C=4.3\%$)、过共晶白口铁($4.3\%<w_C<6.69\%$)。

3)钢的结晶过程和组织转变

(1)钢的结晶过程。钢在 AC 线以上为液相。冷却到 AC 线开始结晶出奥氏体。结晶过程中的 AC 线和 AE 线之间,液相和奥氏体共存。随着温度下降,液相减少,奥氏体增多。冷却到 AE 线,结晶完毕。AE 线以下,GS 和 ES 线以上,钢的组织为单相奥氏体。

(2)钢的组织转变。

①共析钢的组织转变。共析钢组织在 AE 线到 A_1 线之间为单相奥氏体,冷却到 A_1 线时发生共析转变,形成珠光体。在 A_1 线以下,共析钢的组织为珠光体。

②亚共析钢的组织转变。亚共析钢组织在 AE 线到 A_3 线之间为单相奥氏体,冷却到 A_3 线时开始出现铁素体。随着温度下降,铁素体逐渐增多,奥氏体逐渐减少。冷却到 A_1 线,剩余的奥氏体全部转变为珠光体。在 A_1 线以下,亚共析钢的组织为铁素体和珠光体。亚共析钢中含碳量越高,组织中珠光体越多,铁素体越少。亚共析钢的显微组织如图 1-15 所示。

(a)$w_C=0.2\%$

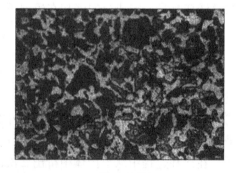
(b)$w_C=0.4\%$

图 1-15 亚共析钢在室温下的平衡组织

③过共析钢的组织转变。过共析钢组织在 AE 线到 A_{cm} 线之间为单相奥氏体,冷却到 A_{cm} 线时开始沿奥氏体晶界析出二次渗碳体。随着温度下降,二次渗碳体逐渐增多,奥

氏体逐渐减少。冷却到 A_1 线,剩余的奥氏体全部转变为珠光体。在 A_1 线以下,过共析钢的组织为二次渗碳体和珠光体。过共析钢中含碳量越高,组织中二次渗碳体越多,珠光体越少。当 $w_C>0.9\%$ 后,二次渗碳体呈网状分布。过共析钢的显微组织如图 1-16 所示。

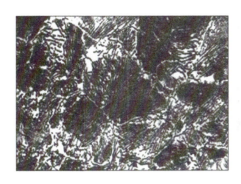 

(a)硝酸酒精侵蚀　　　　　　　　　　(b)苦味酸钠侵蚀

图 1-16　过共析钢在室温下的平衡组织

1.2.3　钢的成分、组织、性能之间的关系

钢的成分、组织、性能之间有着密切的关系。铁和碳是钢的两个主要元素。在缓慢冷却条件下,碳除了小部分溶入铁形成固溶体外,其余以渗碳体形式存在于合金中。钢的室温组织是由铁素体和渗碳体两个基本相组成,随着含碳量的增加,渗碳体量逐渐增多,而且形状及分布状况亦有变化,使钢的组织和性能发生变化。

1) 含碳量对组织的影响

随着含碳量的增加,亚共析钢中珠光体逐渐增多,铁素体逐渐减少;到共析钢时,全部是珠光体组织;含碳量超过 0.77% 以后,过共析钢中珠光体逐渐减少,逐渐出现少量二次渗碳体。钢的组织按下式变化:

铁素体+珠光体→珠光体→珠光体+二次渗碳体

2) 含碳量对钢的性能的影响

含碳量对钢的性能的影响是通过对组织的影响来实现的。钢的性能主要取决于组织中组成相及其相对量。随着含碳量的增加,亚共析钢中珠光体逐渐增多,铁素体逐渐减少,因而钢的强度、硬度上升,塑性、韧性下降;到共析钢时,全部是珠光体组织,故强度(σ_b 约为 750 MPa)、硬度比亚共析钢高,塑性(δ 为 20%~30%)、韧性则较低;过共析钢随着含碳量的增加,珠光体逐渐减少,二次渗碳体增多,因而强度、硬度升高,塑性、韧性下降。当钢中含碳量大于 0.9% 时,过共析钢中出现网状渗碳体,钢的强度明显下降,而塑性、韧性进一步下降。钢的力学性能与 w_C 的关系如图 1-17 所示。

为了保证工业上使用的钢具有足够的强度,并兼有一定的塑性和韧性,所以钢的含碳量一般不超过 1.3%~1.4%,且要避免二次渗碳体呈网状分布。

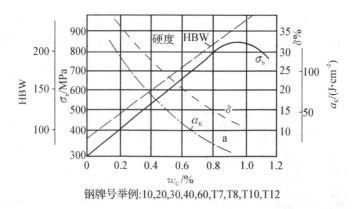

钢牌号举例:10,20,30,40,60,T7,T8,T10,T12

图 1-17 钢的力学性能与 w_C 的关系

1.3 钢的热处理

钢的热处理是将钢在固态下进行加热、保温和冷却,以改变其整体或表面组织,从而获得所需性能的一种工艺方法。

热处理在机械制造工业中占有十分重要的地位。它可以保证和提高零件的各种性能,如耐磨、耐腐蚀等;可以改善毛坯的组织和应力状态,以利于各种冷热加工;还可以延长零件的使用寿命,因此是强化材料的重要工艺途径之一。在现代机床工业中,60%~70%的零件要经过热处理;汽车制造业中,60%~70%的零件要经过热处理;而在各种工具、模具制造中,几乎100%都要进行热处理。

根据热处理的目的要求和工艺方法不同,钢的热处理分类如下:

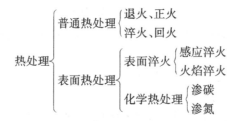

热处理方法虽然很多,但任何一种热处理工艺都是由加热、保温和冷却三个阶段所组成的,因此,热处理工艺过程可用以"温度—时间"为坐标的曲线图形表示,如图 1-18 所示,此曲线称为热处理工艺曲线。

1.3.1 钢在加热及冷却时的组织转变

热处理之所以能使钢的性能发生变化,其根本原因是由于铁有同素异构转变,从而使钢在加热和冷却过程中,其内部发生了组织与结构变化的结果。

1) 钢在加热时的组织转变

在极其缓慢的加热条件下,钢的组织转变是按 Fe-Fe₃C 平衡图进行的,即将共析钢、亚共析钢、过共析钢分别加热到临界温度 A_1、A_3、A_{cm} 线就能获得单相奥氏体。但在实际生产中加热速度比较快,相变的临界温度要高些,对应用 A_{c1}、A_{c3}、A_{ccm} 表示。同样,实际生产中冷却速度也比较快,相变的临界温度要低些,对应用 A_{r1}、A_{r3}、A_{rcm} 表示,见图1-19。

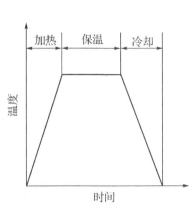
图1-18 热处理工艺曲线

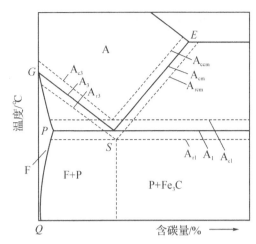
图1-19 碳素钢的临界点在Fe-Fe₃C平衡图上的位置

热处理时,对钢加热的目的通常是使组织全部或大部分转变为细小的奥氏体晶粒,这种转变叫奥氏体化。奥氏体化后的钢,以不同的冷却方式冷却时,便可得到不同的组织,从而使钢获得不同的性能。因此,通过加热使钢奥氏体化是钢的组织转变的基本条件。

(1) 奥氏体的形成。以共析钢为例,如图1-20所示。共析钢在 A_1 以下全部为珠光体。珠光体向奥氏体的转变是通过生核、长大的过程来完成的。首先,在铁素体和渗碳体的交界面上生成奥氏体的晶核,然后通过原子的扩散,奥氏体不断成长;同时又有新的晶核在生成并成长。保温一段时间后,珠光体就全部转变为奥氏体。

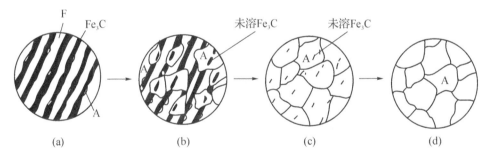
图1-20 共析钢中奥氏体形成过程示意图

(2) 奥氏体晶粒的长大。由于在铁素体和渗碳体的交界面上产生的奥氏体晶核很多,由珠光体开始转变成的奥氏体晶粒总是比较细小的。但是,随着加热温度的升高和保温时间的延长,奥氏体晶粒会逐渐长大。

奥氏体晶粒的大小直接影响钢冷却后的组织和性能。一般来说,奥氏体晶粒越粗,冷却后钢的组织就越粗,钢的力学性能就越差。因此,在实际生产时,必须控制好加热温度和保温时间。

2) 钢在冷却时的组织转变

热处理的目的是提高和改善钢的性能。实践证明,冷却过程是钢的热处理的关键工序,它决定着钢在室温下的组织和性能。如45号钢经840℃加热并保温后,如在空气中冷却,其表面硬度≤209 HBW;如在油中冷却,其表面硬度可达 45 HRC 左右;如在水中冷却,其表面硬度可达 55 HRC 左右。

加热得到的奥氏体,在冷却过程中会发生组织转变。在实际生产中冷却速度比较快,奥氏体要在 A_1 以下的温度才发生转变。A_1 线以下暂时存在的奥氏体是不稳定相,称为过冷奥氏体。在热处理工艺中,过冷奥氏体的冷却过程常采用等温冷却和连续冷却两种方式。

(1) 过冷奥氏体的等温转变。将高温奥氏体迅速冷却到低于 A_1 以下的某一温度,并保持恒温,让过冷奥氏体在此温度完成其转变的过程,称为过冷奥氏体的等温转变。

过冷奥氏体在不同的温度进行等温转变,将获得不同的组织和性能。过冷奥氏体的等温转变规律可以用图来说明。全面表示过冷奥氏体的等温转变温度与转变产物之间关系的图形,称为奥氏体等温转变曲线。每一种钢都有一个等温转变图。共析钢的等温转变图见图 1-21。由于其形状像"C",故简称为 C 曲线。

在图 1-21 中,纵坐标为过冷奥氏体的等温温度,横坐标取用指数标出的时间。图中 C 曲线上面的水平线是 A_1 线,它表示奥氏体和珠光体的平衡温度,即铁碳平衡图中的 A_1 温度。C 曲线下面的水平线叫做 M_s 线,它是以极快的冷却速度连续冷却时,测得的过冷奥氏体开始转变为马氏体的温度点的连续线;在其下面的水平线表示马氏体转变终了温度,称为 M_f

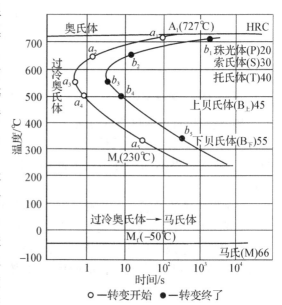

图 1-21 共析钢等温转变图

线,一般都在室温以下。故 $M_s \sim M_f$ 是马氏体转变区。在 $A_1 \sim M_s$ 之间,是过冷奥氏体等温转变区。该区中,左边的 C 曲线为奥氏体转变开始线,其左方是过冷奥氏体区,过冷奥氏体经过一段孕育期将发生转变;右边的 C 曲线为奥氏体转变终了线,其右方为转变产物区;两条 C 曲线中间为过冷奥氏体和转变产物共存区。

①过冷奥氏体的高温转变产物。过冷奥氏体在 $A_1 \sim 550\ ℃$ 范围内的转变为高温转变,转变产物为片状珠光体。等温转变的温度不同,珠光体中铁素体与渗碳体的片层间距不同。其中在 $A_1 \sim 650\ ℃$ 范围内等温转变得到粗片状珠光体,片层间距大于 $0.4\ \mu m$,硬度约 20 HRC;在 $650 \sim 600\ ℃$ 范围内等温转变得到细片状珠光体,称为索氏体,用符号 S 表示,片层间距 $0.2 \sim 0.4\ \mu m$,硬度约 30 HRC;在 $600 \sim 550\ ℃$ 范围内等温转变得到极细片状珠光体,称为托氏体,用符号 T 表示,片层间距小于 $0.2\ \mu m$,硬度约为 40 HRC。

②过冷奥氏体的中温转变产物。过冷奥氏体在 $550\ ℃ \sim M_s$ 范围内的转变为中温转变,转变产物为贝氏体(由铁素体和非片层状碳化物组成)。在 $550 \sim 350\ ℃$ 范围内得到的是上贝氏体,用符号 $B_上$ 表示,其显微组织为羽毛状,如图 1-22(a)所示。上贝氏体的硬度约为 45 HRC,强度和韧性都不高,生产上很少使用。在 $350\ ℃ \sim M_s$ 范围内得到的

是下贝氏体,用符号 B_F 表示,其显微组织为针状,如图 1-22(b)所示。下贝氏体比上贝氏体具有较高的强度和硬度(约 55 HRC),同时塑性和韧性也较好。生产上常采用等温淬火获得下贝氏体组织来改善钢的机械性能,并减少淬火内应力及变形、开裂倾向。

(a)上贝氏体

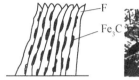

(b)下贝氏体

图 1-22 贝氏体的组织示意图

③过冷奥氏体的低温转变产物。奥氏体快速过冷到 M_s 线以下的转变为低温转变,转变产物为马氏体。马氏体是一种非常重要的组织,用 M 表示。多数情况下,钢的强化就是通过淬火以获得马氏体来实现的。形成马氏体时,由于温度低,碳原子已失去扩散能力,原来溶解在奥氏体中的碳便全部保留在 α-Fe 中,形成碳在 α-Fe 中的过饱和固溶体,称为马氏体。

高硬度是马氏体性能的主要特点,且随马氏体含碳量增加,硬度也随之升高,脆性增大。马氏体的组织形态主要有板条状和针状两种,如图 1-23 所示。当奥氏体中 $w_C <$ 0.2%时,马氏体的形态为板条状,又叫低碳马氏体。因钢中含碳量低,硬度不高,通常为 35~45 HRC,但有高的强度和韧性。当奥氏体中 $w_C > 1.0\%$时,马氏体的形态为针状,又叫高碳马氏体。因钢中含碳量高,硬度高、韧性低而脆性大,须经回火处理后才能使用。含碳量介于两者之间的马氏体,则由板条状马氏体和片状马氏体混合组成,性能也处于两者之间。

(a)板条状马氏体

(b)针状马氏体

图 1-23 马氏体形态

(2) 过冷奥氏体的连续冷却转变。在实际生产中,除了极少数采用等温转变外,奥氏体的转变大多数是在连续冷却过程中进行的。实验表明,按不同冷却速度连续冷却时,过冷奥氏体的转变产物接近于其冷却曲线与 C 曲线相交温度范围所发生的等温转变产物。所以,过冷奥氏体的连续冷却转变产物可用 C 曲线定性分析而确定。但需注意的是,碳钢在连续冷却中,不能形成贝氏体。

图 1-24 是将共析钢的各种不同冷却速度的冷却曲线画在它的 C 曲线上,其中 $v_1 < v_2 < v_3 < v_4 < v_5$,然后根据它们的交点位置便可确定其连续冷却转变产物。

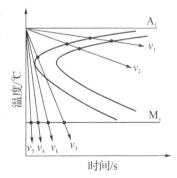

图 1-24 连续冷却转变产物的定性分析

v_1 相当于缓慢冷却(如随炉冷却),与 C 曲线的交点位置靠近 A_1,可以确定所得组织为珠光体。

v_2 相当于在空气中冷却,交点位于索氏体转变范围,所得组织为索氏体。

v_3 相当于在油中冷却,它与 C 曲线只相交于 550 ℃温度范围的转变开始线,这时,一部分过冷奥氏体要转变为托氏体,其余的过冷奥氏体在随后的继续冷却中又与 M_s 线相交,转变为马氏体。所以,冷却到室温后得到的是托氏体与马氏体的混合物,硬度为 50 HRC。

v_k 与 C 曲线相切,它是所有的奥氏体冷却到 M_s 以下全部转变为马氏体的最小冷却速度,称为临界冷却速度。

v_4、v_5 相当于在水中冷却,它与 C 曲线不相交,而直接冷却到 M_s 线才发生转变,所得组织为马氏体,硬度在 60 HRC 以上(高碳马氏体)。

马氏体只有在 $M_s \sim M_f$ 范围内的连续冷却过程中才能不断形成,冷却停止,转变便终止。由于很多钢的 M_f 在 0 ℃以下,而淬火冷却通常只冷却到室温,故奥氏体向马氏体的转变不能完全进行到底,总有一部分奥氏体未能转变而被保留下来,称为残余奥氏体。随着钢中含碳量增加,淬火后残余奥氏体量增多。如果要消除残余奥氏体,可把钢继续冷却到 M_f 以下。

1.3.2 钢的退火、正火、淬火、回火

钢的退火、正火、淬火、回火是应用非常广泛的热处理工艺,也叫钢的常规热处理。在机器零件制造过程中,退火和正火经常作为预备热处理,被安排在锻造或铸造之后,切削加工之前,用以消除前一工序所带来的某些缺陷,改善切削加工性能,并影响随后淬火时的变形、开裂倾向以及最终的组织与性能;钢的淬火与回火是紧密相连的两个工艺过程,只有相互配合才能收到良好的热处理效果。一般淬火与回火常作为最终热处理。

1) 退火

把钢加热到适当的温度,保持一定的时间,然后缓慢冷却的热处理工艺,称为退火。与其他热处理相比,退火的主要特点是钢在加热、保温后,冷却缓慢,通常是随炉冷却。

在一般情况下,退火是属于半成品热处理,也称预备热处理。它往往被安排在锻造或铸造之后,切削加工之前。例如,锉刀(常用材料是 T12)的工艺路线是:锻造→退火→机加工→淬火、低温回火→成品。对于一些要求不是很高的工件(如手轮、床身等),退火也可作为最终热处理。

根据退火的目的和工艺特点来分,常见退火方法有完全退火、球化退火、去应力退火和再结晶退火。

(1) 完全退火。将工件加热到 A_{c3} 以上,保温一定时间,使其完全转变成奥氏体并均匀化,然后缓慢冷却的退火方法叫完全退火。

完全退火的目的是:①细化晶粒,提高钢的力学性能;②消除应力,防止钢件变形;③降低硬度,利于切削加工。

完全退火的加热温度为 $A_{c3}+(30\sim50)$℃,保温后,随炉缓慢冷却。为提高效率,温度降至 500 ℃时,工件可出炉空冷。

完全退火主要用于亚共析钢,不能用于过共析钢。因为过共析钢完全奥氏体化后,

在缓慢冷却中会析出网状渗碳体,使钢的力学性能变差。

(2) 球化退火。将钢加热到 A_{c1} 以上,保温一定时间,使钢中的碳化物变成球状的退火方法。

球化退火的目的是:①降低硬度,改善加工性能;②为淬火作好组织准备,提高工件淬火、回火后的耐磨性。

球化退火的加热温度为 $A_{c1}+(20\sim30)$℃,保温后,随炉缓慢冷却,获得球状珠光体组织。

在球状珠光体中,渗碳体呈球状小颗粒均匀分布在铁素体基体上,使其硬度比片状珠光体低,有利于改善高碳钢件的切削加工性。

球化退火主要用于共析钢及过共析钢。如果过共析钢中有较多的网状渗碳体,应先进行正火后才能进行球化退火。

(3) 去应力退火。将钢加热到略低于 A_1 的一定温度,保温后缓慢冷却的退火方法叫去应力退火。

去应力退火的目的是:消除铸造件、锻压件和焊接件内存在的残余应力,减小零件在加工和使用过程中的变形或开裂。

去应力退火通常将工件加热到 500～650 ℃,保温足够时间后随炉缓冷至 200～300 ℃,出炉空冷。由于加热温度低于 A_1,钢的组织不发生改变。

(4) 再结晶退火。将经过冷加工(如冷轧、冷拔和冷冲压)变形而产生加工硬化的钢材,加热到 A_1 以下某一温度(碳钢一般在 650～700 ℃),保温后缓冷的工艺过程。

再结晶退火一般用于两次冷加工变形之间,通过再结晶退火,使产生加工硬化的变形晶粒重新生核和长大,消除加工硬化和内应力,获得变形前的组织结构,从而使硬度、强度显著下降,塑性、韧性大大提高,为继续进行冷加工变形做好准备。

2) 正火

将钢加热到 A_{c3} 或 A_{ccm} 以上 30～50 ℃,保温后在空气中冷却的热处理工艺,称为正火。正火的主要特点是钢在加热、保温后,在空气中冷却,冷却速度较炉冷快。

正火的目的是细化晶粒、调整硬度、消除网状渗碳体,为淬火、球化退火等作好组织准备。通过正火细化晶粒,钢的韧性可显著改善。对于低碳钢,可提高硬度以改善切削加工性。由于正火的冷却速度比退火快,正火钢件的强度和硬度比退火钢件高,对于一些性能要求不高的零件,正火可作为最终热处理。

正火与退火的目的大致相同,在实际使用时可以从以下三方面考虑:

(1) 从切削加工性考虑,一般中、低碳钢($w_C \leqslant 0.45$)宜用正火提高硬度,高碳钢宜用退火降低硬度。

(2) 从使用性能上考虑,对于性能要求不高的零件,用正火作为最终热处理可降低成本。

(3) 从经济上考虑,正火比退火生产周期短,成本低,故在可能的条件下,应优先采用正火。

各种退火和正火的加热温度范围见图 1-25。

3) 淬火

将钢加热到 A_{c3} 或 A_{c1} 以上某一温度,保温后以大于临界冷却速度的冷速急剧冷却,获得以高硬度马氏体为主的不稳定组织的热处理工艺,称为淬火。

淬火通常是为了获得马氏体,再配以适当的回火,使钢件具备良好的使用性能,并充分发挥材料的潜力。其主要目的是:①提高零件的机械性能。例如,提高工具、轴承的硬度和耐磨性;提高弹簧的弹性极限;提高轴类零件的综合力学性能等。②改善某些特殊钢的性能。例如,提高不锈钢的耐蚀性;提高高锰钢的耐磨性等。

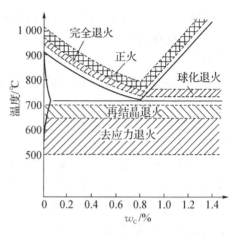

图 1-25 各种退火和正火的加热温度范围

(1) 淬火加热温度

亚共析钢的淬火加热温度一般为 $A_{c3}+(30\sim50)$℃。将亚共析钢加热到此温度,可获得细小的奥氏体晶粒,冷却后则获得细小的马氏体组织。如果加热温度过高,则获得粗大的马氏体,同时引起较严重的热处理变形。如果加热温度在 $A_{c1}\sim A_{c3}$ 之间,将获得铁素体和奥氏体,冷却后的淬火组织中会出现铁素体,造成硬度不足和不均匀。

共析钢和过共析钢的淬火加热温度一般为 $A_{c1}+(30\sim50)$℃。将共析钢和过亚共析钢加热到此温度,组织为奥氏体和少量的渗碳体,冷却后则获得细小的马氏体和粒状渗碳体组织。渗碳体能提高钢的硬度和耐磨性。如果加热温度超过 A_{ccm},则冷却后获得粗大的马氏体,增加钢的脆性,并且由于渗碳体的消失,使钢的硬度和耐磨性降低。如果加热温度过低,可能得到非马氏体组织,使钢的硬度达不到要求。

碳素钢淬火加热温度范围如图 1-26 所示。

(2) 淬火冷却

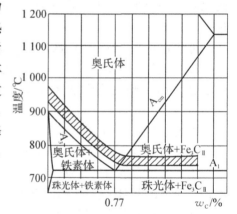

图 1-26 碳素钢的淬火加热温度范围

淬火要求得到马氏体,因此淬火的冷却速度就必须大于临界冷却速度(v_k),而快冷总是不可避免地要造成很大的内应力,引起钢的变形甚至开裂。淬火冷却速度越大,淬火内应力就越大,钢件变形、开裂的倾向也越大。很显然,在保证淬硬的前提下,淬火冷却速度应慢些。为此,淬火冷却时应选择合适的淬火介质和淬火方法。

①冷却介质。根据碳钢的冷却 C 曲线可知,过冷奥氏体在 650~400 ℃ 之间分解最快,因此只需在这一温度区间内快冷,而在这以上和以下的温度区间内并不要求快冷。在 M_s 点以下反而要求冷却缓慢些,以防止淬火变形和开裂。目前生产中应用较广的冷却介质是水和油。

水在650～400 ℃之间冷速很大,这对奥氏体稳定性较小的碳钢来说是非常有利的,常用于碳钢工件的冷却介质。但水在300～200 ℃之间冷却速度仍然很大,产生很大的组织应力,易使工件变形甚至开裂。向水中加入少量的盐,只增加它在650～400 ℃之间的冷速,而基本不改变它在300～200 ℃之间的冷却速度。因此,生产中一般采用浓度为10%的食盐水溶液来加快其冷却速度。

淬火用油一般为矿物油(如机油、变压器油、柴油等)。油在300～200 ℃之间冷却速度远小于水,这对于减小淬火工件的变形和开裂是很有利的,但它在650～400 ℃之间冷速也比水小,故不能用于碳钢,而只能用于过冷奥氏体稳定性较好的合金钢。

② 淬火方法。常用淬火方法有单液淬火、双液淬火、马氏体分级淬火和贝氏体等温淬火等,如图 1-27 所示。

a. 单液淬火。这种方法是将钢奥氏体化后,在一种介质中冷却到室内温度的淬火方法。一般用于形状不太复杂的碳钢与合金钢件(碳钢常用水,合金钢常用油)。

b. 双液淬火。这是将工件加热到淬火温度后,先在冷却能力较强的介质(如水或盐水)中冷却到 400～300 ℃,再迅速转移到冷却能力较弱的介质(如矿物油)中冷却到室温的淬火方法。双液淬火主要用于高碳工具钢所制造的工件,如丝锥、板牙等,以减小变形与开裂。

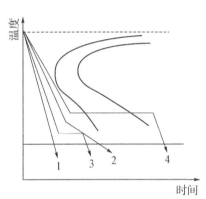

1—单液淬火　2—双液淬火
3—马氏体分级淬火　4—贝氏体等温淬火

图 1-27　各种淬火方法冷却示意图

c. 马氏体分级淬火。钢件经奥氏体化后,先投入到温度为 150～260 ℃ 的盐浴中,稍加停顿(约 2～5 min),然后取出空冷,以获得马氏体组织的淬火方法。常用于直径小于 20～30 mm 的合金钢刀具,或直径小于 10～12 mm 的碳钢刀具。

d. 贝氏体等温淬火。将经奥氏体化后的钢件投入温度稍高于 M_s 的盐浴中,保温足够长的时间,使其发生下贝氏体转变后取出空冷的淬火方法。常用于形状复杂、强度、韧性较好的工件,如各种模具、成形刀具等,还可用于高合金钢较大截面零件的淬火。

(3) 钢的淬透性与淬硬性

① 淬透性和淬硬性的概念。钢的淬透性是指钢在淬火时能够获得淬硬层深度的能力,也就是获得马氏体的能力。

用不同的钢材制成的相同形状和尺寸的工件在相同条件下淬火,淬透性好的钢获得的淬硬层深,截面上的硬度分布也比较均匀,钢件的综合性能就高。

淬透性主要取决于钢的临界冷却速度 v_k。v_k 越小,钢的淬透性就越高。一般来说,碳素钢的淬透性都比较低,而大多数合金元素加入钢中,都能显著提高钢的淬透性。

淬硬性是指钢在淬火时的硬化能力,用淬火后马氏体所能达到的最高硬度表示,它主要取决于马氏体中的含碳量,而合金元素对它影响不大。淬透性好的钢,它的淬硬性不一定高。

②影响淬硬层深度的因素。

a. 淬透性。钢的淬透性越大,则钢的淬硬层越深。

b. 零件尺寸大小。在钢的成分和冷却条件相同的情况下,零件尺寸越大,热容量越大,零件冷却速度就越慢,淬硬层深度就越浅。

c. 冷却介质。同钢种同尺寸的零件,在冷却能力较大的介质中冷却时,淬硬层深度较大;反之,则淬硬层深度较小。

热处理中常用临界淬透直径来具体衡量钢的淬透性。临界淬透直径是指钢在某种介质中淬火时,其心部能淬透的最大直径,以 D_0 表示。常用钢材的临界淬透直径见表1-3。

表1-3 常用钢材的临界淬透直径

钢 号	$D_{0水}/mm$	$D_{0油}/mm$	钢 号	$D_{0水}/mm$	$D_{0油}/mm$
45	10～18	6～8	T8～T12	15～18	5～7
60	20～25	9～15	GCr15	—	30～35
40Cr	20～36	12～24	9SiCr	—	40～50
20CrMnTi	32～50	12～20	Cr12	—	200

③钢的淬透性的应用。力学性能是机械设计中选材的主要依据,而钢的淬透性会直接影响钢在热处理后的力学性能。因此选材时,必须对钢的淬透性有充分了解。

机械制造中,许多大截面零件和在动载荷下工作的零件,以及承受拉力和压力的螺栓、拉杆、锻模等重要零件,常常要求零件的表面和心部力学性能一致,此时应当选用淬透性好的钢,淬火时应能全部淬透。

对于承受弯曲或扭转载荷的轴类、齿轮,其表面受力最大、心部受力最小,只要求淬透1/2～1/3 的半径或厚度即可。对于一些心部性能对使用没什么影响的零件,则可考虑选用淬透性较低的钢。

对于某些零件,不可选用淬透性高的钢。例如焊接件,若选用淬透性高的钢,就容易在焊缝热影响区内出现淬火组织,造成变形或开裂。又如承受强力冲击和复杂应力的冷镦凸模,其工作部分常因全部淬硬而脆断。

4) 回火

将淬火后的钢,再加热到 A_{c1} 点以下某一温度,保温后冷却到室温的热处理工艺称回火。

回火的目的是降低或消除淬火内应力,提高材料的塑性,提高尺寸稳定性,获得所需的使用性能。

(1) 回火组织转变。淬火得到的马氏体是一种不稳定的组织,有向稳定组织转变的倾向,而回火可以促使这种转变加快进行。随着回火加热温度的升高,马氏体中碳原子扩散能力增强,并逐渐以碳化物的形式从马氏体中析出,使得马氏体中碳的过饱和程度随之减小,最终成为铁素体。从马氏体中析出的碳化物随着回火温度的升高逐渐形成颗粒状并聚集长大,钢的强度、硬度下降,塑性、韧性升高。

(2) 回火的种类及应用。按回火温度范围,可将回火分为以下三类。

①低温回火(回火温度为150~250℃)。低温回火所得组织为回火马氏体。回火马氏体是由碳的过饱和度较低的马氏体及其析出的碳化物组成。淬火钢经低温回火后基本保持淬火后的高硬度,但韧性有所提高,内应力有所降低。低温回火主要用于要求高硬度(58~64 HRC)、高耐磨性的各种工具、刃具、量具、模具。如锤子、丝锥、塞尺、冷冲模具的凹模和凸模等。

②中温回火(回火温度为250~500℃)。中温回火所得组织为回火托氏体。回火托氏体是铁素体和细粒状渗碳体的混合物,硬度为35~50 HRC,有高的弹性极限、屈服强度和一定的韧性。中温回火常用于弹性零件以及要求中等硬度的零件。如汽车板簧。

③高温回火(回火温度为500~600℃)。高温回火得到回火索氏体组织。回火索氏体是铁素体和粒状渗碳体的混合物,硬度为20~35 HRC,具有良好的综合力学性能,即有较高的强度和良好的韧性。

通常将钢淬火加高温回火的复合热处理工艺称为调质处理。调质处理广泛应用于要求有良好综合力学性能的各种重要零件。如轴、齿轮、连杆、丝杠等。

1.3.3 钢的表面处理方法

在冲击载荷及表面剧烈摩擦条件下工作的机械零件,如齿轮、曲轴等,这类零件表面应具有高的硬度和耐磨性,而心部应具有足够的塑性及韧性。要达到这样的要求,一般需要在合理选材的基础上采用表面热处理。

表面热处理大致分两类:一类是只改变组织结构而不改变化学成分的热处理,叫表面淬火;另一类是改变化学成分的同时又改变组织结构的热处理,叫化学热处理。

1) 表面淬火

表面淬火是将钢件的表面层淬透到一定深度,而心部仍保持未淬火状态的一种淬火方法。它利用快速加热使钢件表面很快达到淬火温度,而不等热量传至心部,迅速予以冷却。这样,表面层被淬硬而心部仍是淬火前的组织,还保持较好的韧性和塑性。常用的表面淬火方法有感应加热表面淬火和火焰加热表面淬火。

(1) 感应加热表面淬火。感应加热表面淬火原理如图1-28所示。将工件放入由空心铜管绕成的感应圈(内可通水冷却)内,当感应圈中通过某种频率的交变电流时,感应圈附近空间将产生一个交变磁场,使钢件中产生频率相同的感应电流。由于趋肤效应,感应电流集中在工件表面层,且电流频率越高,电流集中的表面层越薄。由于电流的热效应,工件表面层被迅速加热到淬火温度,而心部仍接近室温,因此在随即快冷(喷水或油)后,就达到表面淬火的目的。

根据所用电流频率不同,感应加热可分为三种:①高频感应加热,常用频率为200~300 kHz,淬硬层深度为0.5~2 mm,适用于中、小模数齿轮

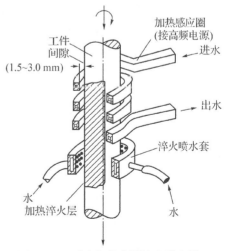

图1-28 感应加热表面淬火示意图

及中、小尺寸的轴类零件等；②中频感应加热，常用频率为 2 500～8 000 Hz，淬硬层深度为 2～10 mm，适用于较大尺寸的轴和中、大模数的齿轮等；③工频感应加热，电流频率为 50 Hz，淬硬层深度可达 10～20 mm，适用于大直径零件，如轧辊、火车车轮等的表面淬火。

表面淬火的工件常用中碳钢或中碳合金钢制造，以保证表面有较高的硬度和耐磨性，而心部有较好的韧性。工件表面淬火前，一般应先进行正火或调质处理，以改善心部性能，并为表面淬火作好组织准备。表面淬火后应进行低温回火。

感应加热表面淬火的加热速度快，淬火质量好，工件变形小，生产效率高，在生产上有广泛的应用。

(2) 火焰加热表面淬火。火焰加热表面淬火是利用氧-乙炔(或其他可燃气体)火焰，对工件表面进行加热，然后迅速冷却的热处理工艺。

火焰加热表面淬火设备简单、成本低，但淬火质量不易控制，适用于单件、小批量生产或大型零件的表面淬火。

2) 化学热处理

将工件置于一定温度的活性介质中保温，使一种或几种元素渗入其表面层，以改变表面层的化学成分、组织和性能的热处理工艺，称为化学热处理。

化学热处理过程，一般由分解、吸收和扩散三部分组成。分解时，活性介质析出活性原子，活性原子以溶入固溶体或以形成化合物的方式被工件表面吸收，并逐步向工件内部扩散，形成一定深度的渗层。常用的化学热处理方式有渗碳和渗氮等。

(1) 渗碳。为了增加工件表面层的含碳量和形成一定的碳浓度梯度，将工件在渗碳介质中加热并保温，使碳原子渗入其表面的化学热处理工艺，称为渗碳。

渗碳工件常选用低碳钢或低碳合金钢制造，以保证工件心部有良好的韧性。然后通过渗碳，把工件表面的含碳量提高到 0.85%～1.05%，再进行淬火和低温回火，使钢表面层具有高的硬度和耐磨性。

目前，气体渗碳在生产上应用最广，其工艺过程如图 1-29 所示。将工件装入密封的井式渗碳炉中，加热到 900～950 ℃，并向炉内滴入气体渗碳剂(如煤油或甲醇＋丙酮)。渗碳剂在高温下分解，形成气体，析出活性碳原子而进行渗碳。

渗碳后的工件必须淬火。淬火方法按工件质量要求不同，可以在渗碳后将温度降低到淬火起始温度，然后进行直接淬火，也可在渗碳后空冷，再重新加热淬火。渗碳件淬火后，都应进行 150～200 ℃ 的低温回火。

与中碳钢表面淬火相比，低碳钢渗碳淬火可使工件表层的硬度、耐磨性更高，心部韧性更好，且可使淬硬层沿工件轮廓均匀分布。因此，渗碳主要适用于同

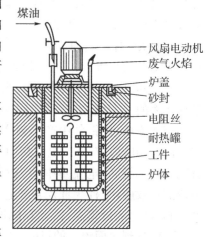

图 1-29 气体渗碳法示意图

时受磨损和冲击载荷较大的零件，如齿轮、导柱、导套等。渗碳的缺点是生产周期长，工件变形较大。

(2) 渗氮。在一定温度下(一般在 A_{c1} 以下温度)使活性氮原子渗入工件表面层的化学热处理工艺,称为渗氮。其目的是提高工件的硬度、耐磨性、耐蚀性和抗疲劳性。

常用的渗氮方法为气体渗氮。其工艺过程是将工件装入密封的渗氮炉中,加热到 500~550℃,通入氨气。氨气受热分解,析出活性氮原子渗入工件表面层。渗氮保温时间一般在 20~50 h,渗氮层厚度约 0.6~0.7 mm。

常用的渗氮钢为含碳 0.15%~0.45% 的合金结构钢。最典型的钢种为 38CrMoAl。钢中的 Cr、Mo、Al 等合金元素在渗氮过程中高度弥散、形成硬度极高、非常稳定的氮化物,如 CrN、MoN、AlN 等。渗氮后的工件表面硬度可达 1 000~1 100 HV(相当于 70 HRC 左右),因而耐磨性高。由于渗氮温度低,且渗氮后不需要再进行淬火处理,故渗氮工件的变形小。

工件在渗氮前应进行调质处理,以改善心部性能。

渗氮主要用于处理对耐磨性和精密度要求很高的零件,如镗床主轴、精密传动齿轮等。在塑料模中,一些用 3Cr2W8V 制作的工件如滑块、镶块、动模型芯等,可通过氮化提高热硬性、耐磨性和抗蚀性,减少其与塑料件的粘合现象,延长使用寿命。渗氮处理的缺点是生产周期长、成本高,并需要专门的氮化钢,使其应用受到一定限制。

1.4 碳素钢

碳素钢简称碳钢,是指含碳量小于 2.11% 并含少量硅、锰、硫、磷等杂质元素的铁碳合金。目前工业上使用的钢铁材料中,由于碳钢冶炼方便,加工容易,价格低廉,并且通过改变碳的含量和采取相应的热处理,可以满足许多工业上所要求的性能,故在机械制造、建筑、交通运输中应用极为广泛,占钢材总量的 80%。

1.4.1 碳素钢的分类

碳钢的分类方法很多,除了按含碳量分类外,还可以按其用途、质量等分类。

1) 按用途分类

(1) 碳素结构钢。主要用于制造工程结构(如桥梁、船舶、建筑物等)件和机械零件(如齿轮、轴、垫板、连杆等),这类钢一般属于低、中碳钢。

(2) 碳素工具钢。主要用于制造各种刀具、量具、模具等,这类钢属于高碳钢。

2) 按质量分类

主要根据钢中含有害杂质 S(硫)、P(磷)的多少来分。杂质元素 S、P 是钢中有害元素,其中 S 含量过多,会使钢在锻造等高温时变脆(即热脆性);而 P 含量过多,会降低常温下钢的塑性、韧性,低温时尤为显著(即冷脆性)。因此,必须严格控制它们在钢中的含量。

(1) 普通碳素钢。$w_P \leqslant 0.050\%$,$w_S \leqslant 0.045\%$;

(2) 优质碳素钢。$w_P \leqslant 0.035\%$,$w_S \leqslant 0.035\%$;

(3) 高级优质碳素钢。$w_P \leqslant 0.030\%$,$w_S \leqslant 0.030\%$。

3) 按钢水脱氧程度分类

(1) 镇静钢。脱氧较完全,成分和性能较均匀,组织致密,应用广泛。

(2) 沸腾钢。脱氧不完全,成分和性能不均匀,但成本较低。

(3) 半镇静钢。脱氧程度介于以上两种钢之间。

1.4.2 碳素钢的牌号、性能和用途

我国现行的碳素钢编号命名是以钢的质量和用途为基础来进行的，一般分为碳素结构钢、优质碳素结构钢、碳素工具钢和碳素铸钢。

1) 碳素结构钢

碳素结构钢中所含有害杂质硫、磷及非金属夹杂物较多，力学性能不高，但价格便宜，工艺性能良好，所以大量用于金属结构件和不重要的机械零件。一般在供应状态下使用。

碳素结构钢的牌号由代表屈服强度的字母 Q、屈服强度值、质量等级符号和脱氧方法符号四部分依次组成。其中，质量等级分 A、B、C、D 四级，所含硫、磷逐渐减少。脱氧方法用汉语拼音字母表示：沸腾钢用 F 表示；半镇静钢用 b 表示；镇静钢用 Z 表示（可省略不写）。如牌号 Q235-AF 表示屈服强度 $\sigma_S \geqslant 235$ MPa，质量等级为 A 的碳素结构沸腾钢。表 1-4 列出了碳素结构钢的性能和应用举例，其中 Q235 应用最为广泛。

表 1-4 碳素结构钢的力学性能和应用举例

钢号	质量等级	σ_S/MPa 钢板厚度（直径）/mm			σ_b/MPa	δ_S/% 钢板厚度（直径）/mm				应用举例
		≤16	>16~40	>40~60		≤16	>16~40	>40~60	>40~100	
Q195	—	(195)	(185)	—	315~390	33	32	—	—	塑性好，有一定强度，用于受力不大的零件，如：螺钉、螺母、焊接件、冲压件及桥梁建筑构件
Q215	A B	215	205	195	335~410	31	30	29	28	
Q235	A B C D	235	225	215	375~460	26	25	24	23	
Q255	A B	255	245	235	410~510	24	23	22	21	强度较高，用于承受中等载荷的零件，如：小轴、销子、连杆
Q275	—	275	265	255	490~610	20	19	18	17	

2) 优质碳素结构钢

优质碳素结构钢中所含有害杂质元素少，力学性能较好，故广泛用于制造较重要的机械零件。一般都是在热处理后使用。

按含锰量的不同，优质碳素结构钢可分为普通锰含量钢（0.35%~0.8%）和较高锰含量钢（0.7%~1.2%）两组。普通锰含量钢的牌号用两位数字（钢中平均含碳量的万分数）表示；沸腾钢需在数字后加字母 F，镇静钢不标注。较高锰含量钢用两位数字后加锰元素符号表示。

常用优质碳素结构钢的钢号、化学成分及正火后的力学性能见表 1-5。这类钢随钢号数字增加含碳量增加，组织中珠光体量增多，铁素体减少，因此钢的强度也随之增加，塑性随之降低。

表1-5 常用优质碳素结构钢的钢号、化学成分及力学性能

钢号	主要成分			力学性能					热轧	退火
	w_C	w_{Si}	w_{Mn}	正火状态≥					硬度/HBW	
				σ_b /MPa	σ_S /MPa	δ_5 /%	ψ /%	A_K/J		
普通Mn含量钢										
08F	0.05~0.11	≤0.03	0.25~0.50	295	175	35	60	—	131	—
10	0.07~0.14	0.17~0.37	0.35~0.65	335	205	31	55		137	
15	0.12~0.19	0.17~0.37	0.35~0.65	375	225	27	55		143	
20	0.17~0.24	0.17~0.37	0.35~0.65	410	245	25	55		156	
35	0.32~0.40	0.17~0.37	0.50~0.80	530	315	20	45	55	197	
40	0.37~0.45	0.17~0.37	0.50~0.80	570	335	19	45	47	217	187
45	0.42~0.50	0.17~0.37	0.50~0.80	600	355	16	40	39	229	197
50	0.47~0.55	0.17~0.37	0.50~0.80	630	375	14	40	31	241	207
60	0.57~0.65	0.17~0.37	0.50~0.80	675	400	12	35	25	255	229
65	0.62~0.70	0.17~0.37	0.50~0.80	695	410	10	30	—	255	229
较高Mn含量钢										
60Mn	0.57~0.65	0.17~0.37	0.70~1.00	695	410	11	35		269	229
65Mn	0.62~0.70	0.17~0.37	0.70~1.00	735	430	9	30	—	285	229

08F钢是一种含碳量很低的沸腾钢,强度很低,塑性很好。主要用于制造冷冲压零件,如汽车和仪器仪表的外壳、容器、罩子等。

15、20钢属于低碳钢,强度、硬度较低,塑性、韧性好,经渗碳和淬火后可制造强度要求不高的凸轮、齿轮、活塞销等一些耐磨又要耐冲击的零件,还常用于制造焊接容器。

35、40、45、50钢属于中碳钢,经调质处理后可制造要求有良好的综合力学性能(即有较高的强度和良好的韧性)的零件。力学性能要求不高时,也可在供应或正火状态下使用。常用于制造轴、齿轮、连杆、曲轴等受力较大的机械零件,其中45钢应用最广。

60、65钢属于高碳钢,经过淬火、中温回火后,具有较高的强度和弹性,常用来制造弹簧、板簧、轧辊和钢丝绳等。

60Mn、65Mn属较高锰含量钢,与含碳量相同的普通锰含量钢相比,具有较高的淬透性,可制造尺寸稍大的零件。

3) 碳素工具钢

碳素工具钢都是高碳钢,具有高的硬度、耐磨性。按质量分,碳素工具钢可分为优质和高级优质两种。优质碳素工具钢的牌号用字母T+数字(平均含碳量的千分数)表示。

高级优质碳素工具钢则在上述钢号后加字母 A。常用碳素工具钢的牌号、成分、性能和用途见表 1-6 所示。

表 1-6 常用碳素工具钢的牌号、成分、性能和用途

牌 号	$w_C/\%$	硬度		用 途
		退火后 HBW≤	淬火后 HRC≥	
T7、T7A	0.65~0.74	187	62	制造承受振动与冲击负荷并要求具有较高韧性的工具,如錾子、简单锻模、榔头等
T8、T8A	0.75~0.84	187	62	制造承受振动与冲击负荷并要求具有足够韧性和较高硬度的工具,如简单冲模、剪刀、木工工具等
T10、T10A	0.95~1.04	197	62	制造不受突然振动并要求在刃口上有少许韧性的工具,如丝锥、手锯条及低精度量具等
T12、T12A	1.15~1.24	207	62	制造不受振动并要求高硬度的工具、如锉刀、刮刀、丝锥等

碳素工具钢常用球化退火来改善切削加工性,在淬火、低温回火后使用。这类钢随钢号数字增加含碳量增加,钢的耐磨性增加,塑性、韧性下降。常用来制造锉刀、手锯条、錾子等手动切削工具和轻载、小型、形状简单的冷作模具。

4) **碳素铸钢**

有些机械零件,例如水压机横梁、轧钢机机架、重载大齿轮等,因形状复杂,难以用锻造方法成形;又因为力学性能要求较高,铸铁无法满足,故采用铸钢件。

碳素铸钢的牌号用字母 ZG 和两组数字表示,第一组数字表示钢的最低屈服强度,第二组数字表示最低抗拉强度。常用碳素铸钢的牌号、含碳量、力学性能和应用见表 1-7 所示。

表 1-7 常用碳素铸钢的牌号、w_C、力学性能与应用

钢 号	$w_C/\%$	力学性能(不小于)					应用举例
		σ_S /MPa	σ_b /MPa	$\delta/\%$	$\psi/\%$	a_k /(J·cm^{-2})	
ZG200-400	0.2	200	400	25	40	60	受力不大的机件,如机壳、变速箱壳等
ZG230-450	0.3	230	450	22	32	45	砧座、外壳、轴承盖、底板、阀体等
ZG270-500	0.4	270	500	18	25	35	轧钢机机架、轴承盖、连杆、箱体、曲轴、缸体、飞轮、蒸汽锤等
ZG310-570	0.5	310	570	15	21	30	大齿轮、缸体、制动轮、辊子等
ZG340-640	0.6	340	640	10	18	20	起重运输机中的齿轮、联轴器等

1.5 合金钢

碳钢虽然在工业生产中得到了广泛的应用,但仍存在着一些缺点,不能完全满足实际需求。具体体现在:

(1) 淬透性低。对于直径大于 20~25 mm 的零件,即使水淬也难淬透,不适合制造性能要求高的大型构件。

(2) 力学性能比合金钢低。如 20 号钢的强度 $\sigma_b \geqslant 410$ MPa,而 16Mn 仅加入少量的 Mn,$\sigma_b \geqslant 520$ MPa。

(3) 不具备特殊性能。如耐高温、耐腐蚀、高硬度、高耐磨性。

合金钢是为了改善钢的组织与性能,有意识地在碳钢中加入某些合金元素所获得的钢种。合金钢具有淬透性好、综合力学性能好、热硬性好、热处理后变形小等优点,能保证大尺寸零件的性能,同时获得较高的精度。由于生产和加工工艺较复杂,合金钢价格较贵。

1.5.1 合金元素在钢中的作用

合金钢中常用的合金元素有锰(Mn)、硅(Si)、铬(Cr)、镍(Ni)、钼(Mo)、钨(W)、钒(V)、钛(Ti)、铌(Ni)、锆(Zr)等元素。

合金元素在钢中可以与铁和碳形成固溶体和碳化物,也可以相互之间形成金属间化合物,从而改变钢的组织和性能。它们在钢中的作用主要有以下几点。

(1) 形成合金铁素体。大多数合金元素都能溶入铁素体,形成含合金元素的铁素体。合金元素的溶入,产生了固溶强化,使铁素体的强度、硬度有所提高。

(2) 形成合金碳化物。有些合金元素能与碳形成合金碳化物。它们与碳的亲和力有强弱之分,把这些碳化物形成元素从强到弱依次排列为钛、铌、钒、钨、钼、铬、锰、铁。当钢中同时存在几种碳化物的形成元素时,亲和力强的元素优先与碳化合。合金碳化物比渗碳体具有更高的硬度、耐磨性和熔点,受热时不易聚集长大,也难以溶入奥氏体。当合金碳化物以细小粒状均匀分布时,能提高钢的强度和耐磨性,而不增加其脆性。

(3) 提高共析温度并使 S、E 点左移。钢中加入的合金元素除锰、镍外,均使 S 点上升。这就意味着大多数合金钢的热处理温度要比相同含碳量的碳钢高一些。

合金元素均能使钢中的 S、E 点成分左移,所以,共析钢中的含碳量就不是 0.77%,而是小于 0.77%,出现共晶组织的最低含碳量也不再是 2.11%,而是小于 2.11% 了。

(4) 细化晶粒。大多数合金元素(Mn 除外)在加热时能细化奥氏体晶粒,尤其是钒、铌、钛等强碳化物的形成元素,能使钢在较高的温度下仍保持细小的晶粒。

(5) 提高淬透性。除 Co 以外,大多数合金元素溶入奥氏体后,能使钢的 C 曲线右移,v_k 减小,从而提高钢的淬透性。因此,合金钢工件在淬火时,常常采用冷却能力较小的淬火介质,可减小淬火内应力和变形、开裂倾向。特别是对于合金钢制造的大尺寸工件很有利,可在整个截面上获得均匀的组织,使其综合力学性能得到提高。

(6) 提高回火稳定性。淬火钢在回火时抵抗软化的能力称为回火稳定性。在相同的回火温度下,硬度下降较低的钢,回火稳定性好。合金元素可阻碍马氏体的分解,阻碍碳化物的聚集长大,提高钢的回火稳定性。高的回火稳定性使钢在较高温度下仍保持高硬度和高耐磨性,这种性能称热硬性。它对于切削速度较高的刀具有重要意义。

(7) 使钢获得特殊性能。合金元素加入钢中,可以使钢形成稳定的单相组织或形成致密的氧化膜和金属间化合物,从而使钢获得耐腐蚀、耐热等特性。

1.5.2 合金钢的分类、牌号表示方法

1) 合金钢的分类

合金钢的种类繁多,分类方法也很多,常用分类方法有以下几种。

(1) 按合金元素的含量分

①低合金钢。合金元素总的含量小于5%;

②中合金钢。合金元素总的含量在5%～10%之间;

③高合金钢。合金元素总的含量大于10%。

(2) 按用途分

①合金结构钢。主要用于制造重要的机械零件和工程结构件,包括低合金结构钢、渗碳钢、调质钢、弹簧钢和滚动轴承钢。

②合金工具钢。主要用于重要的刀具、量具和模具等,包括合金刃具钢、合金模具钢和合金量具钢。

③特殊性能钢。用于有特殊要求的工件,包括不锈钢、耐热钢、耐磨钢。

2) 合金钢的牌号表示方法

我国合金钢牌号是用"数字＋合金元素符号＋数字"表示。

对于合金结构钢,前面的数字表示钢的平均含碳量,单位为万分之一;后面的数字表示合金元素平均含量的百分之一。当合金元素的平均含量小于1.5%时,牌号中只标明合金元素,而不标明含量。如60Si2Mn 表示 w_C 为 0.57%～0.65%, w_{Si} 为 1.5%～2.0%, w_{Mn} 为 0.6%～0.9%的合金钢。

对于合金工具钢和特殊性能钢,当含碳量小于1%时,用一位数字表示钢的平均含碳量,单位为千分之一;当含碳量大于或等于1%时,则不标明含量。后面的数字仍为合金元素百分含量。如9Mn2V钢,平均含碳量为0.9%;CrWMn钢,其平均含碳量大于1%。

1.5.3 合金钢的性能和用途

1) 合金结构钢

(1) 低合金结构钢。低合金结构钢常用来制造较重要的工程结构零件。

低合金结构钢的含碳量不大于0.20%,并含有少量(不大于3%)的合金元素,由于合金元素的强化作用,这类钢比相同含碳量的普通碳素结构钢强度高得多(故又称低合金高强度钢),而且还具有良好的韧性、塑性、焊接性和较好的耐磨性。

低合金结构钢通常在热轧空冷状态下使用,不需要专门进行热处理。若为改善焊接区性能,可进行正火。

16Mn钢是常用的低合金结构钢,广泛应用于制造在大气和海洋中工作的大型焊接结构件,如建筑结构、桥梁、车辆、船舶、输油输气管道、压力容器等。

(2) 合金渗碳钢。合金渗碳钢常用来制造截面大且受较强烈的冲击力,并在磨损条件下工作的渗碳工件。

合金渗碳钢的含碳量在0.10%～0.25%之间,这样可以保证零件心部有足够的韧

性。常加入 Cr、Ni、Mn、B 等合金元素,以提高钢的淬透性,减小热处理变形,并使心部得到低碳马氏体,以提高心部强度。有些钢中加入 V、Ti 等元素以形成特殊碳化物,阻止奥氏体晶粒在渗碳温度下长大,使零件在渗碳后能进行预冷直接淬火,并提高零件表面硬度、接触疲劳强度和韧性。

20Cr、20CrMnTi 钢是常用的合金渗碳钢。20Cr 钢淬透性不高,用于要求小截面渗碳工件,如小齿轮、小轴、活塞销等。20CrMnTi 钢淬透性较 20Cr 钢高,可用于尺寸较大的高强度渗碳件,如汽车、拖拉机变速齿轮等。

18Cr2Ni4WA 中含有较多的 Ni、Cr 元素,淬透性高,空冷也能淬成马氏体,渗碳层和心部的性能都非常优异。主要用来制造承受重载荷及强烈磨损的重要大型工件,如飞机、坦克的重要齿轮。

合金渗碳钢的热处理过程是在渗碳后淬火再进行低温回火,使渗碳件表面获得高碳回火马氏体,以保证高硬度(58～64 HRC)和耐磨性。而心部是低碳回火马氏体,具有足够的强度和韧性。

(3) 合金调质钢。合金调质钢常用于制造要求综合力学性能良好的大尺寸工件。尺寸小的调质工件常用中碳钢制造,尺寸大、综合性能要求高的调质工件如机床主轴、汽车底盘的半轴、柴油机连杆螺栓等应采用合金调质钢制造。

合金调质钢的含碳量在 0.25%～0.5% 之间,以保证其具有足够的强度和韧性。主要添加的合金元素为铬、镍、硅、锰、硼,以提高淬透性和回火稳定性,并起固溶强化作用。根据淬透性,将合金调质钢分为以下 3 类:

①低淬透合金调质钢,如 40Cr、40MnVB 等。用于制造截面尺寸相对较小或载荷较小的零件,如连杆螺栓、机床主轴等。

②中淬透合金调质钢,如 35CrMo、38CrSi 等。用于制造截面尺寸较大或载荷较大的零件,如火车发动机曲轴、连杆等。

③高淬透合金调质钢,如 38CrMoAl、40CrNi 等。用于制造截面尺寸大或载荷大的零件,如精密机床主轴、汽轮机主轴、航空发动机曲轴、连杆等。38CrMoAl 是典型的渗氮用钢,用于制造高硬度、高耐磨性和变形量要求极小的精密工件。

合金调质钢常用的热处理方法是淬火后高温回火,以获得良好的综合力学性能。如果工件表面还要求有良好的耐磨性,则调质处理后再进行表面淬火和低温回火。

(4) 合金弹簧钢。合金弹簧钢常用来制造具有较高的弹性极限、屈服强度和疲劳强度的弹簧等弹性工件。

合金弹簧钢的含碳量为 0.5%～0.7%。为了提高其塑性、韧性、弹性极限和淬透性以及回火稳定性,常加入的元素有硅、锰、铬、钒等。

合金弹簧钢的加工和热处理方式有如下两种:

①冷成形弹簧。对于直径小于 8～10 mm 的弹簧,常用已有高弹性的冷拉钢丝冷卷成形。这种弹簧在冷卷后需要在 200～250 ℃ 的油槽中进行低温回火,以消除冷卷时造成的内应力。

②热成形弹簧。对于直径大于 10～15 mm 的大截面弹簧,多用热轧钢丝或钢板采用热成形。在热成形后进行淬火和中温回火。还可进行喷丸处理,使弹簧表面产生残余压

应力,提高抗疲劳强度。

60Si2Mn 钢是常用的合金弹簧钢,广泛用于制造汽车、拖拉机上的减震板簧、螺旋弹簧、测力弹簧等。

50CrVA 是应用最广的铬、钒元素合金化的弹簧钢,常用来制造承受重载荷的较大型弹簧,如大轿车、载重汽车的板簧。

(5) 滚动轴承钢。滚动轴承钢常用于制造滚动轴承的滚珠、滚柱、滚针和内外圈,还用于制造高精度量具、冷冲模具和其他耐磨工件。

滚动轴承钢的含碳量为 0.95%～1.15%,以获得高的硬度和耐磨性。主要加入元素是铬,含量在 0.4%～0.65%之间,可提高钢的淬透性、耐磨性和抗疲劳性。

滚动轴承钢常用的热处理方式是以球化退火作为预备热处理,再经淬火和低温回火后,获得极细回火马氏体和分布均匀的细小碳化物以及少量的残余奥氏体组织,硬度可达 61～65 HRC。

GCr15 钢是最常用的滚动轴承钢。牌号中的字母 G 代表滚动轴承钢,铬后面的数字代表铬的千分含量。另外,GCr6 可用于小于 ϕ10 mm 的滚珠、滚柱和滚针,GCr9 可用于 ϕ20 mm 以内的滚珠、滚柱和滚针。

2) 合金工具钢

合金工具钢比碳素工具钢具有更高的硬度及耐磨性,特别是具有更好的淬透性、热硬性和回火稳定性等,常用于制造截面大、形状复杂、性能要求高的工具,还可以用来制造模具和量具。

(1) 合金刃具钢。刃具是用来进行切削加工的工具,主要指车刀、铣刀、丝锥、板牙等。刃具钢要求有高硬度(>60 HRC)、高耐磨性、高热硬性和一定的强度和韧性。常用的刃具钢有碳素工具钢、低合金工具钢和高合金工具钢。碳素工具钢由于淬透性低,热硬性差(约 200 ℃),只能用于制造淬火变形要求不高的低速切削刀具。

①低合金工具钢。低合金工具钢是在碳素工具钢的基础上添加总量不超过 5%的合金元素,常加入铬、硅、锰来提高其淬透性和强度,加入钨、钒以提高硬度、耐磨性和热硬性。低合金工具钢中含碳量为 0.75%～1.5%,以保证钢的高硬度并形成足够的合金碳化物。

低合金工具钢常用的热处理方式为锻造后采用球化退火作为预备热处理,淬火加低温回火作为最终热处理。常用来制造形状复杂、淬火变形小的低速切削刀具,常用的低合金工具钢牌号有 9SiCr 和 CrWMn。

9SiCr 钢淬透性好,截面尺寸小于 50 mm 的工具在油中冷却可淬透。其碳化物细小且分布均匀,主要用于制造刀刃细薄的低速切削刀具,如丝锥、板牙、铰刀等。

CrWMn 钢的优点是淬火变形小,耐磨性高,适合制造要求淬火变形小、长而形状复杂的低速切削刀具,如拉刀、长铰刀、长丝锥等。

另外,9Mn2V 可用于制作小冲模、剪刀、冷压模、雕刻模、落料模及各种变形小的量规、样板、丝锥、板牙、铰刀等。

②高速钢。高速钢又称白钢、锋钢,是一种高碳高合金工具钢。高速钢的含碳量为 0.7%～0.9%,并含有大量的铬、钼、钨、钒等元素。铬的作用是提高淬透性,钼、钨、钒则

可提高热硬性以及细化晶粒。

高速钢的主要优点是热硬性高,经热处理后,在 600 ℃时仍能保持高的硬度,可达 62 HRC 以上,从而保证其切削性能和耐磨性。高速钢刀具的切削速度比碳素工具钢和低合金工具钢刀具提高 1～3 倍,耐用性增加 7～14 倍,故称为高速钢。高速钢具有很高的淬透性,甚至在空气中冷却也能形成马氏体组织。

高速钢常用来制造形状复杂的、切削速度较高的整体刀具,如钻头、车刀、铣刀、刨刀、机用锯条等。此外,高速钢也可用来制造某些重载冷作模具及耐磨工件。

高速钢的热处理为锻后进行球化退火,最终热处理是淬火、回火。淬火温度非常高(1 200～1 300 ℃),淬火后回火温度也很高(560 ℃),且要三次,每次一小时。

W18Cr4V 是我国发展最早的一个钢种,它的特点是热硬性高、加工性好,其热处理性能和磨削性能好。目前还广泛采用 W6Mo5Cr4V2 等钨钼系高速工具钢,这种钢的碳化物分布均匀,使用状态下的韧性、耐磨性和使用寿命都优于 W18Cr4V,而且价格相对较低,但磨削加工性能稍差,脱碳敏感性较大,适用于制作采用热轧、扭制等工艺生产的刀具,以及受冲击、振动较大的刀具。

(2) 合金模具钢。模具钢大体可分为冷作模具钢、热作模具钢和塑料模具钢。

①冷作模具钢。冷作模具钢是在冷态下使金属材料产生塑性变形的模具,如冲裁模、弯曲模、拉深模、拉丝模等,这类模具的工作温度不超过 200～300 ℃。

冷作模具钢一般要求含碳量不小于 0.9%,以保证有足够多的合金碳化物。主要加入的合金元素有锰、铬、钨、钼、钒等。锰、铬等合金元素主要用于提高淬透性和强度。钨、钼、钒等元素与碳形成难熔的合金碳化物,可提高钢的耐磨性和回火稳定性,并能细化晶粒,钼还能改善钢的韧性。

冷作模具钢的热处理一般为淬火加低温回火。因其工作条件繁重,对凸模和凹模均要求具有较高的硬度(58～62 HRC)和高的耐磨性以及足够的强度和韧性,并要求淬火变形小。根据上述性能要求,合金刀具钢通常也可用于冷作模具。

常用的冷作模具钢有三类:

a. 碳素工具钢。常用于轻载、小型、形状简单的冷作模具,如 T8A、T10A、T12A 等。

b. 低合金工具钢。常用于形状较复杂、工作负荷不大的中型冷作模具,如 9SiCr、9Mn2V、CrWMn 等。

c. 高铬高碳工具钢。这种钢的含铬和含碳量均很高,具有很高的淬透性和耐磨性,常用于制造尺寸大、要求耐磨性高和淬火变形小的重载冷作模具,如 Cr12 和 Cr12MoV 等。

Cr12 型钢属莱氏体钢,钢中含碳量高达 2.0%～2.3%,耐磨性很好;含铬量高,可提高淬透性和细化晶粒,并形成铬的碳化物,提高耐磨性。Cr12MoV 含碳量为 1.4%～1.7%,碳化物分布较均匀,加之钼、钒能细化晶粒,它的强度和韧性比 Cr12 钢高。另外,我国还研制出一些新型冷作模具钢,如 7Cr7Mo3VSi、9Cr6W3Mo2V2、6CrNiSiMnMoV 等。

②热作模具钢。热作模具钢是用来制造对金属进行热变形加工的模具,如热锻模、热挤压模、压铸模等。

热作模具钢含碳量为0.3%～0.6%,以保证足够的强度、韧性和硬度。主要加入的合金元素有铬、镍、锰、钨、钼、钒等,其中铬、镍、锰主要用于提高淬透性和强度;加入钨、钼、钒主要是为了提高热硬性、抗热疲劳性、回火稳定性,并有细化晶粒和防止第二类回火脆性的作用。

生产上常用5CrMnMo钢制造中小型热锻模(模具有效厚度小于400 mm)。常用5CrNiMo制造大型热锻模(模具有效厚度大于400 mm),其淬透性、抗热疲劳性和韧性更高。这类钢的主要特点是强度、韧性高,淬透性好,并具有良好的抗回火性、耐热疲劳强度和耐磨性,常用于制造热锻模及热态工作的弯曲模、切边模等。

对于在静压力下使金属产生变形的挤压模和压铸模,由于变形速度小,模具与炽热金属接触时间长,需要模具具备较高的高温强度和较高的热硬性,通常采用3Cr2W8V钢制造。该材料具有较小的热膨胀系数,良好的高温力学性能、抗疲劳性和热传导性,热处理变形也比较小,但高温韧性较差。

对于热作模具钢,要反复锻造,使碳化物均匀分布。锻造后要退火以消除锻造应力、降低硬度(197～241 HBW),便于切削加工。最终热处理一般为淬火加高温(中温)回火,得到回火索氏体,以获得良好的综合力学性能,来满足使用要求。

③塑料模具钢。按塑料制品的成型方法可将塑料成型模具分为压塑模具、挤塑模具、注射模具、挤出成型模具、泡沫塑料模具及吹塑模具等六种。由于各种塑料原材料的性质及成分不相同,成型方法不同,因而对成型模具的硬度、抛光性能、耐腐蚀性能要求和使用温度也不相同。

模具在工作过程中主要受温度、压力及摩擦作用,其失效形式以摩擦磨损为主。但与金属材料的冷冲压模具、热锻造模具等比较,塑料模对强度、硬度、热硬性及耐磨性的要求低得多。所以,以往中小厂家对塑料模具的材料选用并不严格。用于制作压塑、挤塑、注射、挤出模具的材料主要有碳素结构钢Q235、35、45钢,碳素工具钢T8、T10,合金结构钢40Cr、20CrMnTi、38CrMoAl,合金工具钢5CrNiMo、9Mn2V、CrWMn、Cr12,不锈钢2Cr13;而泡沫塑料及吹塑模具主要选择有色金属锌、铝、铜及其合金或铸铁制造。

(3) 合金量具钢。量具是机械加工过程中控制加工精度的测量工具。如卡尺、千分尺、块规、塞尺及样板等。量具的工作部分应具有高的硬度和耐磨性,以防止在使用过程中因磨损而失效。另外,量具钢组织的稳定性要高,以保证在使用过程中尺寸不变,从而获得高的尺寸精度。

量具钢没有专用钢种。尺寸小、精度不高、形状简单的量具常用碳素工具钢制造,如T10A、T12A等;精度较高、形状复杂、要求淬火变形小的量具,常用低合金工具钢制造,如9SiCr、CrWMn等,对于高精度量具,常采用滚动轴承钢制造,如GCr15。

为了提高高精度量具的尺寸稳定性,可在淬火后进行冷处理,尽量消除钢中的残余奥氏体;还可在磨削加工过程中进行稳定化处理,即在150 ℃左右进行长时间保温,然后冷却,以消除磨削内应力并稳定组织。

3) 特殊性能钢

特殊性能钢是指具有特殊使用性能的钢。特殊性能钢包括不锈钢、耐热钢、耐磨钢等。

(1) 不锈钢。不锈钢是指能抵抗大气腐蚀或抵抗酸、碱、盐化学介质腐蚀的钢。

不锈钢获得抗腐蚀性能的最基本元素是铬。铬在氧化性介质中能形成一层氧化膜(Cr_2O_3),以防止钢的表面被外界介质进一步氧化和腐蚀。另一方面含铬量达到12%的钢的电位跃增,有效地提高了钢的抗电化学腐蚀性。所以不锈钢中的含铬量不少于12%,且含量越多,钢的耐腐蚀性越好。

碳是不锈钢中降低耐腐蚀性的元素。但含碳量关系到钢的力学性能,还应根据不同情况,保留一定的含碳量。

不锈钢按金相组织不同,常分为以下三类:

①铁素体不锈钢。这类钢含碳量较低($w_C \leqslant 0.12\%$),以铬为主要合金元素,组织是单相铁素体,抗大气与酸的能力强,耐蚀性、高温抗氧化性、塑性和焊接性好,但强度低,可用形变强化提高其强度。常见牌号有1Cr17、1Cr28、0Cr17Ti等。一般用于工作应力不大的化工设备、容器、管道以及建筑装潢、家用电器、家庭用具等。

②马氏体不锈钢。这类钢含碳量稍高(0.1%~0.45%),淬透性好,油淬或空冷能得到马氏体组织。它具有较高的强度、硬度和耐磨性,是不锈钢中力学性能最好的钢。缺点是耐腐蚀性稍低,可焊性差。常用牌号有1Cr13、2Cr13、3Cr13、7Cr17等。

1Cr13、2Cr13因塑性和韧性较好,常用于制造弱腐蚀介质中要求具有较高韧性的工件,如汽轮机叶片、仪表齿轮、家用物品等,常经淬火、高温回火后使用。

3Cr13因硬度较高(可达50 HRC),适用于制造要求耐腐蚀的医疗器械、弹簧、喷嘴、阀门等,常经淬火及低温或中温回火后使用。

7Cr17因含碳量高,淬火后硬度可大于54 HRC,常用作要求耐腐蚀性的刃具、量具、滚动轴承等。

③奥氏体不锈钢。这是一类典型的铬镍不锈钢。其含碳量较低($w_C \leqslant 0.15\%$),具有单相奥氏体组织、很好的耐腐蚀性、耐热性、优良的抗氧化性和较高的力学性能,室温及低温韧性、塑性和焊接性也是铁素体不锈钢不能比拟的,在工业上应用最广。这类钢可加热到1 100 ℃左右保温,然后水冷至室温,获得单相奥氏体组织,这种热处理又称固溶处理。经固溶处理后的不锈钢塑性很好、无磁性,适用于进行各种冷塑性变形,但对加工硬化很敏感,切削加工性能较差。常见牌号有1Cr18Ni9、1Cr18Ni9Ti。常用来制造要求具有良好耐蚀性的各种结构件、容器及化工管道等。

(2) 耐热钢。耐热钢是指在高温条件下仍能保持足够的强度并能抵抗氧化而不起皮的钢。

为了提高抗氧化的能力,钢中主要加入铬、硅、铝等元素。这些元素的氧化能力比铁强,能在表面形成一层致密的氧化膜Cr_2O_3、SiO_2、Al_2O_3,能有效地阻止金属元素向外扩散和氧、氮、硫等腐蚀性元素向里扩散,保护金属免受侵蚀。这些氧化性的元素越多,抗氧化能力越强。

为了提高钢的高温强度,向钢中加入高熔点元素钨、钼,使其固溶于铁,增加钢的抗蠕变(即受力时产生缓慢连续变形的现象)能力。此外,加入钒、钛,析出弥散碳化物,能提高钢的高温强度。常用的耐热钢有15CrMo、1Cr18Ni9Ti、1Cr13Si3、4Cr9Si2、1Cr23Ni13等。主要用于制造石油化工的高温反应设备、加热炉、火力发电设备的汽轮机和锅炉、汽车和船舶的内燃机、飞机发动机等高温条件下工作的零件。

(3) 耐磨钢。耐磨钢是指具有高耐磨性的钢种。在各类耐磨钢中,高锰钢是具有特殊性能的耐磨钢,主要用于工作过程中承受高压力、严重磨损和强烈冲击的零件,如坦克、车辆履带板、挖掘机铲斗、破碎机颚板、铁轨分道叉和防弹板等。典型牌号是ZGMn13。

ZGMn13 钢的平均含锰量为 13%,含碳 1.2%,属于奥氏体钢。力学性能为:$\sigma_b = 1\,050$ MPa、$\sigma_s = 400$ MPa、$\delta = 80\%$、$\psi = 50$、硬度为 210 HBW。从以上数据来看,其屈服强度不高,只有抗拉强度的 40%,伸长率及端面收缩率很高,说明有相当高的韧性,它的硬度虽不高,但却有很高的耐磨性。它之所以有很高的耐磨性,是由于它在常温下为单一奥氏体组织,经受冲击而产生冷加工硬化,使钢获得高的耐磨性。高锰钢的耐磨性只在高压下才表现出来,低压下并不耐磨。

1.6 铸铁

铸铁是含碳量大于 2.11%(一般为 2.5%~5%)并含有较多硅、锰、硫、磷等元素的铁碳合金。它与钢相比,虽然抗拉强度、塑性、韧性较低,但却具有优良的铸造性、可切削加工性、减震性和耐磨性等,生产成本也较低,因此在机械制造业中得到广泛的应用。据统计,农业机械中的铸铁重量约占 40%~60%;汽车、拖拉机中约占 60%~70%;而机床中约占 60%~90%。

碳在铸铁中,除少量溶于铁素体外,绝大多数是以石墨或渗碳体形式存在的。根据碳的存在形式及石墨形态不同,铸铁可分为白口铸铁、灰口铸铁、可锻铸铁和球墨铸铁等几种。在白口铸铁中,碳全部以渗碳体形式存在,其断口呈银白色。白口铸铁由于硬度高,难以切削加工,如烧饭、炒菜用的铁锅就是白口铸铁。在工业上很少直接采用白口铸铁制造零件,而主要用作炼钢或生产铸铁的原料。在常用的几种铸铁中,碳大部分或全部以石墨形式分布在金属基体上。

1.6.1 铸铁的石墨化

铸铁中的碳原子析出并形成石墨的过程称为铸铁的石墨化。铸铁中的石墨可由液体或奥氏体中析出,也可由渗碳体分解得到。石墨化过程主要受铸铁的化学成分和冷却速度影响。

1) 化学成分的影响

碳和硅是强烈促进石墨化的元素,铸铁中碳和硅的含量越高,石墨化越易进行。但含量过多会导致石墨片粗大,降低力学性能,故其含量应控制在一定范围内(含碳:2.6%~4%;含硅:1.0%~3.0%)。硫是强烈阻碍石墨化的元素,还会降低铁水的流动性,应限制其含量(一般限制在 0.15%以下),否则易形成白口铸铁。锰虽然会阻碍石墨化,但它能减轻硫的有害作用,还可提高力学性能,含量可稍高(约 0.6%~1.2%)。磷虽有微弱的促进石墨化作用,但会产生冷脆,一般将其含量限制在 0.3%以下。

2) 冷却速度的影响

铸件的冷却速度对其石墨化的影响很大。冷却速度越慢,原子扩散时间越充分,越有利于石墨化的进行,冷却速度过快容易形成白口铸铁。影响冷却速度的主要因素是铸件壁厚与铸型材料。铸件壁越厚,铸型材料导热性越小,则冷却速度越小,石墨化越易进行,反之则石墨化不易进行。因此,调整冷却速度可以控制铸件的组织。碳和硅的含量与铸件壁厚对铸铁组织的影响如图1-30所示。由图可见,含碳、硅越高,冷却速度越慢,越有利于石墨化。对于一定壁厚的铸件,可通过调整碳和硅的含量来调整铸铁的石墨化程度。

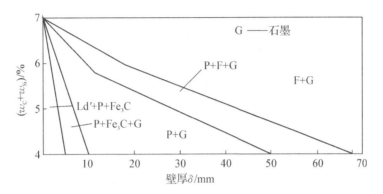

图1-30 碳、硅含量和壁厚对铸铁组织的影响

1.6.2 灰铸铁

碳大部分或全部以片状石墨形式出现的铸铁,因断口呈灰色,称为灰铸铁。此类铸铁生产工艺简单,价格低廉,工业应用最广。

1) 组织特点

灰铸铁的组织由金属基体和片状石墨组成,如图1-31所示。根据基体组织不同,灰口铸铁可分为:

(1) 铁素体灰口铸铁。组织是铁素体+片状石墨。
(2) 铁素体-珠光体灰口铸铁。组织是铁素体+珠光体+片状石墨。
(3) 珠光体灰口铸铁。组织是珠光体+片状石墨。

(a) 铁素体基体　　　　　(b) 铁素体-珠光体基体　　　　　(c) 珠光体基体

图1-31 灰铸铁的显微组织

2) 性能特点

由于石墨($w_C \approx 100\%$)具有简单六方晶格,其强度($\sigma_b \approx 20$ MPa)、硬度(3~5 HBW)很低,塑性、韧性几乎为零,因此灰铸铁的组织相当于在钢的基体上分布着许多细小的裂纹。由于片状石墨割裂了金属基体,并容易引起应力集中,故灰铸铁的抗拉强度低,塑性、韧性很差。但石墨对铸铁的抗压强度和硬度影响不大,所以灰铸铁的抗压强度和硬

度与相同基体的钢差不多。石墨的存在,也使灰铸铁获得良好的耐磨性、抗震性、切削加工性和铸造性能,缺口敏感性也较低。

灰铸铁由于有上述的优良性能并且价格低廉,所以在生产上得到了广泛应用。常用于制造形状复杂而力学性能要求不高的工件,如各种箱体、阀体、泵体等;承受压力、要求减震的工件,如机床床身、机座等;以及某些要求耐磨的工件。

3) 常用热处理

热处理只能改变基体组织,不能改变石墨的形态、大小和分布,因此,对灰铸铁采用强化型热处理来提高其力学性能的效果不大,其热处理仅限于消除内应力退火、表面淬火处理等。

(1) 消除内应力退火。又称人工时效,是将铸件加热到 500~550 ℃,保温后缓慢冷却至 200 ℃ 出炉空冷的热处理工艺。铸件在冷却过程中会产生内应力,导致铸件在加工和使用过程中产生变形。因此,铸件在成形后都需要进行消除内应力退火,尤其对一些大型、复杂或加工精度较高的铸件(如机床床身、柴油机汽缸等),在铸造后、切削加工前,甚至在粗加工后都要进行一次时效退火。

自然时效是对于一些不急用的铸铁件,可在露天长期放置(数月乃至更长),使内应力随气温的反复变化而逐渐消退的方法。

(2) 表面淬火。有些铸件,如机床导轨表面、汽缸内壁等,需要有较高的硬度和耐磨性,常进行表面淬火处理,如高频表面淬火、火焰表面淬火等。

4) 牌号及用途

灰铸铁的牌号由字母 HT 加表示最低抗拉强度值的数字组成。灰铸铁的牌号、性能及主要用途见表 1-8。

表 1-8 灰铸铁的牌号、性能及主要用途

灰铸铁牌号	抗拉强度 σ_b/MPa($\geqslant$)	相当于旧牌号	主要用途
HT100	100	HT10-26	受力很小,不重要的铸件,如盖、外罩、手轮、重锤等
HT150	150	HT15-33	受力不大的铸件,如底座、罩壳、刀架座、普通机床座等
HT200	200	HT20-40	较重要的铸件,如机床床身、齿轮、齿轮箱体、划线平板、冷冲模上下模板、轴承座、联轴器等
HT250	250	HT25-47	
HT300	300	HT30-54	要求高强度、高耐磨性、高度气密性的重要铸件,如重型机床床身、机架、高压油缸、泵体等
HT350	350	HT35-61	

对于强度要求较高的灰铸铁铸件,生产上除降低碳、硅的含量以获得珠光体基体外,还需在铁水中加少许孕育剂,进行孕育处理而得到细晶粒珠光体和细石墨片组织的铸铁。

1.6.3 可锻铸铁

可锻铸铁又称马铁,它是用具有一定含碳、硅量的白口铸铁,经过石墨化退火获得。

1) 组织特点

可锻铸铁的组织可以看成在钢基体上分布着团絮状石墨。按石墨化退火条件不同,

可锻铸铁分为黑心可锻铸铁和白心可锻铸铁两大类。

黑心可锻铸铁是由白口铸铁在中性介质中，经高温石墨化退火制成，断口呈灰黑色。黑心可锻铸铁按基体组织不同，又可分为铁素体可锻铸铁及珠光体可锻铸铁。铁素体可锻铸铁的组织：铁素体＋团絮状石墨，断口是真正的黑心，故称黑心可锻铸铁；珠光体可锻铸铁的组织：珠光体＋团絮状石墨，断口呈灰色。

白心可锻铸铁是由白口铸铁在氧化性介质中经长时间石墨化退火和氧化脱碳制成。铸铁的组织：表层为铁素体，心部为珠光体＋团絮状石墨。断口表层呈暗灰色，中心呈灰白色。

2）性能特点

因为团絮状石墨对基体的割裂作用小，能减轻应力集中现象，所以可锻铸铁的强度、塑性、韧性等机械性能均比灰铸铁好。但可锻铸铁并不可以锻造。相比之下，黑心可锻铸铁的塑性、韧性高，而强度较低；珠光体可锻铸铁的强度高而塑性、韧性较低。

可锻铸铁常用来制造形状复杂和承受冲击、振动的薄壁小铸件。铁素体可锻铸铁及珠光体可锻铸铁应用较广，白心可锻铸铁因韧性差、退火时间长而应用很少。

3）牌号及用途

可锻铸铁的牌号是以可锻铸铁的汉语拼音字头"KT"为主要标志符号，并以 H、Z、B 为种类标志写于"KT"后，分别表示黑心可锻铸铁、珠光体可锻铸铁和白心可锻铸铁。两组数字分别表示最低抗拉强度和最低伸长率。常用可锻铸铁的牌号、性能及主要用途见表 1-9。

表 1-9 常用可锻铸铁的牌号、性能及主要用途

种类	牌号	试样直径/mm	抗拉强度 σ_b/ MPa	用途举例
黑心可锻铸铁	KTH300-06	12 或 15	300	承受低载荷、要求气密性好的零件，如弯头、三通管件、中低压阀门等
	KTH330-08		330	承受中等载荷的零件，如农机上的犁刀、犁柱、车轮壳，机床用扳手等
	KTH350-10		350	承受较高冲击、振动及扭转载荷的零件，如汽车、拖拉机的前后轮壳、减速器壳、转向节壳、制动器及铁道零件
	KTH370-12		370	
珠光体可锻铸铁	KTZ450-06		450	承受载荷较高和耐磨的零件，如曲轴、凸轮轴、连杆、齿轮、活塞环、轴套、耙片、万向接头、棘轮、扳手、传动链条等
	KTZ550-04		550	
	KTZ650-02		650	
	KTZ700-02		700	

白心可锻铸铁有四个牌号：KTB350-04、KTB380-12、KTB400-05、KTB450-07。

由于可锻铸铁生产周期长，工艺复杂，成本高，不少可锻铸铁零件已逐渐被球墨铸铁所替代。

1.6.4 球墨铸铁

球墨铸铁是采用普通灰口铸铁的原料熔化后经球化处理获得的。球化处理是在铁水出炉后、浇铸前,向铁水中加入适量球化剂和墨化剂,促进碳呈球状石墨析出。常用的球化剂有镁、镁合金、稀土、稀土镁合金等。常用的墨化剂(孕育剂)有硅铁、硅钙合金等。

1) 组织特点

球墨铸铁的组织可以看成是在钢基体上分布着球状石墨。按基体组织不同,球墨铸铁可分为铁素体球墨铸铁、铁素体-珠光体球墨铸铁和珠光体球墨铸铁。

铁素体球墨铸铁的组织:铁素体＋球状石墨;铁素体-珠光体球墨铸铁组织:铁素体＋珠光体＋球状石墨;珠光体球墨铸铁组织:珠光体＋球状石墨。

2) 性能特点

球墨铸铁有良好的机械性能,其强度、塑性、韧性等大大超过灰口铸铁,优于可锻铸铁,并且接近于相应组织的钢。因为球状石墨比团絮状石墨对基体割裂作用更小,应力集中也小,使基体的强度得到充分发挥。球墨铸铁既具有灰铸铁的优点,又具有与中碳钢相媲美的抗拉强度、弯曲疲劳强度及良好的塑性和韧性。此外,还可以通过合金化及热处理来改善与提高它的性能,可焊性也较好。所以生产上已用球墨铸铁代替中碳钢及中碳合金钢(如 45 钢)来制造发动机曲轴、连杆、凸轮轴和机床主轴、蜗轮、蜗杆等。

三种球墨铸铁相比,铁素体球墨铸铁的塑性和韧性高;珠光体球墨铸铁的强度和耐磨性高;铁素体-珠光体球墨铸铁的性能具有适中的强度和韧性。

3) 常用热处理

由于基体组织对球墨铸铁的性能有较大的影响,所以球墨铸铁常通过各种热处理方式来改变基体组织,提高力学性能;也可以通过热处理来改善切削加工性,消除内应力。球墨铸铁常用的热处理有退火、正火、调质、等温淬火四种方法。

4) 牌号及用途

球墨铸铁的牌号用字母 QT 和两组数字组成,第一组数字表示最低抗拉强度,第二组数字表示最低伸长率。球墨铸铁的牌号、性能及用途见表 1-10。

表 1-10 球墨铸铁的牌号、性能及用途

牌号	基体组织	力学性能				用途举例
		σ_b/ MPa ($\geqslant$)	$\sigma_{0.2}$/ MPa ($\geqslant$)	δ/%	硬度/HBW	
QT400-18	F	400	250	18	130～180	承受冲击、振动的零件,如汽车、拖拉机的轮毂、驱动桥壳、差速器壳、拨叉,中低压阀门,上下水及输气管道,电机机壳,齿轮箱等
QT400-15	F	400	250	15	130～190	
QT450-10	F	450	310	10	160～210	
QT500-7	F+P	500	320	7	170～230	机器座架、传动轴、飞轮,机油泵齿轮,轴瓦

续 表

牌号	基体组织	力学性能				用途举例
		σ_b/MPa (≥)	$\sigma_{0.2}$/MPa (≥)	δ/%	硬度/HBW	
QT600-3	F+P	600	370	3	190~270	载荷大、受力复杂的零件，如汽车、拖拉机的曲轴、连杆、凸轮轴、汽缸套，磨床、铣床的主轴，机床蜗轮、蜗杆，轧钢机轧辊、大齿轮，小型水轮机主轴、汽缸体等
QT700-2	P	700	420	2	225~305	
QT800-2	P 或回火组织	800	480	2	245~335	
QT900-2	B 或回火马氏体	900	600	2	280~360	高强度齿轮，如汽车后桥螺旋锥齿轮，大减速器齿轮，内燃机曲轴、凸轮轴等

1.7 有色金属

金属材料通常分为黑色金属和有色金属两大类。黑色金属包括铁、铬、锰，工业中主要是指铁及其合金。而黑色金属以外的所有金属则为有色金属（非铁金属材料）。如金、银、铝、铜、锡等都是有色金属。

与钢铁材料相比，有色金属成本高，产量和使用量不多，但它们具有许多特殊的物理、化学和力学性能，如铝、镁及其合金比重小；铜、银及其合金导电性好。因此，有色金属及其合金是现代工业、国防、科学研究等领域中用途广泛的金属材料。在机械制造中，用途最广的是铝及铝合金、铜及铜合金等。

1.7.1 铝及铝合金

铝及铝合金在工业上是仅次于钢的一种重要金属，尤其是在航空、航天、电力工业及日常用品中广泛应用。

1）纯铝

铝含量不低于 99.00% 时为纯铝。纯铝的熔点为 657 ℃，密度为 2.72 g/cm³。纯铝具有良好的导电和导热性能，在大气中有良好的耐蚀性。纯铝强度低、硬度低（σ_b=80~100 MPa，硬度为 20 HBW），塑性好（δ=30%~50%，ψ=80%）。所以铝适用于各种冷、热压力加工，制成丝、线、箔、片、棒、管和带等。铝的导电和导热性能良好，仅次于银、铜、金，居第四位。

工业纯铝的牌号用 1×××系列表示，常用牌号有 1070A(L1)、1060A(L2)、1050A(L3)、1035(L4)、1200(L5)等，其中括号中为老牌号，后两位数字表示 99% 小数点后面的两位，纯度逐渐降低。工业纯铝通常用来制造导线、电缆及生活用品，或作为生产铝合金的原材料。

2）铝合金

铝合金根据成分和生产工艺可分为形变铝合金和铸造铝合金。形变铝合金加热时能形成单相固溶体组织，塑性好，适用于压力加工。铸造铝合金熔点低，流动性好，适用于铸造成形。

(1) 形变铝合金。

①防锈铝。主要有 Al-Mg(Mn) 合金。该合金耐蚀性很高,有良好的塑性和焊接性能,不能热处理强化,故强度较低,通常用加工硬化的方式来提高其强度。这类合金的常用牌号有 5A05(LF5)、3A21(LF21)。牌号第一位数"5"表示以镁为主要合金元素,"3"表示以锰为主要合金元素,后两位为合金顺序号。

②硬铝。硬铝主要指 Al-Cu-Mg-Mn 系合金,经固溶处理加自然时效,能获得较高的强度,常用于仪器、仪表。硬铝的耐蚀性差。其常用牌号有 2A11(LY11)、2A12(LY12)。牌号第一位数"2"表示以铜为主要合金元素,后两位为合金顺序号。

③超硬铝。超硬铝是在硬铝的基础上加入锌后形成的 Al-Cu-Mg-Zn 合金。经固溶处理加人工时效,其强度超过硬铝,是目前强度最高的铝合金。超硬铝的耐蚀性较差。常用牌号有 7A04(LC4)、7A09(LC9)。牌号第一位数"7"表示以锌为主要合金元素。超硬铝合金主要用于制作质量轻而受力较大的结构件,如飞机大梁、起落架、整体隔板等,还可制作板材、型材及模锻件等。

④锻铝。锻铝大多是 Al-Cu-Mg-Si 合金,经固溶处理加人工时效,强度与硬铝相当。锻铝有良好的锻造性能,常用于形状复杂的锻件。其常用牌号有 2A50、2A70、2A14。

常用形变铝合金的代号、热处理状态、性能及用途如表 1-11 所示。

表 1-11 常用形变铝合金的代号、热处理状态、性能及用途

类别	牌号	旧牌号	热处理状态	力学性能			用途
				σ_b/MPa	$\delta/\%$	硬度/HBW	
防锈铝合金	5A05	LF5	退火	280	20	70	焊接油箱、焊条、油管、铆钉及中载工件
	3A21	LF21	退火	130	20	30	要求可塑性高、强度低的仪表零件,深引伸、弯曲的零件及耐腐蚀性较高的零件
硬铝合金	2A01	LY1	淬火+自然时效	300	24	70	工作温度低于 100 ℃,常用做铆钉
	2A11	LY11	淬火+自然时效	420	18	100	中等强度结构件,如骨架、螺旋桨、铆钉、叶片等
	2A12	LY12	淬火+自然时效	470	17	105	较高强度结构件、航空模锻件及 150 ℃ 以下工作的零件

续　表

类别	牌号	旧牌号	热处理状态	力学性能 σ_b/MPa	δ/%	硬度/HBW	用　途
超硬铝合金	7A04	LC4	淬火＋人工时效	600	12	150	主要受力零件及高载荷零件,如飞机大梁、桁条、起落架、翼肋、接头等
	7A09	LC9	淬火＋人工时效	680	7	190	主要受力零件,如飞机大梁、起落架、桁架等
锻铝合金	2A50	LD5	淬火＋人工时效	420	13	105	形状复杂、中等强度、高耐腐蚀锻件
	2A70	LD7	淬火＋人工时效	415	13	120	高温下工作的复杂锻件、结构件
	2A14	LD10	淬火＋人工时效	480	19	135	承受重载荷、形状简单的锻件

(2) 铸造铝合金

铸造铝合金可分为 Al-Si 系、Al-Cu 系、Al-Mg 系、Al-Zn 系四种。铸造铝合金的牌号用字母 Z＋铝的元素符号＋主要合金元素的化学符号＋数字表示。数字表示该元素的平均含量。例如 ZAlSi9Mg 表示硅的平均含量为 9%,镁的平均含量小于 1% 的铸造铝合金。

①铝硅铸造合金。该类合金有良好的铸造性能,密度小,常用于制造要求重量轻的、形状复杂的工件。

ZAlSi12 是典型的铝硅合金,不但铸造性能好,而且有良好的耐蚀性。不能热处理强化,生产上常用变质处理来提高强度。

②其他铸造铝合金。铝铜合金有较高的耐热性。其常用牌号为 ZAlCu5Mn,适用于制造内燃机汽缸头、活塞等在较高温度下工作的工件。

铝镁合金有良好的耐蚀性。其常用牌号为 ZAlMg10,适用于制造舰船配件等在大气或海水中工作的工件。

铝锌合金铸造性能良好,强度高。其常用牌号为 ZAlZn11Si7,适用于制造汽车、飞机上形状复杂的工件。

1.7.2　铜及铜合金

铜及其合金是人类应用最早的金属,具有与其他金属不同的许多优异性能。目前工业上使用的铜及其合金主要有工业纯铜、黄铜、白铜、青铜等。

1) 纯铜

纯铜呈玫瑰红色,因其表面经常形成一层紫红色的氧化物,俗称紫铜。

纯铜熔点为 1 083 ℃,密度为 8.9 g/cm³,具有良好的导电、导热性能,其导电、导热性仅次于银而位居第二。纯铜的化学稳定性高,在大气和淡水中有优良的抗蚀性。铜无磁性,塑性高(δ=50%),但强度较低(σ_b=200～240 MPa),不能通过热处理强化,只能采用冷加工进行形变强化,但一般不宜直接作为结构材料使用。

纯铜主要用于制作导线、铜管、防磁器材等的材料。工业纯铜的代号为 T1、T2、T3、T4,数字代表序号,序号越大,纯度越低。

2) 黄铜

黄铜是以锌作为主要合金元素的铜合金。按化学成分,黄铜可分为普通黄铜和特殊黄铜两类。

(1) 普通黄铜。铜锌二元合金称为普通黄铜。普通黄铜的组织、性能受含锌量的影响,如图 1-32 所示。在平衡状态下,当 $w_{Zn}<32\%$ 时,黄铜的组织为单相 α 固溶体,称为单相黄铜,合金的强度、塑性均随含锌量的增加而升高;当 $w_{Zn}>32\%$ 时,黄铜的组织中出现 β′ 相,称为双相黄铜,硬脆的 β′ 相使强度继续升高,塑性迅速下降;当 $w_{Zn}>45\%$ 后,组织全由 β′ 相组成,强度、塑性急剧下降,脆性很大,已无实用价值。

单相黄铜塑性好,可进行冷、热加工。双相黄铜强度高,价格便宜,但塑性不高,宜进行热加工。适于进行变形加工的黄铜称为加工黄铜。

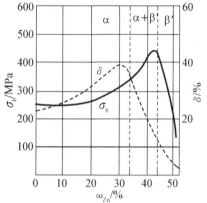

图 1-32 含锌量对黄铜力学性能的影响

黄铜不但有较高的力学性能,而且有良好的导电性能和导热性能,以及良好的耐海水及大气腐蚀的能力。但当黄铜制品中存在残余应力时,黄铜的耐腐蚀性会下降,如果处在潮湿大气、海水、含氨的介质中则会开裂。因此,冷加工后的黄铜制品要进行去应力退火。黄铜也能铸造成形。

黄铜的代号用字母 H+数字表示,数字表示铜的含量。例如 H62,表示含铜 62% 和含锌 38% 的普通黄铜。若材料为铸造黄铜,则在牌号前加"Z",如 ZCuZn38 是典型的铸造黄铜。

(2) 特殊黄铜。为了改善黄铜的某些性能,在普通黄铜的基础上加入其他合金元素,形成特殊黄铜。如加入铅,能改善切削加工性;加入锰、硅、铝,能提高强度和耐蚀性。

特殊黄铜的代号用字母 H+主加元素符号+数字表示,数字依次为铜和主加元素的平均含量。如 HPb59-1 表示铜的平均含量为 59%、铅的平均含量为 1% 的铅黄铜。若后面还有数字,则为其他辅加元素的百分含量。常用加工黄铜的牌号、性能及用途见表 1-12。

表 1-12 常用加工黄铜的牌号、性能及用途

类别	牌号	力学性能			用途举例
		σ_b/MPa	δ/%	硬度/HBW	
普通黄铜	H96	450	2	—	冷凝、散热管,汽车水箱带,导电零件
	H85	550	4	126	蛇形管、冷却设备制件、冷凝器管
	H70	660	3	150	弹壳、造纸用管、机械电器零件
	H68	660	3	150	复杂冷冲件和深冲件、散热器外壳

续 表

类别	牌号	力学性能			用途举例
		σ_b/MPa	δ/%	硬度/HBW	
普通黄铜	H62	500	3	164	销钉、铆钉、螺母、垫片、导管、散热器
	H59	500	10	103	机械、电器零件,焊接件,热冲压件
铅黄铜	HPb63-3	650	4	—	要求可加工性极高的钟表、汽车零件
	HPb61-1	610	4	—	高加工性的一般结构件
	HPb59-1	650	16	140	热冲压及切削加工零件,如销子、螺钉、垫片
铝黄铜	HAl67-2.5	650	12	170	海船冷凝器及其他耐蚀零件
	HAl60-1-1	750	8	180	齿轮、蜗轮、衬套、轴及其他耐蚀零件
	HAl59-3-2	650	15	150	船泊、电机等在常温下工作的高强度耐蚀零件
锡黄铜	HSn90-1	520	5	148	汽车、拖拉机弹性套管及耐蚀减摩零件等
	HSn62-1	700	4	—	船舶、热电厂中高温耐蚀冷凝器管
	HSn60-1	700	4	—	船舶焊接结构用的焊条

3) 白铜

白铜是以 Ni 为主要合金元素(含量低于 50%)的铜合金。按成分可将白铜分为普通白铜和特殊白铜。普通白铜即铜镍二元合金,其牌号以"B+数字"表示,后面的数字表示镍的含量,如 B19 表示含镍 19% 的白铜合金;特殊白铜是在普通白铜的基础上加入了 Fe、Zn、Mn、Al 等辅助合金元素的铜合金,其牌号以"B+主要辅加元素符号+镍的百分含量+主要辅加元素含量"表示,如 BFe5-1 表示含镍 5%、铁 1% 的白铜合金。白铜具有高的抗蚀性和高的机械性能,用于制造仪器刻度盘,化学、医疗器械,海水中工作的精密仪器、仪表零件等。

4) 青铜

青铜是指黄铜、白铜以外的铜合金。铜锡合金称为锡青铜,其他青铜称为特殊青铜。

青铜的牌号为"Q+主加元素符号+主加元素的百分含量"(若后面还有数字,则为其他辅加元素的百分含量)。例如 QSn4-3 表示含锡 4%,含锌 3% 的压力加工青铜。青铜合金中,工业用量最大的为锡青铜和铝青铜,强度最高的为铍青铜。

(1) 锡青铜。以锡为主加元素的铜合金。常用锡青铜中锡的含量一般为 3%~14%。含锡 5%~7% 的锡青铜塑性好,适合压力加工;含锡大于 10% 时,塑性差,适合于铸造。

锡青铜在淡水、海水中的耐蚀性高于纯铜和黄铜,但在氨水和酸中的耐蚀性较差。此外,锡青铜还有良好的耐磨性,因此锡青铜常用于制造耐磨、耐蚀工件。

铸造青铜流动性小,易形成缩松,但收缩率小,适合铸造形状复杂而对气密性要求不高的工件。

ZQSn10-1硬度适中,热稳定性好,常用于制造重要的高负荷、减摩、耐冲击零件,如轴承、轴套、蜗轮、连杆、机床丝杆螺母等。

ZQSn6-6-3常用来制造中速、中载荷的轴承、轴套、蜗轮及1 N/mm²下的蒸汽管配件和水管配件。

(2) 铝青铜。铝青铜是以铝为主加元素的铜合金。铝的含量一般为5%～11%。

铝青铜的强度比普通黄铜和锡青铜高,有良好的耐磨性和耐蚀性,且价格便宜,常用于制造高强度耐磨耐蚀工件,如齿轮、轴套、蜗轮等。常用牌号有QAl9-4、QAl10-3-1.5等。

(3) 铍青铜。铍青铜是以铍为主加元素的铜合金。铍的含量通常为1.6%～2.5%,常用牌号为QBe2。

铍青铜能热处理强化,通过淬火时效,可获得很高的强度和硬度(σ_b:1 250～1 500 MPa,硬度:350～400 HBW),远远超过了其他铜合金,且可与高强度合金钢相媲美。此外,铍青铜还有高的弹性极限、疲劳极限、耐磨性和良好的导电性能、导热性能、耐蚀性以及受冲击无火花等优点。铍青铜主要用于制造仪器仪表中重要的导电弹簧、精密弹性元件、耐磨工件和防爆工具等。

1.8 硬质合金和超硬刀具材料

1.8.1 硬质合金材料及性能

硬质合金是用一种或几种难熔的金属碳化物(如WC、TiC、TaC、NbC等)与金属粘结剂(Co、Ni、Mo等)在高压下成形并在高温下烧结而成的粉末冶金材料。硬质合金是制造金属切削刀具的重要材料。

1) 硬质合金的性能特点

(1) 硬度高。在常温下,硬质合金的硬度高达86～93 HRA(相当于69～81 HRC),而高速钢的硬度只有64 HRC左右。

(2) 热硬性好。硬质合金的热硬性高达900～1 000 ℃,而高速钢的热硬性仅600 ℃,所以硬质合金刀具的切削速度比高速钢高4～7倍。

(3) 耐磨性好,刀具寿命长。硬质合金刀具的寿命是高速钢的50～80倍。

(4) 抗压强度高。硬质合金的抗压强度比高速钢高。

硬质合金的缺点是抗弯强度低(仅为高速钢的1/3～1/2),韧性差、脆性大、抗冲击性差。

硬质合金不能进行机械加工,一般由粉末冶金厂压制成一定规格的刀片供应。在制造刀具时,将硬质合金刀片镶焊在刀体上。

2) 硬质合金的分类和牌号

硬质合金的种类很多,目前常用的可分为以下三类:

(1) 钨钴类硬质合金。钨钴类硬质合金由WC和Co组成。其牌号用字母YG+数字表示,数字表示钴的百分含量。例如YG6表示含钴6%的钨钴类硬质合金。若合金中WC的含量增加,则合金的硬度、耐磨性及热硬性增加,而抗弯强度和韧性下降。

(2) 钨钛钴类硬质合金。钨钛钴类硬质合金由WC、TiC和Co组成。其牌号用字母YT+数字表示,数字表示TiC的百分含量。例如,YT14表示含碳化钛14%的钨钛钴类硬质合金。若合金中的 TiC 增加,则合金的硬度、耐磨性及热硬性增加,而抗弯强度和韧性下降。

(3) 通用硬质合金。通用硬质合金由 WC、TiC、TaC 和 Co 组成。其牌号用字母 YW+顺序号表示,如 YW1、YW2 等。

3) 硬质合金的应用

硬质合金主要用于制造高速切削刀具。

钨钴类硬质合金刀具主要用来加工产生短切屑材料,如铸铁、有色金属及其合金和非金属材料。含钴量高的适于粗加工,含钴量低的适于精加工。钨钴类硬质合金也用于制作冷作模具、量具、车床顶尖等要求耐磨的工件。

钨钛钴类硬质合金刀具主要用于加工产生长切屑的材料,如各种钢材。因为这类硬质合金的硬度高、热硬性高、耐磨性好,刃口不易损坏。TiC 含量高的刀具适于精加工,含量低的适于粗加工。

通用硬质合金刀具有较好的综合切削性能,既可加工铸铁、有色金属,也可加工钢,尤其适合于加工不锈钢、耐热钢、高速钢、高锰钢等难加工材料,所以通用类硬质合金又称"万能硬质合金"。常用硬质合金的牌号、成分和性能见表 1-13。

表 1-13 常用硬质合金的牌号、成分和性能

类别	牌号	化学成分 $w/\%$				物理、力学性能		
		WC	TiC	TaC	Co	密度 ρ /(g·cm^{-3})	硬度/ HRA	σ_b /MPa
钨钴类合金	YG3X	96.5	—	<0.5	3	15.0~15.3	91.5	1 079
	YG6	94.0	—	—	6	14.6~15.0	89.5	1 422
	YG6X	93.5	—	<0.5	6	14.6~15.0	91.0	1 373
	YG8	92.0	—	—	8	14.5~14.9	89.0	1 471
	YG8N	91.0	—	1	8	14.5~14.9	89.5	1 471
	YG11C	89.0	—	—	11	14.0~14.4	86.5	2 060
	YG15	85.0	—	—	15	13.0~14.2	87	2 060
	YG4C	96.0	—	—	4	14.9~15.2	89.5	1 422
	YG6A	92.0	—	2	6	14.6~15.0	91.5	1 373
	YG8C	92.0	—	—	8	14.5~14.9	88.0	1 716
钨钛钴类合金	YT5	85.0	5	—	10	12.5~13.2	89.5	1 373
	YT14	78.0	14	—	8	11.2~12.0	90.5	1 177
	YT30	66.0	30	—	4	9.3~9.7	92.5	833
通用合金	YW1	84~85	6	3~4	6	12.6~13.5	91.5	1 177
	YW2	82~83	6	3~4	8	12.4~13.5	90.5	1 324

注:牌号末尾的"X"代表该合金是细颗粒合金;"C"表示为粗颗粒合金,不加字的为一般颗粒合金。

此外，还有具有很高的硬度、较强的抗黏结能力、较高的耐用度的 TiC 基硬质合金，主要用于精加工和半精加工。而涂层硬质合金既有高硬度、高耐磨性的表面，又有强韧的基体。

1.8.2 超硬刀具材料及性能

1) 金刚石

金刚石有极高的硬度，是自然界中最硬的材料，其显微硬度可达 10 000 HV，因而有极高的耐磨性。金刚石的导热性优越，散热快。金刚石刀具能长期保持刃口的锋利，可切下很薄的切屑，这对于精密加工有重要的意义。金刚石的缺点是脆性很大，且在高温下（一般低于 700 ℃）与铁有很大的亲和力，刀具会很快磨损，因此金刚石刀具不能用于切削含铁的金属，只能用于切削有色金属和非金属材料。

金刚石有天然和人造之分。天然金刚石价格昂贵，用得较少。人造金刚石是由石墨在高温、高压及金属触媒的作用下转化而成，主要用作磨料。也可制成以硬质合金为基体的复合刀具，用于有色合金的高速精细车削和镗削。此外，金刚石刀具还可用于陶瓷、硬质合金等高硬度材料的加工。

2) 立方氮化硼（CBN）

立方氮化硼是在高温高压下由六方晶体的氮化硼（又称白石墨）转化而成。其硬度（显微硬度为 8 000～9 000 HV）和耐磨性仅次于金刚石，耐热温度高达 1 400～1 500 ℃，且不与铁族金属发生反应。立方氮化硼可用作砂轮材料，或制成以硬质合金为基体的复合刀片，用来精加工淬硬钢、冷硬铸铁、高温合金、硬质合金及其他难加工材料。

人造金刚石和立方氮化硼这两种材料同时存在，起到了互补作用，可以覆盖当前与今后发展的各种新型材料的加工，对整个切削加工领域极为有利。

1.8.3 陶瓷材料及性能

陶瓷是人类应用最早的材料之一。传统意义上的"陶瓷"是陶器和瓷器的总称，现代陶瓷被看做是除金属材料和有机高分子材料以外的所有固体材料，所以陶瓷亦称无机非金属材料，与金属、高分子材料一起被称为三大支柱材料。

所谓陶瓷是指以天然硅酸盐（黏土、石英、长石等）或人工合成化合物（氮化物、氧化物、碳化物等）为原料，经过制粉、配料、成型、高温烧结而成的无机非金属材料。由于它的一系列性能优点，其不仅用于制作像餐具之类的生活用品，而且在现代工业中已取得越来越广泛的应用。

1) 陶瓷的性能

（1）刚度大，硬度和抗压强度高，塑性差。硬度大多在 1 500 HV 以上，一般都高于金属和高分子材料。

（2）具有良好的抗氧化能力，并且耐酸、碱、盐的能力强。

（3）熔点高（多数在 2 000 ℃以上），导热性小，有高的热硬性（1 000 ℃）及优良的隔热性能。

（4）大多数陶瓷有高的绝缘性能。

2) 陶瓷的分类

按原料的来源不同，陶瓷可分为普通陶瓷（传统陶瓷）和特种陶瓷（近代陶瓷）。

按用途不同,陶瓷分为日用陶瓷和工业陶瓷。工业陶瓷又分为工程陶瓷和功能陶瓷。

按化学组成不同,陶瓷可以分为氮化物陶瓷、氧化物陶瓷和碳化物陶瓷。

3) 常用陶瓷材料

(1) 普通陶瓷。普通陶瓷是用黏土、长石和石英等天然原料,经粉碎配置、坯料成型、烧结而成的,这类陶瓷又称硅酸盐陶瓷,其性能取决于三种原料的纯度、粒度与比例。普通陶瓷质地坚硬,不会氧化生锈,不导电,能耐1 200 ℃高温。加工成型性好,成本低廉,强度较低,耐高温性和绝缘性不如特种陶瓷。

普通陶瓷广泛应用于生活日用品外,工业普通陶瓷主要用于电气、化工、建筑、纺织等部门。如用于装饰板、卫生间装置及器具等的日用陶瓷和建筑陶瓷;用于化工、制药、食品等工业及实验室中的管道设备、耐蚀容器及实验器皿等化工陶瓷;用于电气等的绝缘陶瓷等。

(2) 特种陶瓷。特种陶瓷也叫现代陶瓷、精细陶瓷或高性能陶瓷。它的原料是人工提炼的,即纯度较高的金属氧化物、碳化物、氮化物、硅化物等化合物。这类陶瓷具有一些独特的性能,可满足工程结构的特殊需要。

①氧化物陶瓷。氧化铝(刚玉)陶瓷是以Al_2O_3为主要成分,含有少量的SiO_2。熔点达2 050 ℃,抗氧化性强,强度比普通陶瓷高2~3倍。可用作内燃机火花塞、空压机泵零件等;较高纯度的Al_2O_3粉末压制成型烧结后可制得刚玉耐火砖、高压器皿、坩埚、电炉炉管、热电偶套管等;微晶刚玉的硬度极高(仅次于金刚石),有很好的耐磨性,热硬性高达1 200 ℃,可用于制作切削淬火钢的刀具、金属拔丝模等。

氧化铍陶瓷具有极好的导热性,很高的热稳定性,抗热冲击性较高,经常用来制造坩埚、真空陶瓷、原子反应堆陶瓷、气体激光器、晶体管散热片、集成电路的基片和外壳等。

②碳化物陶瓷。碳化硅陶瓷的特点是高温强度高,热传导能力强,耐磨、耐蚀、抗蠕变。可用于制作火箭尾的喷嘴、热电偶套管等高温零件,也可作为加热元件、石墨表面保护层以及机械制造磨削加工用的砂轮的磨料等。

碳化硼陶瓷硬度极高,抗磨料磨损能力强,其最大用途是用于制作磨料和磨具,有时用于制作超硬工具材料。

③氮化物陶瓷。氮化硅硬度高,耐磨性好,摩擦因数低,有自润滑作用,是优良的减摩材料;有优良的抗高温蠕变性,可作为优良的高温结构材料;能耐很多无机酸和碱溶液侵蚀,是优良的耐腐蚀材料。常用于制造各种泵的耐腐蚀耐磨密封环、高温轴承、转子叶片以及加工难切削材料的刀具等。

氮化硼导热性好、耐热性好,有自润滑性,高温下耐腐蚀、绝缘性好,可用于制作耐磨切削刀具、高温模具和磨料等。

(3) 金属陶瓷。金属陶瓷是以金属氧化物(如Al_2O_3)或金属碳化物(如TiC、WC、TaC、NbC等)为主要成分,再加入适量的金属粉末(如Co、Cr、Ni、Mo等及其合金),通过粉末冶金方法制成,具有金属的某些特性的陶瓷。如我们在前面讲过的硬质合金就是一种金属陶瓷。

金属和陶瓷按不同配比组成工具材料(陶瓷为主)、高温结构材料(金属为主)和特殊性能材料。氧化物金属陶瓷多以铬为黏结金属,热稳定性和抗氧化能力较好,韧性高,可作为高速切削工具的材料,还可用于制作高温下工作的耐磨件,如喷嘴、热拉丝模以及耐蚀环规、机械密封环等。

伴随着各种新型材料的异军突起,离子陶瓷、压电陶瓷、导电陶瓷、光学陶瓷、敏感陶瓷(如光敏、气敏、热敏、湿敏等)、激光陶瓷、超导陶瓷等性能各异的功能陶瓷也在不断地涌现,在各个领域发挥着巨大的作用。

1.9 金属表面处理技术及应用

金属表面处理技术是指通过一些物理、化学、机械或复合方法使金属表面具有与基体不同的组织结构、化学成分和物理状态,从而使经过处理后的表面具有与基体不同的性能。经过表面处理后的金属材料,其基体的化学成分和力学性能并未发生变化,但其表面却拥有了一些特殊性能,如高的耐磨性、耐蚀性、耐热性及好的导电性、电磁特性、光学性能等。

所有的金属材料都不可避免与环境相接触,而与环境真正接触的是金属的表面,如各种机械零件和工程构件。它们在使用过程中会发生腐蚀、磨损、氧化等,所有这些都会使金属表面首先发生破坏或失效,进而导致整个设备或零(构)件被破坏或失效。随着现代工业的迅猛发展,对机械工业产品提出了更高的要求,要求产品能在高参数(如高温、高压、高速)和恶劣工况条件下长期稳定运转或服役,这就必然对材料表面的耐磨、耐蚀等性能以及表面装饰提出了更高的要求,使其成为防止产品失效的第一道防线。

为了满足上述要求,在某些情况下可以选用特种金属或合金来制造整个零件或设备,有时虽然也可满足表面性能要求,但这往往会造成产品的成本成倍甚至成百倍的增加,降低了产品的竞争力,更何况在许多情况下也很难找到一种能够同时满足整体和表面要求的材料。而表面处理技术则可以用极少量的材料就起到大量、昂贵的整体材料难以起到的作用,在不增加或不增加太多成本的情况下使产品表面受到保护和强化,从而提高产品的使用寿命和可靠性,改善机械设备的性能、质量,增强产品的竞争能力。所以,研究和发展金属材料的表面处理技术,对于推动高新技术的发展,对于节约材料、节约能源等都具有重要意义。

表面处理技术主要通过三种途径改善金属材料表面性能:一种是通过表面改性技术改变基体表面的组织和性能,如表面淬火、化学热处理(渗碳、渗氮、碳氮共渗等)、喷丸、滚压、高能束表面改性等;第二种是通过表面涂(镀)层技术在基体表面制备各种镀、涂覆层,包括电镀、化学镀、热浸镀、热喷涂、油漆、气相沉积等;第三种是通过化学转化膜技术形成表面转换层,如发蓝处理、氧化处理、磷化处理和着色与封闭处理等。

表面改性技术和表面涂层技术的最大区别是,其所形成的表面在材料和组织上均是基体直接参与形成的,而不像表面涂层技术那样,涂层的材料和组织与基体是完全不同的。

就表面涂层技术而言,是在材料表面形成一层与基体材料不同的涂层,只有这一涂层与基体之间有足够的结合强度,才能使涂层发挥应有的作用,只有表面本身足够平整、光洁,涂层或转化后的表面粗糙度数值才会小。因此,人们通过各种表面预处理(如表面整平、脱脂、除锈)来获得清洁、平整且有一定活性的表面,以期取得满意的涂层与基体的结合强度。

1.9.1　金属表面预处理

1) 表面整平

表面整平是指通过机械或化学方法去除材料表面的毛刺、锈蚀、划痕、焊瘤、焊缝凸起、砂眼、氧化皮等宏观缺陷,提高材料表面平整度的过程。其目的除保障表面处理质量外,还可用于对材料或零件的表面装饰。金属材料表面整平包括机械整平和化学处理两种方法。

(1) 机械整平。借助手工工具、动力工具或喷、抛丸(粒)等机械力去除材料表面的腐蚀产物、油污及其他杂物,以获得清洁表面的过程,称为机械整平。机械整平方法包括喷砂、喷丸、磨光、抛光和滚光等。其中喷丸同时也是一种金属表面形变强化手段。

喷砂是利用压缩空气把磨料(砂)高速喷射到零件表面,对其进行清理的一种方法,常用于清除热处理件、锻件、铸件以及轧制板材表面的氧化皮、型砂、毛刺或油脂,也用于进行特殊无光泽电镀前,获得均匀无光泽表面的零件。

磨光是用磨光轮或磨光带对工件表面进行加工,去掉工件表面的毛刺、氧化皮、锈蚀等表面缺陷,提高工件的平整度。磨光可根据零件表面状态和质量要求进行一次磨光或几次(磨料粒度逐渐减小)磨光,磨光后零件表面粗糙度 Ra 值可达 $0.4~\mu m$。磨光效果主要取决于磨料的特性、磨光轮的刚性和轮轴的旋转速度。

抛光通常都在表面处理后进行,对表面涂镀层进行精加工,也可用于表面处理前对基体表面进行预加工。抛光轮有布轮和毡轮等,速度为 $20\sim35~m/s$。依据抛光后表面质量的不同,抛光可分为粗抛、中抛与精抛三类。精抛是用软轮抛光获得镜面光亮的表面,磨削作用很小,可使金属表面获得镜面光泽。

(2) 化学处理。常用方法有电解抛光和化学抛光。

电解抛光是将工件置于阳极,在特定的溶液中进行电解。工件表面微观凸出部分电流密度较高,溶解较快;而微观凹入处电流密度较低,溶解较慢,从而达到平整和光亮的目的。电解抛光常用于碳素钢、不锈钢、铝、铜等零件或铜、镍等镀层的装饰性精加工及某些工具的表面精加工,或用于制取高度反光的表面以及用来制造金相试样等。与机械抛光相比,没有变形层产生,对于形状复杂、线材、薄板和细小零件更适用。

化学抛光是在合适的溶液和工艺条件下,利用溶液对工件表面的侵蚀作用,使工件表面整平、光亮。化学抛光仅用于仪器、铝质反光镜的表面精饰,其优点是无需外加电源和导电挂具,可以处理形状更为复杂的零件,生产效率更高,但质量低于电解抛光。

2) 表面脱脂

金属表面油污的存在会使表面涂层与基体的结合力下降,甚至起皮、脱落。脱脂的方法有:有机溶剂脱脂、化学脱脂、电化学脱脂、乳化清洗脱脂、超声波脱脂。

有机溶剂脱脂是利用有机溶剂对油类的物理溶解作用脱脂。常用脱脂溶剂有汽油、煤油、酒精、丙酮、二甲苯、三氯乙烯、四氯化碳等。其中汽油、煤油因价廉、毒小应用最广。

化学脱脂是利用碱溶液对皂化性油脂的皂化作用或表面活性物质对非皂化性油脂

的乳化作用除油。常用碱溶液有氢氧化钠、碳酸钠、磷酸三钠、硅酸钠等。化学脱脂成本低、无毒、不会燃烧，但生产效率低。

3) 表面除锈

除锈就是除去金属表面的氧化皮和锈迹，常用方法有：机械法、化学法和电化学法。机械法就是利用机械方法使工件表面整平同时除锈，如喷砂、磨光等。

化学除锈就是利用酸或碱溶液对工件表面进行侵蚀处理，使表面的锈层通过化学作用和侵蚀过程中所产生的氢气泡的机械剥离作用而除锈。常用的侵蚀剂有硫酸、盐酸、硝酸。

在工件脱脂和除锈后，表面处理前要进行活化处理，实质就是弱侵蚀，露出金属的结晶组织，保证涂层与基体结合牢固。常用的活化剂有硫酸、盐酸、氢氧化钠。

电化学除锈是指在酸或碱溶液中以工件为阴极或阳极进行电解剥离，加速除去表面锈层的方法。电化学除锈速度更快，去锈能力更强。

1.9.2 金属表面涂镀层技术

金属表面涂镀层技术是指将活性很小，有较高抗蚀能力的金属或涂料，覆盖在被保护的金属表面，以达到防腐目的的方法。常用的方法有电镀、热浸镀、喷油漆、喷塑等。

1) 电镀

(1) 电镀。在含有欲镀金属离子的溶液中，以被镀材料或制品为阴极，通过电解作用，在基体表面上获得镀层的方法叫电镀。电镀可以为零件覆盖一层比较均匀的、具有良好结合力的镀层，以改变其表面特性和外观，达到材料保护或装饰的目的。电镀除了用作提高金属及其制品的耐蚀性外，还可以满足某些制品的特殊要求，如提高制品的表面硬度、耐磨性、耐热性、反光性、导电性、润滑性以及恢复零件尺寸，修补零件表面缺陷等。镀层金属一般都是在空气和溶液中不易氧化或硬度较大的金属，如铬、镍、锌、铜、锡、金等。除了单一的金属或合金镀层外，还有复合电镀层，如钢上的铜—镍—铬。

(2) 镀铬。铬是一种微带天蓝色的银白色金属。铬有很好的化学稳定性，镀铬层硬度高，且可在很大范围内变化(800~1 100 HV)，反光能力强，不变色，并有较好的耐热性，在 500 ℃ 以下光泽和硬度均无明显变化。电镀铬按用途可分为两大类：一类是防护装饰性镀铬，镀层较薄，可防止基体金属生锈并美化产品外观；另一类是功能性镀铬，镀层较厚，可提高机械零件的硬度、耐磨性、耐蚀性和耐高温性。功能性镀铬按其应用范围的不同，可分为硬铬、乳白铬和松孔铬等。

①装饰铬。防护装饰性镀铬俗称装饰铬，是镀铬工艺中应用最多的。在金属基体上镀装饰铬时，必须先镀足够厚度的中间层，然后在光亮的中间镀层上镀铬，例如在钢基体上镀铜、镍后再镀铬。铜及铜合金的防护装饰性镀铬，可在抛光后直接镀铬，但一般在镀光亮镍后镀铬，可更耐腐蚀。防护装饰性镀铬广泛用于汽车、自行车、日用五金制品、家用电器、仪器仪表机械、船舶舱内的外露零件等。经抛光的镀铬层有很高的反射系数，可作反光镜。

②硬铬。硬铬又称耐磨铬。镀硬铬是指在一定条件下沉积的铬镀层具有很高的硬度和耐磨性。硬铬和装饰铬的镀层没有本质区别，硬度也没有多大差别，只是镀硬铬一般较厚，可以从几微米到几十微米，有时甚至达到毫米级，如此厚的镀层才能充分体现铬

的硬度和耐磨性,故称为硬铬。镀硬铬常用于工具、模具、量具、夹具、刀具以及机床、挖掘机、汽车、拖拉机的主轴等,可提高工件的耐磨性,延长使用寿命;还可用于修复被磨损零件。

③乳白铬。在普通镀铬工艺中,在较高温度(65~75 ℃)和较低电流密度下获得的乳白色的无光泽铬称为乳白铬。镀层韧性好、硬度较低、孔隙少、裂纹少、色泽柔和、消光性能好,常用于量具、分度盘、仪器面板等的镀铬。在乳白铬上加镀光亮耐磨铬,称为双层镀铬,其在飞机、船舶零件以及枪炮内腔上得到广泛应用。

④松孔铬。如果在镀硬铬之后,用化学或电化学方法将镀铬层的粗裂纹进一步扩宽加深,以便吸藏更多的润滑油脂,提高其耐磨性,这就叫松孔铬。松孔镀铬层应用于制作受重压的滑动摩擦件及耐热、耐蚀、耐磨零件,如内燃机汽缸内腔、活塞环等。

2) 热浸镀

热浸镀简称热镀,是把被镀件浸入熔融的金属液中,使其表面形成镀层的方法。热浸镀层金属的熔点要求比基体金属材料低得多,常常仅限于采用低熔点金属及其合金。例如,锌、铝、锡、铅及其合金。

与电镀法相比,用热镀法获得的镀层较厚,在相同的腐蚀环境中,热浸镀层的使用寿命较长。而且热浸镀层与基体金属是通过一定厚度的中间合金层连接在一起的,因此具有较强的结合力。目前,热浸镀主要用于钢带(板)、钢丝、钢管、型钢、螺栓、螺帽、加工钢材及加工零件等各种形状制品的表面防蚀,其中数量最多的是钢带(板)。

3) 喷油漆

油漆不仅有极好的防护功能,还经常用于金属表面装饰。按干燥方式可分为自干漆、烘干漆,按使用层次可分为底漆、中层漆、面漆,按光泽可分为无光、平光、亚光(半光)。

(1) 防护漆。喷油漆法是将油漆喷覆在金属表面,隔开周围介质与金属的接触达到防腐蚀的方法。批量不大时,也可用涂或刷的方法将漆覆盖在金属表面。常用的防护漆有红丹漆、醇酸树脂漆、酚醛树脂漆等。为提高防腐效果,防护漆中还应加钝化剂。喷油漆法操作简便、成本低,主要用于桥梁、船舶和机械外表面的防大气腐蚀。

(2) 装饰漆。装饰漆是一种用途广泛的工业用漆。其漆膜有锤纹、起皱、开裂、凹凸等各种美丽花纹。立体感强、丰富多彩的花纹又能起到装饰防护作用,在精密仪器表面,尤其是铸造件表面有广泛的应用。

4) 喷塑

喷塑料法是采用浸涂、喷涂或刷涂等方法,使被保护金属表面裹上一层塑料薄膜,隔开周围介质与金属的接触,达到防蚀目的的方法。此法可防酸、碱、盐溶液腐蚀,防腐蚀时间可达5~10年,当不需要防腐塑料薄膜时,可立即剥除。例如,在金属容器内壁涂聚氟乙烯或聚乙烯塑料等,可防止腐蚀。一些表面质量要求不高的器件,常用喷塑替代油漆。

5) 涂防锈油法

涂防锈油是用于储存、加工和运输过程中的防腐方法。耐蚀期短时,涂矿物油;耐蚀期较长时,涂凡士林、石蜡等混合物。涂防锈油前,为使油层与金属结合牢固,应将金属表面的油污和氧化物等杂物清理干净。对于在闭式条件下使用的零件,装配前常涂防锈油防腐。

1.9.3　金属表面转化膜技术

许多金属都有在表面生成较稳定氧化膜的倾向,这些膜能在特定条件下对金属起保护作用。金属表面转化膜技术就是使金属与特定的腐蚀液相接触,通过化学或电化学手段,使金属表面形成一层稳定的、致密的、附着良好的化合物膜。这种通过化学或电化学处理所生成的膜层称为化学转化膜。化学转化膜由于是基体金属直接参与成膜反应而生成的,因此与基体的结合力比电镀层和化学镀层大得多。

表面转化膜几乎可以在所有的金属表面生成。按主要组成物的类型,金属表面转化膜分为氧化物膜、磷酸盐膜、铬酸盐膜和草酸盐膜等;按转化过程中是否存在外加电流,分为化学转化膜和电化学转化膜两类,后者常称为阳极转化膜。金属表面转化膜能提高金属表面的耐蚀性、减摩性、耐磨性和装饰性,还能提高有机涂层的附着性和抗老化性,用作涂装底层。此外,有些表面转化膜还可提高金属表面的绝缘性和防爆性。

1) 钢铁的发蓝处理

发蓝是钢铁的化学氧化过程,也称发黑。它是指将钢铁在含有氧化剂的溶液中保持一定时间,在其表面生成一层均匀的、以 Fe_3O_4 为主要成分的氧化膜的过程。

传统发蓝方法是在氢氧化钠溶液里添加氧化剂(如硝酸钠和亚硝酸钠),在 140 ℃ 下处理 15~90 min,生成氧化膜。钢铁发蓝后氧化膜的色泽取决于工件表面的状态、材料成分以及发蓝处理时的操作条件,一般为蓝黑到黑色。碳质量分数较高的钢铁氧化膜呈灰褐色或黑褐色。发蓝处理后膜层厚度在 0.5~1.5 μm,对零件的尺寸和精度无显著影响。

钢铁发蓝处理广泛用于机械零件、精密仪表、气缸、弹簧、武器和日用品的一般防护和装饰,具有成本低、工效高、不影响尺寸精度、无氢脆等特点。氧化膜具有较好的吸附性,通过浸油或其他后处理,氧化膜的耐蚀性可大大提高,在使用中也应定期擦油。

2) 金属的磷化处理

金属在含有锰、铁、锌的磷酸盐溶液中进行化学处理,使金属表面生成一层难溶于水的结晶型磷酸盐保护膜的方法,叫做金属的磷酸盐处理,简称磷化。磷化膜厚度一般在 1~50 μm,具有微孔结构,膜的颜色一般由浅灰到黑灰色,有时也可呈彩虹色。

磷化膜层与基体结合牢固,经钝化或封闭后具有良好的吸附性、润滑性、耐蚀性及较高的绝缘性等,不黏附熔融金属(锡、铝、锌),广泛用于汽车、船舶、航空航天、机械制造及家电等工业生产中,如用作涂料涂装的底层、金属冷加工时的润滑层、金属表面保护层以及硅钢片的绝缘处理、压铸模具的防粘处理等。

涂装底层是磷化的最大用途所在,占磷化总工业用途的 60%~70%,如汽车行业的电泳涂装。磷化膜作为涂漆前的底层,能提高漆膜附着力和整个涂层体系的耐蚀能力。磷化处理得当,可使漆膜附着力提高 2~3 倍,整体耐蚀性提高 1~2 倍。

磷化处理所需设备简单,操作方便,成本低,生产效率高。磷化技术的发展方向是薄膜化、综合化、降低污染、节省能源。尤其降低污染是研究的重点方向,包括生物可降解表面活性剂技术、无磷脱脂剂技术、过氧化氢无污染促进剂技术等。

3) 铝及铝合金的氧化处理

铝及铝合金虽然在空气中能自然形成一层厚度为 0.01～0.02 μm 的氧化膜,但薄而多孔,不均匀,硬度也不高。虽然在大气中有一定的耐蚀性,但是在碱性和酸性溶液中易被腐蚀,不能作为可靠的防护—装饰性膜层。目前,在工业上广泛采用阳极氧化或化学氧化的方法,在铝及铝合金制件表面生成一层氧化膜,以达到防护和装饰的目的。

铝及铝合金氧化处理的方法主要有两种:

(1) 化学氧化。氧化膜较薄,厚度为 0.5～4 μm,多孔而质软,具有良好的吸附性,可作为有机涂层的底层,但其耐磨性和耐蚀性能均不如阳极氧化膜。

铝及铝合金的化学氧化处理设备简单,操作方便,生产效率高,不消耗电能,适用范围广,不受零件大小和形状的限制。故大型铝件或难以用阳极氧化法获得完整膜层的复杂铝件(如管件、定位焊件或铆接件等)通常会采用化学氧化法处理。目前,铝及铝合金化学氧化液大多以铬酸盐法为主,按其溶液性质可分为碱性氧化法和酸性氧化法两大类,按膜层性质可分为氧化物膜、磷酸盐膜、铬酸盐膜、铬酸酐—磷酸盐膜。

(2) 电化学氧化(阳极氧化)。氧化膜厚度为 5～20 μm(硬质阳极氧化膜厚度可达 60～200 μm),有较高的硬度、良好的耐热性和绝缘性,耐蚀能力高于化学氧化膜,多孔,有很好的吸附能力。

将铝及铝合金放入适当的电解液中,以铝工件为阳极,其他材料为阴极,在外加电流作用下,使其表面生成氧化膜,这种方法称为阳极氧化。按电解液的种类可分为硫酸阳极氧化、草酸阳极氧化和铬酸阳极氧化。

铝和铝合金阳极氧化膜的应用:①用于防护与装饰。经过阳极氧化的铝制品,具有一定的防腐蚀抗氧化能力。再经过着色处理,即能得到各种不同的色彩。②用作耐磨层。氧化膜非常耐磨,在润滑条件下由于氧化膜的多孔性,微孔内吸附并留有润滑油,从而改变了润滑条件,提高了铝制品表面的耐磨性能。③用作电绝缘层。氧化膜是一种良好的绝缘材料,耐高温、抗腐蚀,可以用作铝导线的绝缘膜。④用作油漆涂料的底层和电镀底层。由于阳极氧化膜的多孔性、良好的吸附性以及较高的化学稳定性,可使油漆膜或电镀层与铝基体结合牢固,提高油漆膜或电镀层与铝基体的结合力。

金属表面处理技术还有很多,如覆盖膜中,将熔融状态的金属雾化并连续地喷射在制件表面上的热喷镀;在高真空容器中,将金属材料加热蒸发,并镀着在制件表面的真空镀。转化膜中,利用钝化液在制件表面形成不易被腐蚀的钝化膜的化学钝化或电化学钝化;为使金属表面美观并有一定耐蚀性的着色与封闭处理等。由于篇幅关系,不再赘述。

本章小结

1. 力学性能的主要指标有强度、塑性、硬度、韧性和疲劳强度等。

2. 铁碳合金平衡图是表示铁碳合金的成分、温度和组织三者之间在平衡条件下相互关系的图形。一般来说,随着含碳量的增加,钢的强度、硬度上升,塑性、韧性下降。

3. 碳素结构钢的典型牌号为 Q235-A;优质碳素结构钢的典型牌号有 08F、20、45、65Mn;碳素工具钢的典型牌号有 T7、T10、T12。碳素钢相对于合金钢而言力学性能低、淬透性低。合金钢的典型牌号有 16Mn、20CrMnTi、40Cr、60Si2Mn、GCr15、9SiCr、

CrWMn、W18Cr4V、Cr12、3Cr2W8V、5CrMnMo 等。机加工前,常对零件毛坯进行正火或退火预备热处理,以降低硬度、应力、细化晶粒,为最终热处理作好组织上的准备;对于较重要的零件,常进行淬火—回火或表面淬火等最终热处理,以赋予零件最终使用性能。

4. 铸铁的铸造性能好,常用于制造形状复杂的零件。与钢铁材料相比有色金属成本高,产量和使用量不多,但它们具有许多特殊的物理、化学和力学性能,如铝、镁及其合金比重小;铜合金导电性、耐蚀性、耐磨性好。

5. 表面处理技术主要通过三种途径改善金属材料表面性能:第一种是通过表面改性技术改变基体表面的组织和性能;第二种是通过表面涂(镀)层技术在基体表面制备各种镀、涂覆层,包括电镀、化学镀、热浸镀、油漆、喷塑等;第三种是通过化学转化膜技术形成表面转换层,如发蓝处理、氧化处理、磷化处理和着色与封闭处理等。

习题一

1-1 什么是强度?什么是塑性?衡量这两种性能的指标有哪些?各用什么符号表示?

1-2 低碳钢做成的圆形短试样($l_0=50$ m, $d_0=10$ mm)经拉伸试验,得到如下数据:
$F_s=21\,100$ N, $F_b=34\,500$ N, $l_1=65$ mm, $d_1=6$ mm。试求低碳钢的 σ_S、σ_b、δ_5、ψ。

1-3 什么是硬度? HBW、HRA、HRB、HRC、HV 各代表用什么方法测出的硬度?

1-4 什么是冲击韧度? a_K 和 A_K 各代表什么?

1-5 什么是疲劳强度?

1-6 何谓铁素体、奥氏体、渗碳体、珠光体和莱氏体?其中哪些属于固溶体,哪些属于金属化合物,哪些属于机械混合物?

1-7 默绘出简化后的 Fe-Fe$_3$C 平衡图。说明主要特征点、特征线的意义。

1-8 试用冷却曲线分析含碳量为 0.4%、0.77%、1.2%的铁碳合金,从液态冷却到室温时的结晶过程和组织转变。

1-9 简述含碳量对钢的组织、性能的影响,并用铁碳合金平衡图的知识说明产生下列现象的原因。

(1) 捆扎物体一般用镀锌低碳钢丝,起吊重物用的钢丝绳却用含碳 0.6%~0.75%的钢制成。

(2) 钳工锯含碳量高的钢料比锯含碳量低的钢料费力,并且锯条易磨钝。

(3) 钢铆钉一般用低碳钢制作,锉刀一般用高碳钢制作。

1-10 在铁碳合金平衡图上画出钢的退火、正火和淬火加热温度范围。

1-11 比较下列钢材经不同热处理后硬度值的高低,并说明原因。

(1) 45 钢加热到 700 ℃保温后水冷;

(2) 45 钢加热到 750 ℃保温后水冷;

(3) 45 钢加热到 840 ℃保温后水冷;

(4) T12 钢加热到 700 ℃保温后水冷;

(5) T12 钢加热到 780 ℃保温后水冷。

第1章 机械工程材料与热处理

1-12 下列各种情况,应分别采用哪些预备热处理或最终热处理?

(1) 20钢锻件要改善切削加工性;

(2) 45钢工件要获得良好的综合力学性能(220~250 HBW);

(3) 65钢制弹簧要获得高的弹性(50~55 HRC);

(4) 45钢工件要获得中等硬度(40~45 HRC);

(5) T12钢锻件要消除网状渗碳体并改善切削加工性;

(6) 精密工件要消除切削加工中产生的内应力。

1-13 举例说明什么类型的钢适合于表面淬火,什么类型的钢适合于化学热处理(渗碳、渗氮等)。

1-14 确定下列各题中的热处理方法。

(1) 某机床变速箱齿轮,用45钢制造,要求表面有较高的耐磨性,硬度为52~57 HRC,心部有良好的综合力学性能,硬度为220~250 HBW。工艺路线为:下料—锻造—热处理1—粗加工—热处理2—精加工—热处理3—磨削。

(2) 锉刀,用T12钢制造,要求高的硬度(62~64 HRC)和耐磨性。其工艺路线为:下料—锻造—热处理1—机加工—热处理2—成品。

(3) 某小齿轮,用20钢制造,要求表面有高的硬度(58~62 HRC)和耐磨性,心部有良好的韧性。其工艺路线为:下料—锻造—热处理1—机加工—热处理2—磨削。

1-15 说明以下各种钢的类别:Q235A、08F、20、45、65Mn、T7、T10、T10A。

1-16 在常用碳素钢中,为下列工件选择合适的材料并确定相应的热处理方法:普通螺钉、弹簧垫圈、扳手、钳工锤、手用锯条、锉刀、日光灯罩壳、轻载冷冲模凸凹模。

1-17 说明下列合金钢的类别、热处理特点及大致用途:16Mn、Cr12MoV、60Si2Mn、3Cr2W8V、5CrNiMo、20CrMnTi、GCr15、W18Cr4V、40Cr、CrWMn、1Cr18Ni9、38CrMoAl。

1-18 说明下列工件或工具应选用什么材料较合适,并确定相应的最终热处理方法。

沙发弹簧、汽车板弹簧、普通车床主轴、汽车变速箱齿轮、圆板牙、钳工用錾子、重载冲孔模、铝合金压铸模、中小型热锻模、精度要求不高的塑料注射模、低精度塞尺、高精度量规、手术刀。

1-19 为什么铸造生产中常发现化学成分具有三低(碳、硅、锰的质量分数低)一高(硫的质量分数高)特点的铸铁,容易成白口铸铁?为什么在同一铸件中,往往表层或薄壁部分较易形成白口组织?

1-20 下列铸件宜采用何种铸铁制造?

车床床身、农用柴油机曲轴、冷冲模模板、自来水三通、手轮、变速箱壳体。

1-21 下列零件宜用何种有色金属制造?

螺钉、蜗轮、重要的导电弹簧、飞机大梁或起落架、照相机壳身、中等强度铆钉。

1-22 下列刀具应选用何种硬质合金?

(1) 高速切削铸铁件的刀具,精加工,连续切削无冲击;

(2) 高速切削一般钢锻件的刀具,加工中有较大冲击。

1-23　简述表面预处理的作用,表面预处理主要处理什么?

1-24　对于下列零件表面,采取何种表面处理技术?

钢制零件一般防护和装饰、汽车罩壳的底层处理及表面精饰、铝及铝合金零件的一般防护、机床外表面的装饰、铸造铝合金零件的防护和外观美观装饰、钢制件的防护和外观美观装饰、提高汽车主轴表面耐磨、游标卡尺表面装饰、内燃机汽缸内腔、腐蚀环境的钢板。

实验与实训

1. 实验一　硬度的测定。
2. 实验二　碳钢的淬火与回火。
3. 实验三　碳钢的退火与正火。
4. 练习查阅相关的材料手册。

第 2 章 零件毛坯的成形方法

学习目标

1. 了解砂型铸造及四种特种铸造的过程、特点，了解金属塑性变形及锻造设备，了解手工电弧焊及其他焊接方法的原理、设备；
2. 理解三种毛坯成形方法的结构工艺性及金属的焊接、锻压、焊接性能；
3. 掌握三种毛坯成形方法的基本工序及典型零件铸造、锻造和焊接方法的选用。

本章简要介绍砂型铸造及四种特种铸造的过程、特点，介绍金属塑性变形、锻压设备、锻造温度及冷却方法，介绍手工电弧焊及其他焊接方法的原理、设备、焊条。介绍三种毛坯成形方法的结构工艺性及金属的焊接、锻压、焊接性能。主要介绍三种毛坯成形方法的基本工序及典型零件铸造、锻造和焊接方法的选用。

2.1 铸造

铸造是指熔炼金属，制造铸型，并将液态金属浇入铸型，凝固后获得具有一定形状和性能的铸件的成形方法。铸件通常作为毛坯，经机械加工制成零件。

铸造是毛坯成形的主要工艺方法之一，在机械制造中应用广泛，它具有一系列的优点：

(1) 铸造可以生产形状复杂，特别是内腔复杂的铸件。如箱体、机床床身等。

(2) 铸造可以用各种合金来生产铸件。对于一些不宜锻压、焊接或难切削材料（如铸铁、青铜等），都可用铸造的方法来生产零件和毛坯。

(3) 经济性好。铸造所用的设备费用较低；原材料来源广泛，金属废料（如浇冒口、废铸件）可以再次利用；铸件与零件的形状、尺寸很接近，因而铸件的加工余量小，可以节约金属材料和加工工时。

但是铸造的生产工艺过程复杂、工序多，一些工艺过程难以控制，铸件质量不够稳定，废品率较高；铸件内部组织粗大、不均匀，使其力学性能不如同类材料的锻件高。此外，目前铸造生产还存在劳动强度大、劳动条件差等问题。

铸造方法可分为砂型铸造和特种铸造两类。

2.1.1 砂型铸造

用型砂和芯砂制造铸型的铸造方法称为砂型铸造。砂型铸造的主要工序有：制模、配砂、造型、造芯、合型、熔炼、浇注、落砂、清理与检验等。如图 2-1 所示为砂型铸造的工作过程及工艺过程流程图。

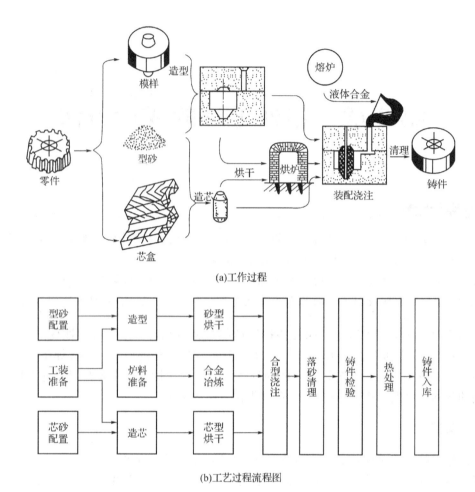

图 2-1 砂型铸造

1）造型

用型砂及模样等工艺装备制造铸型的过程称为造型。造型的方法通常分为手工造型和机器造型两大类。造型时用模样形成铸件的型腔，浇注后形成铸件的外部轮廓。造型过程中造型材料的好坏对铸件的质量起着决定性的作用。

（1）造型材料。制造铸型用的材料称为造型材料。用于制造砂型的材料称为型砂，用于制造型芯的材料称为芯砂。

①对型砂、芯砂性能的要求。

a. 强度。指型砂、芯砂在造型后抵抗外力破坏的能力。砂型及型芯在搬运、翻转、合箱及浇注金属时，需要有足够的强度才会保证不被破坏、塌落和胀大。

b. 透气性。指型砂、芯砂孔隙透过气体的能力。在浇注过程中，铸型与高温金属液接触，水分汽化、有机物燃烧和液态金属冷却析出的气体，必须通过铸型排出，否则将在铸件内产生气孔或使铸件浇不足。

c. 耐火度。指型砂、芯砂经受高温热作用的能力，若耐火度不够，就会在铸件表面或内腔形成一层粘砂层。耐火度主要取决于石英砂中 SiO_2 的含量。

d. 退让性。指铸件凝固和冷却过程中产生收缩时,型砂、芯砂能被压缩和退让的性能。型砂、芯砂的退让性不足,会使铸件收缩时受到阻碍,产生内应力、变形和裂纹等缺陷。

②型砂和芯砂的组成。

a. 原砂。主要成分为硅砂,而硅砂的主要成分为 SiO_2,它的熔点高达 1 700 ℃。砂中的 SiO_2 含量越高,其耐火度越高;砂粒越粗,其耐火度和透气性越高。

b. 黏结剂。用来黏结砂粒的材料称为黏结剂,常用的黏结剂有黏土和特殊黏结剂两大类。其中,黏土是配制型砂、芯砂的主要黏结剂。特殊黏结剂包括桐油、水玻璃、树脂等。

c. 附加物。为了改善型砂、芯砂的某些性能而加入的材料称为附加物。例如,加入煤粉可以降低铸件表面、内腔的粗糙度,加入木屑可以提高型砂、芯砂的退让性和透气性。

2)造型方法

全部用手工或手动工具完成的造型方法称为手工造型。整模造型过程见图 2-2。其特点是操作灵活,适应性强,模样成本低,生产准备简单,但造型效率低,劳动强度大,劳动环境差,主要用于单件、小批量生产。常见手工造型方法的特点和应用见表2-1。

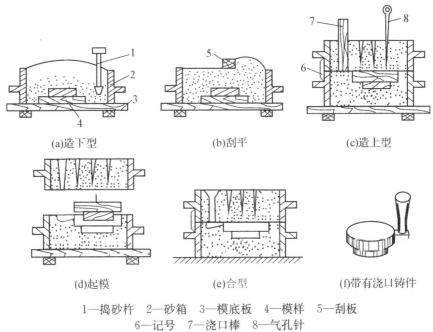

(a)造下型　　(b)刮平　　(c)造上型

(d)起模　　(e)合型　　(f)带有浇口铸件

1—捣砂杵　2—砂箱　3—模底板　4—模样　5—刮板
6—记号　7—浇口棒　8—气孔针

图 2-2 整模造型过程

表 2-1 常见手工造型方法的特点和应用

造型方法	简图	主要特点	应用范围
整模造型	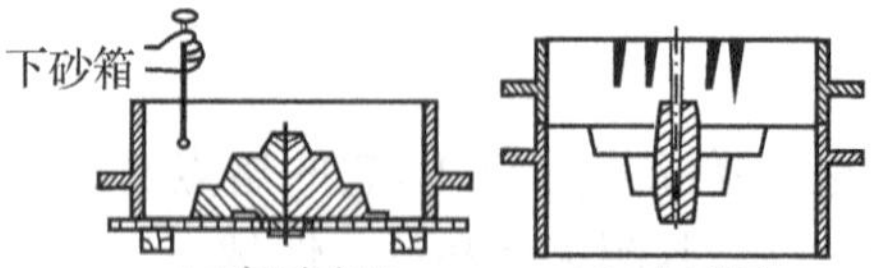 (a)造下砂型　(b)合型后	模样为整体，分型面为平面，铸型型腔全部在一个砂型内	最大截面在端部且为平面的铸件，如齿轮坯、轴承、皮带轮等
分模造型	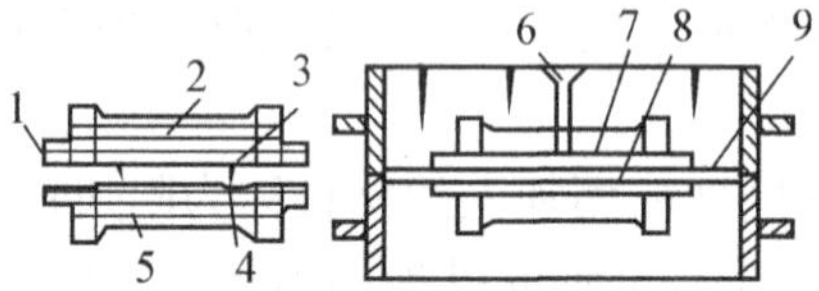 (a)模样　(b)合型后 1—型芯头　2—上半模 3—销钉　4—销钉孔 5—下半模　6—浇注系统 7—型芯　8—型芯通气孔 9—排气道	模样沿截面最大处分为两半，铸型型腔位于上下两个砂型内	最大截面在中部的铸件，如套筒、管类、阀体等
挖砂造型	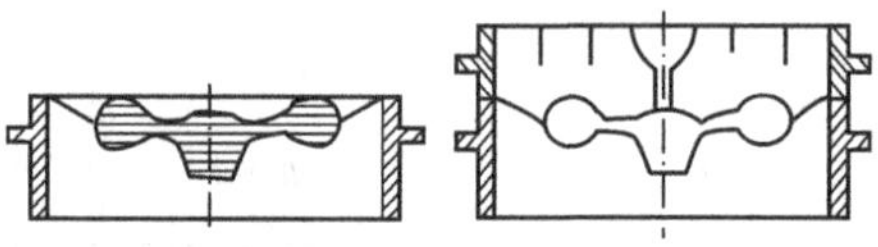 (a)挖出分型面　(b)合型后	模样为整体，分型面为曲面，为了能取出模样，造型使用手挖去阻碍起模的型砂	单件小批量生产分型面不是平面的铸件，如手轮
活块造型	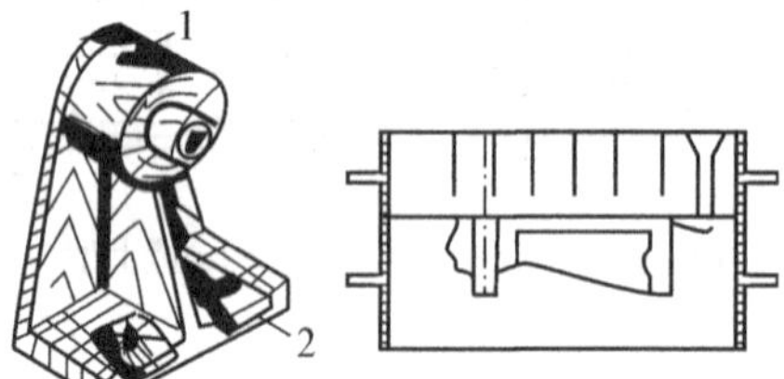 (a)模样　(b)合型后 1、2—活块	制模时将妨碍起模的小凸台、肋条等做成活块，起模时先起出主体模样，然后再从侧面起出活块	单件小批量生产的带凸台铸件，如箱体、支架等
刮板造型	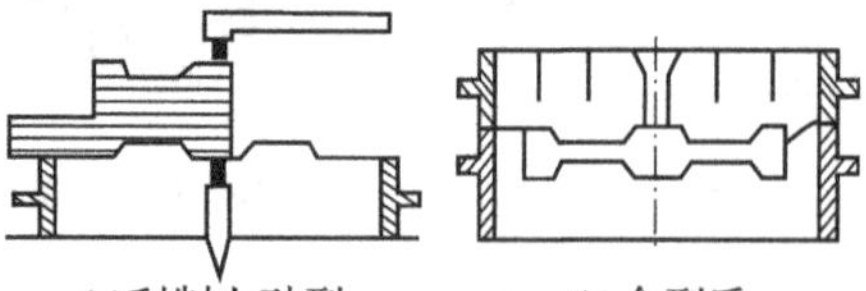 (a)刮制上砂型　(b)合型后	用特制的刮板代替模板进行造型。省去模样制造，但造型麻烦	单件小批量生产的旋转型铸件，如齿轮、皮带轮、飞轮等
三箱造型	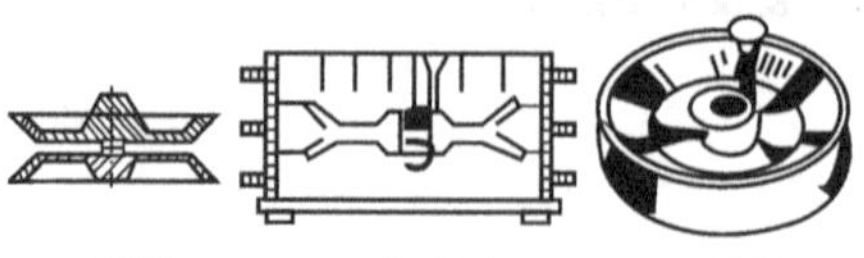 (a)模样　(b)合型后　(c)铸件	有两个分型面，造型采用上、中、下三个砂箱	单件小批量生产的中间截面较两端小的铸件，如槽轮等

用机器全部完成或至少完成紧砂操作的造型方法,称为机器造型。当成批、大量生产时,应采用机器造型。机器造型生产效率高,铸件尺寸精度高,表面质量好,但设备及工艺装备要求高,生产准备时间长。

3) 造芯

制造型芯的过程称为造芯。型芯的主要作用是用来获得铸件的内腔,但有时也可作为铸件难以起模部分的局部铸型。浇注时,由于受金属液的冲击、包围和烘烤,因此要求芯砂比型砂具有更高的强度、透气性和耐火度等。型芯可采用手工造芯,也可采用机器造芯。

4) 浇注系统

为了使液态金属流入铸型型腔所开的一系列通道,称为浇注系统。浇注系统的作用是保证液态金属均匀、平稳地流入并充满型腔,以避免冲坏型腔;防止熔渣、砂粒或其他杂质进入型腔;调节铸件的凝固顺序或补给金属液冷凝收缩时所需的液态金属。如图2-3所示,典型的浇注系统由以下几部分组成。

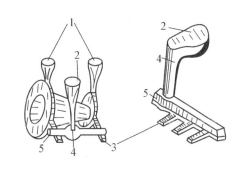

(a)带有浇注系统和冒口的铸件　(b)典型的浇注系统

1—冒口　2—外浇道　3—内浇道
4—直浇道　5—横浇道

图 2-3　典型的浇注系统

(1) 外浇道。外浇道的作用是缓和液态金属的冲力,使其平稳地流入直浇道。

(2) 直浇道。直浇道是外浇道下面的一段上大下小的圆锥形通道。由于它具有一定的高度,可使液态金属产生一定的静压力,从而使金属液能以一定的流速和压力充满型腔。

(3) 横浇道。横浇道是位于内浇道上方呈上小下大的梯形通道。由于横浇道比内浇道高,所以液态金属中的渣子和砂粒便浮在横浇道的顶面,从而防止产生夹渣、夹砂等。此外,横浇道还起着向内浇道分配金属液的作用。

(4) 内浇道。它的截面多为扁梯形,起着控制液态金属流向和流速的作用。

(5) 冒口。冒口的作用是在液态金属凝固收缩时补充液态金属,防止铸件产生缩孔缺陷。此外,冒口还起着排气、集渣和作为浇满标志的作用。冒口一般设在铸件的最高和最厚处。

5) 合型、熔炼与浇注

(1) 合型。将铸型的各个组元(上型、下型、砂芯、浇口盆等)组成一个完整铸型的过程称为合型。

(2) 熔炼。通过加热使金属由固态变为液态,并通过冶金反应去除金属中的杂质,使其温度和成分达到规定要求的操作过程称为熔炼。铸造生产常用的熔炼设备有冲天炉(熔炼铸铁)、电弧炉(熔炼铸钢)、坩埚炉(熔炼有色金属)和感应加热炉(熔炼铸铁和铸钢)。

(3) 浇注。将金属液从浇包注入铸型的操作过程称为浇注。铸铁的浇注温度在液相线以上200 ℃(一般为1 250~1 470 ℃)。

6) 落砂、清理与检验

(1) 落砂。用手工或机械使铸件与型砂（芯砂）、砂箱分开的操作过程称为落砂。

(2) 清理。落砂后从铸件上清除表面型砂（芯砂）及多余金属（浇口、冒口、飞翅和氧化皮）等的操作过程称为清理。灰铸铁、铸钢件、有色金属铸件的浇冒口可分别用铁锤敲击、气割、机械切割等方法清除。

(3) 检验。铸件清理后应进行质量检验。可通过眼睛观察（或借助尖嘴锤）找出铸件的表面缺陷，如气孔、砂眼、粘砂、缩孔、浇不足、冷隔。对于铸件内部缺陷可进行耐压试验、超声波探伤等。

2.1.2 常用铸造金属及其铸造性能

1) 金属的铸造性能

金属在铸造生产中，所呈现的工艺性能称为铸造性能。它是保证铸件质量的重要因素。金属的铸造性能主要有流动性和收缩性。

(1) 流动性。熔融金属的流动能力称为流动性。流动性好的金属液，充填铸型能力强，易于获得外形完整、尺寸准确或壁薄而复杂的铸件。影响金属流动性的主要因素有：

①不同成分的金属具有不同的流动性。常用铸造合金中，灰铸铁流动性最好，铝硅合金、硅黄铜次之，铸钢最差。

②浇注温度。适当提高浇注温度，可使金属黏度降低。但过高的浇注温度，又会导致金属总收缩量增加和吸收气体过多，造成缩孔等缺陷。因此，浇铸温度不宜过高或过低。

(2) 收缩性。金属在冷却时体积缩小的性能称为收缩性。金属的收缩可分为液态收缩、凝固收缩和固态收缩三部分。其中液态收缩是在高温状态下发生，只会造成铸型冒口部分金属液面的降低；凝固收缩会造成缩松、缩孔等现象；固态收缩受到阻碍时，则产生铸造内应力。

2) 常用金属的铸造性能

常用的铸造金属有铸铁、铸钢、铜合金、铝合金等。各种铸造金属由于化学成分不同，在铸造工艺中表现出不同的特性。

(1) 铸铁的铸造性能。铸铁具有良好的铸造性。它熔点较低，对砂型的耐火度要求不高；流动性良好，可浇注形状复杂的薄壁铸件；由于熔点低和良好的流动性，可以减少气孔、砂眼、冷隔和浇不足等缺陷。

①灰铸铁。在常用的各种铸铁中，灰铸铁的铸造性能最好，几乎集中了上述全部优点。因而灰铸铁件的铸型对型砂要求不高，很少设置冒口（只要出气冒口即可）。除大型铸件外一般都可用湿型浇注，设备简单，操作方便，生产率很高。

②可锻铸铁。它是由白口铸铁经石墨化退火而成。由于白口铸铁中碳、硅含量较低，熔点高（约 1 300 ℃），流动性差，收缩大，易产生冷隔、浇不足、缩孔、缩松及裂纹等缺陷，对形状复杂的薄壁铸件，应采取高温浇注，定向凝固，增设冒口和提高砂型的退让性等措施。

③球墨铸铁。由于通过球化处理后，铁液温度下降，因此流动性也有所降低。球墨铸铁的液态收缩和凝固收缩较大，容易形成缩孔和缩松。因而在铸造工艺上应采用快速

浇注,定向凝固,加大内浇道和增设冒口等措施。由于金属液中硫化镁(MgS)与砂型中的水分作用生成硫化氢(H_2S)气体,易产生气孔,因此,必须严格控制含硫量及型砂中的水分。

(2) 铸钢的铸造性能。铸钢的流动性差,为防止产生浇不足等缺陷,铸钢件壁厚不能小于8 mm,并采用较大的浇注系统的断面。铸型常采用干砂型或热型。铸钢的熔点较高,浇注温度相应也提高,一般为1 520~1 600 ℃;它的收缩率也比较大,因而极易产生粘砂、缩孔、裂纹等缺陷。为此,铸钢的型砂需采用耐火度较高的硅砂,铸件的壁厚要均匀,要提高砂型和型芯的退让性,并在厚壁处多设冒口以利于补缩等。

(3) 铸造铜合金的铸造性能。铸造铜合金常在电热炉或坩埚炉中熔化。铜合金的熔点一般在1 200 ℃上下;流动性好,可浇注最小壁厚约3 mm的复杂铸件;浇注温度低,对型砂和芯砂的耐火度要求不高,因此可采用细砂造型,以提高铸件表面质量,并可减少机械加工余量。铜合金易氧化,常用玻璃、食盐、氟石和硼砂等作熔剂,使氧化物和非金属夹杂物浮于金属液表面。铜合金收缩较大,易形成集中缩孔,需在壁厚部位设置冒口进行补缩。

(4) 铸造铝合金的铸造性能。铸造铝合金也在电热炉或坩埚炉内熔化。铝合金熔点低,一般在660 ℃上下;流动性好,可浇注最小壁厚为2.5 mm的铸件;铝合金在高温下的氧化吸气能力很强,为避免氧化和吸气,熔炼时应采用NaCl、KCl等为熔剂覆盖在液面上,使金属与炉气隔绝。浇注系统应在横浇道上多设内浇道,以使金属液平稳并较快地充满型腔,防止产生氧化吸气和浇不足等缺陷。

2.1.3 铸造工艺设计基础

铸造生产的第一步是根据工件的结构特点、技术要求、生产批量、生产条件等情况进行铸造工艺设计。铸造工艺设计主要包括以下几方面。

1) 浇注位置和分型面的选择

(1) 浇注位置的选择。浇注时,铸件在铸型中所处的位置称为浇注位置。浇注位置的选择应遵循以下基本原则:

①铸件的重要表面应朝下或位于侧面。这是因为金属液中的熔渣、气体等易上浮,使铸件上部缺陷增多,组织也不如下部致密。如图2-4所示为机床床身的浇注位置,由于导轨面是重要部位,故应朝下安放。

②铸件的宽大平面应朝下。如果大平面朝上,型腔上表面被高温烘烤的面积增大,型砂容易因急剧膨胀而向外拱起并开裂,形成夹砂缺陷,如图2-5所示。

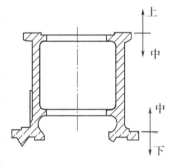

图2-4 机床床身的浇注位置

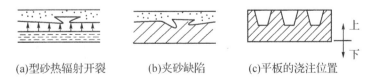

(a)型砂热辐射开裂　　(b)夹砂缺陷　　(c)平板的浇注位置

图2-5 大平面的浇注位置

③铸件的薄壁部分应放在型腔的下部或垂直、倾斜位置,以利于金属液的充填,防止产生冷隔和浇不足等缺陷,如图2-6所示。

④铸件较厚的部分,浇注时应处于型腔的上部,以便安放冒口,实现自下而上的定向凝固,防止缩孔。

(2) 分型面的选择。分型面是指上、下铸型之间的接合面。分型面的选择原则如下:

①分型面应选择在铸件的最大截面处,以便于起模。

②尽量使分型面为平直,而且数量只有一个,以便简化造型,减少产生错型等缺陷。

③尽量使铸件的全部或大部分处于同一砂箱中,以保证铸件精度。

④应考虑下芯、检验和合型的方便。如图2-7所示铸件的两种分型方案中,方案Ⅱ比方案Ⅰ下芯方便,较为合理。

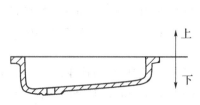

图2-6 薄壁铸件的浇注位置

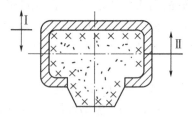

图2-7 分型面应便于下芯

上述各原则,对于具体铸件来说,常难以全面满足,有时甚至是互相矛盾的。对于质量要求高的铸件,应在满足浇注位置的前提下,设法简化造型工艺。对于一般铸件,则以简化造型工艺为主,不必过多考虑铸件的浇注位置。

2) 主要铸造工艺参数的选择

(1) 加工余量。为保证铸件加工面的尺寸和铸件精度,在铸造工艺设计时预先增加的、在机械加工时需要切去的金属层厚度,称为加工余量。加工余量的大小与很多因素有关。若是单件小批量生产、手工造型,在铸型朝上的加工表面,加工余量应大些。铸钢件表面粗糙,加工余量应较大;非铁合金铸件表面较光洁,加工余量应较小。铸件上直径小于30~50 mm的孔,在单件小批量生产时一般不铸出,直接在切削加工时钻出。

(2) 起模斜度。为便于将模样从铸型中取出,模样上凡与起模方向平行的表面都应有一定的斜度,称为起模斜度,如图2-8所示。起模斜度的大小取决于壁的高度、造型方法、模样材料等因素。壁越高,斜度应越小。机器造型的斜度应比手工造型小,金属模的斜度应比木模小,外壁的斜度应比内壁小。木模外壁的斜度通常为15′~3°。

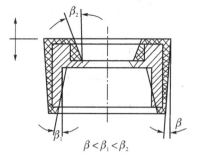

图2-8 铸件的起模斜度

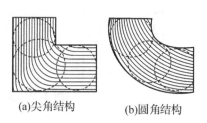

(a)尖角结构　(b)圆角结构

图2-9 转角结构对铸件质量的影响

(3) 铸造圆角。在设计铸件和制造模样时,相交壁的连接处要做成圆弧过渡,称为铸造圆角。铸造圆角可使砂型不易损坏,并使铸件避免在尖角处产生缩孔、缩松等缺陷和形成应力集中。转角结构对铸件质量的影响如图2-9所示。

3) 铸造工艺图

把铸造工艺设计的内容用文字和红、蓝色符号在零件图上表示出来,所得的图形称为铸造工艺图。它表明了铸件的形状、尺寸、生产方法和工艺过程,是指导模样和铸型制造,进行生产准备和铸件检验的基本工艺文件。图2-10是衬套零件的零件图和铸造工艺简图。

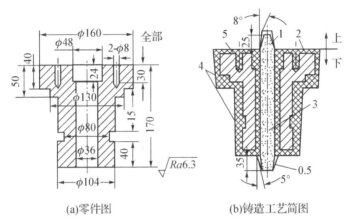

(a)零件图　　(b)铸造工艺简图

1—型砂头　2、5—切削加工余量　3—型芯　4—起模斜度

图2-10　衬套零件的零件图和铸造工艺简图

2.1.4　铸件结构工艺性

1) 合金铸造性能对铸件结构的要求

(1) 铸件的壁厚应合理。铸件的壁厚越大,金属液流动时的阻力越小,而且保持液态的时间也越长,因此有利于金属液充满型腔。而铸件壁厚减小时,很容易在铸件上出现冷隔和浇不足等缺陷。常用合金砂型铸造的最小壁厚见表2-2。

表2-2　常用合金砂型铸造的最小壁厚

合金种类	铸件轮廓的最小壁厚/mm			
	<200×200	200×200~400×400	400×400~800×800	≥800×800
灰铸铁	3~4	4~5	5~6	6~12
孕育铸铁	5~6	6~8	8~10	10~20
球墨铸铁	3~4	4~5	8~10	10~12
铸造碳钢	5	6	8	12~20
铝合金	3~5	5~6	6~8	8~12

(2) 铸件各处壁厚力求均匀。铸件各处的壁厚如果相差太大,必然会在壁厚处产生冷却较慢的热节,热节处则容易形成缩孔、缩松、晶粒粗大等缺陷,如图 2-11(a)所示。同时,由于不同壁厚的冷却速度不一样,因而会在厚壁和薄壁之间产生热应力,就有可能导致产生热裂纹。图 2-11(b)则是改进后的铸件结构。

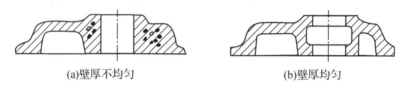

(a)壁厚不均匀　　　　　　　(b)壁厚均匀

图 2-11　铸件的壁厚

(3) 壁间连接要合理。壁间连接应注意以下三点:

①要有结构圆角。在铸件的转弯处要有结构圆角,如图 2-9 所示。

②壁的厚薄交界处应合理过渡。注意避免厚壁与薄壁连接处的突变,应当使其逐渐地过渡,如图 2-12 所示。

(a)圆角过渡　　　　(b)倾斜过渡　　　　(c)复合过渡

图 2-12　厚薄壁连接

③壁间连接应避免交叉和锐角。两个以上铸件壁相连接处往往会形成热节,如果能避免交叉结构和锐角相交,即可防止缩孔缺陷。图 2-13 示出了几种壁间连接结构的对比。

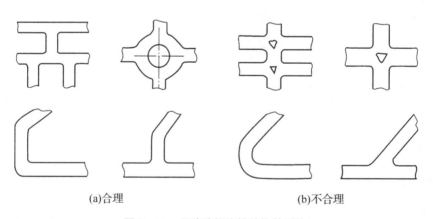

(a)合理　　　　　　　　　　(b)不合理

图 2-13　几种壁间连接结构的对比

(4) 铸件应尽量避免大的水平面。铸件上大的水平面不利于金属液的充填,同时,平面上方也易掉砂而使铸件产生夹砂等缺陷。图 2-14 示出了铸件结构的对比方案。

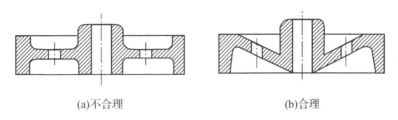

(a)不合理　　　　　　　　　　(b)合理

图 2-14　铸件防止大平面的措施

(5) 避免铸件收缩时受阻。在铸件最后收缩的部分,如果不能自由收缩,则会产生拉应力。由于高温下的合金抗拉强度很低,因此铸件容易产生热裂缺陷。如图 2-15 所示的轮子,当其轮辐为直线且为偶数个时,就很容易在轮辐处产生裂纹。如果轮辐设计成奇数个且呈弯曲状时,由于收缩时的应力可以借助于轮辐的变形而有所减小,从而可避免热裂。

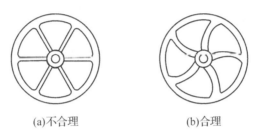

(a)不合理　　　　　　　　　　(b)合理

图 2-15　轮辐的设计

(6) 尽量避免因壁上开孔而降低其承载能力。在铸件壁上开孔,往往会造成应力集中,从而降低其承载能力。在不得已的情况下,为了增强壁上开孔处的承载能力,一般会在开孔处设置凸台,如图 2-16 所示。

(a)不合理　　　　　　　　　　(b)合理

图 2-16　增强开孔处承载能力的凸台

(7) 铸件结构应防止铸件变形。平板类和细长形铸件,往往会因冷却不均匀而产生翘曲或弯曲变形。如图 2-17(a)中的三种铸件就容易发生变形。在平板上增加比板厚尺寸小的加强肋,或者改不对称结构为对称结构,均可有效地防止铸件变形,如图 2-17(b)所示。

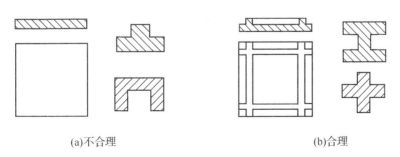

(a)不合理　　　　　　　　　　(b)合理

图 2-17　防止铸件变形的铸件结构

2) 铸造工艺对铸件结构的要求

(1) 简化铸件结构,减少分型面。如图 2-18(a)所示的铸件,因有两个分型面,必须采用三箱造型方法生产,生产效率低,而且易产生错型缺陷。在不影响使用性能的前提下,改为如图 2-18(b)所示的结构后,只有一个分型面,可采用两箱造型法。

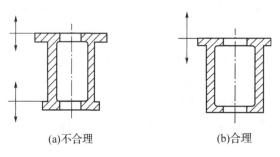

(a)不合理　　　　　　　　　(b)合理

图 2-18　减少铸造件分型面的结构

(2) 尽量采用平直的分型面。铸型的分型面若不平直(图 2-19(a)),造型时必须采用挖砂造型或其他造型,这种造型方法的生产效率较低。如果把铸件结构改为如图 2-19(b)所示的结构,分型面就位于铸件端面上,而且是一个平面,这就简化了造型操作过程,从而提高了生产效率。

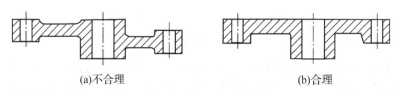

(a)不合理　　　　　　　　　(b)合理

图 2-19　使分型面平直的铸件结构

(3) 尽量少用或不用型芯。减少型芯或不用型芯,可节省造芯材料和烘干型芯的费用,也可减少造芯、下芯等操作过程。如图 2-20(a)所示的铸件,因内腔出口处尺寸较小,必须用型芯才能铸出。若将内腔形状改为如图 2-20(b)所示的结构后,则可用砂垛代替型芯。

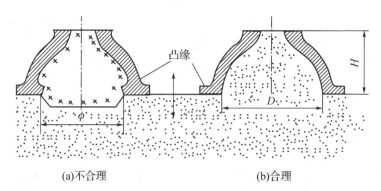

(a)不合理　　　　　　　　　(b)合理

图 2-20　减少型芯的铸件结构

(4) 尽量不用或少用活块。铸件侧壁上如果有凸台,可采用活块造型(图 2-21(a))。但活块造型法的造型工作量较大,而且操作难度也大。如果把离分型面不远的凸台延伸到便于起模的地方(图 2-21(b)),即可免去或减少取活块操作。

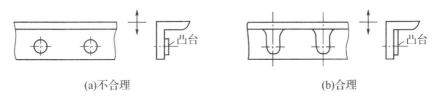

图 2-21 避免活块的铸件结构

(5) 垂直壁应考虑结构斜度。垂直于分型面的非加工表面,若具有一定的结构斜度,则不但便于起模,而且也因模样不需要较大的松动而提高了铸件的尺寸精度。图 2-22 是考虑到铸件结构斜度的实例。

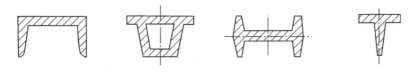

图 2-22 考虑结构斜度铸件结构

(6) 型芯的设置要稳固并有利于排气与清理。型芯在铸型中只有固定牢靠才能避免偏芯;只有出气孔道通畅才能避免产生气孔;只有清理时出砂方便,才能减少清理工时。图 2-23(a)中,铸件有两个型芯,型芯处于悬壁状;只靠一端排气,气体排出比较困难;2″型芯也不便于清理。若将铸件结构改为如图 2-23(b)所示的结构后,则工艺性大为改善。

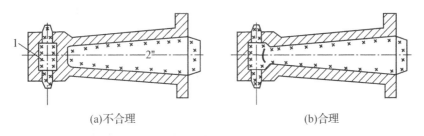

图 2-23 便于型芯固定、排气与清理的铸件结构

2.1.5 特种铸造

特种铸造是指有别于砂型铸造的其他铸造方法。特种铸造方法很多,各有其特点和运用范围,它们从各个不同的侧面来弥补普通砂型铸造的不足。常用的特种铸造有如下几种。

1) 熔模铸造

熔模铸造是指用易熔材料(如蜡料)制成模样壳,熔去模样后经高温焙烧即可浇注的铸造方法。

(1) 熔模铸造的工艺过程。熔模铸造的工艺过程如图 2-24 所示。首先用石蜡和硬脂酸各 50% 的易熔材料做成与铸件形状相同的蜡模及相应的浇注系统;把蜡模与浇注系统焊成蜡模组;在蜡模组上涂挂涂料和硅砂,放入硬化剂(如 NH_4Cl 水溶液等)中硬化;

反复几次涂挂涂料和硅砂并硬化,形成5~10 mm厚的型壳;将型壳浸泡在热水中,熔去蜡模便获得无分型面的铸型;型壳再经烘干并高温焙烧;四周填砂后便可浇注而获得铸件。

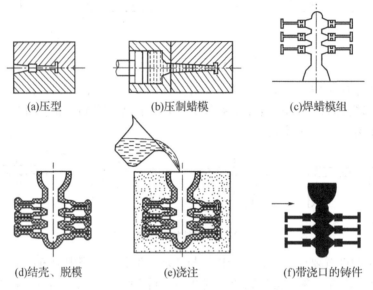

图2-24 熔模铸造工艺过程

(2) 熔模铸造的特点。熔模铸造是一种精密铸造方法,生产的铸件尺寸精度和表面质量均较高(精度可达IT11级,Ra 0.8)。可铸出形状复杂的薄壁铸件,能够生产各种合金铸件,生产批量不受限制,从单件、成批到大量生产均可。但熔模铸造工序繁多,生产周期长,原材料的价格贵,铸件不能太大。

(3) 熔模铸造的应用。熔模铸造主要用来生产形状复杂、精度要求高或难以进行切削加工的小型零件,如汽轮机、水轮发动机等的叶片,切削刀具,以及汽车、拖拉机、风动工具和机床上的小型零件。

2) 金属型铸造

金属型铸造是依靠重力将熔融金属浇入金属铸型而获得铸件的方法。

(1) 金属型铸造的工艺过程。金属型常用铸铁或铸钢制成,有多种形式。常见的垂直分型式金属型如图2-25所示。它由定型、动型、底座等部分组成。分型面处于垂直位置。浇注时,将两个半型合紧,待注入的金属液凝固后,将两个半型分开,就可取出铸件。

(2) 金属型铸造的特点。金属铸型可"一型多铸",一般可浇注几百次到几万次,故亦称为"永久型铸造"。由于铸件冷却速度快,晶粒细,故铸件的力学性能好;生产率较高、成本低、便于机械化和自动化;铸件精度较高,表面质量较好。缺点是金属铸型

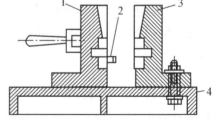

1—动型　2—定位销
3—定型　4—底座

图2-25 垂直分型式金属型

制造成本高、周期长,不适合单件及小批量生产;不适于浇注薄壁铸件,铸件形状不宜太复杂;与砂型相比,金属铸型没有透气性和退让性,易产生内应力。

(3) 金属型铸造的应用范围。目前,金属型铸造主要用于中、小型非铁合金铸件的大批量生产,如铝合金活塞、汽缸体、缸盖、油泵壳体、轴衬套等。

3) 压力铸造

压力铸造是将熔融金属在高压下高速充填入金属型腔,并在压力下凝固而获得铸件的铸造方法。

(1) 压力铸造的工艺过程。压铸需要使用专用的设备——压铸机,其铸型一般用耐热合金钢制成。压铸工艺过程如图 2-26 所示。

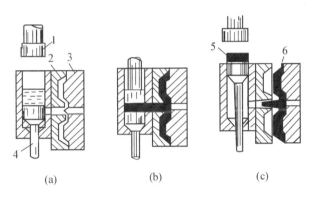

1—压铸活塞 2、3—压型 4—下活塞 5—余料 6—铸件

图 2-26 压铸工艺过程

(2) 压力铸造的特点。压力铸造的生产率高,是所有铸造方法中生产率最高的;铸件的精度和表面质量较高(精度可达 IT11 级,Ra 0.8),可铸出形状复杂的薄壁铸件,并可直接铸出小孔、螺纹、花纹等,可不经切削加工直接使用;由于压铸件是在压力下结晶凝固,故晶粒细密、强度高,比砂型铸造提高 20%～30%。但压铸件内部易产生气孔和缩孔,压铸件不能进行热处理;压铸设备投资大,铸型制造成本高。

(3) 压力铸造的应用。目前压铸合金除了铝、铜等有色金属外,已扩大到铸铁、碳钢和合金钢。用压铸法生产的零件有发动机汽缸体、汽缸盖、变速箱箱体、发动机罩、仪表和照相机的壳体及管接头、齿轮等。

4) 离心铸造

离心铸造是将液态金属浇入旋转着的铸型中,并在离心力的作用下凝固成形而获得铸件的铸造方法。

(1) 离心铸造的工艺过程。离心铸造的铸型可以是金属型,也可以是砂型。铸型在离心铸造机上可以绕垂直轴旋转,也可以绕水平轴旋转,如图 2-27 所示。铸型绕垂直轴旋转时,铸件内表面呈抛物面,因而铸造中空铸件时,其高度不能太高,否则铸件壁厚相差较大。铸型绕水平轴旋转时,可制得壁厚均匀的中空铸件。

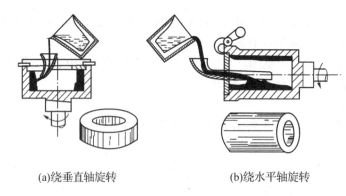

(a)绕垂直轴旋转　　　　　　　　(b)绕水平轴旋转

图 2-27　离心铸造的工艺过程

（2）离心铸造的特点。离心铸造的铸件是在离心力下结晶,内部晶粒组织致密,无缩孔、气孔及夹渣等缺陷,力学性能较好。铸造管形铸件时,可省去型芯和浇注系统,提高金属利用率,简化铸造工艺。可铸造"双金属"铸件,如在钢套内镶铜轴瓦等。但铸件内表面质量较粗糙,内孔尺寸不准确,需采用较大的加工余量。

（3）离心铸造的应用。目前离心铸造已广泛用于制造圆形中空铸件,如铸铁水管、汽缸套、铜轴衬等。

2.2　锻压加工

锻压加工是利用金属的塑性变形以得到一定形状的制件,并可提高或改善制件力学性能或物理性能的加工方法。它是锻造和冲压的总称。从锻压定义可知,金属的塑性变形是锻压加工的理论基础。

2.2.1　金属的塑性变形

1) 金属塑性变形的基本知识

（1）单晶体金属的塑性变形。单晶体金属的塑性变形只有在切应力作用下才可能发生,其变形情况如图 2-28 所示。当切应力 τ 很小时,晶格只产生弹性歪扭。当切应力大于某定值后,晶体的一部分相对于另一部分沿一定晶面发生相对滑动(称为滑移),去除外力后,原子处于新的平衡位置,晶体产生永久变形。

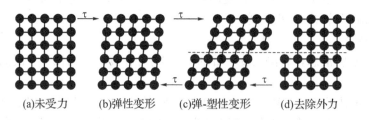

(a)未受力　(b)弹性变形　(c)弹-塑性变形　(d)去除外力

图 2-28　单晶体变形示意图

滑移是金属塑性变形的主要方式。从图 2-29 可以看出,滑移的过程实质上是位错运动的过程。位错的运动使得一些位错消失,但同时又产生大量新的位错,以致晶体中总的位错数量增加。

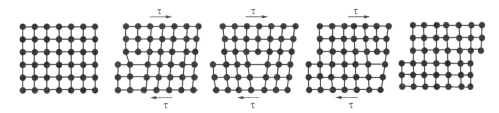

图 2-29 位错的运动示意图

(2) 多晶体金属的塑性变形。多晶体金属的塑性变形主要是晶粒内部的变形。在多晶体中,每个晶粒内部的变形与单晶体基本相似。但是由于每个晶粒周围存在着晶界和许多位向不同的其他晶粒,因此当一个晶粒滑移时,必然会受到晶界和周围其他晶粒的阻碍。要克服这种阻碍,必须加大外力。这表明,多晶体金属的塑性变形抗力比单晶体金属要高。

2) 塑性变形对金属组织和性能的影响

在塑性变形中,金属晶粒的形状会发生改变,由等轴晶粒变为扁平状或长条状;当变形度很大时,晶粒伸长成纤维状,称为冷变形纤维组织。在组织改变的同时,金属中的晶体缺陷会迅速增多。

金属组织的变化和晶体缺陷的增加,会阻碍位错的运动,从而导致金属的力学性能发生改变:随着变形程度的增加,金属强度和硬度升高,塑性和韧性下降。这种现象称为加工硬化。加工硬化是强化金属材料的重要手段之一,对于用热处理不能强化的金属更为重要。但是,加工硬化会使冷变形金属的进一步加工变得困难。

金属在塑性变形后,由于变形的不均匀性以及变形造成的晶格畸变,内部会产生残余应力。残余应力一般是有害的,但是当工件表层存在残余压应力时,可有效提高其疲劳寿命。表面滚压、喷丸处理、表面淬火及化学热处理等都能使工件表层产生残余压应力。

3) 冷塑性变形金属在加热时的变化

为了消除冷变形金属中存在的残余应力或加工硬化,需对冷变形金属进行加热。加热过程中,冷变形金属的组织和性能将发生一系列变化,如图 2-30 所示。

(1) 回复。当加热温度不高时,原子的扩散能力较小,只能使点缺陷明显减少,晶格畸变显著减轻,内应力大为降低,这一变化过程称为回复。经过回复,金属组织没有变化,加工硬化基本保留。生产上,常利用回复的上述特点对冷变形金属进行热处理,以便在保持高强度的同时,显著降低内应力。这种热处理方法称为去应力退火。

(2) 再结晶。将冷变形金属加热到较高温度时,原子扩散能力增大,于是通过生核、长大,使变形晶粒全部转变成等轴晶粒。这一过程称为再结晶。再结晶

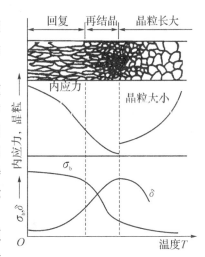

图 2-30 冷变形金属加热时组织和性能的变化

后,加工硬化和内应力完全消除,金属的性能恢复到冷变形之前的状态。冷变形金属发生再结晶时,是从某一温度开始,随温度的升高逐渐进行的。冷变形金属开始产生再结晶现象的最低温度称为再结晶温度。对于各种纯金属,再结晶温度 $T_{再} \approx 0.4 T_{熔}$(K),式中 $T_{熔}$ 为金属熔点。

生产上常将冷变形金属加热到再结晶温度以上,通过再结晶完全消除加工硬化,这种热处理方法称为再结晶退火。再结晶退火的温度通常比再结晶温度高 100～200 ℃,以提高生产率。

(3) 晶粒长大。冷变形金属在再结晶刚完成时,一般得到细小的等轴晶粒,但随着加热温度的升高或保温时间的延长,晶粒将长大,导致金属的力学性能下降。

4) 金属的冷加工和热加工

(1) 金属冷热加工的区分。生产上,金属的塑性变形可在再结晶温度以下或以上进行,前者称为金属的冷加工,后者称为金属的热加工。很显然,金属的冷热加工不是以加热温度的高低来区分的。例如,钨的再结晶温度约为 1 200 ℃,在 1 000 ℃ 对钨进行加工则属于冷加工;锡的再结晶温度约为 -7 ℃,在室温对锡进行加工则属于热加工。从加工过程中组织和性能变化的情况来看,冷加工过程中只有加工硬化而无再结晶过程,随着变形程度的增加,加工会越来越困难。而在热加工过程中,由变形引起的加工硬化能被随之发生的再结晶所逐渐消除,因而金属材料通常能保持较低的变形抗力和良好的变形能力。

(2) 热加工对金属组织和性能的影响。热加工对钢组织和性能的影响主要有。

①改善钢锭和钢坯的组织和性能。通过热加工,可使钢锭和钢坯的晶粒得到细化,气孔、缩松等缺陷得到焊合,组织致密度增加,化学成分不均匀的现象得到改善,从而提高钢的力学性能。

②形成热加工流线。热加工时,钢中的杂质顺着主要伸长方向至条状或链状分布,称为热加工流线。流线使钢的性能呈各向异性,如表 2-3 所列。

表 2-3 45 钢的力学性能与其流线方向的关系

取样方向	σ_b/MPa	$\sigma_{0.2}$/MPa	δ/%	ψ/%	a_K/(J·cm^{-2})
横向	675	440	10	31	30
纵向	715	470	17.5	62.8	62

在制造重要零件时,常通过锻造使流线沿零件轮廓连续分布,以提高零件的承载能力和使用寿命。如图 2-31(a)所示的曲轴由锻造而成,其流线分布合理,故性能高,寿命长。图 2-31(b)所示的曲轴由切削加工而成,因流线被切断,工作时轴肩处极易断裂。

(a)锻造曲轴

(b)切削加工曲轴

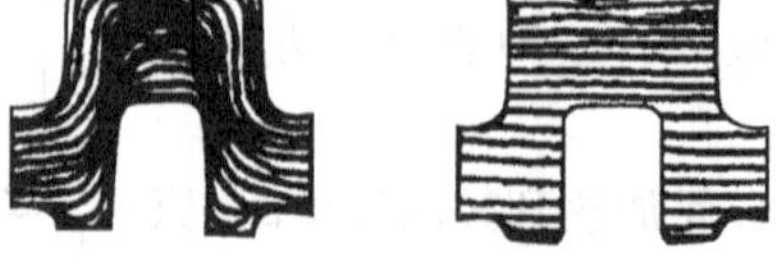

图 2-31 曲轴的流线分布

2.2.2 锻造

在加压设备及工(模)具的作用下,使坯料或铸锭产生局部或全部的塑性变形,以获得一定几何尺寸、形状和质量的锻件的加工方法,称为锻造。锻造能提高材料的致密度,细化晶粒,改善偏析,使流线合理分布,所以锻件的力学性能较高。锻造是利用材料的塑性变形来成形,因而成形困难,难以锻出形状复杂,尤其是具有复杂内腔的锻件。生产上,多数受力大而复杂的零件、直径相差较大的阶梯轴及板条形零件常采用锻造来制造毛坯。

锻造通常可分为自由锻、模锻和胎模锻三类。

1) 金属的锻造性能

金属的锻造性能是衡量金属材料锻造成形难易程度的一种工艺性能。锻造性能好,表明该金属易于锻造成形。金属的锻造性能用其塑性和变形抗力来综合衡量。塑性好且变形抗力小的材料,锻造性能好。金属的锻造性能主要受下列因素影响:

(1) 化学成分。金属材料的化学成分不同,锻造性能就不同。对钢而言,钢中碳所占的质量分数越大,钢的锻造性能越低;合金元素所占的质量分数越大,钢的锻造性能越差。

(2) 组织状态。金属材料的组织状态不同,锻造性能也不同。当组织为晶粒细小的单相固溶体时,锻造性能良好;当组织由固溶体和化合物组成或晶粒粗大时,锻造性能降低。

(3) 变形温度。金属的变形温度对锻造性能有很大影响。在一定温度范围内,随着变形温度的升高,原子间结合力减弱,加以再结晶速度加快,从而使锻造性能得到改善。

2) 坯料的加热与锻件的冷却

锻造的工艺过程主要有坯料的加热、锻造成形及锻后冷却。

(1) 坯料的加热。为了提高金属的锻造性能,坯料在成形前必须加热。坯料的加热常在电阻炉或火焰炉中进行。当坯料加热到预定温度后即可出炉锻造。锻造应在一个合适的温度范围即锻造温度范围内进行。锻造温度范围是指坯料开始锻造时的温度(称为始锻温度)和终止锻造时的温度(称为终锻温度)之间的一个温度区间。为了扩大锻造温度范围,减少加热次数,始锻温度应适当高些,终锻温度应适当低些。但过高的始锻温度会使晶粒过分粗大(称为过热),降低锻造性能,甚至在晶界上出现氧化或熔化现象(称为过烧),使锻件报废;过低的终锻温度会使锻件产生加工硬化甚至开裂。常用钢的锻造温度范围如表 2-4 所列。

表 2-4 常用钢的锻造温度范围

材料种类	始锻温度/℃	终锻温度/℃	材料种类	始锻温度/℃	终锻温度/℃
低碳钢	1 200~1 250	700	合金结构钢	1 150~1 200	800~850
中碳钢	1 150~1 200	800	合金工具钢	1 050~1 150	850
高碳钢	1 100~1 150	800	高速工具钢	1 100~1 150	900

(2) 锻件的冷却。坯料锻造成形后,应以适当的方法冷却,以免因冷却速度过快,使锻件表面硬度过高而难以切削加工,或使锻件中产生内应力而导致变形和开裂。常用的冷却方法有空冷、坑冷和炉冷三种。低碳钢、中碳钢和低碳低合金钢的中、小锻件一般采

用空冷。高碳钢和大多数低合金钢的中、小锻件常采用坑冷。中碳钢、低合金钢的大型锻件和高合金钢锻件常采用炉冷。

3) 自由锻

只用简单的通用性锻造工具,或在锻造设备的上、下砧之间直接使坯料变形而获得锻件的锻造方法,称为自由锻。自由锻可加工各种大小的锻件。对于大型锻件,自由锻是唯一的生产方法。另外,自由锻所用的生产准备时间较短。但自由锻生产率低,劳动强度大,且锻件形状简单,精度低,加工余量大,故适用于单件小批量生产。

自由锻有手工自由锻和机器自由锻两种。机器自由锻是自由锻的主要方法。

(1) 自由锻的设备。常用的机器自由锻设备有以下三种:

①空气锤。空气锤是以压缩空气为工作介质,驱动锤头上下运动而进行工作的,其吨位一般在 50～750 kg 之间,主要用于小型锻件的生产。

②蒸汽-空气自由锻锤。蒸汽-空气自由锻锤是以蒸汽或压缩空气为工作介质,驱动锤头上下运动而进行工作的,其常用吨位为 1～5 t,适用于锻造中型或较大型的锻件。

③水压机。利用高压水形成的巨大静压力使金属变形,主要用于大型锻件的生产。

(2) 自由锻的基本工序。自由锻的基本工序主要有:

①镦粗。镦粗是使坯料高度减小、横断面积增大的锻造工序,有完全镦粗和局部镦粗两种,如图 2-32 所示。为了防止镦弯,要求坯料的高度 H_0 与其直径 D_0 之比 $H_0/D_0 < 2.5$。镦粗常用于圆盘类零件的生产。

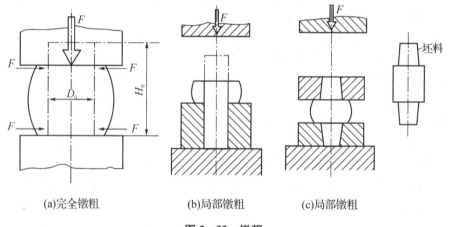

(a)完全镦粗　　(b)局部镦粗　　(c)局部镦粗

图 2-32　镦粗

②拔长。拔长是使坯料横断面积减小、长度增加的锻造工序,可分为平砧拔长和芯棒拔长两种,如图 2-33 所示。芯棒拔长是减小空心坯料的壁厚,增加其长度的锻造工序。拔长用来生产轴杆类锻件或长筒类锻件。

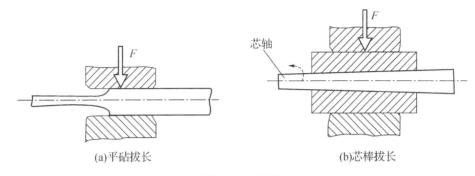

图 2-33 拔长

③冲孔。冲孔是在坯料上冲出透孔或不透孔的锻造工序。冲孔前一般需将坯料镦粗,以减小冲孔高度。较薄的坯料可单面冲孔,如图 2-34 所示。较厚的坯料需双面冲孔。

④扩孔。扩孔是减小空心坯料的厚度而增大其内、外径的锻造工序。扩孔可分为冲头扩孔和芯棒扩孔两种。冲头扩孔时,先冲出较小的孔,然后用直径较大的冲头逐步将孔扩大到所要求的尺寸。如果孔很大时,可采用芯棒扩孔,如图 2-35 所示。冲孔和扩孔用来生产环套类锻件。

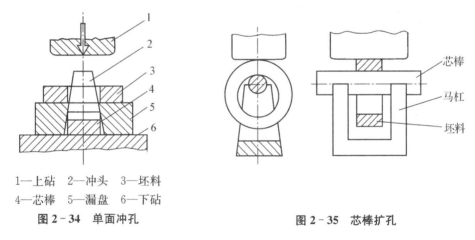

1—上砧　2—冲头　3—坯料
4—芯棒　5—漏盘　6—下砧

图 2-34 单面冲孔　　　图 2-35 芯棒扩孔

(3) 自由锻的锻件图。自由锻的锻件图是以零件图为基础,加上余块、切削加工余量和锻件公差后所绘制成的图样。锻件图是锻件生产和检验的主要依据。

①余块。锻件上常有一些难以锻出的部位,如小孔、过小的台阶、凹挡等,需添加一些金属体积,以简化锻件外形和锻造工艺,这部分添加的金属体积称为余块。

②加工余量和锻件公差。自由锻件表面质量和尺寸精度较差,一般都需要进行切削加工,因此要留出加工余量。零件的尺寸加上加工余量所得尺寸称为锻件的基本尺寸。规定的锻件尺寸的允许变动量称为锻件公差。加工余量和锻件公差的确定可查阅相关手册。

③锻件图的绘制。当余块、加工余量和公差确定以后,便可绘制锻件图。锻件外形用粗实线表示,零件外形用双点划线表示。锻件的基本尺寸和公差注在尺寸线上方,零件的尺寸注在尺寸线下方的圆括号内。锻件图的画法如图 2-36 所示。

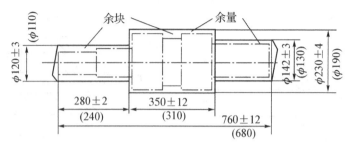

图 2-36 锻件图的画法

4) 模锻

模锻是利用模具使坯料变形而获得锻件的锻造方法。模锻与自由锻相比,具有生产率高、锻件外形复杂、尺寸精度高、表面粗糙度值小、加工余量小等优点。但模锻件质量受设备能力的限制,一般不超过 150 kg;锻模制造成本高,适合中小锻件的大批量生产。模锻方法主要有锤上模锻和压力机模锻,因锤上模锻工艺适应性强,目前应用更广。

(1) 锤上模锻设备。锤上模锻常用的设备为蒸汽-空气模锻锤,常用吨位为 1~16 t,能锻造 0.5~150 kg 模锻件。

(2) 锻模模膛。模膛通常可分为制坯模膛、预锻模膛和终锻模膛。形状简单的锻件,在锻模上只需一个终锻模膛。锻模结构如图 2-37 所示。模锻时,将加热好的坯料放在下模膛中,上模随锤头向下运动,当上、下模合拢时,坯料充满整个模膛,多余的坯料流入飞边槽,取出后得到带飞边的锻件。在切边模上切去飞边,便得到所需锻件。

形状复杂的锻件,根据需要,可在锻模上安排多个模膛。如图 2-38 所示为弯曲连杆锻件的锻模(下模)及模锻工序图。锻模上有 5 个模膛,坯料经过拔长、滚压、弯曲 3 个制坯工序使截面变化,并使轮廓与锻件相适应;再经预锻,使形状、尺寸进一步接近锻件;经终锻,成形带飞边的锻件;最后在切边模上切去飞边,形成锻件。

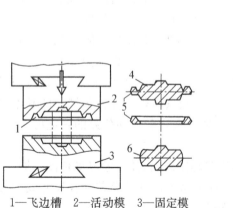

1—飞边槽 2—活动模 3—固定模
4—带飞边锻件 5—飞边 6—锻件

图 2-37 单模腔锻模

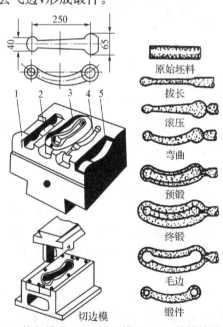

1—拔长模腔 2—滚压模腔 3—终锻模腔
4—预锻模腔 5—弯曲模腔

图 2-38 多模腔锻模

5）胎模锻

胎模锻是在自由锻设备上使用可移动模具生产锻件的一种锻造方法。锻造时,先用自由锻方式使坯料初步成形,然后在胎模中终锻成形。胎模不固定在锤头或砧座上,使用时才放到自由锻锤的下砧上,用完后再搬下。杠杆的胎模锻工艺过程如图 2-39 所示。

胎模锻与自由锻相比,具有生产率高、锻件精度高、形状复杂等优点;与模锻相比,则有设备简便和工艺灵活等优点。胎模锻主要用于小型锻件的中小批量生产。

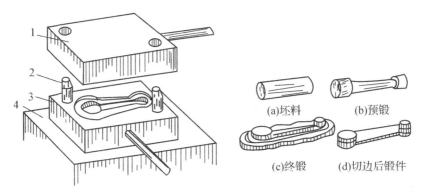

1—上模　2—定位销　3—下模　4—砧铁

图 2-39　杠杆的胎模锻造

2.2.3　冲压

使板料经分离或成形而得到制件的加工方法称为冲压。在常温下进行的冲压加工称为冷冲压。冲压操作简便,易于实现机械化和自动化,因而生产率高,制件成本低;冲压件精度高,表面质量好,互换性好,一般不需切削加工即可投入使用。冲压件质量轻,强度、刚度高,有利于减轻结构重量。冲压的缺点是模具制造复杂,故周期长、成本高。冷冲压所用板材应具有良好的塑性,且厚度应在 8 mm 以下。冲压主要用于大批量生产。

1）冲压设备

冲压设备主要有冲床、剪板机和折弯机等。冲床是冲压生产的基本设备,有开式和闭式两种。开式冲床装卸和操作较方便,公称压力通常为 60~2 000 kN。闭式冲床操作不够方便,但公称压力大,通常为 1 000~30 000 kN。

2）冲压的基本工序

(1) 冲裁。冲裁是利用冲模将板料以封闭的轮廓与坯料分离的冲压方法。它包括落料和冲孔两种。冲裁时,如果落下部分是零件,周边是废料,称为落料;如果周边是零件,落下部分是废料,称为冲孔。如图 2-40 所示。

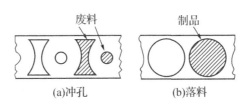

图 2-40　冲孔、落料示意图

板料的冲裁过程如图 2-41 所示。当凸模接触并压住坯料时,坯料发生弹性变形并弯曲。随着凸模下压,坯料便产生塑性变形,并在刃口附近出现细微裂纹。凸模继续下压,上、下裂纹逐渐扩展直至相连,坯料即被分离。为顺利完成冲裁过程,凸模和凹模的刃口必须锋利,并且两者之间应有合适、均匀的间隙。间隙过大或过小,都会降低冲裁质量。

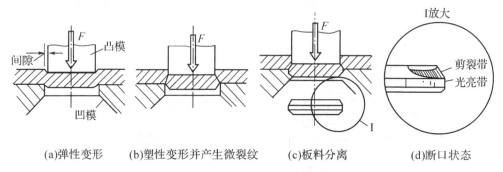

(a)弹性变形　　(b)塑性变形并产生微裂纹　　(c)板料分离　　(d)断口状态

图 2-41　板料的冲裁过程

落料前,应考虑料件在板料上如何排列,称为排样。常用的排样法如图 2-42 所示。采用有搭边排样法的冲裁件切口光洁,尺寸精确;采用无搭边排样法废料最少,但切口精度不高。

(2) 弯曲。弯曲是将板料、型材或管材在弯矩作用下,弯成具有一定曲率和角度的制件的成形方法。坯料的弯曲过程如图 2-43 所示。将板料放在凹模上,当凸模把板料向凹模压下时,材料弯曲半径逐渐减小,直至凹、凸模与板料完全吻合为止。

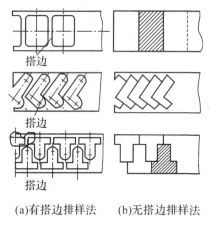

(a)有搭边排样法　　(b)无搭边排样法

图 2-42　落料排样法

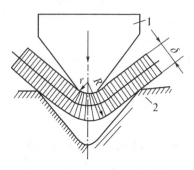

1—凸模　2—凹模　R—外侧弯曲半径
r—内侧弯曲半径　δ—板料厚度

图 2-43　坯料的弯曲过程

弯曲时,变形只发生在圆角部分,其内侧受压易变皱,外侧受拉易开裂。为了防止开裂,弯曲模的弯曲半径要大于限定的最小半径 r_{min}。通常取 $r_{min}=(0.25\sim1)\delta$($\delta$ 为金属板料厚度)。此外,弯曲时应尽量使弯曲线与坯料中的流线方向相垂直,如弯曲线与流线方向相平行,则坯料在弯曲时易开裂,如图 2-44 所示。

弯曲后,由于弹性变形的恢复,工件的弯曲角会有所增大,称为回弹。为保证合适的弯曲角,在设计弯曲模时,应使模具弯曲角度比成品的弯曲角度小一个回弹角。

(3) 拉深。拉深是利用模具使板料成形为空心件的冲压方法。拉深过程如图 2-45 所示。板料在凸模作用下,逐渐被压入凹模内,形成空心件。

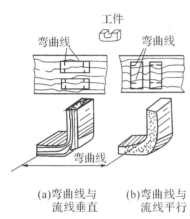

(a)弯曲线与流线垂直　(b)弯曲线与流线平行

图 2-44　弯曲线与流线方向的关系图

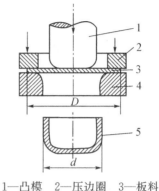

1—凸模　2—压边圈　3—板料
4—凹模　5—空心件

图 2-45　拉深过程示意图

在拉深过程中,为防止工件起皱,必须使用压边圈以适当的压力将坯料压在凹模上。为防止工件被拉裂,要求拉深模的顶角以圆弧过渡;凹、凸模之间留有略大于板厚的间隙;确定合理的拉深系数 $m(m=d/D$,即空心件直径 d 与坯料直径 D 之比)。m 越小,坯料变形越严重。对于一次拉深成形的空心件,一般取 $m=0.5\sim0.8$。对于深度较大的拉深件,可采用多次拉深,并在其间穿插再结晶退火,以恢复材料塑性。

3) 冲模

冲模是冲压生产中的主要工具。冲模按结构特征可分为简单模、连续模和复合模。

(1) 简单模。在压力机的一次行程中只能完成一个冲压工序的冲模,称为简单模。简单落料冲孔模的结构如图 2-46 所示。简单模结构简单,制造容易,但精度不高,生产率较低,适用于小批量生产。

(2) 连续模。在压力机的一次行程中,在模具的不同部位上同时完成数个冲压工序的冲模,称为连续模。连续模生产率高,易于实现自动化,但制造比较麻烦,成本也较高,适用于一般精度工件的大批量生产。

(3) 复合模。在压力机的一次行程中,在模具的同一位置完成两个以上冲压工序的冲模,称为复合模。复合模能保证较高的零件精度,但结构复杂,制造困难,故适用于高精度工件的大批量生产。

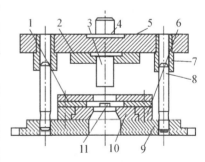

1—卸料板　2—上压板　3—凸模
4—模柄　5—上模板　6—下压板
7—导套　8—导柱　9—下模板
10—凹模　11—定位销

图 2-46　简单落料冲孔模

2.3 焊接

焊接是现代工业生产中,制造各种金属结构和机器零部件常用的一种连接金属的工艺方法。焊接就是通过加热或加压,或两者并用,借助于金属原子的扩散和结合作用,使分离的材料牢固地连接在一起的加工方法。

2.3.1 常用的焊接方法

1) 手工电弧焊

(1) 焊接的过程及特点。手工电弧焊是用手工操纵焊条进行焊接的电弧焊方法。如图 2-47 所示,将焊条和焊件与弧焊机的两极相连,然后引弧,电弧热使焊件接头处的金属和焊条端部熔化,形成焊接熔池。随着焊条的移动,新的熔池不断形成,旧的熔池不断凝固,形成焊缝。手工电弧焊设备简单,操作灵活,是应用最广泛的焊接方法。

(2) 焊接电弧的产生。焊接电弧的产生过程如图 2-48 所示。焊接时,当焊条末端与焊件接触时,造成短路,在短时间内产生大量的热,使接触处金属熔化。在很快提起焊条 2~4 mm 时,焊条与焊件之间充满了高热的气体与气态的金属,由于质点的热碰撞以及焊接电压的作用,使气体电离而导电,于是在焊条与焊件之间形成了电弧。

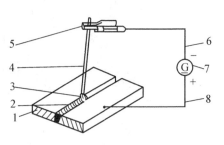

1—焊件 2—焊缝 3—电弧
4—焊条 5—焊钳
6、8—电缆 7—电焊机

图 2-47 手工电弧焊原理图

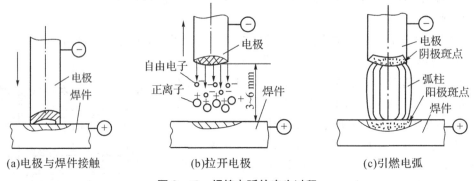

(a) 电极与焊件接触　　(b) 拉开电极　　(c) 引燃电弧

图 2-48 焊接电弧的产生过程

(3) 焊接电弧的构造及热量分布。当采用直流电源时,如果焊条接负极,焊件接正极,焊接电弧分三个区域,如图 2-49 所示,即阴极区、阳极区和弧柱区。阴极区释放的热量约占电弧总热量的 36%,温度约为 2 100 ℃;阳极区释放的热量约占电弧总热量的 43%,温度约为 2 300 ℃;弧柱区释放的热量约占电弧总热量的 21%,弧柱中心温度可达 5 700 ℃ 以上。当使用交流电源时,由于电源极性

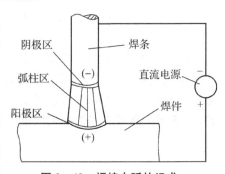

图 2-49 焊接电弧的组成

快速交替变化,所以两极的温度基本一样。

(4) 焊接电弧的极性及其选用。用直流电源焊接时,由于正极与负极上的热量不同,电极的接法有正接和反接两种。正接法是正极接焊件、负极接焊条。这时,在焊件上的热量较大,适合于高熔点、尺寸较大的焊件的焊接。反接法是正极接焊条、负极接焊件,适合于薄件、有色金属、不锈钢及铸铁等焊件的焊接。用交流电源焊接时,不存在正、反接问题。

(5) 焊条的组成及选用原则。焊条是涂有药皮的供焊条电弧焊用的熔化电极。

①焊条的组成。焊条是由焊芯和药皮两部分组成。焊芯是焊条中被药皮包覆的金属丝。其作用是导电、引弧及填充焊缝。常用焊条的直径为 2.0~6.0 mm,长度为 300~400 mm。焊条直径通常按焊件厚度选取,见表 2-5。药皮是压涂在焊芯表面的涂层,其主要作用是使电弧引燃容易,并有造气、造渣、保护熔池的作用。

表 2-5 焊条直径的选取

焊件厚度/mm	2	3	4~5	6~12	>12
焊条直径/mm	2	3.2	3.2~4	4~5	4~6

②焊条的选择原则。在焊接低碳钢和低合金钢等高强度钢时,一般根据母材的抗拉强度,按"等强度原则"选用与母材有相同强度等级且成分相近的焊条;焊接不锈钢和耐热钢时,一般根据母材的化学成分类型,按"等成分原则"选用与母材成分类型相同的不锈钢或耐热钢焊条。

(6) 焊接设备。手工电弧焊的主要设备是电弧焊机,按产生电源不同可分为交流弧焊机和直流弧焊机。

交流弧焊机实际上是符合焊接要求的降压变压器,工作电压为 60~80 V,工作电流按板厚不同在 50~180 A 可调。交流弧焊机结构简单、价格低廉、使用维修方便,故应用广泛。

直流弧焊机提供的是电压为 50~80 V,电流为 50~180 A 的直流电,电弧稳定,焊接质量好,能适应各类焊条,常用于重要结构件的焊接。

2) 气焊

气焊是将可燃气体乙炔和助燃气体氧按一定比例混合后,从焊炬喷嘴喷出,点燃后形成高温火焰,将焊件加热到一定温度后,再将焊丝熔化,充填焊缝,然后用火焰将接头吹平,待其冷凝后,便形成焊缝的一种焊接方式,如图 2-50 所示。

气焊时所用的火焰,按可燃气体乙炔(C_2H_2)与助燃气体氧(O_2)的体积比值分为碳化焰($V_{O_2}:V_{C_2H_2}<1$)、中性焰($V_{O_2}:V_{C_2H_2}=1~1.2$)和氧化焰($V_{O_2}:V_{C_2H_2}>1.2$)三种。碳化焰主要用于焊接含碳量较

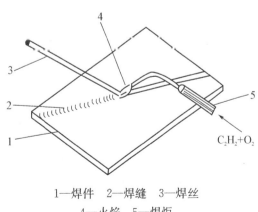

1—焊件 2—焊缝 3—焊丝
4—火焰 5—焊炬
图 2-50 气焊示意图

高的高碳钢、高速钢、硬质合金等材料,也可用于铸铁件的焊补。因为这种火焰有增碳作用,可补充焊接过程中碳的烧损。中性焰主要用于低碳钢、低合金钢、高铬钢、不锈钢和紫铜等材料。氧化焰主要用于焊接黄铜、青铜等材料。因为氧化焰可在熔化金属表面生成一层硅的氧化膜(焊丝中含硅),可保护低熔点的锌、锡不被蒸发。

焊接碳钢时,可直接用焊丝焊接。而焊接不锈钢、耐热钢、铜及铜合金、铝及铝合金时,必须用气焊焊剂,以防止金属氧化和消除已经形成的氧化物。

由于气焊火焰的温度比电弧低,热量少,所以主要用于焊接厚度在 2 mm 左右的薄板。

3) 埋弧焊

电弧在焊剂层下燃烧进行焊接的方法称为埋弧焊。

(1) 埋弧焊工艺原理。图 2-51 是埋弧焊工艺原理图。焊接前,在焊件接头上覆盖一层 30~50 mm 厚的颗粒状焊剂,然后将焊丝插入焊剂中,使它与焊件接头处保持适当距离,并使其产生电弧。电弧产生的热量使周围的焊剂熔化成熔渣,并形成高温气体,高温气体将熔渣排开形成一个空腔,电弧就在这一空腔中燃烧。覆盖在上面的液态熔渣和表面未熔化的焊剂将电弧与外界空气隔离。焊丝熔化后形成熔滴落下,并与熔化了的焊件金属混合形成熔池。随着焊丝沿箭头所指方向的不断移动,熔池中的液态金属也随之凝固,形成焊缝。同时,浮在熔池上面的熔渣也凝固成渣壳。

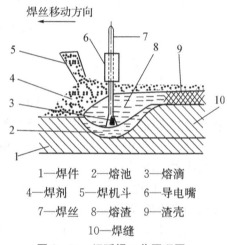

1—焊件 2—熔池 3—熔滴
4—焊剂 5—焊机斗 6—导电嘴
7—焊丝 8—熔渣 9—渣壳
10—焊缝

图 2-51 埋弧焊工艺原理图

(2) 埋弧焊的工艺特点和应用。与手工电弧焊相比,埋弧焊的优点是:焊接质量好,生产率高,易实现自动化,劳动强度低,劳动条件较好,操作也简单;由于没有焊条头,金属烧损和飞溅少,故能节约金属和电能。埋弧焊的缺点是:设备费用高;一般情况下只能焊接平焊缝,而不适宜焊接结构复杂有倾斜焊缝的焊件;因看不见电弧,焊接时检查焊缝质量不方便。埋弧焊适用于 3 mm 以上的低碳钢、低合金钢、不锈钢、铜、铝等金属材料的长直焊缝和直径较大(≥250 mm)的环焊缝焊接。

4) 气体保护电弧焊

用外加气体作为电弧介质并保护电弧和焊接区的电弧焊称为气体保护电弧焊,简称为气体保护焊。常用的气体保护电弧焊方法有氩弧焊和二氧化碳气体保护焊。

(1) 氩弧焊。氩弧焊是用氩气作为保护气体的电弧焊。氩弧焊按电极在焊接过程中是否熔化而分为熔化极氩弧焊(图 2-52(a))和非熔化极氩弧焊(图 2-52(b))两种。

①熔化极氩弧焊是采用直径为 ϕ0.8~2.44 mm 的实心焊丝,由氩气来保护电弧和熔池的一种焊接方法。焊丝既是电极,也是填充金属,所以称为熔化极氩弧焊。其适宜焊接 3~25 mm 厚的板材。

②非熔化极氩弧焊是以钨极作为电极,用氩气作为保护气体的气体保护焊。在焊接

过程中,钨极不熔化,填充金属是靠熔化送进电弧区的焊丝。适宜4 mm以下厚的薄板。

氩弧焊与其他电弧焊方法相比,由于是明弧焊接,操作和观察都比较方便,可进行各种位置的焊接。氩弧焊几乎可用于所有金属材料的焊接,特别是焊接化学性质活泼的金属材料,目前多用于焊接铝、镁、钛、铜及其合金,低合金钢,不锈钢和耐热钢等材料。

(2) 二氧化碳气体保护焊。二氧化碳气体保护焊是在实心焊丝连续送出的同时,用二氧化碳作为保护气体进行焊接的熔化电弧焊,如图2-53所示。

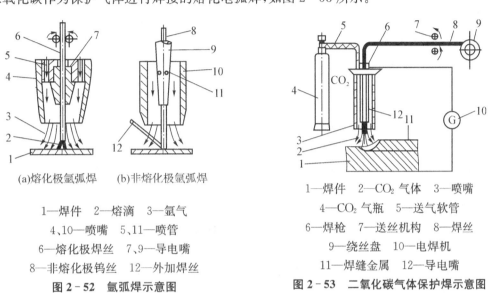

(a) 熔化极氩弧焊　　(b) 非熔化极氩弧焊

1—焊件　2—熔滴　3—氩气
4、10—喷嘴　5、11—喷管
6—熔化极焊丝　7、9—导电嘴
8—非熔化极钨丝　12—外加焊丝

图2-52　氩弧焊示意图

1—焊件　2—CO_2气体　3—喷嘴
4—CO_2气瓶　5—送气软管
6—焊枪　7—送丝机构　8—焊丝
9—绕丝盘　10—电焊机
11—焊缝金属　12—导电嘴

图2-53　二氧化碳气体保护焊示意图

二氧化碳气体保护焊的优点是生产率高;二氧化碳气体的价格比氩气低,电能消耗少,所以成本较低;由于电弧热量集中,所以熔池小,焊件变形小,焊接质量高。缺点是不宜焊接容易氧化的有色金属等材料,电弧光强,熔滴飞溅较严重,焊缝成形不够光滑。

二氧化碳气体保护焊常用于碳钢、低合金钢、不锈钢和耐热钢的薄板焊接,也适用于修理机件,如磨损零件的堆焊等,不适合于有色金属焊接。

5) 电阻焊

焊件装配好后通过电极施加压力,利用电流通过接头的接触面及临近区域产生的电阻热,将其加热至塑性或熔化状态,在外力作用下形成原子间结合的焊接方法称为电阻焊,也称接触焊。电阻焊按接触方式分为对焊、点焊和缝焊,如图2-54所示。

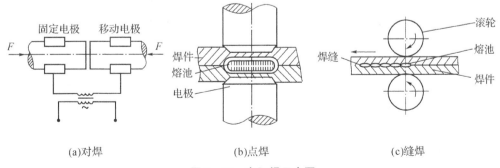

(a) 对焊　　(b) 点焊　　(c) 缝焊

图2-54　电阻焊示意图

(1) 对焊。按焊接过程和操作方法的不同,对焊可分为电阻对焊和闪光对焊两种。如图 2-54(a)所示。

电阻对焊是将焊件装配成对接接头,使其端面紧密接触,利用电阻热将焊件加热至塑性状态,然后迅速施加压力完成焊接的方法。电阻对焊的接头外形光滑无毛刺,但接头强度较低。一般用于直径小于 20 mm,强度要求不高的杆件的焊接。

闪光对焊是将焊件装配成对接接头,略有间隙,接通电源,并使其端面逐渐移近达到局部接触,利用电阻热加热这些接触点(产生闪光),使端面金属熔化,直至端部在一定深度范围内达到预定温度时,迅速施加顶锻力完成焊接的方法。闪光对焊的接头强度较高,但金属损耗大,接头处有毛刺需要清理,广泛应用于刀具、钢棒、钢管等的对接。不同金属,如铝-铜、铝-钢也可焊接。

(2) 点焊。点焊是将焊件装配成搭接接头,并压紧在两电极之间,利用电阻热熔化母材金属,形成焊点的电阻焊方法。如图 2-54(b)所示。

点焊时,熔化金属不与外界空气接触,焊点缺陷少,强度高,焊件表面光滑,变形小。点焊主要用于焊接薄板构件,低碳钢点焊板料的最大厚度为 2.5~3.0 mm。此外,还可焊接不锈钢、铜合金、钛合金和铝镁合金等材料。

(3) 缝焊。缝焊是将焊件装配成搭接接头并置于两滚轮电极之间,滚轮压紧焊件并转动,连续或断续送电,形成一条连续焊缝的电阻焊方法,如图 2-54(c)所示。缝焊的焊缝表面光滑平整,具有较好的气密性,常用于焊件要求密封的薄壁容器,在汽车、飞机制造业中应用很广泛。缝焊也常用来焊接低碳钢、合金钢、铝及铝合金等薄板材料。

6) 钎焊

(1) 钎焊的过程。先将焊件接合表面清洗干净,多以搭接形式组合焊件,采用比母材熔点低的金属材料作钎料,把钎料、钎剂放在接缝处,并将焊件和钎料加热到高于钎料熔点而低于母材熔点的温度。液态钎料借助毛细管作用流入接缝的间隙中,并与母材相互扩散,凝固后便形成牢固的接头。

(2) 钎焊的特点。钎焊加热温度低,焊接变形小,工件尺寸准确。钎焊可对工件整体加热,同时焊成许多焊缝,生产率高。钎焊不仅可连接同种或异种金属,还可焊接金属或非金属。但是,钎焊接头的强度较低,焊前清理工作要求较严。

(3) 钎焊的分类和应用。钎焊按钎料熔点的不同,可分为软钎焊和硬钎焊两类。

①硬钎焊。硬钎焊是使用熔点高于 450 ℃ 的硬钎料所进行的钎焊。常用的硬钎料为铜基、银基钎料,钎剂是硼砂。钎剂可清除钎料和焊件表面的氧化物,增强钎料的附着作用。硬钎焊接头强度较高,主要用于受力较大或工作温度较高的钎焊结构,应用比较广泛,如硬质合金刀具、自行车车架等。

②软钎焊。软钎焊是使用熔点低于 450 ℃ 的软钎料所进行的钎焊。常用的软钎料为锡铅钎料,钎剂是松香、氯化锌溶液等。软钎焊的接头强度较低,主要用于受力不大、工作温度较低的钎焊结构,如电子元件或电气线路的焊接。也可用于要求密封性好的容器的焊接。

2.3.2 常用金属的焊接性能

1) 金属的焊接性及其评定

金属的焊接性是指金属材料对焊接加工的适应性。主要指在一定的焊接工艺条件下,获得优质焊接接头的难易程度。它包括两方面的内容:其一是工艺性能,即在一定的焊接工艺条件下,金属对形成焊接缺陷(主要是裂纹)的敏感性;其二是使用性能,即在一定的焊接工艺条件下,金属的焊接接头对使用要求的适应性。金属的焊接性主要取决于金属的化学成分。

在钢中,碳对焊接性的影响最大,碳的含量越高,钢的焊接性越差。其他元素对钢的焊接性也有一定影响。通常把这些元素的含量换算成等效的碳的含量,加上钢中碳的含量,其总和称为碳当量 C_E。C_E 越大,钢的焊接性就越差。当 $C_E<0.4\%$ 时,钢材的焊接性良好;当 C_E 为 $0.4\%\sim 0.6\%$ 时,钢材的焊接性较差,需采取焊前预热、焊后缓冷等工艺措施,以防裂纹产生;当 $C_E>0.6\%$ 时,钢材的焊接性差,需采用较高的预热温度以及焊后热处理等措施。

2) 碳钢和低合金结构钢的焊接性

(1) 低碳钢的焊接性。低碳钢的焊接性好,一般不需要采取特殊的工艺措施即可得到优质的焊接接头,低碳钢几乎可用各种焊接方法进行焊接。

低碳钢焊接一般不需要预热,只有在气候寒冷或焊件厚度较大时才需要考虑预热。例如,当板材厚度大于 30 mm 或环境温度低于 -10 ℃时,需要将焊件预热至 $100\sim 150$ ℃。

(2) 中碳钢的焊接性。中碳钢的焊接性比低碳钢差。中碳钢焊件的热影响区容易产生淬硬组织。当焊件厚度较大、焊接工艺不当时,焊件很容易产生冷裂纹。同时,焊件接头处有一部分碳要熔入焊缝熔池,使焊缝金属的碳当量提高,降低焊缝的塑性,容易在凝固冷却过程中产生热裂纹。

中碳钢焊前需要预热,以减小焊接接头的冷却速度,降低热影响区的淬硬倾向,防止产生冷裂纹。预热的温度一般为 $100\sim 200$ ℃。中碳钢焊件接头要开坡口,以减小焊件金属熔入焊缝金属中的比例,防止产生热裂纹。

(3) 低合金结构钢的焊接性。低合金结构钢的焊件热影响区有较大的淬硬性。强度等级较低的低合金结构钢,含碳量少,淬硬倾向小。随着强度等级的提高,钢中含碳量也增大,加上合金元素的影响,使热影响区的淬硬倾向也增大。因此,导致焊接接头处的塑性下降,产生冷裂纹的倾向也随之增大,可见,低合金结构钢的焊接性随着其强度等级的提高而变差。

在焊接低合金结构钢时,应选择较大的焊接电流和较小的焊接速度,以减小焊接接头的冷却速度。如果能够在焊接后及时进行热处理或者焊前预热,均能有效地防止冷裂纹的产生。

3) 铸铁的焊接性

铸铁的焊接性很差。在焊接铸铁时,一般容易产生白口组织及裂纹缺陷。在生产中,铸铁是不作为材料焊接的。只是当铸铁件表面产生不太严重的气孔、缩孔、砂眼和裂纹等缺陷时,才采用焊补的方法。

2.3.3 焊件变形和焊件结构的工艺性

金属结构在焊接后,经常发现其形状有变化,有时还出现裂纹,这是由于焊接时,焊件受热不均匀而引起的收缩应力造成的。变形的程度除了与焊接工艺有关以外,还与焊件的结构是否合理有很大关系。

1) 焊接变形及防止方法

(1) 焊接变形产生的原因。焊接构件因焊接而产生的内应力称为焊接应力,因焊接而产生的变形称为焊接变形。产生焊接应力与变形的根本原因是焊接时工件局部的不均匀加热和冷却。

焊接变形的基本形式有弯曲变形、角变形、波浪变形和扭曲变形等,如图 2-55 所示。

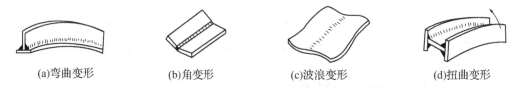

(a)弯曲变形　　(b)角变形　　(c)波浪变形　　(d)扭曲变形

图 2-55　焊接变形的基本形式

(2) 焊接变形的防止方法。

①反变形法。根据某些焊件易变形的规律,焊前在放置焊件时,使其形态与焊接时发生变形的方向相反,以抵消焊接后产生的变形。图 2-56 是防止角变形的反变形法。

(a)　　(b)

图 2-56　防止角变形的反变形法

②焊前固定法。焊接前,用夹具或重物压在焊件上,以抵抗焊接应力,防止焊件变形。也可预先将焊件点焊固定在平台上,然后再焊接。为了防止将固定装置去除后再发生变形,可采取在焊接时用锤敲击焊缝或焊后退火等方法消除焊接应力。

③焊接顺序变换法。这是一种通过变换焊接顺序,将焊接时施加给焊件的热量尽快发散掉,从而防止焊件变形的方法。常用的焊接顺序变换法有对称法、跳焊法和分段倒退法,如图 2-57 所示。图中小箭头为焊接时焊条移动的方向,数字由小到大为焊接顺序。

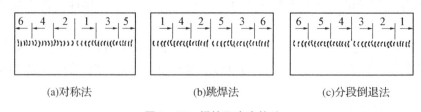

(a)对称法　　(b)跳焊法　　(c)分段倒退法

图 2-57　焊接顺序变换法

④锤击焊缝法。这种方法是在焊接过程中,用手锤或风锤敲击焊缝金属,以促使焊缝金属产生塑性变形,焊接应力得以松弛减小。

⑤对容易变形的焊件,要在焊前预热,焊后缓冷。

⑥去应力退火是消除焊接应力最有效的方法。

(3) 焊接变形的矫正。对已经产生的焊接变形常用机械加压或锤击等方法进行矫正,必要时可对焊件的某些部位进行加热,以提高塑性。

2) 焊件的结构工艺性

要使焊件焊接后能达到各项技术要求,除了采用上述防止变形等措施以外,还要注意合理设计焊件结构。所谓焊件结构工艺性,是指所设计的焊件结构要能确保焊接工艺过程顺利地进行,它主要包含以下内容。

(1) 选用合适的接头形式。由于焊件的形状、工作条件和厚度的不同,焊接时需采用合适的接头形式。常见的接头形式有对接、角接、T形接和搭接等几种,如图2-58所示。对接接头受力均匀,焊接时容易保证质量,因此常用于重要的结构中。搭接接头焊前准备和装配比较简单,在桥梁、房屋等结构中常采用。

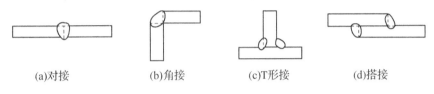

图2-58 接头的基本形式

(2) 加工适当的坡口。为了保证焊件能被焊透,需根据设计或工艺需要,将焊件的待焊部位加工成具有一定几何形状的沟槽,即坡口。常见坡口形式有I形、V形、U形和X形,分别适用于板厚在1~6 mm、6~26 mm、20~60 mm和12~60 mm之间的焊件,如图2-59所示。坡口可采用手工挫、刨或铣、气割等方法制成。

图2-59 接头的坡口形式

(3) 尽可能选用焊接性好的原材料。一般情况下,碳的质量分数小于0.25%的碳钢或碳当量小于0.4%的合金结构钢都具有良好的焊接性。

(4) 焊缝位置应便于焊接操作。在采用电弧焊或气焊进行焊接时,焊条或焊枪、焊丝必须有一定的操作空间。如图2-60(a)所示的焊件结构,焊件是无法按合理倾斜角度伸到焊接接头处的。改成如图2-60(b)所示的结构后,就容易进行焊接操作了。

(5) 焊缝应尽量均匀、对称,避免密集、交叉。焊缝均匀、对称可防止因焊接应力分布不对称而产生变形,如图2-61所示。避免焊缝交叉和过于密集可防止焊件局部热量过于集中而引起较大的焊接应力,如图2-62所示。

(6) 焊缝位置应避免应力集中。由于焊接接头处塑性和韧性较差,又有较大的焊接应力,如果此处又有应力集中现象,则很容易产生裂纹。如图2-63所示为一储油罐,两端为封头。封头形式有两种,一种是球面封头,直接焊在圆柱筒上,形成环形角焊缝(图2-63(a));另一种是把封头制成盆形,然后与圆柱筒焊接,形成环形平焊缝(图2-63(b))。第二种封头可减少应力集中,其结构比第一种更加合理。

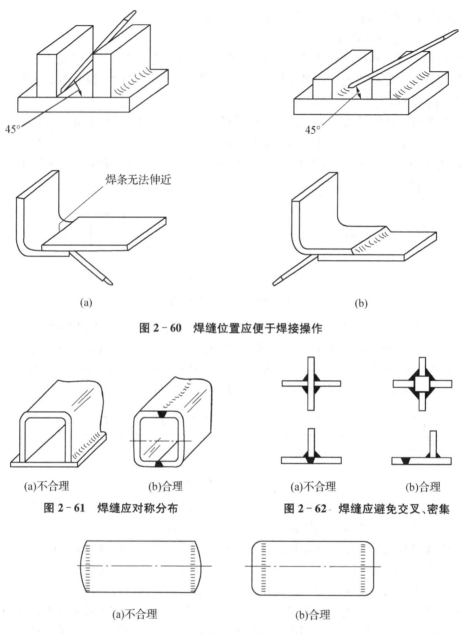

图 2-60 焊缝位置应便于焊接操作

图 2-61 焊缝应对称分布

图 2-62 焊缝应避免交叉、密集

图 2-63 焊缝位置应避免应力集中

本章小结

1. 砂型铸造的主要工序有制模、造型、合型、浇注、落砂、清理等。铸件的重要表面应朝下或位于侧面。分型面应选择在铸件的最大截面处。为保证铸件加工面质量,铸件应考虑加工余量、拔模斜度、圆角过渡、壁厚均匀等。熔模铸造、压力铸造、离心铸造等在铸造精度、效率等方面弥补了砂型铸造的不足。

2. 自由锻的基本工序有镦粗、拔长、冲孔等,适合于大件和单件的小批量生产。模锻的生产率高、精度高,适合于中小锻件的大批量生产。冲压的基本工序有冲裁、弯曲、拉深等,其精度高、生产率高,适合于薄板件的大批量生产。

3. 手工电弧焊的设备简单,操作灵活,是应用最广泛的焊接方法。其他焊接方法有气焊、埋弧焊、电阻焊、气体保护焊和钎焊等。

习题二

2-1 什么是铸造?砂型铸造包括哪些主要工序?

2-2 型砂在性能上有哪些要求?

2-3 典型浇注系统由哪几部分组成?在浇注过程中各起什么作用?

2-4 如何防止金属铸造时产生缩孔、缩松等缺陷?

2-5 浇注位置和分型面的选择原则有哪些?

2-6 下列铸件在大批量生产时,各选用什么铸造方法生产为宜?
铝合金活塞;汽轮机叶片;车床床身;铝合金缸盖;照相机壳身;齿轮铣刀;铸铁水管。

2-7 某种紫铜管是由坯料经冷拔而成。请回答以下问题:

(1) 铜管的力学性能与坯料有何不同?

(2) 在把铜管通过冷弯制成输油管的过程中,铜管常有开裂,原因是什么?

(3) 为了避免开裂,铜管在冷弯前应进行何种热处理?

(4) 铜管在冷弯后还应进行何种热处理?

2-8 工件在锻造前为什么要加热?低碳钢的始锻温区和终锻温度各是多少,若过高或过低将对锻件产生什么影响?

2-9 自由锻的基本工序有哪些?

2-10 与自由锻相比,模锻有哪些优缺点?

2-11 冲压的基本工序有哪些?简述冲压加工的特点。

2-12 简述手工电弧焊的极性及焊条的选择方法。

2-13 简述气体保护焊的主要方法、特点及应用范围。

2-14 简述电阻焊的主要方法、特点及应用范围。

2-15 简述钎焊的主要方法、特点及应用范围。

2-16 为下列产品选择适宜的焊接方法:

(1) 壁厚小于 30 mm 的锅炉筒体的批量生产;

(2) 汽车油箱的大量生产;

(3) 减速器箱体的单件或小批量生产;

(4) 在 45 钢刀杆上焊接硬质合金刀片;

(5) 铝合金板焊接容器的批量生产;

(6) 自行车钢圈的大量生产;

(7) 不锈钢零件,厚度 1 mm,搭接,焊缝要求气密。

2-17 金属的焊接性主要与哪些因素有关?如何防止焊接变形?

实验与实训

参观相应毛坯制造厂,了解零件毛坯的成形方法。

第3章 机械零件的检测

学习目标

1. 了解测量与检验的概念、长度和量值传递方法,了解测量误差的来源与分类;
2. 理解形位误差和表面粗糙度的评定方法;
3. 掌握孔轴尺寸公差、形状和位置误差、表面粗糙度的检测方法。

本章简要介绍计量、测量、检验的概念,测量误差的来源与分类,及用普通计量器具和光滑极限量规测量孔、轴尺寸的方法。主要介绍形状和位置误差的检测。

3.1 测量技术基础知识

3.1.1 计量的概念

在机械制造过程中对零件的几何参数进行严格的度量与控制,并将这种度量与控制纳入一个完整且严密的研究、管理体系,将它称之为几何量计量。它包括长度基准的建立、尺寸量值的传递、检验与精度分析、各级计量器具的检定与管理、新的计量器具及检测方法的研制、开发和发展等内容。而测量技术是几何量计量在生产中的重要实施手段,是贯彻质量标准的技术保证。

在一般的机械制造厂中,除车间现场使用的检测手段外,还设立专门的计量室,配备专门的计量人员和各种计量设备,以完成较高精度的检测任务和计量器具的检定、管理等。这些级别的计量室,是机械制造工厂的眼睛,是机械产品质量管理不可缺少的机构。

3.1.2 测量与检验

在机械制造中,测量技术主要是研究对零件几何参数进行测量和检验的问题。

所谓测量就是将被测量和作为计量单位的标准量进行比较,以确定其量值的过程。测量过程包括四个要素,即:被测对象、计量单位、测量方法和测量精度。测量对象主要指几何量,包括长度、角度、表面粗糙度以及形位误差等。我国的基本计量制度是米制(即公制),逐步采用国际单位制。测量方法是指测量时所采用的测量原理、计量器具和测量条件的总和。测量精度是指测量结果与真值的一致程度,它体现了测量结果的可靠性。

检验就是判定被测量是否合格的过程,如用光滑极限量规检验零件。检验的特点是不一定要测得被测量的实际数值,只要求确定被测量是否合格。多数检验过程是先测量出零件几何参数的实际数值,再将它与零件图允许值进行比较,在其公差范围内的为合格,否则为不合格。

3.1.3 长度基准和量值传递

为了保证测量的准确度,首先需要建立统一、可靠的测量单位基准。我国是以米(m)作为法定的基本长度单位,其他常用单位有毫米(mm)和微米(μm)。米的定义是:光在真空中,在(1/299 792 458)s 时间间隔内所经过的距离。

米定义的复现主要采用稳频激光。我国采用碘吸收稳定的 0.633 μm 氦氖激光辐射作为波长标准,这就是国家计量基准器。这样不仅可以保证测量单位稳定、可靠和统一,而且使用方便,从本质上提高了测量精度。

尺寸量值传递的媒介是各级计量标准器,上一级的计量标准器用来检定下一级的标准器,以实现量值的准确传递。计量标准器有量块和标准线纹尺两大类。尺寸量值通过两个平行的系统向下传递。一个是线纹量具系统(线纹尺),一个是端面量具系统(量块)。长度量值传递系统如图 3-1 所示。

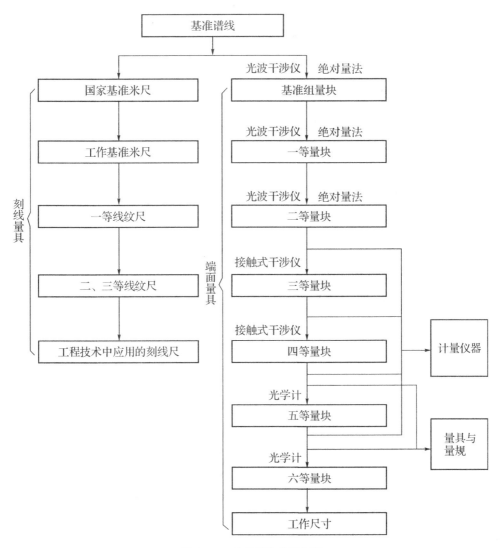

图 3-1 长度量值传递系统

3.1.4 量块

量块又称块规,是无刻度的端面量具,在计量部门和机械制造中应用较广。它除了作为计量标准器进行尺寸量值传递以外,还可用于计量器具、机床、夹具的调整以及工件的精密测量和检验。

目前量块的材料多用轴承钢,具有尺寸稳定、硬度高和耐磨性较好等特点。

量块的形状有长方体和圆柱体两种,常用的是长方体。如图 3-2(a)所示,长方体量块具有上、下测量面和四个非测量面。上、下测量面是经过精密加工的很平、很光的平行平面。标称尺寸为 0.5~10 mm 的量块,其截面尺寸为 30 mm×9 mm;标称尺寸大于 10~1 000 mm 的,其截面尺寸为 35 mm×9 mm。

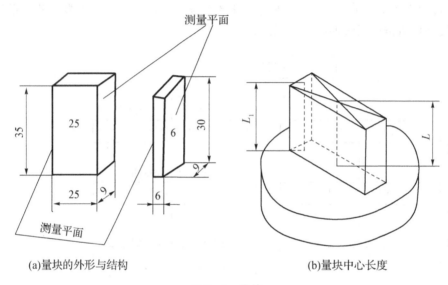

(a)量块的外形与结构　　(b)量块中心长度

图 3-2　量块

1) 量块中心长度

量块的精度虽然很高,但是上、下测量面也不是绝对平行的,因此量块的工作尺寸以量块中心长度来代表。所谓量块中心长度是指量块一个测量面的中心点至量块另一测量面的垂直距离(L),L_1 为量块任意点长度,如图 3-2(b)所示。

2) 量块的研合性与组合

量块的测量面十分光滑、平整,这使量块具有研合性。如将一量块的测量面沿着另一量块的测量面滑动,同时用手稍加压力,两量块便能研合在一起。量块的这种通过分子吸引力的作用而黏合在一起的性能称为量块的研合性。

量块的研合性使量块可以组合使用,即将几个量块研合在一起组成需要的尺寸,用于比较测量和加工位置调整等。量块是成套供应的,根据 GB/T 6093 的规定,我国生产的成套量块有 91 块、83 块、46 块、38 块等 17 种规格。现以 83 块一套为例,列出尺寸如下:

间隔 0.01 mm:从 1.01,1.02,…,1.49,共 49 块;

间隔 0.1 mm:从 1.5,1.6,…,1.9,共 5 块;

间隔 0.5 mm:从 2.0,2.5,…,9.5,共 16 块;

间隔 10 mm：从 10,20,…,100,共 10 块；

1.005 mm,1 mm,0.5 mm 各一块。

组合量块的原则是量块的数目尽可能少,一般不应多于 4~5 块。选用的方法是首先选择能去除最后一位小数的量块,然后逐级递减选取。

【例 3-1】 从 83 块一套的量块中组合尺寸 38.935 mm。

解：量块组合如下：

$$
\begin{array}{r}
38.935 \\
-)\ 1.005 \\
\hline
37.93 \\
-)\ 1.43 \\
\hline
36.5 \\
-)\ 6.5 \\
\hline
30
\end{array}
$$

则可选用 1.005 mm、1.43 mm、6.5 mm、30 mm 四块量块进行组合。

3）量块的级和等

为了满足各种不同的应用场合,对量块规定了若干精度等级。GB/T 6093《量块》对量块的制造精度规定了六级：00、0、1、2、3 和 K 级。其中 00 级最高,精度依次降低,K 级为校准级。量块分级的主要根据是量块长度极限偏差、量块长度变动量允许值、测量面的平面度、量块的研合性及测量面的表面粗糙度等。

在计量部门,量块常按检定精度分为六等：1、2、3、4、5、6 等。其中 1 等最高,精度依次降低,6 等最低。量块分"等"主要是根据量块中心长度测量的极限偏差和平面平行度允许偏差来决定的。

量块按级使用时,以量块的标称尺寸作为工作尺寸,其误差为量块中心长度的制造误差,使用方便,用于车间一般测量中；量块按等使用时,将量块中心长度的实际尺寸检定出来,然后使用其实测值。显然,量块按等使用比按级使用要精确,所以量块用作标准器具进行尺寸传递和精密测量时应该按等使用。

3.2 测量误差

任何一次测量,不管测量得如何仔细,采用的计量器具如何精密,测量方法如何可靠,总不可避免地带有测量误差。

测量误差是被测量的测得值与其真值之差。计量工作者的任务在于减小测量误差,获得比较可靠的结果,来满足检测的需要。

3.2.1 测量误差的来源

在测量过程中,测量误差产生的原因可归纳为以下几个方面：

1）计量器具误差

计量器具本身的固有误差,如量具、量仪的设计和制造误差,测量力引起的误差,以及校正零位用的标准器误差等。

2）环境误差

由于外界环境如温度、湿度、振动等影响而产生的误差。

3) 方法误差

由于测量方法不完善而引起的误差,如采用近似的测量方法或间接测量方法等造成的误差。

4) 人员误差

包括读数误差和疏忽大意造成的误差等。

3.2.2 测量误差的分类

按照误差的特点与性质,测量误差可分为系统误差、随机误差和粗大误差。

1) 系统误差

在相同条件下,多次重复测量时,其绝对值和符号保持不变或按一定规律变化的误差,称为系统误差。例如,采用标准件(或量块)做比较测量时,由于标准件(或量块)不准确,使测得值中存在一个绝对值和符号保持不变的系统误差。由比较仪的指针与刻度盘偏心所引起的误差,也属于系统误差。

2) 随机误差

在相同条件下,多次重复测量时,其绝对值和符号以不可预定的方式变化的误差。随机误差是由许许多多微小的随机因素,如在测量过程中温度的微量变化、地面的微振、机构间隙和摩擦力的变化以及读数不一致等所造成的。任何一次测量,随机误差是不可避免的,虽然不能消除它,但可以降低其对测量结果的影响。

3) 粗大误差

超出在规定条件下预期的误差。这种误差主要由于测量者主观上的疏忽大意(如测量时读错、算错和记错等)、客观条件的剧变(如突然振动等)或使用有缺陷的计量器具所造成的。粗大误差使测量结果明显歪曲,应剔除带有粗大误差的测得值。

3.2.3 测量不确定度

测量的根本目的是要获得具有一定可靠程度的测量结果。但在任何一次测量中,由于受到环境条件的影响,各种误差因素不可避免,再加上测量器具本身的误差等,肯定会造成测量结果相对被测尺寸真值的偏离,偏离程度的大小可用测量不确定度来表征。测量不确定度是用来表征测量过程中各项误差综合影响测量结果分散程度的一个误差限,一般用代号 μ 表示。测量不确定度 μ 由计量器具的不确定度 μ_1 和测量条件的不确定度 μ_2 两部分组成。在实际测量时,为了保证工件的验收质量,应考虑测量不确定度给测量带来的影响。

3.3 孔、轴尺寸公差检测

零件图样上被测要素的尺寸公差和形位公差按独立原则标注时,该零件加工后被测要素的实际尺寸和形位误差一般使用通用计量器具来测量。被测要素的尺寸公差和形位公差按相关原则标注时,实际被测要素就应该使用光滑极限量规或位置量规来检验,光滑极限量规用于检验遵守包容原则的实际单一要素。在机械制造企业中,一般都设有专门从事计量测试、计量管理、标准量值传递、车间用计量器具的检定与修理等的工作部门,即计量室。计量室中一般配有相应的各种通用、专用精密量仪,如比较仪、测长仪、工具显微镜和气动、电动量仪等。本节主要介绍使用通用计量器具和光滑极限量规对孔、轴尺寸的测量和检验。

3.3.1 普通计量器具测量孔、轴尺寸

1) 工件的误收与误废

如果以被测工件的极限尺寸作为验收的边界值,在测量误差的影响下,实际尺寸超出公差范围的工件有可能被误判为合格品;实际尺寸处于公差范围之内的工件也同样有可能被误判为不合格品。这种现象,前者称为"误收",后者称为"误废"。

误收的工件不能满足预定的功能要求,使产品质量下降;而误废则会造成浪费。这两种现象都是有害的。相比之下,误收具有更大的危害性。

为了降低误收率,保证工件的验收质量,GB/T3177 中规定了内缩的验收极限。内缩量称为安全裕度,用 A 表示。如图 3-3 所示,LMS 表示最小实体尺寸,MMS 表示最大实体尺寸。验收极限分别由被测工件的最大、最小极限尺寸向其公差带内内缩一个安全裕度 A 值,这就形成了新的上、下验收极限。

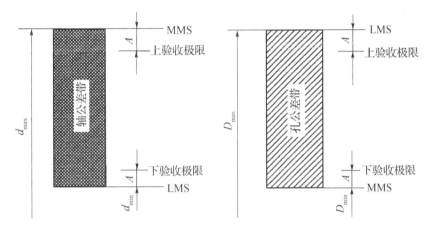

图 3-3 验收极限的配置

安全裕度 A,实际上就是测量不确定度 μ 的允许值。设定安全裕度数值时,必须既使误收率下降,满足验收要求,又不致使误废率上升过多,造成产品经济指标的上扬。根据生产中的统计结果,国家检验标准给出的安全裕度 A 值约为工件公差的 5%~10%。A 的具体数值,可根据被测尺寸的标准公差数值,查阅表 3-1。在此表中,还可相应地查出计量器具的不确定度允许值 μ_1,这个数值可作为选择计量器具的依据。

表 3-1 安全裕度 A 和计量器具不确定度的允许值 μ_1 （单位：mm）

工件公差	安全裕度 A	计量器具不确定度的允许值 μ_1
>0.009~0.018	0.001	0.000 9
>0.018~0.032	0.002	0.001 8
>0.032~0.058	0.003	0.002 7
>0.058~0.100	0.006	0.005 4
>0.100~0.180	0.010	0.009

续表

工件公差	安全裕度 A	计量器具不确定度的允许值 μ_1
>0.180~0.320	0.018	0.016
>0.320~0.580	0.032	0.029
>0.580~1.000	0.060	0.054
>1.000~1.800	0.100	0.090
>1.800~3.200	0.180	0.160

内缩的验收极限,考虑了测量误差和工件形状误差对工件验收的影响,合理地降低了误收率,从而保证了验收工件原定的设计要求。

2) 计量器具的选择

使用普通计量器具测量验收工件时,在查表确定安全裕度 A 值并计算出验收极限之后,重要的一步就是根据与安全裕度相对应的计量器具不确定度允许值 μ_1 来选择适当的计量器具。表 3-2、表 3-3 分别列出了游标卡尺、千分尺、比较仪等普通计量器具的不确定度数值 μ'_1,根据上述要求,所选的计量器具的不确定度数值 μ'_1 应小于或等于其允许值 μ_1,这就是选择计量器具的基本原则。

表 3-2 游标卡尺、千分尺的不确定度数值　　　　（单位:mm）

尺寸范围	不确定度 μ'_1			
	分度值为 0.01 的外径千分尺	分度值为 0.01 的内径千分尺	分度值为 0.02 的游标卡尺	分度值为 0.05 的游标卡尺
>0~50	0.004			0.05
>50~100	0.005	0.008		
>100~150	0.006			
>150~200	0.007		0.020	
>200~250	0.008	0.013		
>250~300	0.009			
>300~350	0.010			0.100
>350~400	0.011	0.012		
>400~450	0.012			
>450~500	0.013	0.025		
>500~600				
>600~700	—	0.030		
>700~1000				0.150

注:①当采用比较仪测量时,千分尺的不确定度可小于本表规定的数值。

②当选用的计量器具达不到 GB/T3177 规定的 μ_1 值时,在一定范围内,可采用大于 μ_1 的数值,此时应按下式计算相应的安全裕度 A' 值,再由最大实体尺寸和最小实体尺寸分别向公差带内移 A' 值,定出验收极限:$A=\mu'_1/0.9$。

表 3-3 比较仪的不确定度数值　　　　　　　　（单位：mm）

尺寸范围	不确定度 μ'_1			
	分度值为 0.000 5 的比较仪	分度值为 0.001 的比较仪	分度值为 0.002 的比较仪	分度值为 0.005 的比较仪
>0~25	0.000 5	0.001 0	0.001 7	0.003 0
>25~40	0.000 7			
>40~65	0.000 8	0.001 1	0.001 8	
>65~90				
>90~115	0.000 9	0.001 2	0.001 9	
>115~165	0.001 0	0.001 3		
>165~215	0.001 2	0.001 4	0.002 0	0.003 5
>215~265	0.001 4	0.001 6	0.002 1	
>265~315	0.001 6	0.001 7	0.002 2	

注：测量时，使用的标准器由 4 块 1 级（或 4 等）量块组成。

在选择时，如有多个计量器具的不确定度数值均小于允许值，应挑选其中最大者，以降低测量成本。

【例 3-2】工件为 $\phi 50 f8 \left({}^{-0.025}_{-0.064} \right)$，试确定验收极限并选择计量器具。

解：（1）确定安全裕度 A

根据工件公差 IT＝0.039 mm，查表 3-1 得：

$$A=0.003 \text{ mm}, \mu_1=0.002\ 7 \text{ mm}$$

（2）选择计量器具

根据工件尺寸 $\phi 50$ 及 μ_1 值，查表 3-3 得，分度值为 0.002 mm 的比较仪可满足要求，其不确定度为 0.001 8 mm，小于其允许值。

（3）确定验收极限

上验收极限＝最大极限尺寸－A
　　　　　＝50－0.025－0.003＝49.972 mm

下验收极限＝最小极限尺寸＋A
　　　　　＝50－0.064＋0.003＝49.939 mm

【例 3-3】工件与上例相同，因缺乏比较仪，现采用分度值为 0.01 mm 的外径千分尺测量，试确定其验收极限。

解：（1）若用分度值为 0.01 mm 的外径千分尺作绝对测量，查表 3-2 得：

$$\mu'_1=0.004 \text{ mm}>0.002\ 7 \text{ mm}$$

按表 3-2 注②的说明，则必须扩大安全裕度来满足要求。

$$A'=\mu'_1/0.9=0.004/0.9=0.004\ 4 \text{ mm}\approx 0.004 \text{ mm}$$

验收极限则按上述计算的安全裕度 A' 来确定

上验收极限＝最大极限尺寸－A'
　　　　　＝50－0.025－0.004＝49.971 mm
下验收极限＝最小极限尺寸＋A'
　　　　　＝50－0.064＋0.004＝49.940 mm

(2) 若用分度值为 0.01 mm 的外径千分尺以量块为标准器作比较测量,千分尺的不确定度减小至 60%,即千分尺的不确定度 $\mu'_1=0.004\,\text{mm}\times60\%=0.0024<0.0027$,故能满足使用要求,验收极限与例 3-2 相同。

3.3.2　光滑极限量规检验孔、轴尺寸

1) 量规的作用与分类

在车间条件下,当孔、轴单一要素遵守包容原则时,常使用光滑极限量规来检验孔、轴是否合格。量规是一种没有刻度的专用检验工具。用量规检验工件时,只能判断工件是否在规定的检验极限范围内,而不能测量出工件实际尺寸及形状误差的具体数值。量规结构简单,使用方便、可靠,检验效率高。因此,量规广泛应用于机械制造中的成批、大量生产。

光滑极限量规的外形与被检验对象相反。检验孔的量规称为塞规,如图 3-4(a)所示;检验轴的量规称为卡规(或卡板),如图 3-4(b)所示。光滑极限量规一般是通规和止规成对使用。通规是检验工件最大实体尺寸的量规,止规是检验工件最小实体尺寸的量规。因此,通规应按工件最大实体尺寸制造,止规应按工件最小实体尺寸制造。检验时,如果通规能通过工件,而止规不能通过,则认为工件是合格的;否则工件就不合格。所谓"通规能通过"是指当用手以不是很大的力操作时,通规应能在配合长度上自由通过。"止规不能通过"是指当用手以不是很大的力操作时,止规在工件的任何一个位置上均不能通过。

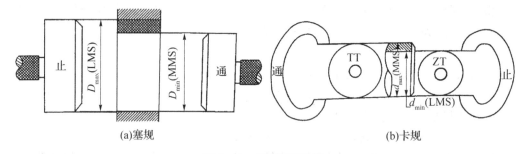

图 3-4　光滑极限量规

量规按用途可分为工作量规、验收量规和校对量规三种。

工作量规:在零件制造过程中,操作者对零件进行检验时所使用的量规。操作者应该使用新的或磨损较少的通规。

验收量规:检验部门或用户代表在验收零件时所使用的量规。验收量规一般不专门制造,它是从磨损较多但又未超过磨损极限的旧工作量规中挑选出来的。这样,操作者自检合格的零件,检验人员验收时也一定合格。

校对量规:用以检验工作量规的量规。孔用工作量规使用通用计量器具测量很方便,不需要校对量规。故只有轴用工作量规才使用校对量规。

2) 极限尺寸的判断原则(泰勒原则)

由于工件存在形状误差,加工出来的孔或轴的实际形状不可能是一个理想的圆柱体。所以仅仅控制实际尺寸在极限尺寸范围内,还不能保证配合性质。为此《形状和位置公差》国家标准从设计的角度出发,提出了包容原则。《公差与配合》国家标准从工件验收的角度出发,对要求单一要素遵守包容原则的孔和轴提出了极限尺寸判断原则(即泰勒原则)。

极限尺寸判断原则是:孔或轴的作用尺寸($D_{作用}$、$d_{作用}$)不允许超过最大实体尺寸,在任何位置上的实际尺寸($D_{实际}$、$d_{实际}$)不允许超过最小实体尺寸,如图 3-5 所示。极限尺寸判断原则也可用如下公式表示:

对于孔: $\qquad D_{作用} \geqslant D_{min}, \qquad D_{实际} \leqslant D_{max}$

对于轴: $\qquad d_{作用} \leqslant d_{max}, \qquad d_{实际} \geqslant d_{min}$

当要求采用光滑极限量规检验遵守包容原则且为单一要素的孔或轴时,这种光滑极限量规应符合泰勒原则。具体要求是:通规的测量面应是与孔或轴形状相对应的完整表面,其基本尺寸等于工件的最大实体尺寸,且长度等于配合长度。止规的测量面应是点状的,其基本尺寸等于工件的最小实体尺寸。

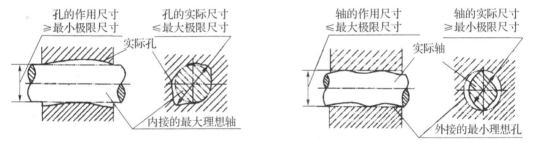

图 3-5 极限尺寸的判断原则

3) 光滑极限量规的公差

量规的制造精度应比被测工件的精度高,但不可能将量规的工作尺寸正好加工到某一规定值。因此,对量规尺寸要规定制造公差。

(1) 工作量规的公差带。《光滑极限量规》GB/T1957 规定量规的公差带不得超过工件的公差带(一般为工件的 1/2~1/10),这样才能充分保证产品质量。孔用和轴用工作量规的公差带如图 3-6 所示。图中 T 为量规的制造公差大小,Z 为通规尺寸公差带的中心到工件最大实体尺寸之间的距离。GB/T1957 对基本尺寸不大于 500 mm、公差等级为 IT6~IT14 的孔与轴的工作量规规定了 T 和 Z 值。考虑到通规在使用过程中,因经常要通过工件会逐渐磨损,为了使通规具有一定的使用寿命,除规定制造量规的尺寸公差外,还规定了允许的最小磨损量,使通规公差带从最大实体尺寸向工件公差带内缩一定的距离。当通规磨损到最大实体尺寸时就不能继续使用,此极限称为通规的磨损极限。磨损极限尺寸等于工件的最大实体尺寸。止端一般不通过工件,因此止规只规定制造量规的尺寸公差。

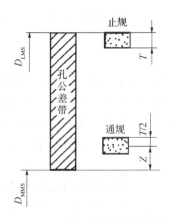 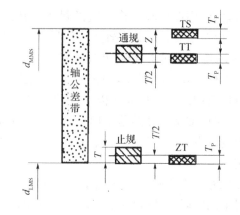

(a)孔用工作量规的公差带图　　　　　(b)轴用量规及校对量规的公差带图

图 3-6　工作量规的公差带图

(2) 校对量规的公差带。轴用量规的校对量规的公差带图如图 3-6(b)所示。校对量规的尺寸公差 T_P 为被校对工作量规尺寸公差的 50%。"TT"为检验轴用通规的"校通-通"量规,检验时通过为合格。"ZT"为检验轴用止规的"校止-通"量规,检验时通过为合格。"TS"为检验轴用通规是否达到磨损极限的"校通-损"量规,检验时不通过可继续使用,若通过了,应予以报废。

【例 3-4】圆孔塞规的设计,图 3-7 为圆孔塞规工作图,其中 D_T=被测孔最大实体尺寸=被测孔最小极限尺寸;D_Z=被测孔最小实体尺寸=被测孔最大极限尺寸;l_T=孔长;l_Z=10~15 mm;$D_0=D_T-(3\sim5)$ mm。例如,要设计检验孔 $\phi25H7(^{+0.021}_{0})$ 的塞规,由其基本尺寸 25 及公差等级 IT7 级,查阅《机械加工工艺手册》得,T=0.002 4,Z=0.003 4,参阅图 3-6,可得 $D_T=\phi25^{+0.004\,6}_{+0.002\,2}$,$D_Z=\phi25.021^{0}_{-0.002\,4}$。

图 3-8 分别为已设计好的检验轴 $\phi25n6(^{+0.028}_{+0.015})$ 用的卡规的图样示例。其中通端尺寸 L_T=被测轴最大实体尺寸=被测轴最大极限尺寸=25.028 mm;止端尺寸 L_Z=被测孔最小实体尺寸=被测孔最小极限尺寸=25.015 mm,查表得 T=0.002,Z=0.002 4,参阅图 3-6 可算得其公差。

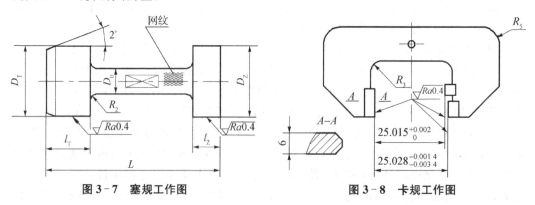

图 3-7　塞规工作图　　　　　图 3-8　卡规工作图

4) 量规争议的解决

同一工件用不同量规检验,可能得出不同的结果。致使制造者和检验者之间发生争议。为了减小争议,GB/T1957 规定了操作者用的工作量规应该是使用新的或磨损较少的工作量规,验收部门应该使用与操作者型式相同且已磨损较多的通规。用户代表使用时通规应接近工件的最大实体尺寸;止规应接近工件的最小实体尺寸。

3.4 形状和位置误差的检测

形状和位置误差简称形位误差,是指被测实际要素对其理想要素的变动量。形位误差共有 14 个特征项目,各项目的分类及对应的符号见表 3-4。

表 3-4 形位误差的分类、项目及符号

被测要素	误差分类		误差项目	公差符号
单一要素	形状误差		直线度误差	—
			平面度误差	▱
			圆度误差	○
单一要素或关联要素			圆柱度误差	⌭
			线轮廓度误差	⌒
			面轮廓度误差	⌓
关联要素	位置误差	定向误差	平行度误差	∥
			垂直度误差	⊥
			倾斜度误差	∠
		定位误差	同轴度误差	◎
			对称度误差	≡
			位置度误差	⊕
		跳动	圆跳动	↗
			全跳动	↗↗

3.4.1 形状和位置误差的检测原则与评定

1) 形状和位置误差的检测原则

形状和位置误差是评定零件几何精度的重要技术指标。形位误差的项目较多,为了能正确地测量形位误差,便于选择合理的检测方案,国家标准规定了形位误差的 5 个检测原则。其相应的国家标准是 GB/T1182～1184 三个公差标准和 GB/T1958 一个检测标准。这些检测原则是各种检测方法的概括,可以按照这些原则,根据被测对象的特点和有关条件,选择最合理的检测方案,也可根据这些检测原则,采用其他的检测方法和测量装置。5 个检测原则及说明如下。

(1) 与理想要素比较原则。将被测要素与理想要素相比较,量值由直接法或间接法获得。这是应用最为广泛的一种方法,理想要素用模拟方法获得,如用刀口尺、平尺等模拟理想直线;用精密平板、光扫描平面模拟理想平面;用精密心轴、V形铁等模拟理想轴心线等。

(2) 测量坐标值原则。测量被测实际要素的坐标值,经数据处理获得形位误差值。如用三坐标测量仪、工具显微镜等,测得被测要素上各测点的坐标值后,经数据处理就可获得形位误差值。圆度、圆柱度、位置度误差等都可采用此原则测量。

(3) 测量特征参数原则。测量被测实际要素具有代表性的参数表示形位误差值。与按定义确定的形位误差值相比,用该原则所得到的形位误差值只是一个近似值,但应用此原则,可以简化过程和检测设备,也不需要复杂的数据处理,故在满足测量精度的前提下,可取得明显的经济效益。如以平面上任意方向的最大直线度来近似表示该平面的平面度误差;用两点法、三点法来测量圆度误差等。

(4) 测量跳动原则。被测实际要素绕基准轴线回转过程中,沿给定方向测量其对某参考点或线的变动量。一般测量都是用指示表读数,变动量就是指指示表最大与最小读数之差。这是根据跳动定义提出的一个检测原则,主要用于跳动的测量。

(5) 控制实效边界原则。检验被测实际要素是否超过实效边界,以判断被测实际要素合格与否。按最大实体要求给出形位公差时,要求被测实体不得超过最大实体边界,判断被测实体是否超过最大实体边界的有效方法就是用位置量规。

2) 形状误差的评定

形状误差是被测实际要素的形状对其理想要素的变动量,若形状误差值小于或等于相应的公差值,则认为合格。

(1) 最小条件。形状误差是指被测实际要素对其理想要素的变动量。评定形状误差时,将被测实际要素与其理想要素进行比较,理想要素处于不同的位置,就会得到不同大小的变动量。如图3-9所示,评定直线度误差时,理想要素 AB 与被测实际要素相接触,h_1、h_2、h_3…是相应于理想要素处于不同位置 A_1B_1、A_2B_2、A_3B_3…时,所得到的各个最大变动量,其中 h_1 为各个最大变动量中的最小值,即 $h_1 < h_2 < h_3 < \cdots$,那么 h_1 就是其直线度误差值。因此,评定形状误差时,理想要素的位置应符合最小条件,以便得到唯一的、最小的误差值。

最小条件是指被测实际要素对其理想要素的最大变动量为最小。最小条件是评定形状误差的基本原则。

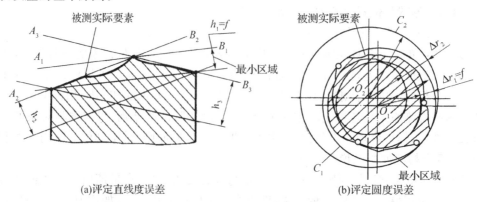

(a) 评定直线度误差　　(b) 评定圆度误差

图3-9　最小条件和最小区域

(2) 最小区域法。在具体评定形状误差时,往往用一组平行要素(平行线、平行平面、同心圆或圆柱、圆球等)将被测实际要素紧紧包容起来,使所形成的包容区的宽度或直径达到最小,此包容区域称为最小包容区域,简称最小区域。最小区域的宽度或直径即为其形状误差值的大小。按最小区域评定形状误差值的方法称为最小区域法。

最小区域法实质上是最小条件的具体体现,它是评定被测要素形状误差的基本方法。如图 3-9(a)所示,用两平行线包容被测实际要素,其最小区域宽度 h_1 为该实际要素的直线度误差 f。又如图 3-9(b)所示,评定圆度误差时,用两同心圆包容被测实际要素,图中画出了 C_1 和 C_2 两组,其中 C_1 组同心圆包容区域的半径 Δr_1 小于任何一组同心圆包容区域的半径。这时,认为 C_1 组的位置符合最小条件,其区域为最小区域,则区域宽度 Δr_1 为该实际圆的圆度误差值。再如图 3-10 所示,评定任意方向上(空间直线)轴线直线度误差时用圆柱包容被测实际轴线,得到符合最小条件的理想轴线 L_1,则其最小区域直径 ϕd_1 为该实际轴线在任意方向上的直线度误差值。

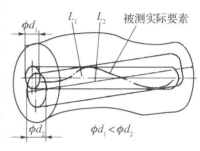

图 3-10 空间直线度误差的评定

3) 位置误差的评定

位置误差是指被测实际要素对其理想要素位置的变动量,理想要素位置是相对于基准而确定的。

(1) 基准。在位置误差中,基准是指理想基准要素。基准在位置公差中对被测要素的位置起着定向或定位的作用,也是确定公差带方位的依据,具有十分重要的作用。

① 基准的种类。基准的种类通常分为以下三种。

a. 单一基准。由一个要素建立的基准称为单一基准,图 3-11(a)所示的为由一个平面要素建立的基准,该基准就是基准平面 A。

b. 组合基准(公共基准)。凡由两个或两个以上要素建立的一个独立的基准称为组合基准或公共基准。如图 3-11(b)所示,两段轴线 A、B 建立起公共基准 $A-B$。在公差框格中标注时,将各个基准字母用短横线相连写在同一格内,表示作为一个基准使用。

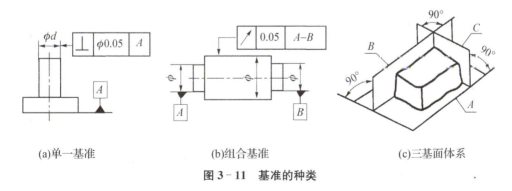

(a)单一基准　　　　　　(b)组合基准　　　　　　(c)三基面体系

图 3-11 基准的种类

c. 基准体系(三基面体系)。由三个相互垂直的平面构成一个基准体系——三基面体系。如图 3-11(c)所示,这三个相互垂直的平面都是基准平面。A 为第Ⅰ基准平面;B 为第Ⅱ基准平面,垂直于 A;C 为第Ⅲ基准平面,同时垂直于 A 和 B。每两个基准平面的交线构成基准轴线,三轴线的交点构成基准点。

按几何特征,基准又可分为基准点、基准直线(轴线、中心线)和基准平面。

②基准的体现。在位置误差测量中,基准要素可用下列方法来体现。

a. 模拟法。模拟法采用形状精度足够的精密表面来体现基准。如基准平面用平板或量仪工作台面模拟(见图3-12(a));基准轴线由心轴(见图3-13)、V形块等模拟;基准中心平面由定位块的中心平面模拟。基准实际要素与模拟基准接触时,可能形成"稳定接触",也可能形成"非稳定接触"。"稳定接触"自然符合最小条件的相对位置关系,如图3-12(a)所示。"非稳定接触"可能有多种位置状态,测量位置误差时应进行调整,务必使基准实际要素与模拟基准之间尽可能达到符合最小条件的相对位置关系,以使测量结果唯一,如图3-12(b)所示。

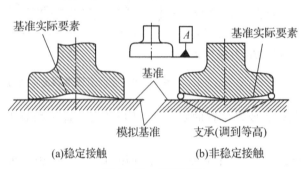

图3-12 模拟基准

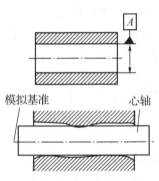

图3-13 心轴模拟基准轴线

b. 分析法。分析法就是通过对基准实际要素进行测量,然后根据测量数据用图解法或计算法按最小条件确定理想要素作为基准的方法。

c. 直接法。直接法就是直接用基准实际要素作为基准的方法。当基准实际要素具有足够高的形状精度时,其形状误差对测量结果的影响可忽略不计。

(2) 位置误差的评定。位置误差是关联实际要素的位置对其理想要素的变动量,理想要素的方向或位置由基准确定。判定位置误差的大小时,常用定向或定位最小包容区域去包容被测要素,但这个最小包容区域与形状误差的最小包容区域概念不同,其区别在于它必须在与基准保持给定几何关系的前提下使包容区域的宽度或直径为最小。如图3-14(a)所示,面对面的平行度的定向最小包容区域是包容被测实际平面及与基准平面保持平行的两平行平面之间的区域。如图3-14(b)所示,被测轴线垂直度误差的定位最小包容区域是包容被测实际轴线及与基准平面垂直的圆柱面内的区域。

4) 检测方法及相关说明

GB/T1958中的各检测方法是指应用相关测量设备,在一定条件下对检测原则的实际应用,一般用接触测量方式,也包括非接触测量方式,测量的精度和类型也可以按具体要求和条件选用。检测符号说明见表3-5。

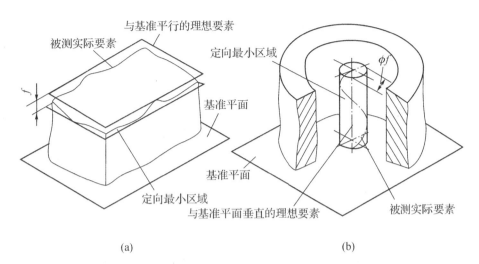

图 3-14 定向最小包容区域

表 3-5 检测符号及说明

序号	符号	说明	序号	符号	说明
1	/////	平面、平台（或测量平面）	7	⌒	连续转动(不超过一周)
2	△	固定支承	8	⌒(虚线)	间断转动(不超过一周)
3	✕	可调支承	9	↻	旋转
4	↔	连续直线移动	10	⊕	指示器或记录器
5	←--→	间断直线移动	11		带有指示器的测量架
6	✕	沿几个方向直线移动			

3.4.2 形位和位置误差的检测

GB/T1958 附录中给出了各项形位误差的检测方案，本书选择一些有代表性的、在国内和国际上通用的检测方法示例。示例中的所有图例都是示意性的，测量设备和精度可按具体要求选择。说明中"调直"、"调平"、"调同轴"等都是定性和大致上的，目的是使测量结果能接近评定条件或简化数据处理。

1) 形状误差的检测

形状误差是被测实际要素的形状对其理想要素的变动量。形状误差共有 6 个项目，其中将直线度、平面度、圆度和圆柱度 4 项误差检测的示例列于表 3-6 中。

(1) 直线度。检测直线度误差，一般采用"与理想要素比较原则"。常用方法有光隙法、节距法等。表 3-6 示例的光隙法，如果不透光，直线度误差小于 0.5 μm，蓝色光隙约为 0.8 μm，红色光隙约为 1.5 μm，白色光隙则在 2.5 μm 以上。对于狭长零件直线度误差的测量一般采用节距法。

(2) 平面度。对于精研小平面可用平晶干涉法,利用标准平晶贴在被测表面上,读出干涉带数量 n,即得平面度误差 $f=n\cdot\lambda/2$,其中 λ 为光波波长($\lambda=0.546~\mu m$)。对于一般精度平面,可采用表 3-6 中给出的平板测微法。对于较大平面可采用水平仪测量法或自准直仪测量法。

(3) 圆度。圆度误差一般采用表 3-6 示例的圆度仪测量。对于薄形或刃口形边缘的小零件,可采用投影比较法,即将被测要素的投影与极限同心圆比较获得。在车间检测时,当圆柱面的误差为椭圆形时,可用千分尺或测微仪测量出同一截面的最大与最小直径,其差值的一半即为该截面的圆度误差,此为两点法。当圆柱面的误差为奇数棱圆形时,将被测表面放在 V 形架上,用千分表测量,测出零件旋转一周的最大与最小值,其差值的一半即为圆度误差,此为三点法。

(4) 圆柱度。在车间测量圆柱度误差时,常采用符合"测量特征参数原则"的两点、三点法。表 3-6 示例为三点法,此方法适用于测量外表面的奇数棱形状误差,为测量准确,通常应使用夹角 $\alpha=90°$ 和 $\alpha=120°$ 的两个 V 形块分别测量。有条件时可采用圆度仪、三坐标测量仪测量。

表 3-6 形状公差检测方案示例

项目	公差带与应用示例	检测方法	设备	说明
直线度	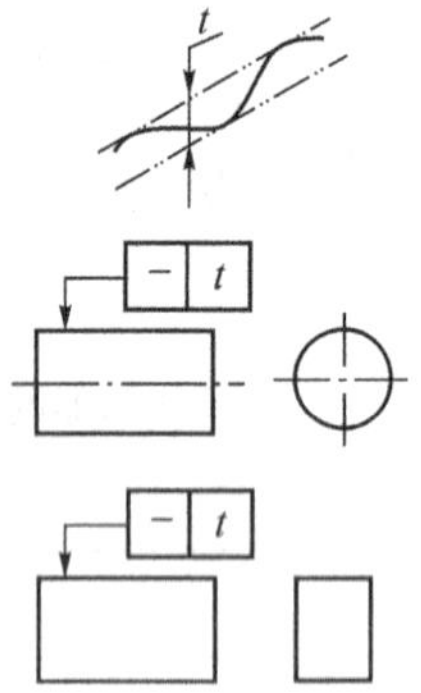	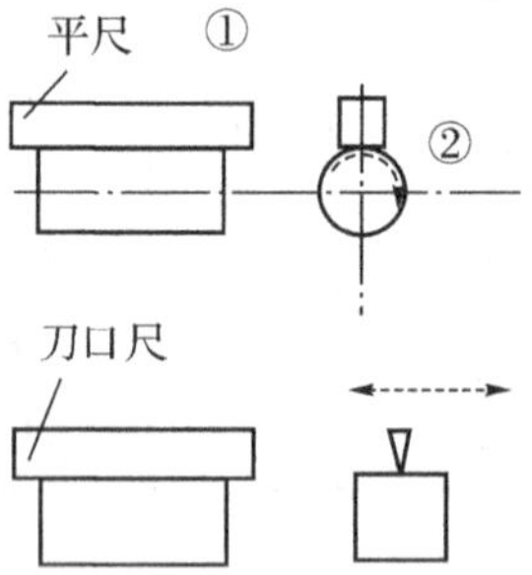	平尺或刀口尺、塞尺(厚薄规)	①将平尺或刀口尺与被测素线直接接触,并使二者之间的最大间隙最小,此时的最大间隙即为该素线的直线度误差,误差的大小应根据光隙测定。光隙较小时,可按标准光隙来估读;当光隙较大时,可用塞尺测量。②按上述方法测量若干条素线,将其中的最大值作为被测零件的直线度误差
平面度	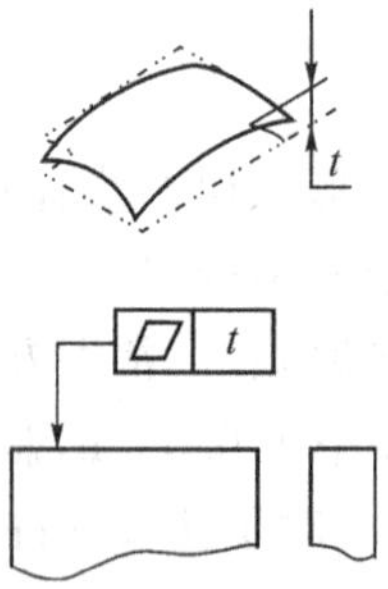	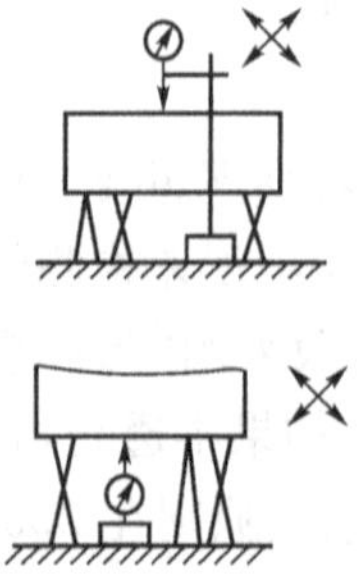	平板,带指示器的测量架,固定和可调支承	将被测零件支承在平板上,调整被测零件最远三点,使其与平板等高。按一定的布点测量,记录读数。指示器最大与最小读数的差值可近似看作被测件的平面度误差

续 表

项目	公差带与应用示例	检测方法	设备	说明
圆度	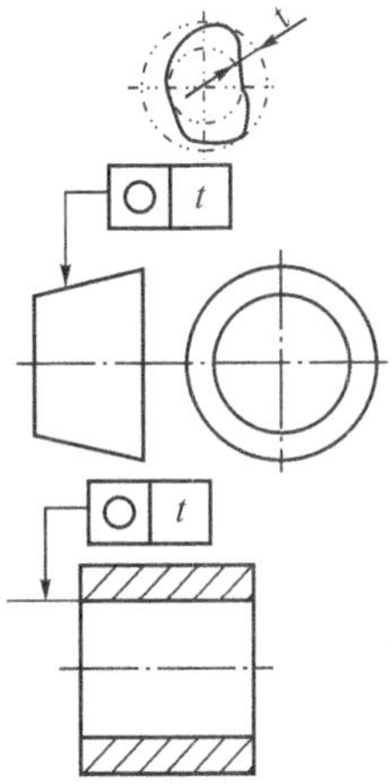	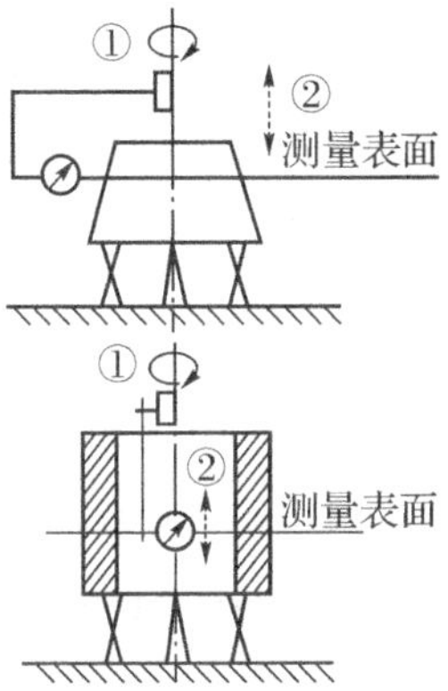	圆度仪	将被测零件的轴线调整到与量仪的轴线同轴。①记录被测零件回转一周中被测面上各点的半径差。由极坐标图(或圆度仪带计算机)按最小条件计算该截面的圆度误差。②按上述方法测量若干截面,取其中最大的误差值作为该零件的圆度误差
圆柱度	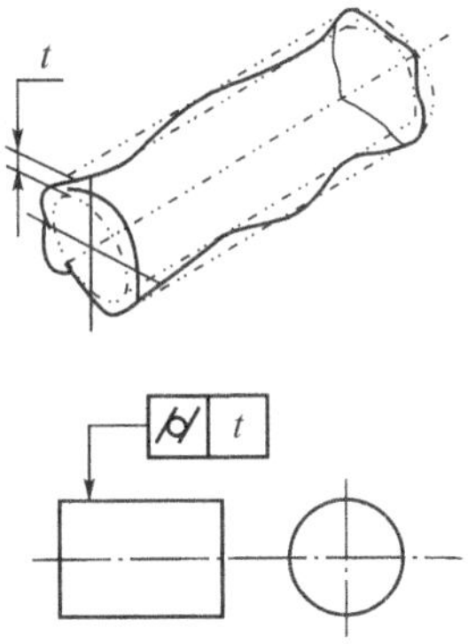	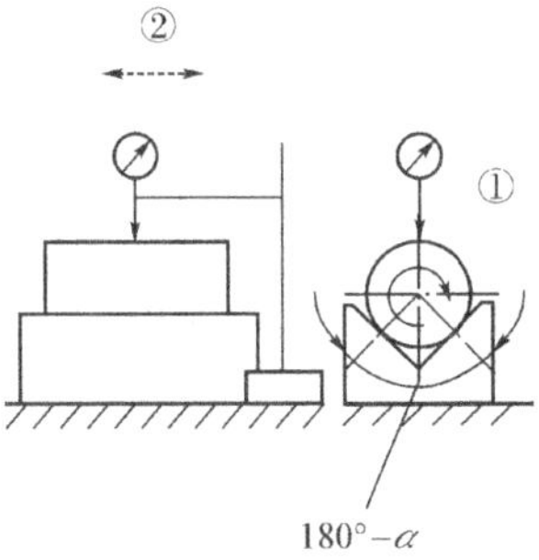	平板,V形块,带指示器的测量架	将被测零件放在平板上的V形块内(V形块的长度应大于被测零件的长度)①在被测零件回转一周过程中,测量一个横截面上的最大与最小读数。②按上述方法,连续测量若干个横截面,然后取各截面内所测得的所有读数中最大与最小读数差值的1/2,作为该零件的圆柱度误差

2) 位置误差的检测

位置公差是关联实际要素的方向或位置对基准所允许的变动量,是限制被测要素相对基准要素在方向或位置几何关系上的误差。按几何关系分为定向、定位和跳动三类公差。

(1) 定向公差。定向公差是指关联实际要素对基准在方向上允许的变动全量。定向公差有平行度、垂直度和倾斜度三项,它们都有面对面、线对面、面对线和线对线几种情况。

(2) 定位公差。定位公差是指关联实际要素对基准在位置上允许的变动全量。定位公差有同轴度、对称度和位置度三项。

(3) 跳动。跳动包括圆跳动和全跳动两项。

圆跳动是指被测要素在某个测量截面内相对于基准轴线的变动量。圆跳动有径向圆跳动、端面圆跳动和斜向圆跳动。对于圆柱形零件,径向圆跳动公差带可控制同轴度和圆度误差。圆跳动仅能反映单个测量平面内被测要素轮廓形状的误差情况,不能用端面对轴线的圆跳动测量替代端面对轴线的垂直度测量。在圆度误差可以忽略的情况下,可以用测量径向圆跳动的方法来替代测量同轴度误差。

全跳动是指整个被测要素相对于基准轴线的变动量。全跳动有径向全跳动和端面全跳动。全跳动公差带可以综合控制被测要素的位置、方向和形状。例如,端面全跳动公差带控制端面对基准轴线的垂直度,也控制端面的平面度误差;径向全跳动公差带可控制同轴度、圆柱度误差。因此,可以用测量端面对轴线的全跳动来替代端面对轴线的垂直度的测量。在圆柱度误差可以忽略的情况下,可以用测量径向全跳动的方法来替代测量同轴度误差。

GB/T1958 中定向公差、定位公差和跳动公差的部分常用检测示例见表 3-7。

表 3-7 定向公差、定位公差和跳动公差的检测示例

特征	公差带与应用示例	检测方法	设备	说明
面对面平行度	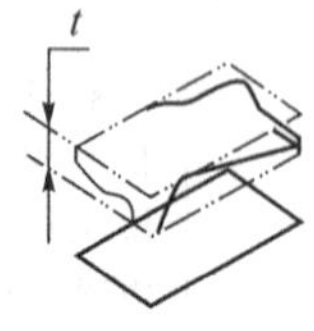 (a)(b) 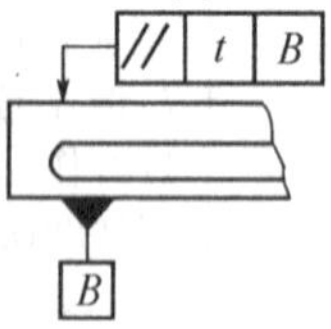 图示 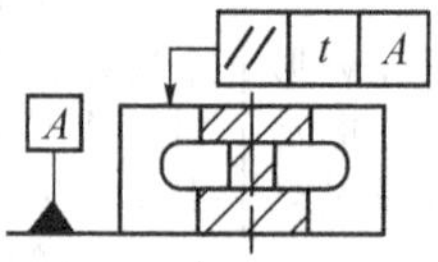	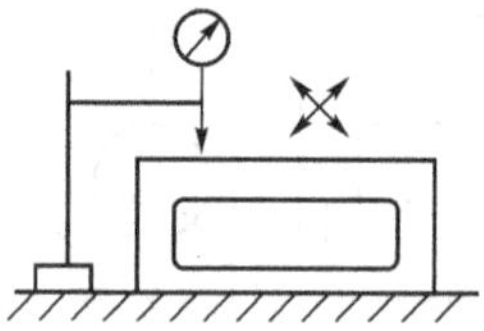 图示	平板、带指示器的测量架	将被测零件放置在平板上,在整个被测表面上按规定测量线进行测量。 (a) 取指示器的最大与最小读数之差作为该零件的平行度误差。 (b) 取各条测量线上任意给定 l 长度内指示器的最大与最小读数之差,作为该零件的平行度误差
线对面平行度	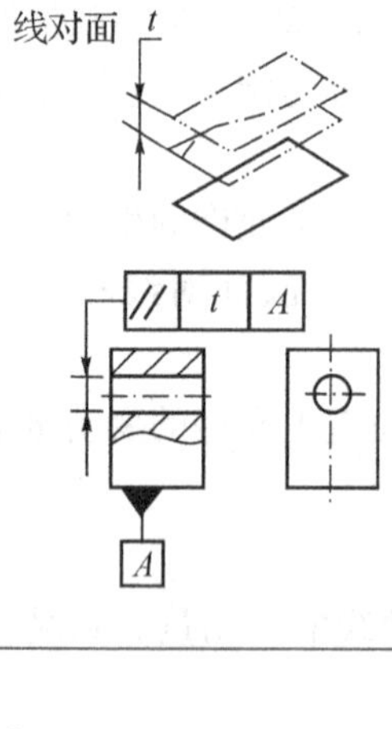 线对面 图示	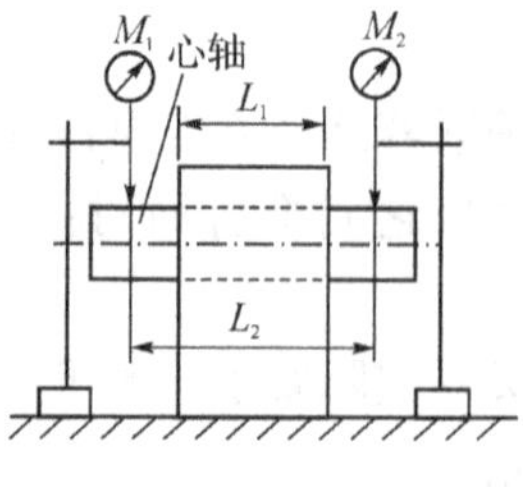 图示	平板、带指示器的测量架、心轴	将被测零件直接放在平板上,被测轴线由心轴模拟。在测量距离为 L_2 的距离上测得的值分别为 M_1 和 M_2,平行度误差:$f = \dfrac{L_1}{L_2}\lvert M_1 - M_2 \rvert$ 其中:L_1 为被测轴线的长度。 测量时应用可胀式(或无间隙)心轴

续 表

特征	公差带与应用示例	检测方法	设备	说明
面对线平行度	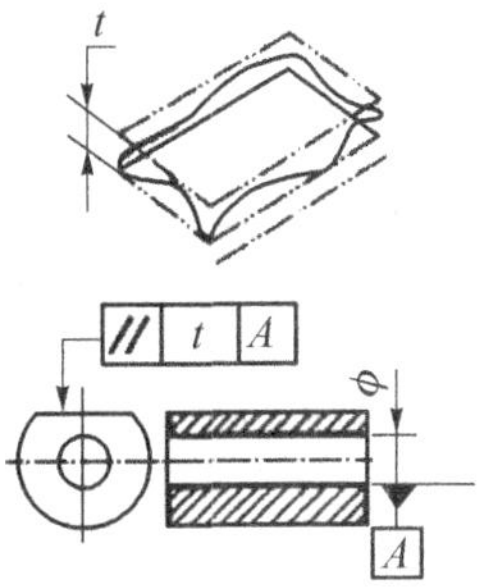	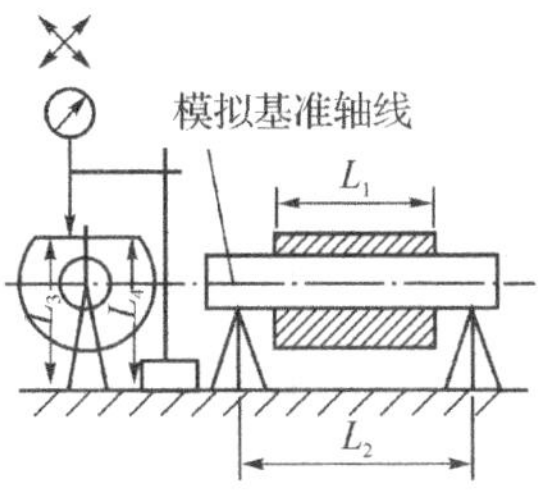	平板,等高支承,心轴,带指示器的测量架	基准轴线由心轴模拟。①将被测零件放在等高支承上,调整(转动)该零件使 $L_3 = L_4$;②测量整个被测表面并记录读数。取整个测量过程中指示器的最大与最小读数之差作为该零件的平行度误差。测量时应选用可胀式(或与孔成无间隙配合的)心轴
线对线平行度	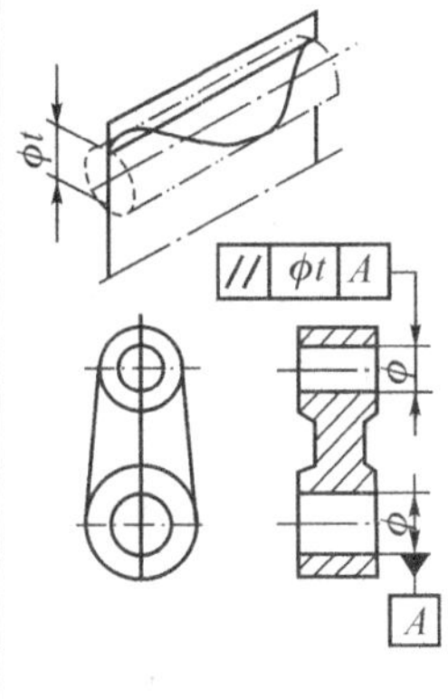	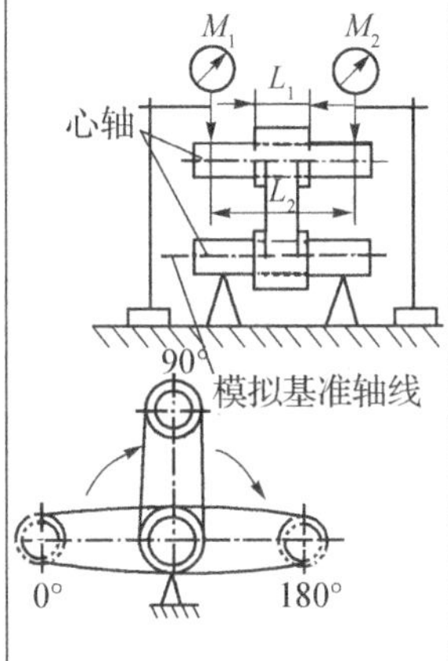	平板,心轴,等高支承,带指示器的测量架	基准轴线和被测轴线由心轴模拟。将被测零件放在等高支承上,在测量距离为 L_2 的两个位置上测得的读数分别为 M_1 和 M_2,则平行度误差: $f = \dfrac{L_1}{L_2} \lvert M_1 - M_2 \rvert$ 在 0°~180°范围内按上述方法测量若干个不同角度位置,取各测量位置所对应的 f 值中最大值,作为该零件的平行度误差
面对面垂直度	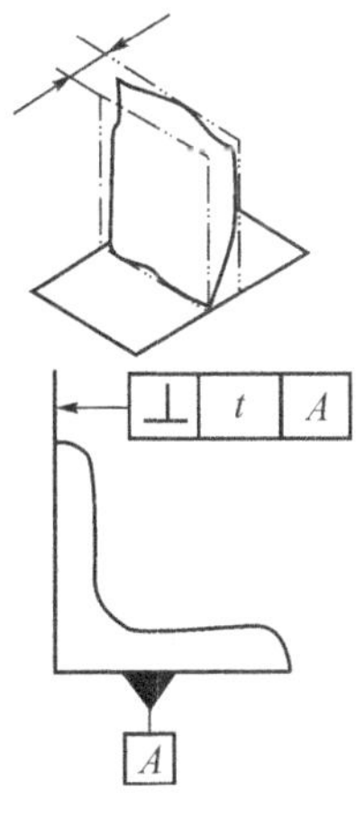	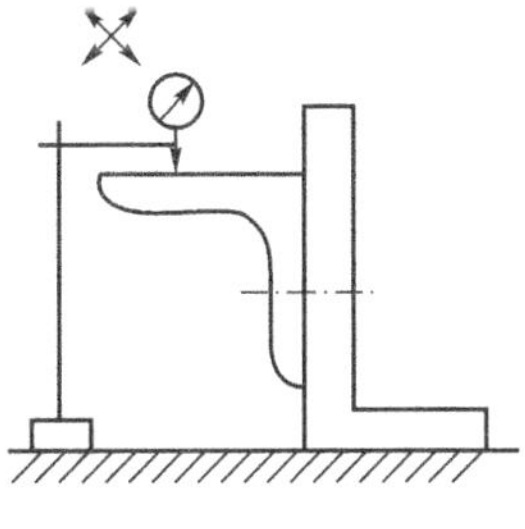	平板,直角座,带指示器的测量架	将被测零件的基准面固定在直角座上,同时调整靠近基准的被测表面的读数差为最小值,取指示器在整个被测表面各点测得的最大与最小读数之差作为该零件的垂直度误差

续 表

特征	公差带与应用示例	检测方法	设备	说明
面对线垂直度	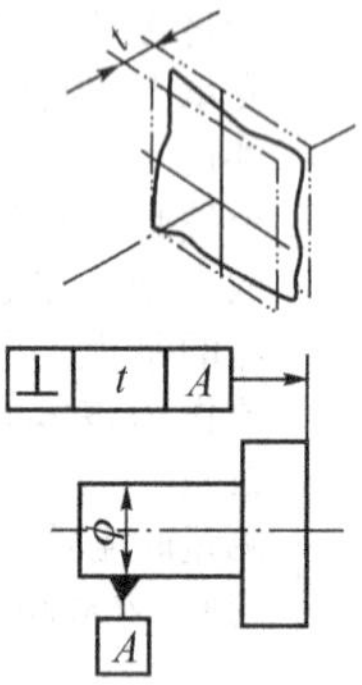 ⊥ t A	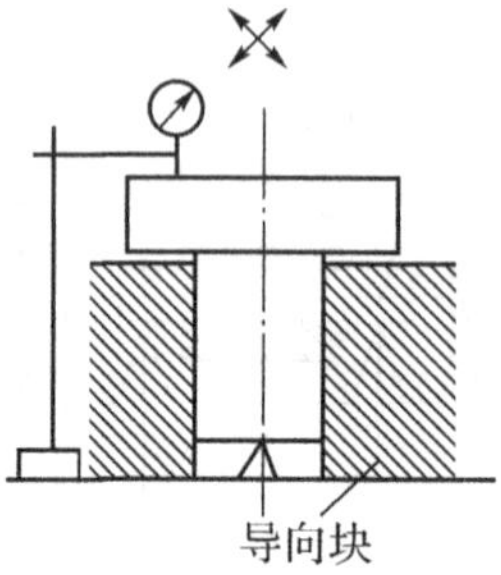	平板,导向块,带指示器的测量架	将被测零件放在导向块内(基准轴线由导向块模拟),然后测量整个被测表面,并记录读数,取其中的最大读数差值作为该零件的垂直度误差
线对线垂直度	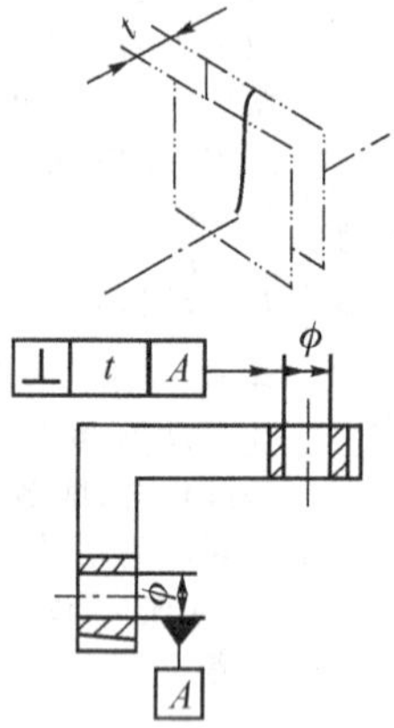 ⊥ t A φ	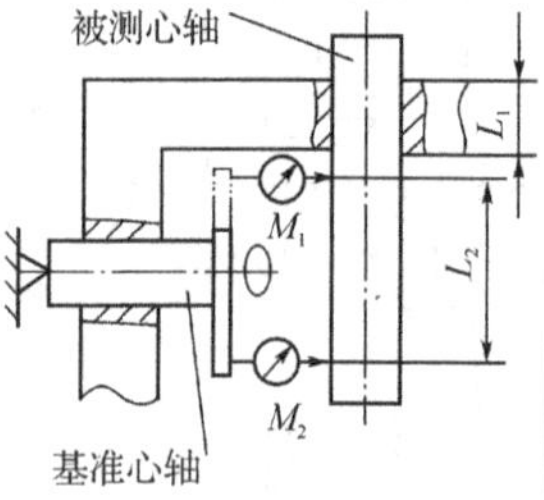 被测心轴 M_1 L_2 M_2 基准心轴	心轴,支承,带指示器的测量架	基准轴线和被测轴线由心轴模拟。转动基准心轴,在测量距离为 L_2 的两个位置上测得的数值分别为 M_1 和 M_2,则垂直度误差: $f=\dfrac{L_1}{L_2}\|M_1-M_2\|$ 测量时被测心轴应选用可胀式(或与孔成无间隙配合的)心轴,而基准心轴应选用可转动但配合间隙小的心轴
同轴度(一)	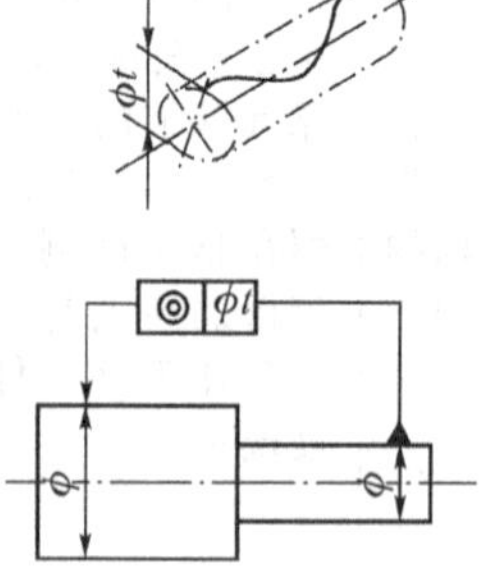 ⊚ φt A	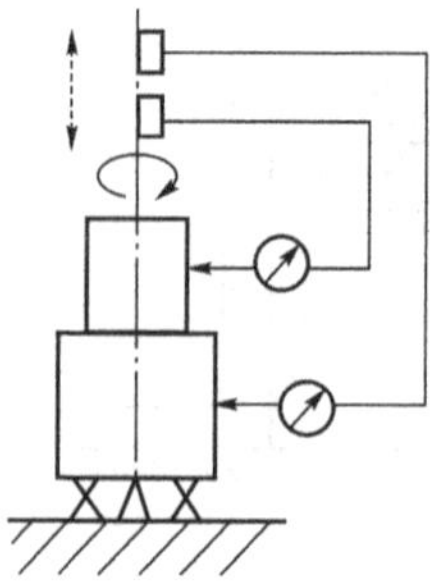	圆度仪(或专用设备)	调整被测零件,使其基准轴线与仪器主轴的回转轴线同轴。在被测零件的基准要素和被测要素上测量若干截面,并记录轮廓图形。根据图形按定义求出该零件的同轴度误差

续 表

特征	公差带与应用示例	检测方法	设备	说明
同轴度（二）	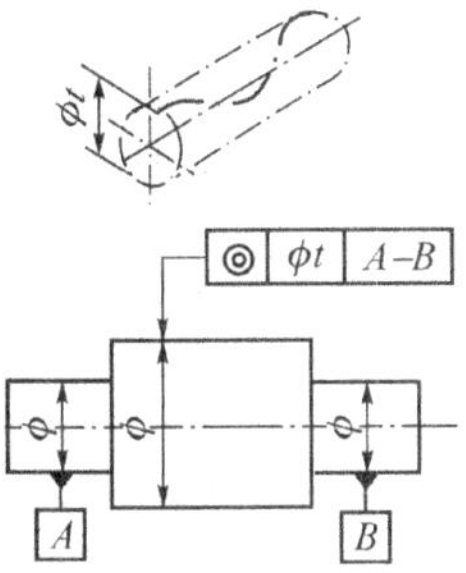	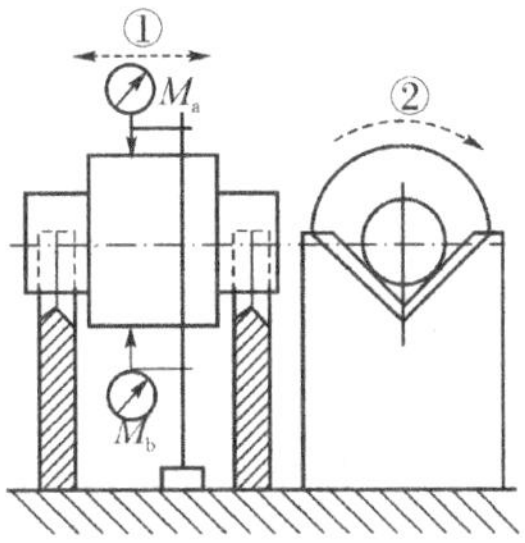	平板，刀口状V形架，带指示器的测量架	将两指示器分别在铅垂轴截面调零。①在轴向测量，取指示器在垂直基准轴线的正截面上测得各对应点的读数差值 $\lvert M_a - M_b \rvert$ 作为在该截面上的同轴度误差。②转动被测零件，按上述方法测量若干个截面，取各截面测得的读数差中的最大值（绝对值）作为该零件的同轴度误差。此方法适用于测量形状误差较小的零件
同轴度（三）	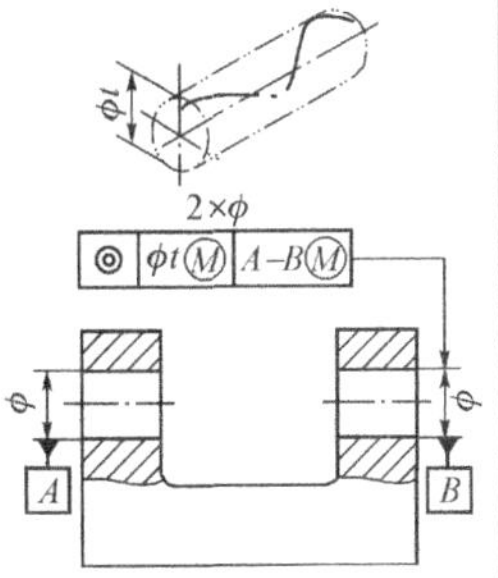	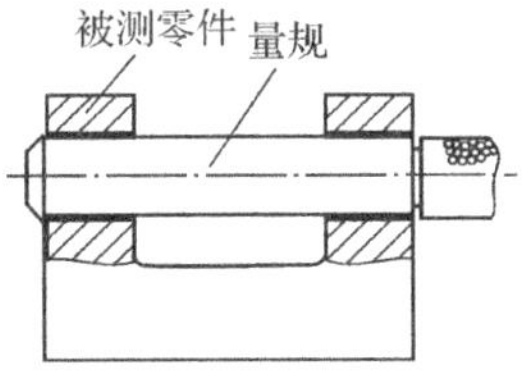	综合量规	量规销的直径为孔的实效尺寸。综合量规应通过被测零件
对称度（一）	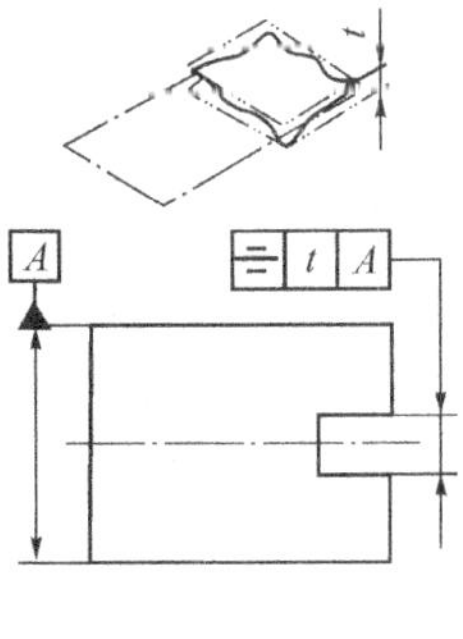	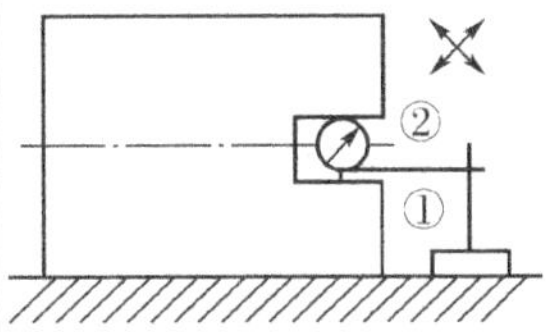	平板，带指示器的测量架	将被测零件放置在平板上：①测量被测表面与平板之间的距离。②将被测件翻转后，测量另一被测表面与平板之间的距离。取测量截面内对应两测点的最大差值作为对称度误差

续 表

特征	公差带与应用示例	检测方法	设备	说明
对称度（二）	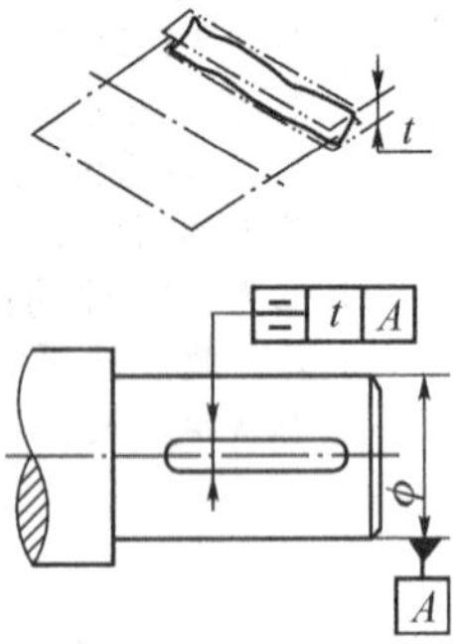	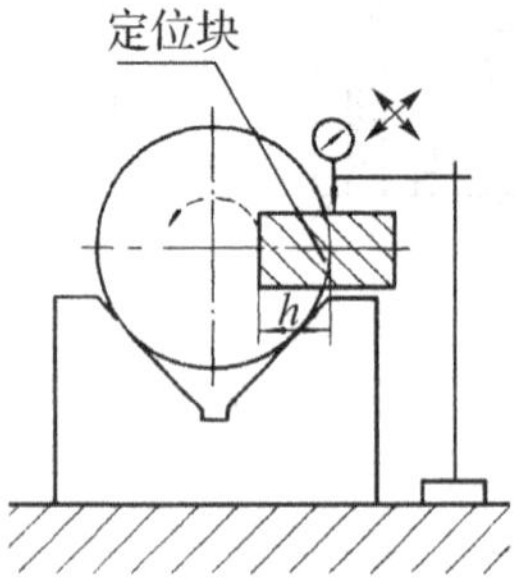	平板，V形块，定位块，带指示器的测量架	基准轴线由V形块模拟，被测中心平面由定位块模拟，分两步测量 ①截面测量：调整被测件使定位块沿径向与平板平行，测量定位块至平板的距离，再将被测件旋转180°后重复上述测量，得到该截面上下两对应点的读数差a，则该截面的对称度误差： $$f_1 = \frac{a \cdot h/2}{R - h/2} = \frac{a \cdot h}{d - h}$$ 其中：R——轴的半径； h——键槽深度。 ②长向测量：沿键槽长度方向测量，取长向两点的最大读数差为长向对称度误差：$f_2 = a_1 - a_2$。取以上两个方向测得的误差最大值作为该零件的对称度误差
位置度	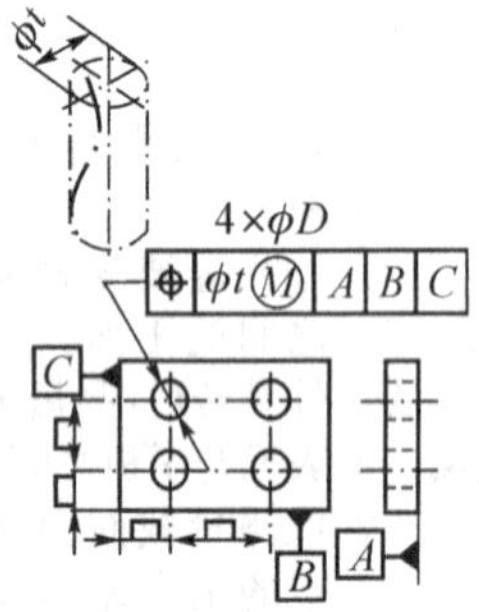	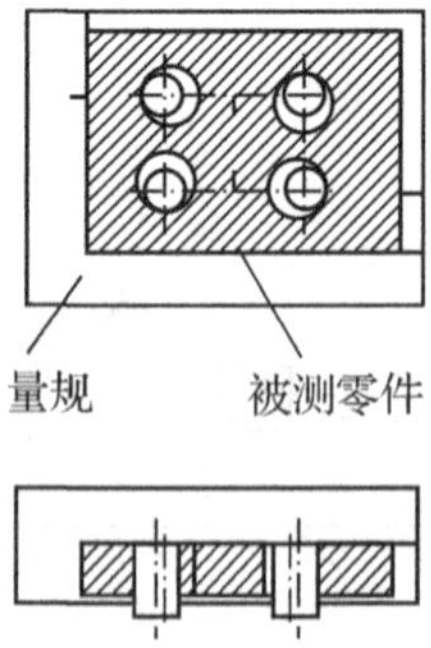	综合量规	量规应通过被测零件，并与被测零件的基准面相接触。 量规销的直径为被测孔的实效尺寸，量规各销的位置与被测孔的理想位置相同。 对于小型薄板零件，可用投影仪测量位置度误差，其原理与综合量规相同

第 3 章　机械零件的检测

续　表

特征	公差带与应用示例	检测方法	设备	说明
端面圆跳动	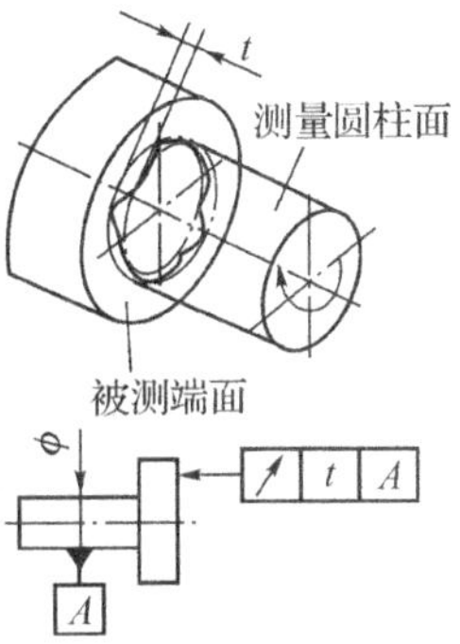	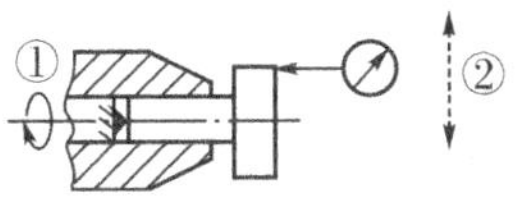	导向套筒，带指示器的测量架	将被测零件固定在导向套筒内，并在轴向上固定。①在被测零件回转一转过程中，指示器最大读数差值即为单个测量圆柱面上的端面跳动；②按上述方法测量若干个圆柱面，取各个测量圆柱面上测得的跳动量中的最大值，作为该零件的端面跳动
径向圆跳动	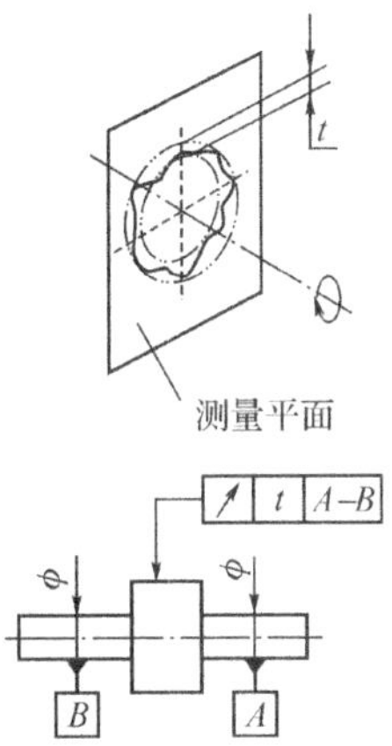	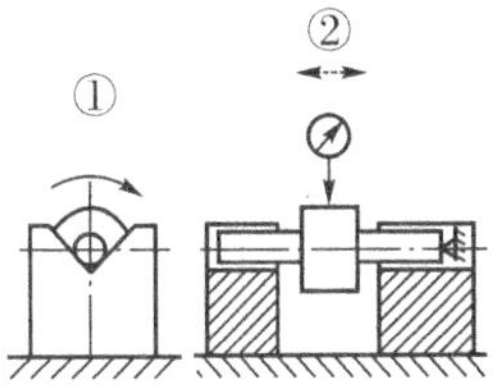	V 形块，平板，带指示器的测量架	基准轴线由一对相同的 V 形块模拟，被测零件支承在 V 形块上，并在轴向定位。①在被测零件回转一周过程中，指示器最大读数差值即为单个测量平面上的径向跳动。②按上述方法测量若干个截面，取各个截面上测得的跳动量中的最大值作为该零件的径向跳动。该测量方法受 V 形块角度和实际基准要素形状误差的综合影响
径向全跳动	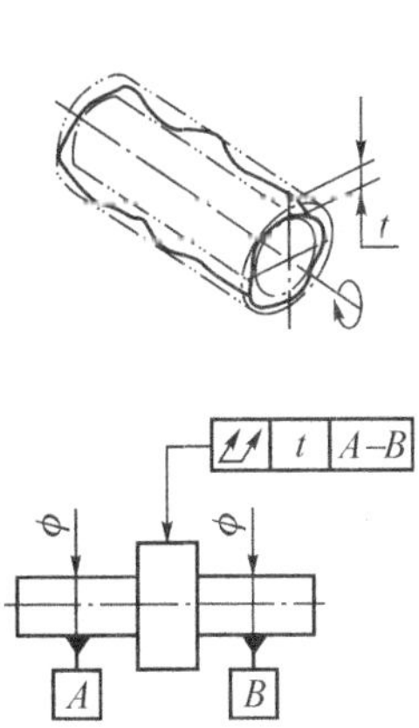	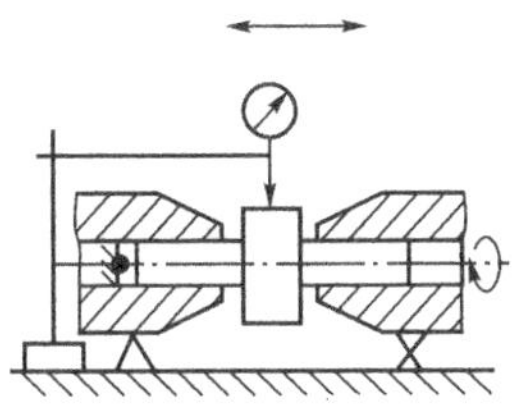	一对同轴导向套，平板，支承，带指示器的测量架	将被测量零件固定在两同轴导向套筒内，同时在轴向上固定并调整该对套筒，使其同轴并与平板平行。在被测零件连续回转过程中，同时让指示器沿基准轴线的方向作直线运动。在整个测量过程中，指示器的最大读数差值即为该零件的径向全跳动。基准轴线也可以用一对 V 形块或一对顶尖的简单方法来体现

续 表

特征	公差带与应用示例	检测方法	设备	说明
端面全跳动			导向套筒,平板,支承,带指示器的测量架	将被测零件固定在导向套筒内,并在轴向上固定。导向套筒的轴线应与平板垂直。在被测零件连续回转过程中,指示器沿其径向作直线移动。在整个测量过程中,指示器最大读数差值即为该零件的端面全跳动。基准轴线也可以用V形块等简单方法来体现

3.5 表面粗糙度的检测

表面粗糙度是指加工表面上具有的较小间距和微小峰谷所组成的微观几何形状特征。这种情况是由于在加工过程中,刀具从零件表面上分离材料时的塑性变形、机械振动及刀具预备加工表面的摩擦而产生的,因其起伏甚微,故可称为微观不平度。

3.5.1 表面粗糙度的评定参数

反映表面粗糙度大小的特征参数主要有:轮廓算术平均偏差(Ra)和轮廓最大高度(Rz)等。

1) 轮廓算术平均偏差 Ra

在取样长度 lr 内,轮廓偏距 $Z(x)$ 绝对值的算术平均值称为轮廓算术平均偏差,如图 3-15 所示,Ra 用公式表示为:

$$Ra = \frac{1}{lr}\int_0^{lr} |Z(x)| \, dx$$

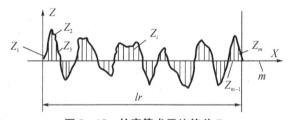

图 3-15 轮廓算术平均偏差 Ra

或近似为:

$$Ra = \frac{1}{n}\sum_{i=1}^{n} |Z_i|$$

式中:Z_i——第 i 点的轮廓偏距($i=1,2,3,\cdots,n$)。

Ra 的数值越大,表面越粗糙。Ra 能客观地反映表面微观几何形状特征。

2) 轮廓最大高度 Rz

在一个取样长度内,最大轮廓峰高 Zp 和最大轮廓谷深 Zv 之和的高度称为轮廓最大高度 Rz,如图 3-16 所示。即

$$Rz = Zp_{max} + Zv_{max}$$

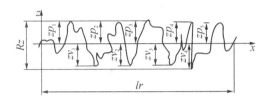

图 3-16 轮廓最大高度

Rz 的数值越大,表面加工痕迹越深。因测点少,不能充分反映表面状况,但是 Zp_{max} 和 Zv_{max} 的值易于在光学仪器上测量,且计算简便,故应用较多。

3.5.2 表面粗糙度的检测

表面粗糙度的检测方法主要有比较法、光切法、针触法和干涉法。

1) 比较法

比较法就是将被测零件表面与粗糙度样板用肉眼或借助放大镜、比较显微镜比较,也可用手摸感触进行比较,从而估计出被加工表面粗糙度。表面粗糙度样板的材料、形状及制造工艺尽可能与工件相同,这样才便于比较。机械加工表面粗糙度比较样板包括车、磨、镗、铣及刨等,通常适合于测量 Ra 为 $0.025 \sim 50 \mu m$ 的表面粗糙度值。图 3-17 为车削用表面粗糙度比较样板。

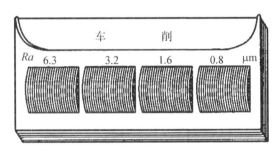

图 3-17 车削用表面粗糙度比较样板

尽管这种方法评定的可靠性取决于检验人员的经验,但它具有测量方便、成本低、对环境要求不高等优点,所以被广泛用于生产现场检验一般要求的表面粗糙度。

2) 光切法

光切法是利用光切原理测量表面粗糙度的方法。常采用的仪器是光切显微镜(双管显微镜,见图 3-18)。光切法通常用于测量 Ra 为 $0.5 \sim 80 \mu m$ 的表面,可用于测量车、铣、刨及其他类似方法加工的金属外表面,还可用来观察木材、纸张、塑料、电镀层等表面的轮廓最大高度 Rz。

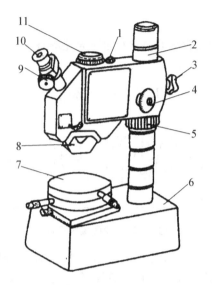

1—光源 2—立柱 3—锁紧螺钉 4—微调手轮 5—粗调螺母 6—底座
7—工作台 8—物镜组 9—测微鼓轮 10—目镜 11—照相机插座

图 3-18 光切显微镜

光切法的基本原理如图 3-19 所示。光切显微镜由两个镜管组成，右为投射照明管，左为观察管。两个镜管轴线成 90°。照明管中光源 1 发出的光线经过聚光镜 2，光阑 3 及物镜 4 后，形成一束平行光带。这束平行光带以 45°的倾角投射到被测表面。光带在粗糙不平的波峰 S_1 和波谷 S_2 处产生反射，再经观察管的物镜 4 后分别成像于分划板 5 的 S_1' 和 S_2'。若被测表面微观不平度高度为 h，轮廓峰、谷 S_1 与 S_2 在 45°截面上的距离为 h_1，S_1' 和 S_2' 之间的距离 h_1' 是经物镜后的放大像。若测得 h_1'，便可求出表面微观不平度高度 h：

$$h = h_1 \cos 45° = (h_1'/K) \cos 45°$$

式中：K——物镜的放大倍数。

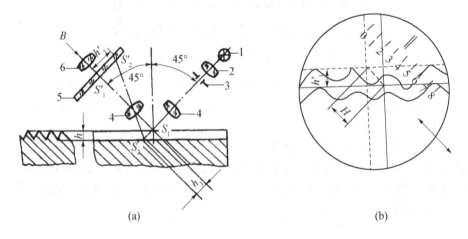

图 3-19 光切显微镜测量原理

测量时使目镜测微器中分划板上十字线的横线与波峰对准,记录下第一个读数,然后移动十字线,使十字线的横线对准峰谷,记录下第二个读数。由于分划板十字线与分划板移动方向成 45°角,故两次读数的差值即为图中的 H,H 与 h_1' 的关系为:$h_1' = H\cos45°$

可得:$h = H/2K$,令 $i = 1/2K$,则:$h = iH$

式中:i——使用不同放大倍数的物镜时鼓轮的分度值,由仪器说明书给定。

3) 针触法

针触法也叫轮廓法,是通过针尖感触被测表面微观不平度的截面轮廓测量方法,它是一种接触式电测量方法。所用测量仪器为轮廓仪,它可以测定 Ra 为 $0.025\sim 5\ \mu m$ 的表面。该方法测量范围广、快速可靠、操作简便并易于实现自动测量,但被测表面易被触针划伤。

图 3-20(a)是电感式轮廓仪的原理示意框图,图 3-20(b)是传感器结构原理图。传感器测杆上的触针 1 与被测表面接触,当触针以一定速度沿被测表面移动时,工件表面的峰谷使传感器杠杆 3 绕其支点 2 摆动,进而使电磁铁芯 5 在电感线圈 4 中运动,引起电感量的变化,使测量电桥输出电压引起相应变化,经过放大、滤波等处理,可驱动记录装置画出被测的轮廓图形,也可经过计算器驱动指示表读出 Ra 的数值。

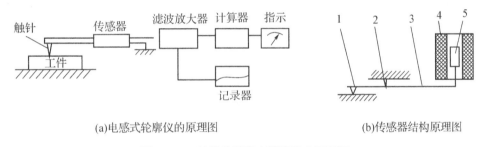

(a)电感式轮廓仪的原理图　　(b)传感器结构原理图

图 3-20　针触法测量表面粗糙度原理图

4) 干涉法

干涉法是利用光波干涉原理来测量表面粗糙度的方法。常用的仪器是干涉显微镜,适宜于用 Rz 值来评定表面粗糙度,测量范围通常为 $0.05\sim 0.8\ \mu m$。

实际检测中,常常会遇到一些特殊部位和某些内表面,不便使用上述仪器直接测量,评定这些表面的粗糙度时,常采用印模法。它是利用一些无流动性和弹性的塑性材料,贴合在被测表面上,将被检测的表面轮廓复制成模,然后测量印模,以评定被测表面的粗糙度。

本章小结

1. 检验就是判定被测量是否合格的过程,它可以通过先测量被测量的实际数值与其允许值进行比较来判定,也可以用光滑极限量规等检具直接判定。

2. 测量孔、轴尺寸时,先将被测工件的最大、最小极限尺寸向其公差带内内缩一个安全裕度,确定验收极限,再按照被测尺寸及其公差查表得到计量器具的不确定度,选择合适的计量器具进行测量。批量生产时,孔采用塞规、轴采用卡规检测。

3. 形状和位置误差的检测可按照"最小区域"原则,参照 GB/T1958 中的各检测方法进行。表面粗糙度检测常用比较法。

习题三

3-1 什么叫测量?什么叫检验?二者有何区别和联系?

3-2 计量标准器有哪两大类?尺寸量值传递是如何传递的?

3-3 试从 83 块一套的量块中,组合下列尺寸:48.98 mm、39.375 mm、12.58 mm。

3-4 何为测量误差?其主要来源有哪些?

3-5 某孔尺寸为 $\phi 25 H8(^{+0.033}_{0})$,某轴尺寸为 $\phi 25h14(^{0}_{-0.52})$,试分别确定其验收极限,并选择合适的计量器具。

3-6 光滑极限量规有何特点?它是如何判定工件的合格性的?

3-7 什么是基准?实验室是如何用模拟法来体现基准的?

3-8 端面对轴线的全跳动和端面对轴线的垂直度有何异同?可以用端面对轴线的圆跳动测量替代端面对轴线的垂直度测量吗?

3-9 径向全跳动与同轴度误差有何异同?何种情况下可用测量前者替代后者的测量?

3-10 试写出图 3-21 中传动轴圆柱度、垂直度、对称度和同轴度误差的所用设备及测量步骤。

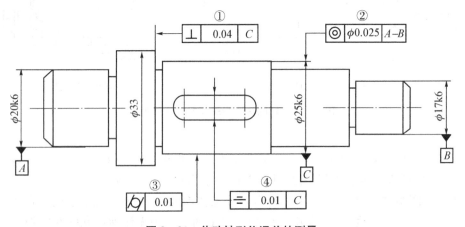

图 3-21 传动轴形位误差的测量

3-11 常用的表面粗糙度测量方法有哪几种?各适合于哪些参数的评定?

实验与实训

1. 实验四 孔、轴尺寸误差的检测。
2. 实验五 箱体位置误差的测量。
3. 查阅《形状和位置公差》国家标准,学习形位误差的其他测量方法。

第4章 金属切削条件的合理选择

学习目标
1. 了解金属切削过程的物理现象,了解刀具磨损形式、磨损原因;
2. 理解常用金属材料的切削加工性,理解刀具的几何参数;
3. 掌握切削用量、刀具几何参数等金属切削条件的合理选择。

本章简要介绍金属切削过程的物理现象及刀具磨损形式、磨损原因,介绍常用刀具的几何参数及金属材料的切削加工性。主要介绍切削用量、刀具几何参数、刀具材料、切削液等金属切削条件的合理选择。

4.1 金属切削的基本定义

金属切削加工是指在机床上,利用刀具和工件的相对运动,把工件毛坯上多余的金属材料(即余量)切除,从而获得图样所要求的零件的过程。本章参照国际标准 ISO 的有关规定,以车刀为代表,阐述关于金属切削加工的基本概念、基本定义和符号等。

4.1.1 切削运动

金属切削加工时刀具和工件的相对运动称为切削运动。图4-1表示了金属切削加工中最常见的加工方法——车削外圆,其切削运动是由工件的旋转运动和车刀纵向移动组成的。根据切削运动在切削加工中所起的作用,可分为主运动和进给运动。

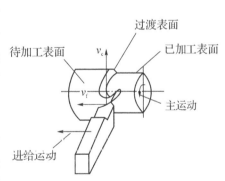

图4-1 切削运动和加工表面

(1)主运动。直接切除工件上多余的金属层,使之成为切屑,从而形成工件新表面的运动,称为主运动。主运动的特征是速度最高、消耗功率最大。在切削加工中,主运动只有一个,其形式是直线运动或回转运动。如图4-1所示,车削外圆时,工件的旋转运动是主运动。

(2)进给运动。不断地把切削层投入切削,以逐渐切出整个工件表面的运动,称为进给运动。进给运动的速度较低,消耗的功率较少。进给运动可以是连续的或断续的,其形式可以是直线运动、旋转运动或两者的组合。在切削过程中,进给运动可以有一个、几个或者没有。图4-1所示车削外圆中,车刀沿纵向的直线运动就是进给运动。

总之,任何切削加工必须有一个主运动,而进给运动可以有一个、几个或者没有。主运动和进给运动可以由工件或刀具分别完成,也可由刀具单独完成。

4.1.2 切削过程中的工件表面

切削工件时,工件上始终有三个不断变化着的表面,如图4-1所示。

(1) 待加工表面。工件上即将被切除的表面。在切削过程中,待加工表面随着切削的进行逐渐减小,直到全被切除为止。

(2) 已加工表面。工件上经刀具切削后产生的新表面。在切削过程中,已加工表面随着切削的进行逐渐扩大。

(3) 过渡表面。工件上由切削刃正在切削着的表面。在切削过程中,过渡表面是不断改变的,且总是处于已加工表面和待加工表面之间。

4.1.3 切削用量

切削用量是切削速度 v、进给量 f 和背吃刀量 a_p 三要素的总称。

1) 切削速度 v

切削速度是指切削加工时,刀具切削刃上某一选定点相对于工件主运动方向上的瞬时速度。它是衡量主运动大小的参数,单位是 m/s。刀具切削刃上各点的切削速度可能是不同的,计算时通常取最大值。主运动为旋转运动时:

$$v = \frac{\pi d n}{1\,000} \tag{4.1}$$

式中:d——完成主运动的工件或刀具的最大直径(mm);

n——主运动的转速(r/s)。

2) 进给量 f

进给量是指刀具在进给方向相对于工件的移动量,如图4-2所示。它是衡量进给运动大小的参数。它可用刀具或工件每转(主运动为旋转运动时)或每行程(主运动为直线运动时)的移动量来表示,单位为 mm/r 或 mm/行程。

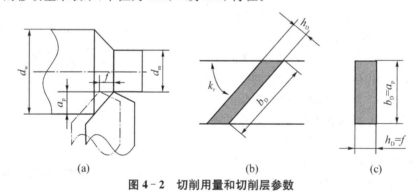

图4-2 切削用量和切削层参数

车削时,进给量为工件每转一转车刀沿进给方向的移动距离 f(mm/r);对于铣刀等多齿刀具,每转或每行程中每齿相对于工件在进给方向的移动量称为每齿进给量 f_z,单位为 mm/z。显然:

$$f_z = f/z \tag{4.2}$$

式中:z——刀具齿数。

切削刃上选定点相对工件的进给运动的瞬时速度称为进给速度 v_f,单位为 mm/s。进给速度与进给量的关系为

$$v_f = nf = nf_z \tag{4.3}$$

3) 背吃刀量 a_p

它是在与主运动和进给方向垂直的方向上测量的已加工表面和待加工表面间的垂直距离,单位是 mm。对于切削外圆,如图 4-2 所示,其背吃刀量可由下式计算

$$a_p = \frac{d_w - d_m}{2} \tag{4.4}$$

式中:d_w——工件待加工表面直径,mm;

d_m——工件已加工表面直径,mm。

在金属切削加工过程中,切削用量是衡量主运动和进给运动大小、调整机床、计算切削力、切削功率和工时定额的重要参数。

4.1.4 刀具的几何参数

金属切削刀具的种类繁多,形状各异,但它们参加切削的部分在几何特征上都有相同之处,如图 4-3 所示。其中最典型的是车刀,其他各种刀具切削部分的几何形状和参数,都可视为外圆车刀的演变。通常以车刀为例,来确定刀具几何参数的定义。

1) **刀具切削部分的结构要素**

车刀由夹持部分和切削部分组成,如图 4-4 所示,切削部分由以下几部分组成:

(1) 前刀面 A_γ——切屑流经的刀具表面。

(2) 主后刀面 A_α——与工件上过渡表面相对应的刀具表面。

(3) 副后刀面 A_α'——与工件上已加工表面相对应的刀具表面。

(4) 主切削刃 S——前刀面与主后刀面的交线,在切削过程中担负主要切削任务。

(5) 副切削刃 S'——前刀面与副后刀面的交线,它参与部分切削工作,最终形成已加工表面,并影响已加工表面的粗糙度。

(6) 刀尖——主、副切削刃连接处的一小部分切削刃。为了增加刀尖处的强度,改善散热条件,一般在刀尖处磨出一小段直线或圆弧形的过渡刃。

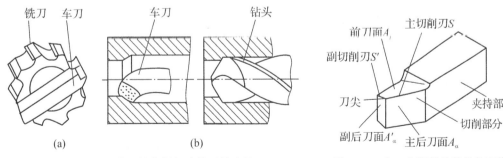

图 4-3 几种刀具车削部分的形状比较   图 4-4 车刀车削部分的结构要素

2) **刀具标注角度的参考系**

为了确定刀具各刀面、刀刃的空间位置,必须建立一个空间参考坐标系。用于确定

刀具角度的坐标参考系有两类:静止参考系和工作参考系。

静止参考系用于刀具的设计、制造、刃磨及测量时定义刀具的几何参数。在该参考系中确定的刀具几何角度称为刀具的静止角度。静止参考系是在简化切削条件和建立标准刀具位置条件下建立的,即:不考虑进给运动的大小,假定刀具的安装定位基准与主运动方向平行或垂直,刀具夹持部分的轴线与进给运动方向平行或垂直。

工作参考系用于确定刀具在切削过程中几何参数的参考系,主要用来分析刀具切削时的实际角度(即工作角度)的参考系。

3) 刀具的标注角度

刀具的标注角度,我国一般以正交平面参考系为主,兼用法平面参考系及假定工作平面和背平面参考系,如图 4-5 所示。

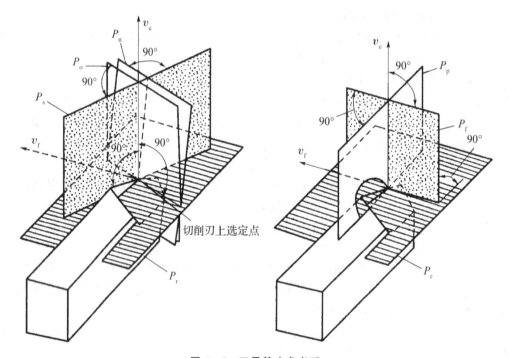

图 4-5 刀具静止参考系

(1) 刀具静态参考系主要由以下坐标平面组成。

①基面 P_r——通过切削刃上某一选定点,且与该点的切削速度方向相垂直的平面。基面是刀具制造、刃磨和测量的定位基准。

②切削平面 P_s——通过切削刃上某一选定点,且与主切削刃相切并垂直于基面的平面。

③正交平面 P_o——通过切削刃上某一选定点,且同时垂直于该点的基面和切削平面的平面。

④法平面 P_n——通过切削刃上某一选定点,且与切削刃垂直的平面。

⑤假定工作平面 P_f——通过切削刃上某一选定点,且垂直于基面并平行于假定进给运动方向的平面。

⑥背平面 P_p——通过切削刃上某一选定点,且垂直于基面和假定工作平面的平面。

(2)正交平面参考系标注角度。正交平面参考系由基面 P_r、切削平面 P_s 和正交平面 P_o 组成。在此参考系中共有 5 个基本角度和两个派生角度,如图 4-6 所示。

①在基面内度量的基本角度。

主偏角 κ_r——主切削刃在基面 P_r 上的投影与进给方向之间的夹角。它总是正值。

副偏角 κ_r'——副切削刃在基面 P_r 上的投影与背离进给方向之间的夹角。

②在正交平面内度量的基本角度。

前角 γ_o——在正交平面 P_o 内前刀面与基面间的夹角。前角有正、负和零度之分。前刀面与切削平面间的夹角小于 90°时 γ_o 为正,大于 90°时 γ_o 为负,等于 90°时 γ_o 为零度。

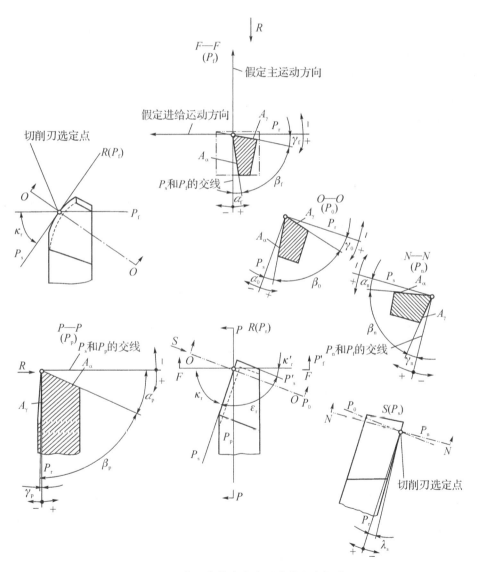

图 4-6 车刀在静态参考系内的角度标注

后角 α_o——在正交平面 P_o 内主后刀面与切削平面间的夹角。后角也有正、负规定。后刀面与基面间的夹角小于 90°时后角为正,大于 90°时后角为负。为减少刀具和加工表面间的摩擦力,后角一般不能为零度,更不能为负。

③在切削平面内测量的基本角度。

刃倾角 λ_s——在切削平面内主切削刃与基面的夹角。刃倾角也有正、负和零度之分。相对于基面,刀尖位于主切削刃的最高点时 λ_s 为正;刀尖位于主切削刃的最低点时 λ_s 为负;主切削刃与基面平行时 λ_s 等于零度。

另外,还有两个派生角:

刀尖角 ε_r——主、副切削刃在基面上投影间的夹角,$\varepsilon_r=180°-(\kappa_r+\kappa_r')$。

楔角 β_o——前刀面和主后刀面在正交平面内的夹角,$\beta_o=90°-(\gamma_o+\alpha_o)$。

(3) 法平面参考系标注角度。法平面参考系由基面 P_r、切削平面 P_s 和法平面 P_n 组成,如图 4-6 所示。该参考系中刀具角度的定义与正交平面参考系中的角度定义相似,除法前角 γ_n、法后角 α_n 和法楔角 β_n 是在法平面 P_n 内测量外,其他角度与正交平面参考系中的角度相同。

法前角 γ_n——在法平面 P_n 内,前刀面与基面间的夹角。

法后角 α_n——在法平面 P_n 内,主后刀面与切削平面间的夹角。

法楔角 β_n——在法平面 P_n 内,前刀面和主后刀面的夹角,$\beta_n=90°-(\gamma_n+\alpha_n)$。

(4) 假定工作平面和背平面参考系标注角度。假定工作平面和背平面参考系由基面 P_r、假定工作平面 P_f 和背平面 P_p 组成。在假定工作平面 P_f 内测量的角度有侧前角 γ_f、侧后角 α_f 和侧楔角 β_f;在背平面 P_p 内测量的角度有背前角 γ_p、背后角 α_p 和背楔角 β_p。其他角度和正交平面参考系中的角度相同。

4) 刀具的工作角度

刀具的工作角度是刀具在工作时的实际角度。在切削过程中,由于刀具的安装位置和进给运动的影响,使原标注坐标系参考平面的位置发生了变化,造成实际角度与标注角度不一样。在大多数情况下,普通车削、镗孔、端面铣削等,由于进给速度远小于主运动速度,刀具工作角度与标注角度相差很小,其差别可不予考虑。但切削大螺距丝杠和螺纹、铲背、切断或特殊安装时,需要计算刀具的工作角度,再换算为刀具的标注角度以便于制造、刃磨,使刀具的工作角度得到最合理值。

(1) 刀具工作参考系。工作参考系是用来分析刀具切削过程中实际角度(工作角度)的参考系,它依据合成切削运动来确定。工作基面 P_{re} 是通过切削刃上某一选定点,且与该点的合成切削速度方向相垂直的平面。工作切削平面 P_{se} 是通过切削刃上某一选定点,且与主切削刃相切并垂直于工作基面的平面。

(2) 进给运动对刀具工作角度的影响。在切削过程中由于进给运动的影响,使原标注坐标系中的基面、切削平面向进给方向倾斜了一个角度,成为工作坐标系中的基面和切削平面,如图 4-7 和图 4-8 所示。

①横向进给时,以切断刀加工为例,如图 4-7 所示,设其主偏角 $\kappa_r>0°$,前角 $\gamma_o>0°$,后角 $\alpha_o>0°$,安装刀具时刀尖对准工件的中心高。考虑横向进给后,刀刃上选定点相对于工件的运动轨迹是主运动和进给运动的合成运动轨迹,为阿基米德螺线。在正交平面内

的工作角度：

$$\gamma_{oe} = \gamma_o + \eta \tag{4.5}$$

$$\alpha_{oe} = \alpha_o - \eta \tag{4.6}$$

$$\tan \eta = \frac{v_f}{v} = \frac{f}{\pi d_w} \tag{4.7}$$

在切断工件时，若进给量 f 增大或工件直径 d_w 减小，η 值会增大。切削刃接近工件中心时，η 急剧增大，工作后角 α_{oe} 变为负值，使工件最后被挤断。所以，横车不宜用大的进给量，否则易使刀刃崩碎或工件被挤断，或在接近切断时，适当减小进给量。

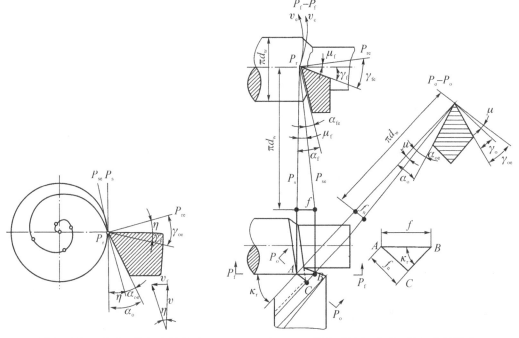

图 4-7 横向进给运动对工作角度的影响　　图 4-8 纵向进给运动对工作角度的影响

② 纵向进给时，如图 4-8 所示，假设 $\lambda_s = 0°$，考虑进给运动后，工作切削平面 P_{se} 为切于螺旋面的平面，刀具工作参考系 $[P_{re}、P_{se}]$ 倾斜了一个 μ_f，则在假定工作平面内的工作角度：

$$\gamma_{fe} = \gamma_f + \mu_f \tag{4.8}$$

$$\alpha_{fe} = \alpha_f - \mu_f \tag{4.9}$$

$$\tan \mu_f = \frac{f}{\pi d_w} \tag{4.10}$$

在正交平面内的工作角度：

$$\gamma_{oe} = \gamma_o + \mu \tag{4.11}$$

$$\alpha_{oe} = \alpha_o - \mu \tag{4.12}$$

$$\tan \mu = \frac{f_n}{\pi d_w} = \frac{f \sin \kappa_r}{\pi d_w} = \tan \mu_f \sin \kappa_r \tag{4.13}$$

可见,进给量 f 越大,工件直径 d_w 越小,工作角度的变化值就越大。一般车削时,因 f 值较小,μ_f 为 $30'\sim 40'$,故其影响可忽略不计。但在车削大螺距螺纹或蜗杆,尤其在车削多线螺纹时,因进给量 f 很大(等于导程),μ_f 值较大,必须考虑其对刀具工作角度的影响。

(3) 刀具安装对刀具工作角度的影响。

①刀具安装高度的影响。如图 4-9 所示,假定车刀 $\lambda_s=0°$,则当刀尖安装高于工件旋转中心线时,工作基面 P_{re} 和工作切削平面 P_{se} 位置的变化使得工作前角 γ_{pe} 增大,工作后角 α_{pe} 减小。工作角度为:

$$\gamma_{pe}=\gamma_p+\theta_p \quad (4.14)$$

$$\alpha_{pe}=\alpha_p-\theta_p \quad (4.15)$$

$$\tan\theta_p=\frac{h}{\sqrt{(d_w/2)^2-h^2}}\approx\frac{2h}{d_w} \quad (4.16)$$

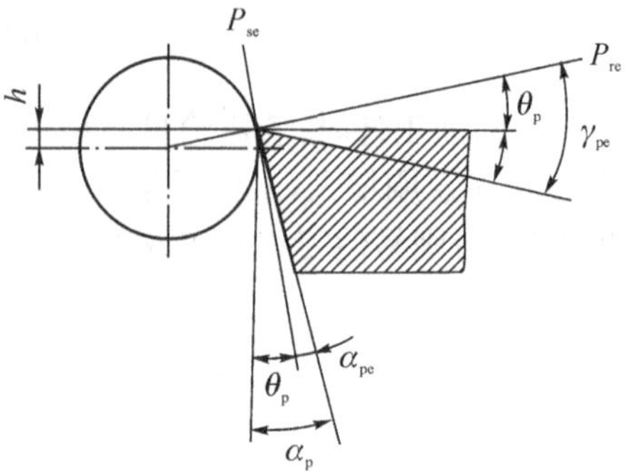

图 4-9 刀具安装高度对工作角度的影响

式中:h——刀尖高于工件旋转中心线的数值,mm。

若刀尖低于工件旋转中心线,则工作角度的变化与上述情况恰好相反。车削内孔时,车刀装高或装低对车刀工作角度的影响情况也正好与车外圆时相反。

②刀杆中心线与进给方向不垂直时的影响,如图 4-10 所示,此时工作主偏角将增大(或减小),而工作副偏角将减小(或增大),其变化值为 G,则有:

$$\kappa_{re}=\kappa_r\pm G' \qquad \kappa_{re}'=\kappa_r'\mp G \quad (4.17)$$

式中符号由刀杆偏斜方向决定,G 为刀杆中心线的垂线与进给方向的夹角。车圆锥时,进给方向与工件轴线不平行,也会影响车刀的工作主、副偏角。

刀具实际切削时的工作角度,既可能受进给运动的影响,又可能受刀具安装高度的影响,应综合考虑,将各项影响结果叠加起来。

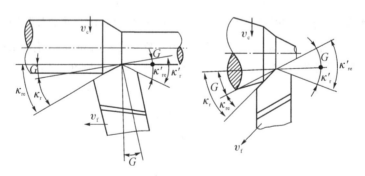

图 4-10 刀杆中心线与进给方向不垂直对工作角度的影响

4.1.5 切削层参数

切削层是指刀具切削部分沿进给运动方向移动一个进给量(或由一个齿)所切除的工件材料层。切削层的形状和尺寸,常用垂直于切削速度 v 的横截面内的切削层参数来表示,如图 4-2 中(b)(c)所示。

1) 切削层公称厚度 h_D

切削层公称厚度简称切削厚度,是指垂直于过渡表面测量的切削层参数,即相邻两过渡表面之间的距离。它反映了切削刃单位长度上的切削负荷。车外圆时,若车刀主切削刃为直线,则切削层公称厚度为:

$$h_D = f\sin\kappa_r \tag{4.18}$$

2) 切削层公称宽度 b_D

切削层公称宽度是沿过渡表面测量的切削层参数。它反映了切削刃参加切削的工作长度。车外圆时,若车刀主切削刃为直线,则切削层公称宽度为:

$$b_D = a_p/\sin\kappa_r \tag{4.19}$$

4.2 金属切削过程中的物理现象

金属切削过程,是在切削运动的作用下,刀具从工件表面切除多余金属,形成切屑和已加工表面的过程。其产生的突出物理现象是切屑变形、切削力、切削热和刀具磨损等。

4.2.1 切削层的变形

金属切削的实质是切削层金属在刀具的挤压作用下,产生塑性剪切滑移变形的极其复杂的过程。

1) 切削层的3个变形区

金属切削过程的切削层通常被划分为3个变形区,如图4-11所示。

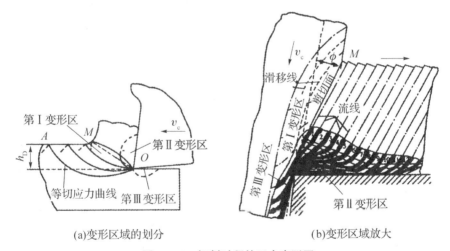

(a)变形区域的划分　　(b)变形区域放大

图 4-11 切削过程的三个变形区

(1) 第一变形区。OA 与 OM 之间为第一变形区 Ⅰ。切削层上金属从 OA 面开始发生塑性变形,到 OM 面晶粒的剪切滑移基本完成,形成的切屑不再沿 OM 面滑移,而是沿刀具前面流出。OA 称为始滑移面,OM 称为终滑移面,一般 OA 与 OM 的间距只有 0.02～0.20 mm,可以把第一变形区看成是一个剪切面(亦称滑移面)OM。其变形的主要特征是:沿滑移面的剪切变形以及随之产生的加工硬化。第一变形区 Ⅰ 是金属切削过程中的主要变形区,消耗大部分功率,并产生大量的切削热。

(2) 第二变形区。被切金属层与工件是相连的整体,经过第一变形区后仅形状发生变化,仍为整体。当被切金属层通过剪切面 OM 形成切屑流出后,与刀具前面接触的切屑底层受到挤压和摩擦作用而产生的变形区为第二变形区 Ⅱ。切屑与刀具间存在很大的压力(可达 2~3 MPa)以及很高的温度(约 400~1 000 ℃)。第二变形区的主要特征是:强烈的挤压和摩擦所引起的切屑底层金属的剧烈变形和切屑与刀具界面温度的升高,这些对刀具的磨损、切削力、切削热等都有影响。

(3) 第三变形区。已加工表面受到后刀面的挤压和摩擦作用后形成第三变形区 Ⅲ。由于刀具钝圆半径的存在,已加工表面除受后刀面的挤压、摩擦产生微量塑性变形外,还受到切削热的作用,这些都将影响加工表面的质量,是工件出现加工硬化现象的根源。

上述 3 个变形区汇集在切削刃附近,相互关联和相互影响,称为切削区域。被切削层在这里与工件本体分离,大部分变成切屑,很小部分留在已加工表面。切削过程是在很短的时间内完成的。切削过程中产生的各种现象均与这 3 个区域的变形有关。

2) 切屑的种类

切削过程中切削层的变形程度不同,会产生不同形态的切屑。按切屑形态可分为以下 4 种基本类型,如图 4-12 所示。

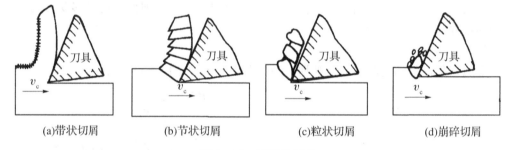

图 4-12 切屑的类型

(1) 带状切屑。外形呈带状,底层光滑,外表面无明显裂纹,呈微小锯齿形。一般以较大前角、较小进给量和较高切削速度加工塑性金属,如碳钢、合金钢、铜、铝等材料时会得到带状切屑。形成带状切屑时,切削过程较平稳,工件已加工表面粗糙度值较小。但带状切屑会缠绕工件、刀具等,需采取断屑措施,尤其在数控机床和自动生产线上加工时更要高度重视。

(2) 节状切屑。又称挤裂切屑,外形仍呈连绵不断状,但变形程度比带状切屑大,切屑上有未贯穿的裂纹,外表呈锯齿状。在以较小前角、较低切削速度、较大切削厚度加工中等硬度塑性金属材料时产生这种切屑。形成挤裂切屑时,切削力有波动,工件表面粗糙度值较大。

(3) 粒状切屑。又称单元切屑,切屑上裂纹已经贯穿,断裂成均匀的梯形单元。在以较小前角、较低切削速度加工塑性较差的材料时产生粒状切屑。形成这种切屑时,切削力波动较大,工件表面质量较差。

(4) 崩碎切屑。切削铸铁等脆性材料时,由于材料的塑性较差,切削层往往未经塑性变形就产生脆性崩裂,形成不规则的碎块状的崩碎切屑。形成这种切屑时,切削力波动很大,并且集中在切削刃上,易损坏刀具,工件表面粗糙度值较大。

3) 积屑瘤

(1) 积屑瘤现象。在切削钢、球墨铸铁和有色金属等塑性材料时,在切削速度不高而又能形成连续切屑的情况下,常在切削刃口附近黏结一块硬度很高的楔形金属堆积物,包围切削刃且覆盖前刀面。这一楔形硬块称为积屑瘤,如图 4-13(a)所示。切削时,切屑与前刀面发生强烈摩擦,致使切屑底层流动速度降低而形成滞流层,若温度和压力合适,滞流层会黏结在前刀面上而不断硬化形成黏结层,后续切屑从黏结层上流动时又会形成新的滞流层,堆积在原黏结层上。这样,黏结层越来越大,最后长成积屑瘤。

积屑瘤的化学成分与工件相同,硬度却是工件的 2～3.5 倍,与前刀面黏结牢固,但不稳定,时生时灭,时大时小。积屑瘤在外力、振动等作用下,会局部断裂或脱落,被工件和切屑带走,如图 4-13(b)所示;切削碳钢时切削温度在 300 ℃时,积屑瘤最大,当切削温度超过工件材料的再结晶温度(约为 500～600 ℃)时,金属的加工硬化消失,金属软化,延展性增加,积屑瘤也会脱落或消失。可见,产生积屑瘤的决定因素是切削温度,加工硬化和黏结是形成积屑瘤的必要条件。

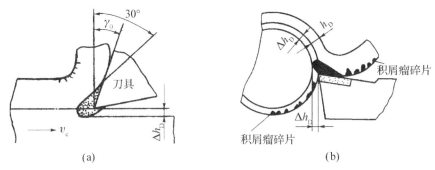

图 4-13 积屑瘤及被工件和切屑带走的情况

(2) 积屑瘤对切削过程的影响。

① 保护刀具。如图 4-13(a)所示,积屑瘤黏结在刀具前面上,包围着切削刃,可代替刀具切削,减少了刀具的磨损,对刀具起保护作用。

② 增大刀具实际前角。积屑瘤有约 30°的前角,使刀具的实际前角增大,从而减少切屑变形和切削力,切削轻快,而刀具的楔角不变,强度不变。

③ 增大切削层公称厚度。积屑瘤前端伸出切削刃之外,加工中出现了过切,使切削层公称厚度比无积屑瘤时增大了 Δh_D,从而影响了加工精度,如图 4-13(b)所示。

④ 影响工件尺寸精度和表面质量。积屑瘤很不稳定,使切削层公称厚度不断变化,引起切削振动;积屑瘤脱落的碎片可能黏附在已加工表面上;积屑瘤突出刀刃部分,在已加工表面形成沟纹。这些都会使已加工表面粗糙度值增大。

⑤ 影响刀具耐用度。积屑瘤对切削刃和刀具前面有一定的保护作用,但积屑瘤脱落时,可能使黏结牢固的硬质合金表面剥落,加剧刀具磨损。

积屑瘤的存在有利有弊。粗加工时,积屑瘤能减小切削力,保护刀具,减少磨损,有利于增大切削用量,从而提高生产率。而精加工时则相反,积屑瘤会降低尺寸精度,加大表面粗糙度值。所以,积屑瘤对粗加工有利,对精加工有弊,精加工时应设法避免产生积屑瘤。

(3) 影响积屑瘤的主要因素与抑制措施。

①切削速度。如图 4-14 所示,切削速度是通过切削温度和摩擦因数来影响积屑瘤的。低速切削($v<$ 5 m/min)时,切屑流动慢,切削温度较低,切屑与前刀面的摩擦因数小,不易黏结,不会产生积屑瘤。高速切削($v>$70 m/min)时,切削温度高,加工硬化和变形强化消失,也不会产生积屑瘤。中速切削($v=15\sim30$ m/min)时,切削温度在 300~400 ℃,易形成积屑瘤。可见,将切削速度控制在小于 5 m/min 或大于 70 m/min 的范围内是减少积屑瘤的重要措施。

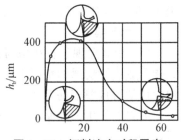

图 4-14 切削速度对积屑瘤高度 h_D 的影响

②刀具前角。前角越大,刀具与切屑接触长度减小,摩擦也小,切削温度低,不易产生积屑瘤。当前角大于 35°时,积屑瘤便不会出现。

③工件材料塑性。工件材料塑性越好,越易产生积屑瘤。通过热处理可降低材料塑性,提高其硬度,可抑制积屑瘤的生成。

另外,减少进给量、减小前刀面的表面粗糙度值和合理使用切削液等,都可抑制积屑瘤的产生。

4) 鳞刺

鳞刺是在已加工表面上与切削速度近似垂直的横向裂纹和呈鳞片状的毛刺,如图 4-15 所示。以较低的速度切削塑性金属时(如拉削、插齿、滚齿、螺纹切削等)常出现鳞刺现象,特别是在切削深度较小时容易产生。鳞刺是很严重的表面缺陷,这种现象使已加工表面质量恶化,表面粗糙度增大 2~4 级。产生鳞刺的原因是:由于少量金属材料的黏结层积结,刀刃部形状不断变化,剪切力的大小和方向不断变化,当该应力的大小达到材料的强度极限,且方向不切于切削点时,就会导致切屑根部的母体发生撕裂,在已加工表面留下金属被撕裂的痕迹。当母体出现撕裂时,黏结层由于压力变化而消失,形成新一轮的反复。

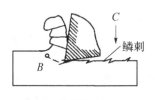

(a)鳞刺的生成　　(b)鳞刺的表面形态

图 4-15 鳞刺

与积屑瘤相比,鳞刺产生的频率较高。防止鳞刺的措施与积屑瘤类似:低速时减小切削厚度,增大前角;采用润滑性好的切削液;人工加热切削区,如电热切削;使用硬质合金刀具时应减小前角,高速切削,以提高切削温度(切削钢时,若切削温度达到 500 ℃就不会出现鳞刺);对低碳钢和低合金钢可进行正火或调质处理,以提高硬度,降低塑性。

4.2.2 切削力

1) 切削力的分析

金属切削加工时,工件材料抵抗刀具切削所产生的阻力称为切削力。它与刀具作用在工件上的力互为作用力与反作用力。切削力是切削过程中的物理现象之一,是工艺分析,设计机床、夹具和刀具的重要依据。

切削力来源于被切削金属层的变形抗力和切屑与前、后刀面之间的摩擦力。切削时,总切削力一般为空间力,为便于分析切削力的作用和测量切削力的大小,常将总切削力 F 分解为三个互相垂直的切削分力 F_c、F_p 和 F_f,如图 4-16 所示。

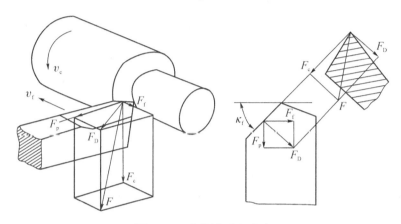

图 4-16 切削合力与分力

(1) 主切削力 F_c。总切削力在主运动方向的分力,单位为牛(N)。主切削力是切削力中最大的一个切削分力,消耗机床的功率最多,是计算机床动力,校核刀具、夹具强度与刚度的主要依据之一。

(2) 径向力 F_p。总切削力在基面内垂直于工件轴线方向的分力,单位为牛(N)。径向力不消耗机床功率,但通常作用在工件和机床刚性最差的方向上,是计算与加工精度有关的工件挠度、刀具和机床刚度的主要依据。

(3) 进给力 F_f。总切削力在进给运动方向上的分力,单位为牛(N)。进给力消耗机床功率较少,是计算和校验机床进给系统的动力、强度和刚度的主要依据之一。

总切削力在基面内的投影用 F_D 表示,F_D 可分解为 F_p 和 F_f。总切削力与各分力的关系为:

$$F = \sqrt{F_c^2 + F_D^2} = \sqrt{F_c^2 + F_p^2 + F_f^2} \tag{4.20}$$

$$F_p = F_D \cos\kappa_r \tag{4.21}$$

$$F_f = F_D \sin\kappa_r \tag{4.22}$$

主偏角 κ_r 的大小直接影响 F_p 和 F_f 的大小。

2) 切削力的计算

切削分力 F_c、F_p 和 F_f 可用三向测力仪测量或用经验公式计算确定。生产实际中常采用指数经验公式计算:

主切削力：$F_c = C_{F_c} a_p^{x_{F_c}} f^{y_{F_c}} v^{n_{F_c}} K_{F_c}$ (4.23)

径向力：$F_p = C_{F_p} a_p^{x_{F_p}} f^{y_{F_p}} v^{n_{F_p}} K_{F_p}$ (4.24)

进给力：$F_f = C_{F_f} a_p^{x_{F_f}} f^{y_{F_f}} v^{n_{F_f}} K_{F_f}$ (4.25)

式中：C_{F_c}、C_{F_p}、C_{F_f} 为切削条件和工件材料系数；

x_{F_c}、y_{F_c}、n_{F_c}、x_{F_p}、y_{F_p}、n_{F_p}、x_{F_f}、y_{F_f}、n_{F_f} 分别为 3 个公式中 a_p、f、v 的指数；

K_{F_c}、K_{F_p}、K_{F_f} 分别为实际加工条件与求得经验公式的试验条件不相符时，各种因素对 3 个分力的修正系数。上述系数、指数可在有关手册中查到。

3) 切削功率的计算

工作功率是指消耗在切削加工过程中的功率，大小为总切削力的三个分力消耗的功率总和。由于 F_p 方向的运动速度为零，即径向力不消耗机床功率，所以工作功率分为两部分：一部分是主运动消耗的功率 P_c，称为切削功率；另一部分是进给运动消耗的功率 P_f，称为进给功率。工作功率为：

$$P = P_c + P_f = (F_c v + F_f n_工 f) \times 10^{-3}$$ (4.26)

式中：$n_工$——工件转速（r/s）。

由于进给功率 P_f 相对于切削功率 P_c 很小（小于 1%～2%），可以忽略不计。所以工作功率可用切削功率近似代替，即：$P = P_c = F_c v$。在计算机床电机的功率 P_m 时，还应该考虑到机床的传动效率 η_m（η_m 一般取 0.75～0.85），则：

$$P_m = P_c / \eta_m$$ (4.27)

4) 影响切削力的主要因素

影响切削力变化的主要因素有：工件材料、切削用量和刀具的几何参数等。

(1) 工件材料。工件的硬度、强度越高，切削力越大。工件的塑性、韧性越好，切屑变形越严重，加工硬化程度越大，越不易折断，与刀具前刀面的摩擦越大，切削力也越大。如不锈钢 1Cr18Ni9Ti 的伸长率是 45 钢的 4 倍，二者硬度接近，在同样切削条件下产生的切削力较 45 钢增大 25%。加工脆性材料时，如铸铁、黄铜等，切削变形小，崩碎切屑与前刀面的摩擦小，切削力较小。如灰铁与 45 钢二者硬度接近，但切削灰铁的切削力要小。另外，工件材料的化学成分、热处理状态等都会影响切削力的大小。通常，塑性材料主要按强度，脆性材料主要按硬度来判别材料对切削力的影响。

(2) 切削用量。切削用量中背吃刀量和进给量对切削力的影响较大。

①背吃刀量 a_p。背吃刀量增大一倍，切削宽度 b_D、切屑与前刀面的摩擦面积，以及第Ⅰ、Ⅱ变形区都随之按相同比例增大，因而切削力增大一倍，如图 4-17(a)所示。

②进给量 f。进给量增大一倍，切削宽度 b_D、剪切面积按相同比例增大。但切削宽度 b_D 不变，切屑与前刀面的接触面积以及第Ⅱ变形区未按相同比例增大。因而当进给量 f 增大一倍时，切削力约增加 70%～80%，如图 4-17(b)所示。

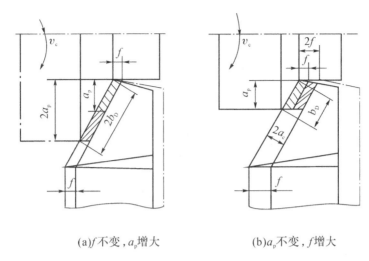

(a) f 不变，a_p 增大　　　　　　(b) a_p 不变，f 增大

图 4-17　背吃刀量 a_p 和进给量 f 对切削力的影响

③切削速度 v。加工塑性金属材料时，切削速度对切削力的影响是通过积屑瘤和摩擦的作用实现的，如图 4-18 所示。切削速度对切削力的影响呈波浪形变化。在低速范围内，积屑瘤随切削速度的增加而逐渐长大，刀具的实际工作前角也逐渐增大，使切削力逐渐减小；在中速范围内，积屑瘤逐渐减小并消失，使切削力逐渐增至最大；在高速阶段，由于切削温度升高，摩擦力逐渐减小，使切削力稳定地降低。

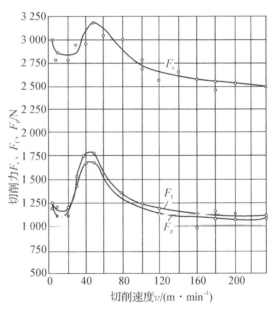

刀具：YT15 硬质合金车刀，加工材料：45 钢，
切削用量：$a_p=4$ mm $f=0.3$ mm/r

图 4-18　切削速度 v 对切削力的影响

切削脆性金属材料时，由于变形和摩擦都较小，切削速度对切削力的影响不大。

(3) 刀具的几何参数。

①前角 γ_o。加工塑性材料时,前角增大,切削层变形及沿前刀面的摩擦力减少,切削力也减小。但前角 γ_o 对 F_c、F_p、F_f 的影响程度不同。加工脆性材料时,由于变形小、加工硬化小,前角对切削力的影响不显著。

②主偏角 κ_r。主偏角对主切削力 F_c 影响较小,对径向力 F_p 和进给力 F_f 影响较大。当 κ_r 增大时,F_p 减小而 F_f 增大。当 $\kappa_r=90°$ 时,理论上 $F_p=0$。所以车削轴类零件取较大的主偏角,以减少 F_p 引起的变形误差,精车细长轴时甚至取 $\kappa_r \geqslant 90°$。

③刃倾角 λ_s。刃倾角对主切削力影响较小,对径向力和进给力影响较大。

④刀尖圆弧半径 r_ε。刀尖圆弧半径增大,则切削刃圆弧部分的长度增长,切削力增大;同时,整个切削刃上各点的主偏角平均值减小,使 F_p 增大,F_f 减小。

此外,负倒棱对切削力也有一定的影响。

(4) 其他因素。刀具、工件材料之间的摩擦系数因影响摩擦力而影响切削力的大小。在同样条件下,高速钢刀具切削力最大、硬质合金次之、陶瓷刀具最小。在切削过程中采用切削液,可以降低切削力。并且切削液的润滑性能越高,切削力的降低越显著。刀具后刀面磨损后,作用在后刀面的法向力和摩擦力都增大,使 F_c、F_p 都增大。刀具后刀面磨损越严重,摩擦越强烈,切削力越大。

4.2.3 切削热与切削温度

切削热是切削过程中产生的重要物理现象之一。切削过程中变形和摩擦所消耗的能量绝大部分(约 98%~99%)转变成热能,称为切削热。大量的切削热使切削温度升高。切削温度能够改变工件材料的性能;改变前刀面的摩擦系数和切削力的大小;影响刀具磨损和积屑瘤的形成与消退;也影响工件的加工精度和已加工表面质量等。

1) 切削热的产生与传散

切削热来自切削区域的三个变形区,即第Ⅰ变形区的切削层金属发生弹性和塑性变形产生的热(约占 70%~80%),第Ⅱ变形区的刀具前刀面与切屑底部摩擦产生的热(约占 20%~30%),第Ⅲ变形区的刀具后刀面与工件已加工表面摩擦产生的热(热量较少)。切削塑性材料时,切削热主要来源于金属切削层的塑性变形和切屑与刀具前刀面的摩擦。切削脆性材料时,切削热主要来源于刀具后刀面与工件的摩擦。

切削热通过切屑、工件、刀具和周围介质(空气或切削液)主要以热传导方式传散,如图 4-19 所示。各部分传散比例随加工类型和切削条件而异。例如,以中等速度干切削钢件时,切削热除极少部分(约 1%)传给空气外,切屑带走 50%~86%,传给车刀 10%~40%,传给工件 3%~9%。影响各部分比例的因素很多,切削速度越高,切削层公称厚度越大,切屑带走的热量比例也越大;工件材料的热导率越小,传给刀具的比例越大;剪切角越小,传给工件的比例越大。

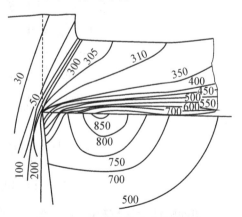

图 4-19 切削热的产生与传散

2) 切削温度的分布

切削热通过切削温度影响刀具和工件。切削温度一般指刀具前刀面与切屑接触区的平均温度。实际上,切屑、刀具和工件不同部位的温度分布是不均匀的。切削塑性金属时,三者在正交平面内的切削温度分布如图 4-20 所示。

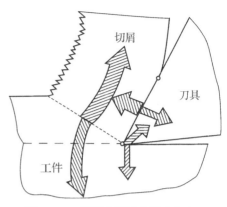

图 4-20 切削变形区的温度分布

(1) 剪切面上各点的温度几乎相同,说明剪切面上各点的应力应变规律基本相等。

(2) 切屑沿前刀面流出时在垂直于前刀面的方向上温度变化较大,说明摩擦热集中在切屑底层。刀屑界面温度比切屑的平均温度高很多,一般为 2~2.5 倍。

(3) 刀具前刀面和后刀面温度分布相似,各自的最高温度点都不在刀刃上,而在离刀刃一定距离处,这是摩擦热沿刀面不断增加的结果。后刀面上的最高温度比前刀面低。

(4) 在已加工表面上,仅于切削刃附近很小的范围内温度较高,说明在极短的时间内完成了温度的升降。

在生产中可根据切屑表面氧化膜颜色大致判断切削温度。如切削钢件,银灰色:200 ℃ 以下;淡黄色:220 ℃ 左右;深蓝色:300 ℃ 左右;淡灰色:400 ℃ 左右;紫黑色:500 ℃ 以上。

3) 影响切削温度的因素

切削温度是热量产出与传散的综合结果,当产出热量超过传散热量时切削温度升高,传散热量超过产出热量时则切削温度降低。

(1) 切削用量的影响。切削用量增大时,切削功率增大,产生的切削热也增多,切削温度就升高。由于切削速度、进给量和背吃刀量的变化对切削热的产生与传散的影响不同,所以对切削温度的影响也不同:切削速度增加一倍,切削温度约升高 20%~30%;进给量增加一倍,切削温度约升高 10%;背吃刀量增加一倍,切削温度约升高 3% 以下。可见,切削速度对切削温度的影响最大,进给量次之,背吃刀量的影响最小。因此,为了控制切削温度,在机床刚性足够的前提下,选择较大的背吃刀量和进给量比选择较大的切削速度更有利。

(2) 工件材料的影响。工件材料的强度和硬度越高,切削力越大,产生的热量也越多,切削温度明显升高。工件材料的导热率越低,传热速度就越慢,切削温度也越高。例如,合金钢的强度大于碳素钢,热导率低于碳钢,在相同的切削条件下,切削温度就高些;不锈钢的强度和硬度虽然较低,但热导率较低,其切削温度比正火状态的 45 钢高得多。铸铁等脆性材料在切削时的塑性变形和摩擦较小,产生的热量也少,切削温度比钢件低。

(3) 刀具几何角度的影响。刀具的前角和主偏角对切削温度影响比较大。前角影响切削变形和摩擦,前角增大使切削变形和刀屑间的摩擦减小,因而产生的热量减少,切削温度便下降。但如果前角过大($\gamma_o \geqslant 20°$),由于楔角 β_o 减小后使刀具散热面积减小,切削温度反而上升。在相同的切削深度下,减小主偏角,可增加切削刃的工作长度,增大刀头的散热面积,使切削温度降低。

(4) 其他因素。刀具后刀面磨损增大时,加剧了刀具与工件间的摩擦,使切削温度升高,切削速度越高,刀具磨损使切削温度的升高越明显。使用切削液能起冷却和润滑作用,可减少切削热的产生,并降低切削温度。切削液对切削温度的影响,与切削液的导热性能、比热容、流量、使用方式及本身的温度有很大的关系。水溶液、乳化液、煤油等都在生产中得到广泛应用。

4.3 刀具的磨损与刀具的耐用度

刀具在切削过程中,切削刃、刀面与工件、切屑产生强烈地挤压和摩擦,使刀具磨损。刀具磨损分正常磨损和非正常磨损两类。刀具前刀面和后刀面在切削过程中逐渐损耗的磨损为正常磨损,为连续的、渐进的过程。冲击振动、热效应等使刀具因崩碎、破裂而损坏,称非正常磨损,为随机的、突发的损坏。刀具磨损会影响工件的加工精度和表面质量,切削时伴有振动,而且会造成刀具重磨困难、刀具材料损耗增加和使用时间缩短等不良后果。

4.3.1 刀具磨损的形式

刀具正常磨损形式一般分以下三种,如图 4-21(a)所示。

(1) 前刀面磨损。前刀面磨损部位主要发生在前刀面上。加工塑性金属材料且切削速度和切削厚度较大时,刀具的前刀面与切屑在高温、高压、高速下产生剧烈摩擦,在前刀面上离刀刃一小段距离处形成一个月牙洼,中心处切削温度最高,如图 4-21(b)所示。当月牙洼随着磨损的继续而逐渐加深加宽时,磨损也逐渐加剧,刃口强度也逐渐下降。磨损程度用月牙洼的最大深度 KT 和宽度 KB 表示。

(2) 后刀面磨损。后刀面磨损部位主要发生在后刀面上。在切削脆性金属或以较低的切削速度和较小的背吃刀量($a_p<0.1$ mm)切削塑性金属时,因切削刃钝圆半径的作用,后刀面与工件表面为小面积接触,接触压力很大,存在着弹性与塑性变形,发生后刀面磨损,使刀具后刀面出现与加工表面大致平行的磨损带。在切削刃的工作长度上,刀具后刀面磨损量是不均匀的。如图 4-21(c)所示,刀尖处(C 区)因强度低、散热条件差,磨损较严重,后刀面磨损量用最大值 VC 表示;在主切削刃靠近工件待加工表面处(N 区),则因待加工表面的硬皮或上道工序的加工硬化、相对较高的切削速度等因素,磨损也较严重,后刀面磨损量用最大深度 VN 表示;而在参加切削的刃口中部区域(B 区),磨损则较均匀,后刀面磨损量用平均磨损带宽度 VB 表示,而最大磨损量用 VB_{max}。

(3) 边界磨损。用中等切削用量切削塑性材料以及切削铸钢或锻件等外皮粗糙的工件时,常在主切削刃靠近工件外皮处以及副切削刃与工件已加工表面接触处磨出较深的沟纹,造成刀具的前、后刀面同时出现磨损现象,称为边界磨损,如图 4-21(d)所示。它是一种常见的磨损形态,多数情况下会伴随发生崩刃的现象。

通常,不论加工塑性材料还是脆性材料,刀具的后刀面都会发生磨损,故常用刀具磨损带的平均磨损宽度 VB 来衡量刀具的磨损程度。

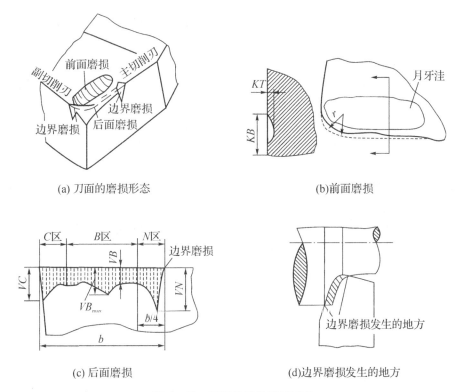

图 4-21 刀面的正常磨损形式

4.3.2 刀具磨损的原因

刀具的磨损是在高温、高压条件下,由于机械、物理、化学和金相等作用而发生的表面磨损,原因很复杂,主要有以下几种常见的形式。

(1) 硬质点磨损。工件材料中的碳化物、氧化物、氮化物等硬质点和积屑瘤碎片,在刀具表面刻划出沟纹造成刀具的机械磨损。其磨损的快慢程度取决于硬质点与刀具的硬度差。在各种切削速度下刀具都存在硬质点磨损,低速切削硬质点磨损是刀具磨损的主要原因。

(2) 黏结磨损。切削时,刀面与切屑在高温、高压作用下形成的摩擦界面上,产生塑性变形,当接触面之间达到原子间距离时,会产生黏结现象。随着切屑沿前刀面的移动,使刀具表层微粒被撕裂带走,形成黏结磨损。此外,前刀面上黏结的积屑瘤脱落后,积屑瘤也会带走刀具表面的材料;用 YT 类硬质合金刀具加工钛合金或含钛不锈钢,因在高温作用下钛元素的亲和作用,会产生黏结磨损。影响黏结磨损的因素主要有:工件材料与刀具材料的黏结性和硬度比、刀具表面粗糙程度、切削条件和工艺系统刚性等。硬质合金刀具在中速切削时主要发生黏结磨损。

(3) 扩散磨损。在高温(900~1 000 ℃)高压下,刀具材料与工件材料接触界面上的某些元素(如硬质合金中的 Co、C、W)会迅速扩散,使刀具材料表层的化学成分和组织结构发生变化,强度降低、脆性增大,从而加剧刀具的磨损,形成扩散磨损。扩散磨损是高温下发生的现象,其主要受刀具材料的化学性能、切削速度和温度的影响。如 TiC、NbC 的结合比 WC 牢固,钨钛类(YT)硬质合金的抗扩散磨损能力比钨钴类(YG)硬质合金强,因而高温切削性能好。扩散磨损是硬质合金刀具高速切削时主要的磨损形式。

(4) 化学磨损。在一定的切削温度下,刀具材料与周围介质或切削液中某些元素反应,生成化合物加速刀具磨损,称为化学磨损。例如,在切削温度达 700~800 ℃时,硬质合金刀具的钴、碳化钨、碳化钛等被氧化,产生较软的氧化物,会被工件或切屑擦掉而形成磨损;切削液中的极压添加剂硫、氯等与刀具材料发生腐蚀反应而加速刀具磨损。

(5) 相变磨损。当刀具材料因切削温度升高到相变温度时,使其金相组织发生变化,刀具表面的马氏体转化为奥氏体,造成因硬度下降而磨损加剧。高速钢刀具在 550~600 ℃时发生相变。

硬质点磨损和黏结磨损属机械磨损,在各种切削条件下都会发生,是刀具磨损的基本原因,是低速切削时刀具磨损的主要原因。扩散磨损、化学磨损和相变磨损属热效应磨损,是刀具加速磨损的主要原因。如高速钢刀具在低温时以磨料磨损为主,切削温度高时发生黏结磨损,达到相变温度时即形成相变磨损而失去切削能力。

4.3.3 刀具磨损过程及磨钝标准

1) 刀具磨损过程

刀具磨损过程分为三个阶段,如图 4-22 所示。

(1) 初期磨损阶段。这一阶段(AB 段)的磨损速度较快。新刃磨的刀具表面较粗糙,存在显微裂纹、氧化或脱碳层等缺陷,且刀具后刀面与工件接触面积小,压力较大,故磨损较快。其磨损量与刀具刃磨质量有关,研磨刀具可减小初期磨损量。

(2) 正常磨损阶段。经过初期磨损后,刀具的粗糙表面被磨平,缺陷减少,刀具后刀面与工件接触面积变大,压强减小,磨损缓慢。正常切削时,这个阶段时间较长(BC 阶段),是刀具的有效工作时期。

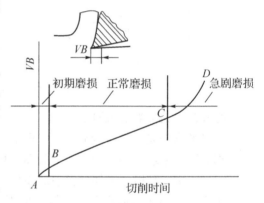

图 4-22 刀具正常磨损过程曲线

(3) 急剧磨损阶段。当刀具磨损达到一定程度后,由于刀具钝化,刀面与工件的摩擦过大,使切削温度快速升高,刀具磨损急剧增加(CD 阶段)。为了合理使用刀具,保证加工质量,在使用刀具时应避免进入急剧磨损阶段。

2) 刀具磨钝标准

指刀具从开始切削到不能继续正常使用为止的那段磨损量,又称为刀具磨损限度。国际标准 ISO 规定以 1/2 背吃刀量处的刀具后刀面上测定的磨损带宽度 VB 作为刀具的磨钝标准。表 4-1 为高速钢车刀与硬质合金车刀的磨钝标准。在生产实际中,操作者可通过观察工件上是否出现亮点和暗点、加工表面粗糙度的变化、切屑形状和颜色等的变化、是否出现振动或不正常的声音、刀具的崩刃等,判断刀具是否到达磨钝标准。

表 4-1 高速钢车刀与硬质合金车刀的磨钝标准

工件材料	加工性质	磨钝标准/mm	
		高速钢	硬质合金
碳钢、合金钢	粗车	1.5~2.0	1.0~1.4
	精车	1.0	0.4~0.6
灰铸铁、可锻铸铁	粗车	2.0~3.0	0.8~1.0
	半精车	1.5~2.0	0.6~0.8
耐热钢、不锈钢	粗、精车	1.0	1.0
钛合金	粗、半精车		0.4~0.5
淬火钢	精车		0.8~1.0

4.3.4 刀具耐用度、寿命及影响因素

1) 刀具耐用度

刀具耐用度是指刀具由刃磨后开始切削,一直到磨损量达到刀具的磨损限度为止所经过的总切削时间,用 $T(\min)$ 表示,它不包括对刀、测量等非切削时间。刀具耐用度反映了刀具磨损的快慢程度。刀具耐用度高,表示刀具的磨损速度慢;反之,则表明刀具的磨损速度快。通过刀具磨损实验,可建立刀具耐用度与切削用量三要素关系的刀具耐用度方程。当用硬质合金车刀切削 $\sigma_b=0.736$ GPa 的碳素钢时,耐用度方程为:

$$T = \frac{C_T}{v^5 f^{2.25} a_p^{0.75}} \quad (4.28)$$

式中:C_T——与工件材料、刀具材料和其他切削条件有关的系数。

可见,在切削用量三要素中,切削速度 v 对刀具耐用度影响最大,进给量次之,背吃刀量的影响最小。在实际生产中,根据工件材料选定刀具材料后,一般先选定背吃刀量、进给量和其他参数后,再根据已确定的刀具寿命的合理数值来计算切削速度 v_T,v_T 称为刀具耐用度下允许的切削速度,作为生产中选择切削速度的依据。

2) 刀具寿命

刀具寿命指刀具从开始投入使用到报废为止的总切削时间。刀具寿命等于刀具耐用度乘以刃磨次数。

3) 刀具耐用度的影响因素

凡影响刀具磨损的因素都影响刀具耐用度,且二者的变化规律相同。

(1) 刀具材料。刀具材料是影响刀具耐用度的主要因素。一般情况下,刀具材料的高温硬度越高、越耐磨,耐用度也越高。

(2) 刀具几何参数。刀具几何参数对刀具耐用度有较显著的影响。选择合理的刀具几何参数,是确保刀具耐用度的重要途径。前角 γ_o 增大,切削温度降低,耐用度提高;但如果前角太大,刀刃强度低,散热差,且易于破损,耐用度反而下降。主偏角 κ_r 减小,可增加刀具强度并改善散热条件,故可提高耐用度。此外,适当减小副偏角、增大刀尖圆弧半

径、改善散热条件,都可使耐用度提高。

(3) 切削用量。切削用量对刀具耐用度的影响规律如同对切削温度的影响规律。切削速度提高一倍,刀具耐用度约降至 1/30;进给量提高一倍,刀具耐用度约降至 1/4;而当背吃刀量提高一倍时,刀具耐用度约降至 1/2。

(4) 工件材料。工件材料的强度、硬度越高,导热系数越小,则刀具磨损越快,刀具耐用度越低。

4.4 工件材料的切削加工性

材料的切削加工性是指一定条件下,某种材料切削加工的难易程度。某种材料的切削加工性,与被切材料、被切材料和刀具组合在一起的金属切削特性,以及具体加工条件密切相关。

4.4.1 材料切削加工性的评定

一般用以下几种指标评定材料的切削加工性。

1) 刀具耐用度

在相同的切削条件下,刀具耐用度越高,切削加工性越好。

2) 相对加工性

在保证相同刀具耐用度的前提下,切削某种材料所允许的最大切削速度,记作 v_T。v_T 越高,则表示工件的切削加工性越好。在切削某种普通金属材料时,常用 $T=60$ min 时切削这种材料所允许的最大切削速度 v_{60} 来评定其切削加工性的好坏。生产中常用相对加工性能做衡量标准,即:以 $\sigma_b=0.637$ GPa、正火状态的 45 钢的切削速度作为基准,记作 $(v_{60})_j$,而将被评定材料的 v_{60} 与之相比,可得到该材料的相对切削加工性 K_v:

$$K_v = \frac{v_{60}}{(v_{60})_j} \tag{4.29}$$

$K_v > 1$ 的材料,比 45 钢容易切削;$K_v < 1$ 的材料,比 45 钢难切削。在实际生产中,一定耐用度下所允许的切削速度是最常用的指标之一。常用金属材料的相对加工性等级见表 4-2。

表 4-2 工件材料的相对切削加工性 K_v 及分级

加工性等级	名称及种类		相对加工性	代表性工件
1	很容易切削材料	一般有色金属	>3.0	ZCuSn5Pb5Zn5 铸造锡青铜,ZAlMg10 铝镁合金
2	容易切削材料	易切削钢	2.5~3.0	Y12、Y30 易切削钢
3		较易切削钢	1.6~2.5	正火 30 钢:$\sigma_b=0.441\sim0.549$ GPa
4	普通材料	一般钢及铸铁	1.0~1.6	45 钢,灰铸铁,结构钢
5		稍难切削材料	0.65~1.0	2Cr13 调质:$\sigma_b=0.829$ GPa 85 钢轧制:$\sigma_b=0.883$ GPa

续 表

加工性等级	名称及种类		相对加工性	代表性工件
6	难切削材料	较难切削材料	0.5~0.65	45Cr 钢调质：σ_b＝1.03 GPa 60Mn 调质：σ_b＝0.932~0.981 GPa
7		难切削材料	0.15~0.5	50CrV 调质，1Cr18Ni9Ti 未淬火，α 相钛合金
8		很难切削材料	<0.15	β 相钛合金，镍基高温合金

3) 已加工表面质量

在相同的切削条件下，将是否容易获得所要求的已加工表面质量作为评定材料的切削加工性指标。在精加工时，常用表面粗糙度值来评定。对有特殊要求的零件，则用已加工表面变质层深度、残余应力和加工硬化等指标来衡量材料的切削加工性。

4) 切削力、切削温度和切削功率

在粗加工或机床动力不足时，常用切削力、切削温度和切削功率指标来评定材料的切削加工性。即在相同的切削条件下，切削力大、切削温度高、消耗功率高的材料，其切削加工性就差；反之，其切削加工性就好。

5) 断屑的难易程度

在自动机床或自动生产线上，常用切屑折断的难易程度来评定材料的切削加工性。凡切屑容易折断的材料，其切削加工性就好，反之，切削加工性就差。

4.4.2　影响材料切削加工性的主要因素

工件材料的切削加工性能主要受其本身的物理、力学性能的影响。

1) 工件材料的物理、力学性能

(1) 材料的强度和硬度。工件材料的硬度和强度越高，切削力、消耗的功率越大，切削温度就越高，刀具的磨损加剧，切削加工性就越差。特别是材料的高温硬度值越高时，切削性越差，因为此时刀具材料的硬度与工件材料的硬度比降低，加速了刀具的磨损，刀具甚至完全失去了切削能力。这也是某些耐热、高温合金钢的切削加工性差的主要原因。工件材料的硬度越高，所允许的切削速度越低。强度和硬度是衡量金属材料切削加工性的重要指标。

(2) 材料的韧性。韧性大的材料，在切削变形时吸收的能量较多，切削力和切削温度较高，并且不易断屑，故其切削加工性能差。

(3) 材料的塑性。材料的塑性越大，切削时的塑性变形就越大，刀具容易产生黏结磨损和扩散磨损；在中低速切削塑性较大的材料时容易产生积屑瘤，影响表面加工质量；塑性大的材料，切削时不易断屑，切削加工性较差。但材料的塑性太低时，切削力和切削热集中在切削刃附近，加剧刀具的磨损，也会使切削加工性变差。

(4) 材料的热导率。材料的热导率越高，切削热越容易传出，越有利于降低切削区的温度,减小刀具的磨损,切削加工性也越好。但温升易引起工件变形,且尺寸不易控制。

(5) 材料的线膨胀系数。材料的线膨胀系数越大,加工时热胀冷缩,工件尺寸变化很大,不易控制加工精度,因此加工性差。

2) 工件材料的化学成分

(1) 碳。中碳钢的切削加工性好。而低碳钢的塑性和韧性较高,高碳钢的强度和硬度较高,二者切削加工性较中碳钢差。

(2) 合金元素。在钢中加入 Mn、Si、Ni、Cr、Mo、W、V 等大多数合金对钢有强化效果,但对切削加工性不利,而 P 却能提高钢的强度、硬度,又降低塑性和韧性,有利于切削;加入微量 S、Pb、Se、Ca 等元素,会在钢中形成夹杂物,使钢脆化,或起润滑作用,改善了切削加工性。在铸铁中加入 Si、Al、Ni、Ta 等元素,有利于促进碳的石墨化,对切削加工性有利。而 Cr、V、Mn、Mo、S 等元素则阻碍碳的石墨化,对切削加工性不利。

3) 工件材料金相组织

金相组织对切削加工性的影响,一般通过物理、力学性能表现出来。铁素体组织很软、很韧,在切削含较多铁素体的低碳钢时,虽不易擦伤刀具,但刀面黏结现象严重,易产生黏结磨损和积屑瘤,使加工表面质量恶化,因而切削加工性不好。珠光体的硬度、强度和塑性都比较适中,由于中碳钢的金相组织是珠光体加铁素体,故其切削加工性好。灰铸铁中游离石墨比冷硬铸铁多,切削性好。金属淬火后得到马氏体组织,由于硬度高,易使刀具磨损,故其切削加工性差。奥氏体不锈钢,硬度虽不高,但韧性大,塑性好,加工硬化严重,故其切削加工性也较差。另外,金相组织的形状和大小对切削加工性也有直接影响。如片状珠光体硬度高,刀具磨损大,较难加工。而球状珠光体硬度低,较易加工。所以,高碳钢常通过球化退火来提高切削加工性。

4.4.3 常用金属材料的切削加工性

1) 结构钢

普通碳素结构钢的切削加工性主要取决于钢中碳的质量分数及热处理方式。高碳钢的硬度高,塑件低,导热性能差,故切削力大,切削温度高,切削加工性差。中碳钢的切削加工性较好,但经热轧或冷轧、或经正火或调质后,其加工性也不相同。低碳钢硬度低,塑性和韧性高,故切削变形大,切削温度高,断屑困难,易粘屑,不易得到小的表面粗糙值,切削加工性差。

合金结构钢的切削加工性能主要受加入合金元素的影响,其切削加工性较普通结构钢差。如 40Cr 钢强度比调质碳钢高 20%,热导率低 15%,加工性能不如中碳钢。普通锰钢是在碳钢中加入 1%~2% 的锰,使其内部铁素体得到强化,故塑性和韧性降低,强度和硬度提高,加工性较差。但低锰钢在强度、硬度得到提高后,其加工性比低碳钢好。

2) 铸铁

普通灰铸铁的塑性和强度都较低,组织中的石墨有一定的润滑作用,切削时摩擦系数较小,加工较为容易。但铸铁表面往往有一层高硬度的硬皮,粗加工时其切削加工性能较差。球墨铸铁中的碳元素大部分以球状石墨形态存在,它的塑性较大,切削加工性良好。而白口铸铁的硬度较高,切削加工性很差。

3) 有色金属

铜、铝及其合金的硬度和强度都较低、导热性能也好,属于易切削材料。切削时一般应选用大的刀具前角($\gamma_o > 20°$)和高的切削速度(v_{60}可达 300 m/min),所用刀具应锋利、光滑,以减少积屑瘤和加工硬化对表面质量的影响。

4) 难加工金属材料

高锰钢、高强度钢、不锈钢、高温合金、钛合金、难熔金属及其合金等难加工金属材料中含有一系列合金元素,在其中形成了各种合金渗碳体、合金碳化物、奥氏体、马氏体及带有残余奥氏体的马氏体等,不同程度地提高了硬度、强度、韧性、耐磨性以及高温强度和硬度,在切削加工这些材料时,常表现出切削力大、切削温度高、切屑不易折断、刀具磨损剧烈,造成严重的加工硬化和较大的残余拉应力,使加工精度降低,切削加工性很差。

4.4.4 改善金属材料切削加工性的途径

在实际生产过程中,常采用适当的热处理工艺,来改变材料的金相组织和物理力学性能,从而改善金属材料的切削加工性。例如,高碳钢和工具钢经球化退火,可降低硬度;中碳钢通过退火处理得到部分球化的珠光体组织后切削加工性最好,也可通过正火、调质等处理使其金相组织和硬度均匀,达到改善工件材料切削加工性的目的;低碳钢经正火处理或冷拔加工,可降低塑性,提高硬度;马氏体不锈钢经调质处理,可降低塑性;铸铁件切削前进行退火,可降低表面层的硬度。

4.5 金属切削条件的合理选择

金属切削条件包括刀具的材料、结构、几何参数和刀具的耐用度、切削用量及切削过程的冷却润滑等。合理地选择切削条件能够保证充分发挥刀具的切削性能和机床功能,在保证加工质量的前提下,获得较高的生产率及较低的加工成本。

4.5.1 刀具材料的选择

刀具材料的种类很多,目前使用最广的刀具材料是高速钢和硬质合金。高速钢具有高的强度和韧性,一定的硬度(63~70 HRC)和耐磨性,抗冲击振动的能力较强,能锻造且制造工艺简单,刃磨后刃口锋利,特别适合制造钻头、丝锥、铣刀、拉刀、齿轮刀具等复杂的整体成形刀具。和高速钢相比,硬质合金的硬度、耐磨性、耐热性都较高,但抗弯强度和韧性较差,较难加工,不易制成形状复杂的整体刀具。但由于硬质合金切削性能优良,应用广泛,绝大多数车刀、端铣刀和深孔钻等刀具都采用这种材料制造。

不同物理力学性能的刀具材料,其切削性能是不同的。表 4-3 列出了几种典型刀具材料的切削性能。

表 4-3 几种典型刀具材料的切削性能

刀具材料	硬度/HRC			抗弯强度/GPa	抗冲击强度	耐磨性	车削 45 钢时的切削条件	
	20 ℃	535 ℃	760 ℃				前角/(°)	切削速度/(m·min^{-1})
高速钢	83～87	75～82	较低	3.0～3.4	↑	↓	+5～+30	23～56
硬质合金	89～93	82～97	77～85	1.2～1.45			−6～+10	47～560
陶瓷	94～97	90～93	87～92	0.5～0.65			−15～−5	156～781
金刚石	8 000 HV	8 000 HV	极低	0.21～0.49				
立方氮化硼	9 000 HV	9 000 HV	9 000 HV	1.0～1.5				

4.5.2 刀具几何参数的选择

刀具的几何参数，对切削变形、切削力、切削温度、刀具寿命等有显著的影响。选择合理的刀具几何参数，对保证加工质量、提高生产率、降低加工成本有重要的意义。所谓合理的刀具几何参数，是指在保证加工质量的前提下，能够满足较高生产率、较低加工成本的刀具几何参数。

1) 前角的合理选择

增大前角，可减小切削变形，从而减小切削力、切削热，降低切削功率的消耗，抑制积屑瘤和鳞刺的产生，提高加工质量。但增大前角，会使楔角减小、切削刃与刀头强度降低，容易造成崩刃，还会使刀头的散热面积和容热体积减小，使切削区局部温度上升，易造成刀具的磨损，刀具耐用度下降。可见，前角应有一个合理的参数范围。在刀具强度允许的情况下，应尽可能取较大的前角。对成形刀具应采用较小的前角或零前角，以减少刀具刃磨后截形产生的误差。具体选择原则如下。

(1) 工件材料。加工塑性材料时，为减小切削变形，降低切削力和切削温度，应选较大的前角，而加工脆性材料时，为增加刃口强度，应取较小的前角。如图 4-23 所示，工件的强度低，硬度低，应选较大的前角；反之，应取较小的前角。用硬质合金刀具切削特硬材料或高强度钢时，应取负前角。

(2) 刀具材料。刀具材料的抗弯强度和冲击韧度较高时，应取较大的前角，如图 4-24 所示。如高速钢刀具的前角比硬质合金的前角要大 5°～10°；陶瓷刀具的韧性差，其前角应更小（−4°～−15°）；立方氮化硼由于脆性更大，都采用负前角高速切削。

(3) 加工性质。粗加工，特别是断续切削时，为提高切削刃的强度，应选择较小的前角。精加工时，为使刀具锋利，提高表面加工质量，应选择较大的前角。

(4) 机床功率和工艺系统刚度。当机床功率不足或工艺系统的刚度较差时，应取较大的前角，以减小切削力和切削功率，减轻振动。

(5) 对于成形刀具和在数控机床、自动线上不宜频繁更换的刀具，为保证工作的稳定性（如不发生崩刃等）和刀具耐用度，应选较小的前角或零度前角。

前角的选择还与刀面形状及几何参数有关，尤其是和刃倾角 λ_s 有密切关系。带负倒棱的刀具允许采用较大前角；大前角刀具常与负刃倾角匹配来保证切削刃强度和抗冲击能力。表 4-4 为硬质合金车刀合理前角的参考值，高速钢车刀的前角一般比表中的值大 5°～10°。

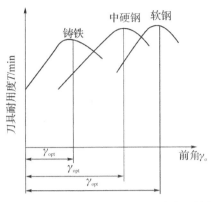 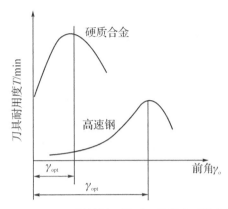

图 4-23 工件材料不同时刀具的合理前角　　图 4-24 刀具材料不同时刀具的合理前角

2) 后角的合理选择

后角的大小与刀具后刀面、已加工表面间的摩擦及刀具磨损有关。增大后角,可减小刀具后刀面与已加工表面间的摩擦,减小刀具磨损,还会使切削刃钝圆半径减小,提高刃口锋利程度,改善表面加工质量。但若后角过大,将削弱切削刃的强度,减小散热体积使散热条件恶化,降低刀具耐用度。

实验证明,合理的后角主要取决于切削厚度。具体选择原则如下。

(1) 工件材料。工件的强度、硬度较高时,为增加切削刃的强度,应选择较小的后角。工件材料的塑性、韧性较大时,为减小刀具后刀面的摩擦,可取较大的后角。加工脆性材料时,切削力集中在刃口附近,应取较小的后角。

(2) 加工性质。粗加工或断续切削时,为了强化切削刃,应选择较小的后角(4°~6°);精加工或连续切削时,刀具的磨损主要发生在刀具后刀面,应选择较大的后角(8°~12°)。

(3) 工艺系统刚性。当工艺系统刚性较差,易出现振动时,应适当减小后角,以增强刀具对振动的阻尼作用;对于尺寸精度要求较高的精加工刀具,应选择较小的后角,以减小刀具重磨后尺寸的变化。通常,为了提高刀具耐用度,可加大后角,但为了降低重磨费用,对重磨刀具可适当减小后角。硬质合金车刀合理后角的参考值见表 4-4。

表 4-4　硬质合金车刀合理前角、后角的参考值

工件材料	合理前角		合理后角	
	粗车	精车	粗车	精车
低碳钢	20°~25°	25°~30°	8°~10°	10°~12°
中碳钢	10°~15°	15°~20°	5°~7°	6°~8°
合金钢	10°~15°	15°~20°	5°~7°	6°~8°
淬火钢	−15°~−5°		8°~10°	
奥氏体不锈钢	15°~20°	20°~25°	6°~8°	8°~10°
灰铸铁	10°~15°	5°~10°	4°~6°	6°~8°
铜及铜合金	10°~15°	5°~10°	6°~8°	6°~8°
铝及铝合金	30°~35°	35°~40°	8°~10°	10°~12°
钛合金	5°~10°		10°~15°	

副后角可减少副后面与已加工表面间的摩擦。为了使制造、刃磨方便,一般车刀、刨刀等的副后角等于主后角。对特殊刀具,为了保证其强度,只能取较小的副后角。例如切断刀、锯片刀等,副后角通常取 1°～2°。

3) 主偏角与副偏角的选择

减小主偏角和副偏角,可降低残留面积高度,减小已加工表面的粗糙度值,也可提高刀尖强度,改善散热条件,提高刀具耐用度,但也会使径向力增大,容易引起工艺系统的振动,加大工件的加工误差和表面粗糙度值。

(1) 主偏角的选择。一般在工艺系统刚度允许时,主偏角应尽量选取较小的值。

①当工艺系统的刚度较好时,主偏角可取小值(30°～45°);当工艺系统的刚度较差或强力切削时,一般取 60°～75°。如车削细长轴、薄壁套筒时,为减小径向力,取 $\kappa_r = 90°～93°$,以降低工艺系统的弹性变形和振动。

②粗加工和半精加工时,硬质合金车刀应选择较大的主偏角,以利于减少振动,提高刀具的耐用度,易于断屑,如效果显著的强力切削车刀的主偏角取 75°。

③加工高强度、高硬度的工件,如淬硬钢和冷硬铸铁时,主偏角应取 10°～30°,以增加刀头的强度、减少单位长度切削刃上的切削力和提高刀具的耐用度。

④考虑工件形状及加工条件选择主偏角。车削阶梯轴时,可选主偏角为 90°的车刀;单件小批生产时,希望用一把车刀车削外圆、端面和倒角等所有表面,可选通用性好的主偏角为 45°的车刀;需从工件中间切入的车刀或仿形加工的车刀,则应适当增加主偏角和副偏角。

(2) 副偏角的选择。主要根据工件已加工表面粗糙度的要求和刀具强度来选择副偏角,在不引起振动的情况下,尽量取小值。

①精加工时,副偏角应取小些(5°～10°);而粗加工时,取 10°～15°。

②当工艺系统的刚度较差或从工件中间切入时,可取 30°～45°。

③在加工高强度、高硬度材料或断续加工时,应取较小的副偏角(4°～6°)。

④切断刀、锯片刀和槽铣刀等刀具,为了保证刀头强度和重磨后刀头宽度变化较小,只能取很小的副偏角(1°～2°)。

⑤在精加工时,可在副切削刃上磨出一段副偏角为 0°、长度为 $(1.2～1.5)f$ 的修光刃,以减小已加工表面的粗糙度值。

硬质合金车刀合理主偏角、副偏角的参考值见表 4-5。

表 4-5 硬质合金车刀合理主偏角、副偏角的参考值

加工情况		参考值	
		主偏角	副偏角
粗车	工艺系统刚度好	45°,60°,75°	5°～10°
	工艺系统刚度差	65°,75°,90°	10°～15°
	车削细长轴、薄壁零件	90°～93°	6°～10°
精车	工艺系统刚度好	45°	0°～5°
	工艺系统刚度差	60°,75°	0°～5°

续 表

加工情况	参考值	
	主偏角	副偏角
车削淬硬钢、冷硬铸铁	10°～30°	4°～10°
从工件中间切入	45°～60°	30°～45°
切断刀、切槽刀	60°～90°	1°～2°

4) 刃倾角的合理选择

刃倾角的作用如下：

(1) 影响切屑的流向。如图 4-25 所示，当 $\lambda_s=0°$ 时，切屑沿垂直于主切削刃方向流出；当 $\lambda_s>0°$ 时，切屑流向待加工表面；当 $\lambda_s<0°$ 时，切屑流向已加工表面。

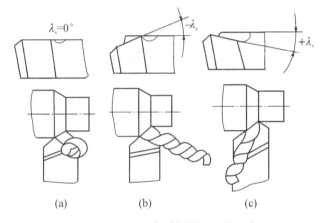

图 4-25 刃倾角对切屑流向的影响

(2) 影响刀尖强度和散热条件以及切削平稳性。当 $\lambda_s<0°$ 时，切削过程中远离刀尖的切削刃处先接触工件，刀尖可免受冲击，同时，切削面积在切入时由小到大，切出时由大到小逐渐变化，因而切削过程比较平稳，大大减小了刀具受到的冲击和崩刃的现象。可见，在粗加工开始，尤其是断续切削时，采用负的刃倾角可以保护刀尖。

(3) 影响切削刃的锋利程度。当刃倾角的绝对值增大时，可使刀具的实际前角增大，刃口实际钝圆半径减小，增大切削刃的锋利性。

(4) 影响切削分力 F_p、F_f 的比例。当 λ_s 为负值时，F_p 增大，F_f 减小；当 λ_s 为正值时，F_p 减小，F_f 增大。可见，刃倾角影响径向力和进给力的比值。

刃倾角 λ_s 主要根据刀具强度，流屑方向和加工条件来合理选择。

一般钢料或铸铁，粗加工取 $-5°\sim 0°$，精加工取 $0°\sim 5°$，以使切屑不流向已加工表面使其划伤；有冲击负荷或断续，取 $-5°\sim -15°$；切削淬硬钢、高强度钢等难加工材料时，则取 $-30°\sim -10°$；微量（$a_p=5\sim 10~\mu m$）精细切削取 $45°\sim 75°$，以增加切削刃的锋利程度和切薄能力。当工艺系统刚度较差时，一般不宜采用负刃倾角，以避免径向力的增加。

5) 其他几何参数的选择

(1) 切削刃区的剖面形式。通常使用的刀具切削刃的刃区形式有锋刃、倒棱、刃带、消振棱和倒圆刃等,如图 4-26 所示。

①锋刃。刃磨刀具时由前刀面和后刀面直接形成的切削刃称为锋刃。其特点是刃磨简便、切入阻力小,广泛应用于各种精加工刀具和复杂刀具,但其刃口强度较差。见图 4-26(a)。

②倒棱。沿切削刃磨出负前角(或零度前角)的窄棱面,称为倒棱。倒棱可增强切削刃,提高刀具的耐用度。见图 4-26(b)。

③刃带。沿切削刃磨出后角为零度的窄棱面,称为刃带。刃带有支承、导向、稳定和消振的作用。对于铰刀、拉刀和铣刀等定尺寸刀具,刃带可使制造、测量方便。见图 4-26(c)。

④消振棱。沿切削刃磨出负后角的窄棱面,称为消振棱。消振棱可消除切削加工中的低频振动,强化切削力,提高刀具耐用度。见图 4-26(d)。

⑤倒圆刃。研磨切削刃,使它获得比锋刃的钝圆半径大一些的切削刃钝圆半径,称为倒圆刃。它可提高刀具耐用度,增强切削刃,广泛应用于硬质合金可转位刀片。见图 4-26(e)。

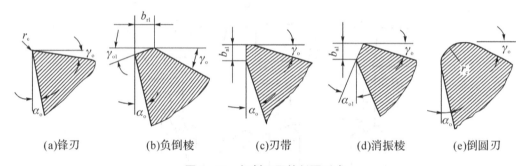

(a)锋刃　　(b)负倒棱　　(c)刃带　　(d)消振棱　　(e)倒圆刃

图 4-26　切削刃区的剖面形式

(2) 前刀面形式。常见的刀具前刀面形式有:正前角平面型、正前角带倒棱型、正前角带断屑槽型、负前角单平面型、负前角双平面型五种。如图 4-27 所示。

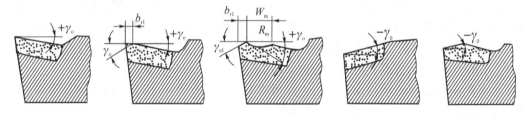

(a)正前角平面型　(b)正前角带倒棱型　(c)正前角带断屑槽型　(d)负前角单平面型　(e)负前角双平面型

图 4-27　前刀面的形式

①正前角平面型。如图 4-27(a)所示,结构简单,刃口锋利,但强度低,传热能力差,多用于精加工,成形刀具,多刃刀具(如铣刀)及脆性材料刀具。

②正前角带倒棱型。如图 4-27(b)所示,沿切削刃磨出很窄的负倒棱。它可提高切削刃的强度和增大传热能力,从而提高刀具耐用度,尤其是在选择大前角时效果更为显著。负倒棱形式一般用于粗切铸锻件或断续表面的加工。硬质合金刀具切削塑料材料时通常按 $b_r = 0.5 \sim 1.0$ mm,$\gamma_{o1} = -5° \sim -10°$ 选取。

③ 正前角带断屑槽型。如图 4-27(c) 所示,在正前角平面带倒棱型基础上,在前刀面又磨出一个曲面凹槽,它可增大前角并起到断屑的作用。断屑槽参数约为: $W_m=(6\sim8)f$, $R_m=(0.7\sim1)W_m$。在粗加工或精加工塑性材料时用得较多。

④ 负前角单平面型。如图 4-27(d) 所示,磨损主要发生在后刀面上时,这种形式可使脆性硬质合金刀片承受压应力,且具有较好的强度,常用于切削高硬度、高强度材料。

⑤ 负前角双面型。如图 4-27(e) 所示,当磨损发生在前、后两个刀面时,这种形式可使刀片的重磨次数增多。此时,负前角的棱面应有足够的宽度,以保证切屑沿该棱面流出。

(3) 后刀面形式。常见的后刀面形式有平后刀面、带刃带或消振棱的后刀面、双重或三重后刀面,如图 4-28 所示。平后刀面形状简单,制造刃磨方便,应用广泛。带消振棱的后刀面用于减小振动;带刃带的后刀面用于定尺寸刀具。双重或三重后刀面主要能增强刀刃强度,减小后刀面的摩擦。刃磨时一般只磨第一后刀面。

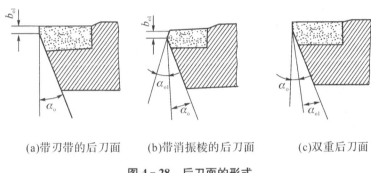

(a) 带刃带的后刀面　　(b) 带消振棱的后刀面　　(c) 双重后刀面

图 4-28　后刀面的形式

(4) 过渡刃和修光刃。刀尖是整个刀具最薄弱的部位,刀尖处的强度和散热条件很差,易磨损。为此,常在主、副切削刃间磨出过渡刃,如图 4-29 所示。

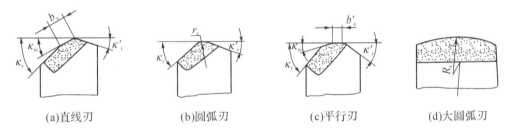

(a) 直线刃　　(b) 圆弧刃　　(c) 平行刃　　(d) 大圆弧刃

图 4-29　过渡刃和修光刃

① 直线形过渡刃。如图 4-29(a) 所示,一般取过渡刃长度 $b_\varepsilon=0.5\sim2.0$ mm(约为 a_p 的 $1/4\sim1/5$);过渡刃偏角 $\kappa_{r\varepsilon}=0.5\kappa_r$。直线过渡刃刃磨方便,多用在粗加工或强力切削车刀、切断刀和钻头等多刃刀具上,以增强刀尖的强度和散热能力。刃磨时切不要将 b_ε 磨得过大,过大会使径向切削力增大,易引起振动。

② 圆弧形过渡刃。如图 4-29(b) 所示,多用于精加工单刃刀具上,如车刀、刨刀等,以提高刀具耐用度,减小已加工表面粗糙度值。高速钢车刀圆弧半径取 $r_\varepsilon=1\sim3$ mm;硬质合金和陶瓷车刀取 $r_\varepsilon=0.5\sim1.5$ mm。圆弧形过渡刃刃磨较困难,r_ε 过大会使径向切削力增大,易引起振动。

过渡刃的选择原则:随工件强度和硬度提高,切削用量增大,过渡刃 r_ε 相应加大。

③修光刃。当直线过渡刃的 $\kappa_{r\varepsilon}=0°$、$b_\varepsilon'>f$[一般为 $b_\varepsilon'=(1.2\sim1.5)f$]或圆弧过渡刃的 r_ε 很大时,过渡刃称为修光刃,如图 4-29(c)所示。这样,在增大进给量的同时仍可获得小的表面粗糙度值。修光刃应刃磨得直、光、平。装刀时,修光刃应与进给方向平行。

④大圆弧刃。当圆弧形过渡刃磨成非常大的圆弧形时称为大圆弧刃,其作用相当于水平修光刃。

4.5.3 刀具耐用度的选择

刀具耐用度并非越高越好。当工件材料和刀具材料已确定时,若 T 选择得过大,则势必要选用较小的切削用量,尤其要选用较低的 v,会使生产率降低,加工成本提高。反之,若 T 定得过小,虽然切削速度可以选得高,缩短机动时间,但因刀具磨损很快,加速了刀具的损耗,使换刀、磨刀、调整等辅助时间增加,对加工成本和生产率也不利。刀具耐用度与加工成本和生产率的关系,如图 4-30 所示。可见,刀具耐用度要有一个合理的数值。

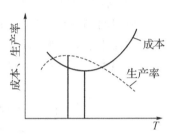

图 4-30 刀具耐用度、加工成本和生产率的关系

刀具耐用度分两种:一种叫最低成本耐用度,其出发点是使加工成本最低;另一种叫最大生产率耐用度,其出发点是使生产率最高。最低成本耐用度大于最大生产率耐用度,前者允许的切削速度比后者略低一些。生产中常用最低成本耐用度。在产品任务紧迫时,才采用最大生产率耐用度。表 4-6 列出了部分刀具耐用度数值。

表 4-6 刀具耐用度数值

刀具类型	耐用度/min	刀具类型	耐用度/min
高速钢车刀	30~60	硬质合金面铣刀	90~180
硬质合金焊接车刀	15~60	齿轮铣刀	200~300
硬质合金可转位车刀	15~45	自动线、组合机床、自动线刀具	240~480
高速钢钻头	80~120	多轴铣床刀具	400~800

4.5.4 切削用量的选择

选择合理的切削用量,要综合考虑生产率、加工质量和加工成本。一般的,粗加工时,由于要尽量保证较高的金属切除率和必要的刀具耐用度,应优先选择大的背吃刀量,其次选择较大的进给量,最后根据刀具耐用度,确定合适的切削速度。精加工时,由于要保证工件的加工质量,应选用较小的进给量和背吃刀量,并尽可能选用较高的切削速度。

1)背吃刀量的选择

粗加工时,背吃刀量应根据工件的加工余量确定,尽量用一次走刀切除全部余量($a_p=2\sim5$ mm)。在加工铸、锻件时,应尽量使背吃刀量大于硬皮层厚度,以保护刀尖。若余量过大或工艺系统刚性不足时可分二次切除余量。第一次走刀的背吃刀量取大些,一般为总加工余量的(2/3~3/4)。半精加工时,$a_p=0.5\sim2$ mm;精加工时,$a_p=0.1\sim$

0.4 mm。

2）进给量的选择

当背吃刀量确定后,粗加工时,进给量的选择主要受切削力的限制,在不超过刀具的刀片和刀杆的强度、不大于机床进给机构强度、不顶弯工件和不产生振动等条件下,选取一个较大的进给量值。表 4-7 是硬质合金及高速钢车刀粗车外圆和端面时的进给量。

表 4-7 硬质合金及高速钢车刀粗车外圆和端面时的进给量

加工材料	车刀刀杆尺寸 B/mm×H/mm	工件直径 /mm	背吃刀量/mm				
			≤3	>3~5	>5~8	>8~12	12 以上
			进给量/(mm·r^{-1})				
碳素结构钢和合金结构钢	16×25	20	0.3~0.4	—	—	—	—
		40	0.4~0.5	0.3~0.4	—	—	—
		60	0.5~0.7	0.4~0.6	0.3~0.5	—	—
		100	0.6~0.9	0.5~0.7	0.5~0.6	0.4~0.5	—
		400	0.8~1.2	0.7~1.0	0.6~0.8	0.5~0.6	—
	20×30 25×25	20	0.3~0.4	—	—	—	—
		40	0.4~0.5	0.3~0.4	—	—	—
		60	0.6~0.7	0.5~0.7	0.4~0.6	—	—
		100	0.8~1.0	0.7~0.9	0.5~0.7	0.4~0.7	—
铸铁及铜合金	16×25	40	0.4~0.5	—	—	—	—
		60	0.6~0.8	0.5~0.8	0.4~0.6	—	—
		100	0.8~1.2	0.7~1.0	0.6~0.8	0.5~0.7	—
		400	1.0~1.4	1.0~1.2	0.8~1.0	0.6~0.8	—
	20×30 25×25	40	0.4~0.5	—	—	—	—
		60	0.6~0.9	0.5~0.8	0.4~0.7	—	—
		100	0.9~1.3	0.8~1.2	0.7~1.0	0.5~0.8	—
		600	1.2~1.8	1.2~1.6	1.0~1.3	0.9~1.1	0.7~0.9

半精加工和精加工时,由于进给量对工件的已加工表面粗糙度影响很大,通常按照工件加工表面粗糙度值的要求,根据工件材料、刀尖圆弧半径、切削速度等条件来选择合理的进给量。当切削速度提高,刀尖圆弧半径增大,或刀具磨有修光刃时,可以选择较大的进给量,以提高生产率。表 4-8 是按表面粗糙度选择进给量的参考值。

表 4-8 按表面粗糙度选择进给量的参考值

工件材料	表面粗糙度 /μm	切削速度 /(m·min^{-1})	进给量/(mm·min^{-1}) 刀尖圆弧半径/mm		
			0.5	1.0	2.0
铸铁、青铜、铝合金	Ra10~5	不限	0.25~0.40	0.40~0.50	0.50~0.60
	Ra5~2.5		0.15~0.20	0.25~0.40	0.40~0.60
	Ra2.5~1.25		0.10~0.15	0.15~0.20	0.20~0.35
碳钢及合金钢	Ra10~5	<50	0.30~0.50	0.45~0.60	0.55~0.70
		>50	0.40~0.55	0.55~0.65	0.65~0.70
	Ra5~2.5	<50	0.18~0.25	0.25~0.30	0.30~0.40
		>50	0.25~0.30	0.30~0.35	0.35~0.50
	Ra2.5~1.25	<50	0.10	0.11~0.15	0.15~0.22
		50~100	0.11~0.16	0.16~0.25	0.25~0.35
		>100	0.16~0.20	0.20~0.25	0.25~0.35

3）切削速度的选择

在背吃刀量和进给量选定以后,可在保证刀具合理耐用度的条件下,确定合适的切削速度。粗加工时,背吃刀量和进给量都较大,切削速度受刀具耐用度和机床功率的限制,一般较低。精加工时,背吃刀量和进给量都取得较小,切削速度主要受工件加工质量和刀具耐用度的限制,一般较高。选择切削速度时,还应考虑工件材料的强度和硬度以及切削加工性等因素。表 4-9 为车削外圆时切削速度的参考值。

表 4-9 硬质合金外圆车刀切削速度参考值

工件材料	热处理状态	a_p=0.3~2 mm f=0.08~0.3 (mm·r^{-1})	a_p=2~6 mm f=0.3~0.6 (mm·r^{-1})	a_p=6~10 mm f=0.6~1 (mm·r^{-1})
		切削速度/(m/s)		
低碳钢、易切削钢	热轧	2.33~3.0	1.67~2.0	1.17~1.5
中碳钢	热轧	2.17~2.67	1.5~1.83	1.0~1.33
	调质	1.67~2.17	1.17~1.5	0.83~1.17
合金结构钢	热轧	1.67~2.17	1.17~1.5	0.83~1.17
	调质	1.33~1.83	0.83~1.17	0.67~1.0
工具钢	退火	1.5~2.0	1.0~1.33	0.83~1.17
不锈钢		1.17~1.33	1.0~1.17	0.83~1.0
灰铸铁	HBW<190	1.5~2.0	1.0~1.33	0.83~1.17
	HBW=190~225	1.33~1.83	0.83~1.17	0.67~1.0

续 表

工件材料	热处理状态	$a_p=0.3\sim2$ mm $f=0.08\sim0.3$ (mm·r^{-1})	$a_p=2\sim6$ mm $f=0.3\sim0.6$ (mm·r^{-1})	$a_p=6\sim10$ mm $f=0.6\sim1$ (mm·r^{-1})
		切削速度/(m/s)		
高锰钢			0.17～0.33	
铜及铜合金		3.33～4.17	2.0～0.30	1.5～2.0
铝及铝合金		5.1～10.0	3.33～6.67	2.5～5.0
铸铝合金		1.67～3.0	1.33～2.5	1.0～1.67

4.5.5 切削液的选择

1) 切削液的作用

切削液的主要作用是冷却作用和润滑作用,加入特殊添加剂后,还能起到清洗和防锈的作用,以保护机床、刀具、工件等不被周围介质腐蚀。

(1) 冷却作用。切削液能从切削区域带走大量切削热,使切削温度降低,进而减少工件热变形,保证刀具切削刃强度,提高加工精度等。其冷却性能取决于它的热导率、比热容、汽化热、汽化速度、流量和流速等,但主要靠热传导。水的热导率为油的3～5倍,比热约为油的2倍,故水溶液的冷却作用最好,乳化液次之,切削油较差。

(2) 润滑作用。切削液能渗入到刀具与切屑、加工表面之间形成润滑膜或化学吸附膜,减小摩擦。其润滑性能取决于切削液的渗透能力、形成润滑膜的能力和强度。

(3) 清洗作用。切削液可以冲走切削区域和机床上的细碎切屑和脱落的磨粒,防止划伤已加工表面和机床导轨。清洗性能取决于切削液的流动性和使用压力。一般而言,合成切削液比乳化液和切削油的清洗作用好,乳化液浓度越低,清洗作用越好。

(4) 防锈作用。在切削液中加入防锈剂,可在金属表面形成一层保护膜,起到防锈作用。防锈作用的强弱,取决于切削液本身的成分和添加剂的作用。

2) 切削液的种类

(1) 水溶液。水溶液的主要成分是水,其中加入了少量的防锈剂、清洗剂和润滑剂,因此冷却效果良好。常用的有电解水溶液和表面活性水溶液。电解水溶液是在水中加入各种电介质,它能渗透至表面油薄膜内部,起冷却作用,主要用于磨削、钻孔和粗车等加工。表面活性水溶液是在水中加入皂类、硫化蓖麻油等表面活性物质,来提高水溶液的润滑作用,主要用于精车、精铣和铰孔等。

(2) 乳化液。乳化液是将乳化油(由矿物油和表面活性剂配成)用80%～95%的水稀释而成,用途广泛。低浓度的乳化液具有良好的冷却效果,主要用于普通磨削、粗加工等。高浓度的乳化液润滑效果较好,主要用于精加工等。

(3) 合成切削液。合成切削液由水、各种表面活性剂和化学添加剂组成,不含油,具有良好的冷却、润滑、清洗和防锈性能,热稳定性好,使用周期长。

(4) 切削油。切削油主要是矿物油(如机械油、轻柴油、煤油等),少数采用动植物油或复合油。普通车削、攻丝时,可选择机油。精加工有色金属或铸铁时,可选择煤油。加工螺纹时,可选择植物油。在矿物油中加入一定量的油性添加剂和极压添加剂,能提高其高温、高压下的润滑性能,可用于精铣、铰孔、攻螺纹及齿轮加工。

相比之下,油基切削液润滑、防锈作用较好,但冷却、清洗作用较差;水溶液冷却、清洗作用较好,但润滑、防锈作用较差。

3) 切削液的选择

切削液种类繁多,性能各异,加工中应根据加工性质、工艺特点、工件和刀具材料等具体技术情况进行选择。

(1) 根据加工性质选用。粗加工时,主要以冷却为主。如用高速钢刀具切削,因其耐热性较差,粗车或粗铣碳素钢应选用3%~5%的乳化液或选用合成切削液,粗车或粗铣铜及其合金工件应选用5%~7%的乳化液。粗车或粗铣铸铁一般不用切削液;精加工时,主要是减小摩擦、保证加工质量,降低刀具磨损。可采用15%~20%的乳化液或极压切削油。

(2) 根据工件材料选用。切削一般钢件,粗加工时选乳化液,精加工时选硫化乳化液;切削铸铁、铸铝等脆性金属一般不用切削液,以防细小的切屑堵塞冷却系统或黏附在机床上难以清除。但精加工时可选用黏度小的煤油或7%~10%的乳化液,以提高工件表面质量;切削铜合金和有色金属时,一般不用含硫的切削液,以免腐蚀工件表面;切削镁合金时,严禁使用乳化液作切削液,以防止发生燃烧事故,但可使用煤油或含4%的氟化钠溶液作切削液;切削不锈钢、耐热钢等难加工材料,应选10%~15%的极压切削油或极压乳化液。

(3) 根据刀具材料选用。高速钢刀具耐热性较差,需采用切削液;硬质合金刀具耐热性好,通常不使用切削液。若使用切削液,必须连续、充分地供给,以防因骤冷骤热而导致刀片产生裂纹。切削某些硬度高、强度大、导热性差的工件时,切削温度较高,为防止硬质合金刀片与工件材料发生黏结和扩散磨损,应加注以冷却为主的、2%~5%的乳化液或合成切削液。若采用喷雾加注切削液,切削效果更好。

本章小结

1. 切削运动可分为主运动和进给运动。车刀基本角度有前角、后角、主偏角、后偏角和刃倾角。金属切削过程中突出的物理现象是切削力、切削热和刀具磨损等。

2. 金属切削加工性受材料强度、硬度、塑性、韧性及导热性影响,常用金属中金属切削加工性由易到难:铜铝合金、灰铸铁、碳钢、合金钢、不锈钢。

3. 改善金属切削加工性可对毛坯采取合适的热处理,再选择合适的切削加工条件。

4. 金属切削条件包括刀具的材料、几何参数、刀具的耐用度、切削用量及切削液等。合理地选择切削条件能够在保证加工质量的前提下,获得较高的生产率及较低的加工成本。

习题四

4-1 切削加工由哪些运动组成?它们各有什么作用?

4-2 刀具正交平面参考系由哪些平面组成?试画出刀具在正交平面参考系中5个

基本角度标注图。

4-3 进给运动及刀具的安装高度对刀具的工作角度分别有何影响?

4-4 什么是积屑瘤?试述其成因、影响和避免方式。

4-5 什么是鳞刺?试述其成因及避免方式。

4-6 各切削分力对加工过程有何影响?

4-7 切削热是如何产生的?它对切削过程有什么影响?

4-8 刀具磨损的形式有哪些?磨损的原因有哪些?

4-9 什么是刀具的磨钝标准?什么是刀具的耐用度?

4-10 何谓工件材料的切削加工性?它与哪些因素有关?

4-11 试对碳素结构钢中含碳量大小对切削加工性的影响进行分析。

4-12 说明前角和后角大小的选用原则。

4-13 说明主、副偏角的大小对切削过程的影响。

4-14 简述切削用量三要素的选择原则。

4-15 切削液的主要作用是什么?加工不同的工件材料时如何选用?

实验与实训

1. 实验六 车刀角度的测量。
2. 查阅《机械加工工艺手册》,熟悉切削用量的选择。

第 5 章　金属切削机床与加工

> **学习目标**
> 1. 了解金属切削机床的分类与编号，了解常用切削加工机床加工的工艺特点及刀具的种类、用途及安装，了解机械加工质量的概念；
> 2. 理解常用切削加工机床的组成、加工经济精度和经济表面粗糙度；
> 3. 掌握常用切削加工机床的运动、常用刀具及机床常用切削加工方法。

本章简要介绍了金属切削机床的分类与编号方法，常用切削加工机床加工的工艺特点及刀具的种类、用途及安装，及机械加工质量的概念及影响机械加工质量的因素；介绍了常用切削加工机床的运动、组成、加工经济精度和经济表面粗糙度；主要介绍常用切削加工机床的常用刀具及常用切削加工方法。

5.1　金属切削机床的分类与编号

金属切削加工是在金属切削机床上完成的。金属切削机床是指用切削或特种加工等方法，主要对金属工件进行加工，使之获得所要求的几何形状、尺寸精度和表面质量的机器。它是制造机器的机器，所以又称为"工作母机"，习惯上称为机床。在一般的机械制造厂中，机床约占机器设备总数的 50%～70%，所担负的加工工作量约占制造总量的 40%～60%。机床的精度直接影响被加工零件的精度。

5.1.1　金属切削机床的分类

我国制定的机床分类方法主要是按加工性质和所用刀具进行分类，目前分为 12 类：车床、钻床、镗床、磨床、齿轮加工机床、螺纹加工机床、铣床、刨插床、拉床、超声波及电加工机床、切割机床和其他机床。根据机床其他特征进一步区分：

(1) 按应用范围(通用性程度)又可分为：

①通用机床。可用于加工多种零件的不同工序，加工范围较广，通用性较大，但结构比较复杂。这种机床主要用于单件小批量生产，例如卧式车床、万能升降台铣床等。

②专门化机床。工艺范围较窄，专门用于加工某一类或几类零件的某一道(或几道)特定工序，如曲轴车床、凸轮轴车床等。

③专用机床。工艺范围最窄，只能用于加工某一种零件的某一道特定工序，适用于大批量生产，如机床主轴箱的专用镗床、车床导轨的专用磨床和各种组合机床等。

(2) 按工作精度可以分为:普通精度机床、精密机床和高精度机床。

(3) 按自动化程度可以分为:手动、机动、半自动和自动机床。

(4) 按重量与尺寸大小可以分为:仪表机床、中型机床(重量达 10 t)和大型机床(重量达 30 t)。

随着机床的发展,其分类方法也将不断变化,现代机床正向数字化方向发展。现在的数控机床已经集中了越来越多的传统机床的功能。例如,数控车床在卧式车床功能的基础上,集中了转塔车床、仿形车床、自动车床等多种车床的功能;具有自动换刀功能的镗铣加工中心机床集中了钻、镗、铣等多种机床的功能,习惯上称为"加工中心"(Machining Center)。

5.1.2 机床型号的编制方法

机床型号是用来表示机床的类别、主要参数和主要特性的代号。目前,机床型号的编制采用汉语拼音字母和阿拉伯数字按一定规律组合表示。例如,CM6132 型精密卧式车床,型号中的代号及数字的含义如下:

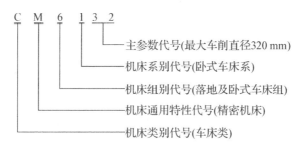

每一类金属切削机床又按工艺范围、布局形式和结构等分为 10 个组,每个组又细分为若干个系(系列),以车床为例,见表 5-1,详细划分表见国家标准 GB/T 15375。

表 5-1 车床的类、组、系划分表

机床类别	系列 组别	0	1	2	3	4	5	6 落地及卧式车床										7	8	9
								0	1	2	3	4	5	6	7	8	9			
1 车床	C	仪表车床	单轴自动车床	多轴自动、半自动车床	回轮、转塔车床	曲轴及凸轮轴车床	立式车床	落地车床	卧式车床	马鞍车床	无丝杠车床	卡盘车床	球面车床					仿形及多刀车床	轮、轴、锭、辊及铲齿车床	其他车床

1) 机床的类别代号

我国机床的 12 个类别代号见表 5-2。机床的类别代号按机床名称以大写的汉语拼音字母表示,在型号中是第一位代号,并按名称读音。如"车床"用"C"表示,读作"车"。

表 5-2 机床的类别代号

类别	车床	钻床	镗床	磨床			齿轮加工机床	螺纹加工机床	铣床	刨插床	拉床	特种加工机床	锯床	其他机床
代号	C	Z	T	M	2M	3M	Y	S	X	B	L	D	G	Q
读音	车	钻	镗	磨	二磨	三磨	牙	丝	铣	刨	拉	电	锯	其

2）机床的特性代号

机床的特性代号代表机床具有的特别性能，包括通用特性和结构特性。

（1）通用特性及代号。机床的通用特性及代号见表 5-3。通用特性代号用大写的汉语拼音字母表示，并放在类别代号之后。例如，CK6140 中，K 表示该车床具有程序控制特性，写在类别代号 C 之后。

表 5-3 机床的通用特性及代号

通用特性	高精度	精密	自动	半自动	数控	加工中心	仿形	轻型	加重型	简式或经济型	柔性加工单元	数显	高速
代号	G	M	Z	B	K	H	F	Q	C	J	R	X	S
读音	高	密	自	半	控	换	仿	轻	重	简	柔	显	速

（2）结构特性代号。为了区别主参数相同而结构不同的机床，在型号中应增加结构特性代号。结构特性代号是根据各类机床的情况由各生产厂家分别规定的，在不同型号中可以有不同的含义。若某机床具有通用特性，又具有结构特性，则在机床型号中将结构特性代号排列在通用特性代号之后。例如，CA6140 型卧式车床的型号中，字母 A 是该机床的结构特性代号，表示与 C6140 卧式车床具有同样的主参数(400 mm)，但结构上已作了重大改进的普通机床。通用特性代号已用的字母及 I、O 等 15 个字母，均不能作为结构特性代号。

3）机床的组、系代号

在机床型号中，类别代号和特性代号之后，第一位阿拉伯数字表示组别；第二位表示系别。每类机床按其用途、性能、结构或派生关系分为若干组，每组又分为若干系（系列）。例如，表 5-1 中将车床分为 10 个组，用阿拉伯数字"0～9"表示，每组又分为 10 个系。

4）主参数代号

主参数是代表机床规格大小的一种参数，在机床型号中用阿拉伯数字表示，通常用主参数的折算值(1、1/10 或 1/100)来表示。在型号中第三及第四位数字都是表示主要参数的，有的还标有第二主参数（如机床轴数、最大加工长度、最大跨度等）。

5）机床重大改进代号

当机床的性能及结构有重大改进时，按其改进设计的次序，用汉语拼音字母 A、B、C

……表示,写在机床型号的末尾。

例如,MGB1432A×750 中"M"表示"磨床";"G"表示"高精度";"B"表示"半自动";"1"表示"外圆磨床组";"4"表示"万能型";"32"表示"最大磨削直径为 320 mm";"A"表示"第一次重大改进";"750"为机床的第二主参数,表示"最大磨削长度为 750 mm"。

随着机床工业的发展,我国机床型号的编号方法至今已变动多次,对过去已定型号、目前仍在生产的机床,其型号一律不变,仍保持原来型号,例如 C620-1 型卧式车床、B665 型牛头刨床、X62W 型卧式万能升降台铣床、Z535 型立式钻床等。

5.2 车削加工

机械中有很多零件都是回转体,如轴、套、齿轮、螺栓等。这些零件大部分都要在车床上进行切削加工,车削是最基本的切削加工方法,车床是应用最广泛的机床。

5.2.1 车削加工概述

在车床上用车刀对工件进行切削加工的过程称为车削加工。在车床上可以加工各种回转表面,如车内外圆柱面、圆锥面、成形面、螺纹等,还可以车端面(平面)、车槽或切断、钻孔、铰孔、钻中心孔、滚花等,车削加工主要工艺范围如图 5-1 所示。

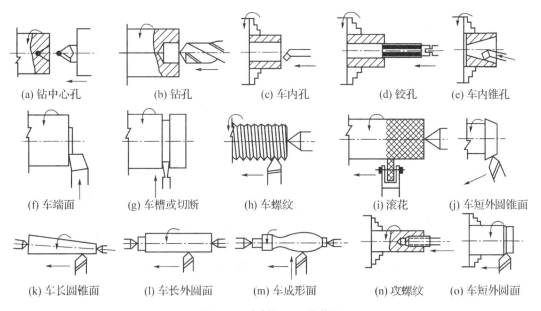

图 5-1 车削加工工艺范围

车床的主运动是主轴的回转运动,进给运动通常是刀具的直线运动。

在车床上使用的刀具主要是车刀,还可以使用钻头、扩孔钻、铰刀、丝锥、板牙等加工刀具。车削加工的经济精度为 IT8 级,表面粗糙度 Ra 可达 $1.25\sim2.5\ \mu m$。

车削加工一般可以分为粗车和精车,用硬质合金车刀粗车的切削用量:$a_p=2\sim5\ mm$;$f=0.15\sim0.4\ mm/r$;$v=40\sim60\ m/min$(切削钢件),$v=30\sim50\ m/min$(切削铸铁)。

精车的切削用量见表 5-4。

表 5-4 精车的切削用量

车削种类	a_p/mm	f/(mm·r^{-1})	v/(m·min^{-1})
车削铸铁件	0.10~0.15	0.05~0.20	60~70
车削钢(高速)	0.30~0.50	0.05~0.20	100~120
车削钢(低速)	0.05~0.10	0.05~0.20	3~5

车削加工具有以下特点:

(1) 加工范围广。从零件类型来说,只要在车床上装夹的零件均可加工;从加工精度来说,可获得低、中和相当高的精度(如精细车有色金属可达 IT5、Ra0.8);从材料类型来说,可加工金属和非金属;从生产类型来说,适合于单件小批量生产到大批量生产。

(2) 生产效率高。一般车削是连续的,切削过程是平稳的,可以采用高的切削速度。车刀的刀杆可以伸出很短,刀杆的刚度好,可以采用较大的背吃刀量和进给量。

(3) 生产成本低。车刀的制造、刃磨和使用都很方便,通用性好;车床附件较多,可满足大多数工件的加工要求,生产准备时间短,有利于提高效率,降低成本。

在普通车床上装上一些附件和夹具,不仅可以可靠的保证加工质量、提高加工效率,还可以扩大车床的使用范围,降低成本。

5.2.2 车床

1) CA6140 型卧式车床

CA6140 型卧式车床是最常用的机床之一,其外形如图 5-2 所示。它主要由床身、主轴箱、进给箱、溜板箱、刀架及尾座等组成。

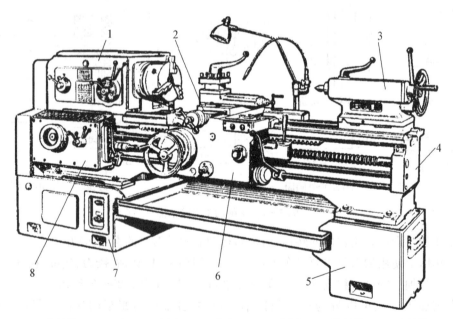

1—主轴箱 2—刀架 3—尾座 4—床身 5、7—床腿 6—溜板箱 8—进给箱
图 5-2 CA6140 型卧式车床外形

(1) 主轴箱。主轴箱 1 固定在床身 4 的左侧。装在主轴箱中的主轴,通过卡盘等夹

具装夹工件。主轴箱的功用是支承主轴并传动主轴,使主轴带动工件按照规定的转速旋转,以实现主运动。主轴箱内有变速机构,通过变换箱外手柄的位置,可以改变主轴的转速,以满足不同车削工件的需要。

(2)进给箱。进给箱 8 固定在床身 4 的左前侧,它是进给运动传动链中的传动比及转向的变换装置,功用是改变所加工螺纹的螺距或机动进给的进给量。

(3)溜板箱。溜板箱 6 固定在刀架部件 2 的底部,可带动刀架一起作纵向运动。溜板箱的功用是把进给箱传来的运动传递给刀架,使刀架实现纵向进给、横向进给、快速移动或车螺纹。在溜板箱上装有各种操纵手柄及按钮,以供操作人员方便地操作机床。

(4)刀架部件。刀架部件装在床身 4 的刀架导轨上,并可沿此导轨纵向移动。刀架部件由两层溜板和四方刀架组成,功用是装夹车刀,并使车刀作纵向、横向或斜向运动。

(5)尾座。尾座 3 装在床身 4 的尾架导轨上,并可沿此导轨纵向调整位置。尾座的功用是用后顶尖支承工件。在尾座上还可安装钻头、铰刀等孔加工刀具,以进行孔加工;安装丝锥、板牙等螺纹加工刀具进行螺纹加工。

(6)床身。床身 4 固定在左床腿 7 和右床腿 5 上。床身是车床的基本支承件,其上安装着车床的主要部件。床身的功用是支承各主要部件,并使它们工作时保持准确的相对位置。

CA6140 型卧式车床的传动过程可以用传动框图来表示,见图 5-3。

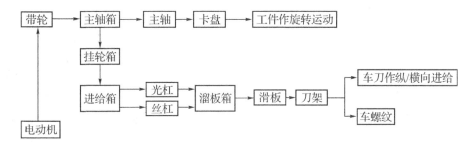

图 5-3 CA6140 型卧式车床传动框图

①主运动。电动机的旋转运动经带传动到主轴箱,在箱内经过变向和变速机构再传到主轴,使主轴得到 24 级正向和 12 级反向转速。

②进给运动。运动经过主轴箱,再经过挂轮、进给箱,把旋转运动传给光杠或丝杠,最后通过溜板箱变成滑板、刀架的直线移动,使车刀作纵向或横向进给运动及车螺纹。

③刀架的快速移动。刀架的快速移动可使刀具机动、快速地退离或接近加工部位,以减少工人劳动强度及缩短辅助时间。

2)其他车床简介

(1)落地车床。落地车床一般用来加工直径大而长度短的盘类工件。它与普通车床的区别是:落地车床有一个大直径花盘,增大了工件回转直径,多数没有尾座。

落地车床可分为刀架独立的和刀架装在床身上的两种。图 5-4 是这两种落地车床的外形图。落地车床广泛用于电机、机车、汽轮机和矿山机械等工业部门。

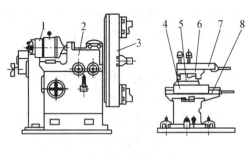
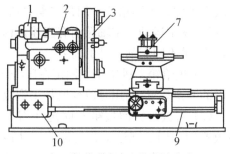

(a) 刀架独立的落地车床　　　　　(b) 刀架装在车床上的落地车床

1—电机　2—主轴箱　3—花盘　4,7—纵向刀架　5—转盘　6,8—横向刀架　9—光杠　10—进给箱

图 5-4　落地车床

(2) 立式车床。立式车床与卧式车床的区别在于前者的主轴回转轴线是垂直的,而后者是水平的。立式车床主要用于加工短而直径大的重型工件,如大型带轮、轮圈、大型电机的零件等。

在立式车床上,可进行车削端面、圆柱表面、圆锥表面及成形表面,有些立式车床可以车削螺纹,此外,在设有特殊夹具的立式车床上,还可进行钻削和磨削工作。

立式车床可分为单柱式和双柱式两种,图 5-5 为单柱式立式车床。图中 5 为立柱,上有带导轨的横梁 4,滑板 3 可沿横梁 4 上的导轨作水平移动。2 是垂直刀架,可沿滑板 3 上的导轨作垂直移动。1 为水平刀架,它可以沿着立柱 5 的导轨作垂直移动,又可作水平移动。装夹在垂直刀架及水平刀架上的刀具可同时进行切削。

(3) 转塔和回轮车床。成批生产形状复杂的工件,如阶梯小轴、套筒、螺钉、螺母、接头等,往往需要较多的刀具和工序,用转塔、回轮车床加工则可以提高生产率。图 5-6(a)为转塔车床外形图,图 5-7(a)为回轮车床外形图。

转塔、回轮车床与普通卧式车床在结构上的最大区别是:它没有丝杠,并将卧式车床的尾座换成能作纵向自动进给的转塔或回轮刀架,在刀架上可安装多组刀具。这些刀具可按照零件的加工顺序依次安装,并调整妥当。加工时,多工位刀架顺序转位,将不同刀具轮流引入工作位置进行加工。

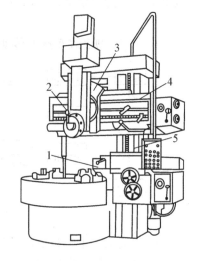

1—水平刀架　2—垂直刀架　3—滑板　4—横梁　5—立柱

图 5-5　立式车床

这种车床能完成卧式车床上的各种加工内容,如车外圆、车端面、车槽、钻孔、铰孔、车螺纹、车成形面等。但是,由于它没有丝杠,只能用丝锥或板牙加工较短的内外螺纹。

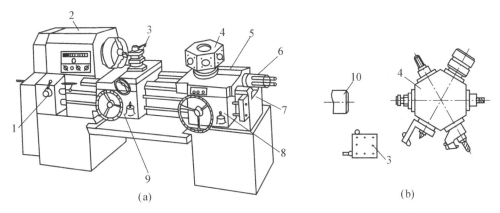

1—进给箱　2—主轴箱　3—横刀板　4—转塔刀具　5—纵向进给床鞍
6—定程装置　7—床身　8—转塔刀架溜板箱　9—横刀架溜板箱　10—主轴

图 5-6　转塔车床

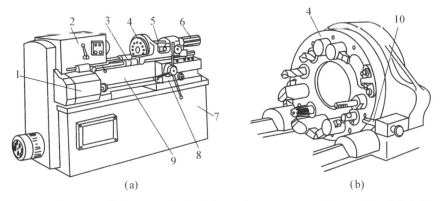

1—进给箱　2—主轴箱　3—刚性纵向定程机构　4—回转刀具　5—纵向进给床鞍
6—纵向定程机构　7—底座　8—溜板箱　9—床身　10—横向定程机构

图 5-7　回轮车床

这种车床能完成卧式车床上的各种加工内容,如车外圆、车端面、车槽、钻孔、铰孔、车螺纹、车成形面等。但是,由于它没有丝杠,只能用丝锥或板牙加工较短的内外螺纹。

(4) 单轴自动车床。大批量生产时,可采用自动车床、半自动车床。自动车床调整后不需要工人继续参与操作,而能自动连续加工,工人只需周期性地给机床加料,观察机床工作情况,检查工作质量,更换磨损的刀具以及在必要时调整机床。除了装卸工件及开车时需要工人操作外,其他都能自动进行工作的车床称为半自动车床。

自动车床、半自动车床的种类很多,这里简单介绍单轴自动车床的工作原理。

图 5-8 为单轴自动车床的工作原理图,如图所示,棒料 1 通过空心主轴 2,被夹头 3 夹紧。车床由分配轴 10 操纵,分配轴 10 上紧固着蜗轮和各种凸轮,凸轮 9 是控制送料的,凸轮 8 使夹头夹住棒料,然后由凸轮 7 和凸轮 6 控制刀架 4 和 5 进行切削,当切削完成后,控制刀具快速退回到原来位置。

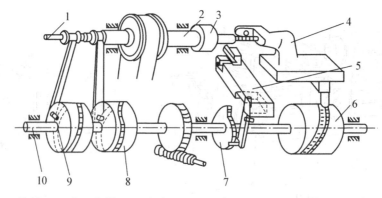

1—棒料 2—空心主轴 3—夹头 4、5—刀架 6、7、8、9—凸轮 10—分配轴

图5-8 单轴自动车床工作原理

车床的种类除上述几种外,还有多轴自动、半自动车床,仿形及多刀车床,数控车床及其他专用车床等。

5.2.3 工件在车床上的安装

车削时,必须把工件装夹在车床的夹具上,经校准后进行加工。由于工件的形状、尺寸、精度和加工批量等不同情况,所以必须使用相应的装夹机构。经常使用的车床夹具有:卡盘、顶尖、心轴、中心架、跟刀架等。

1) 顶尖、拨盘和鸡心夹头

车床上使用的顶尖分前顶尖与后顶尖两种。顶尖头部一般都制成60°锥度,与工件中心孔吻合;后端带有标准锥度,可插入主轴锥孔或尾座锥孔中。后顶尖有普通顶尖(也称死顶尖)和回转式顶尖(也称活顶尖)两种(图5-9)。回转式顶尖可减少与工件的摩擦,但刚性较差,精度也不如死顶尖,故一般用于轴的粗加工或半精加工。若轴的精度要求较高时,后顶尖也应用死顶尖。为减轻摩擦,可在顶尖头部加少许油脂。

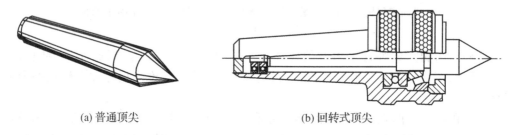

(a) 普通顶尖　　　　　　　　(b) 回转式顶尖

图5-9 顶尖

顶尖常和拨盘、鸡心夹头组合在一起使用,用来安装轴类零件,进行切削精加工。图5-10为顶尖、拨盘和鸡心夹头的使用情况。用鸡心夹头的螺钉夹紧工件,鸡心夹头的弯尾嵌入拨盘的缺口中,拨盘固定在主轴上并随主轴转动。工件用前后顶尖顶紧,当拨盘转动时,就通过鸡心夹头带动工件旋转。

采用两顶尖装夹工件,可以使各加工表面都处在同一轴线上,因而能保证在多次安装中各回转表面有较高的同轴度。一般用于精加工。

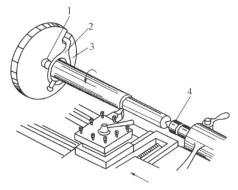
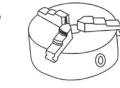

1—前顶尖　2—鸡心夹头
3—拨盘　4—后顶尖

图 5-10　用顶尖、拨盘和鸡心夹头装夹工件

1—平面螺纹　2—大锥齿轮
3—小锥齿轮　4—方孔

图 5-11　三爪自定心卡盘

2) 三爪自定心卡盘

三爪自定心卡盘一般用来夹持圆形、正三角形和正六角形工件。图 5-11 为三爪自定心卡盘的外形和结构，当扳手插入任一小锥齿轮 3 的方孔 4 中转动时，小锥齿轮 3 就带动大锥齿轮 2 转动。大锥齿轮 2 的背面有一个平面螺纹 1 与三个卡爪背面的平面螺纹啮合，因此当平面螺纹 1 转动时，三个卡爪就同时向心或离心移动。卡爪从外向内夹紧可以装夹实心工件；卡爪从内向外夹紧可以装夹空心工件。

三爪自定心卡盘用三爪卡盘夹持工件，一般不需要校正，三个卡爪能自动定心，使用方便，但定位精度较低(0.05～0.15)。因此，当被加工零件各表面位置精度要求较高时，应尽量在一次装夹中加工出来。

当对轴类零件进行粗加工或半精加工时，常采用三爪卡盘与尾座上的后顶尖配合，采用"一夹一顶"装夹工件，提高工件的刚性。

3) 四爪单动卡盘

四爪单动卡盘如图 5-12 所示。它的每一个卡爪可独立作径向移动，所以可装夹较复杂形状的工件。这种卡盘在使用时，需分别调整各卡爪，使工件轴线和车床主轴轴线重合。

四爪卡盘的优点是夹紧力大，但校正比较麻烦，所以适用于装夹毛坯、形状不规则的工件或较重的工件。

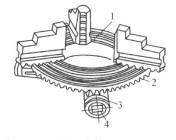

图 5-12　四爪单动卡盘

4) 花盘

不对称或具有复杂外形的工件，通常用花盘装夹加工。花盘的表面开有径向的通槽和 T 形槽，以便安装装夹工件用的螺栓。图 5-13 为在花盘上装夹工件的情况。用花盘装夹不规则形状的工件时，常会产生重心偏移，所以需加平衡铁予以平衡。

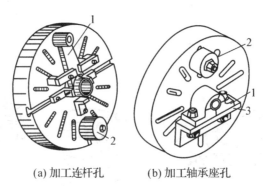

(a) 加工连杆孔　　(b) 加工轴承座孔

1—工件　2—平衡铁　3—角铁

图 5-13　用花盘装夹工件

5）中心架和跟刀架

车削细长轴时，为了防止工件切削时产生弯曲，需要使用中心架和跟刀架。

(1) 中心架的形状结构如图 5-14(a)所示。它的主体 1 通过压板 7 和螺母 6 紧固在床导轨的一定位置上。盖子 4 与主体用铰链作活动连接，可以打开以便放入工件。三个支承爪 2、3、5 用来支持工件。支承爪可以自由调节，以适应不同直径的工件。中心架用于车削细长轴、阶梯轴、长轴的外圆、端面及切断等工序。图 5-14(b)为用中心架车端面时的情况。

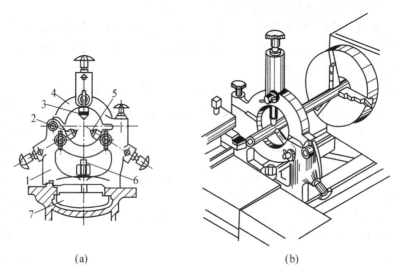

1—主体　2、3、5—支承爪　4—盖子　6—螺母　7—压板

图 5-14　中心架及其应用

(2) 跟刀架的结构和形状如图 5-15 所示。它的作用与中心架相同，所不同的地方是它一般只有两只卡爪，而另一个卡爪被车刀所代替。跟刀架固定在床鞍上，跟着刀架一起移动，主要用来支承车削没有阶梯的长轴，例如精度要求高的光滑轴、长丝杠等。

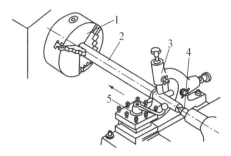

1—三爪自定心卡盘　2—工件　3—跟刀架　4—后顶尖　5—刀架

图 5-15　跟刀架及其应用

6）心轴

在加工齿轮、衬套等盘套类零件时，其外圆、孔和两个端面无法在一次装夹中全部加工完毕，如果把工件调头装夹再加工，往往不能保证位置精度。因此，可在孔精加工之后，把工件装在心轴上，再把心轴安装在前后两顶尖之间或直接装在车床主轴锥孔内精加工其他表面，来获得较高的位置精度。常用心轴有圆柱心轴、锥度心轴和胀套心轴，见图 5-16。

图 5-16(a)为圆柱心轴装夹工件，其对中精度稍差，但夹紧力较大。这种心轴的端面需要与圆柱面垂直，工件的端面也需要与孔垂直。图 5-16(b)为锥度心轴，其锥度为 1∶2 000～1∶5 000，对中性好，装卸方便，但不能承受较大的切削力，多用于精加工。图 5-16(c)为胀套心轴，它可以直接装在车床主轴锥孔内，转动螺母可使开口套筒沿轴向移动，靠心轴锥度使套筒径向胀开，撑紧工件。采用这种装夹方式时，装卸工件方便。

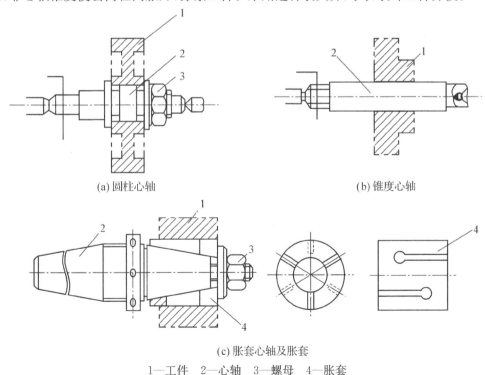

(a) 圆柱心轴　　　　　　　　　(b) 锥度心轴

(c) 胀套心轴及胀套

1—工件　2—心轴　3—螺母　4—胀套

图 5-16　心轴

5.2.4 车刀种类

车刀是车削加工使用的刀具,可用于各类机床。车刀的种类很多。

(1) 按用途分类。可分为外圆车刀、镗孔车刀、端面车刀、螺纹车刀、切割刀和成形车刀等。

①直头外圆车刀。如图 5-17(a)所示,主要用于车削工件外圆,也可用于车削外圆倒角。直头外圆车刀制造简单,刚性好。它的主偏角在 45°~75°之间,副偏角在 10°~15°之间。

②弯头车刀。如图 5-17(b)所示,既可车削外圆表面,也可车削端面和倒角。它的主偏角和副偏角均为 45°。

③偏刀。如图 5-17(c)所示,分左偏刀(右图)和右偏刀(左图),用于车削工件外圆、轴肩或端面。

④车槽或切断刀。如图 5-17(d)所示,用于切断工件,或在工件上车槽。

⑤镗孔车刀。如图 5-17(e)所示,用于镗削工件内孔。

⑥螺纹车刀。如图 5-17(f)所示,用于车削工件的外螺纹。

⑦成形车刀。如图 5-17(g)所示,用于加工工件的成形回转表面。

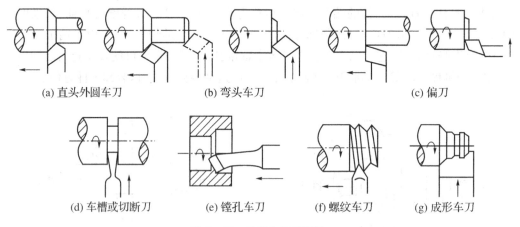

图 5-17 常用车刀及用途

(2) 按结构分类。可分为整体式车刀、焊接式车刀、机夹重磨式车刀和机夹可转位式车刀。

①整体式车刀。如图 5-18(a)所示,刀体和切削部分为一整体,一般为高速钢刀具,综合力学性能好,易刃磨。

②焊接式车刀。如图 5-18(b)所示,将一定形状的硬质合金刀片用黄铜等焊料,焊接在刀杆的刀槽内而制成。焊接式车刀因结构简单、紧凑,制造方便,使用灵活,抗震性好,而被广泛使用。

(a) 整体式车刀　　(b) 焊接式车刀　　(c) 机夹重磨式车刀　　(d) 机夹可转位车刀

图 5-18 车刀的结构种类

③机夹重磨式车刀。如图5-18(c)所示,采用机械方法将普通硬质合金刀片夹固在刀杆上,可以避免刀片因焊接而产生的裂纹,并且刀杆可以多次重复使用,也便于刀片的集中刃磨,但因刀片用钝后仍需刃磨,不能完全避免产生裂纹。

④机夹可转位车刀。如图5-18(d)所示,采用机械夹紧的方法将可转位刀片夹紧在刀杆上而构成的。可转位刀片通常制成正三角形、正四边形、正五边形、菱形和圆形等,刀片的切削刃不需刃磨,各刃可转位轮流使用。机夹可转位车刀与其他车刀相比,切削效率和刀具耐用度都大为提高,适应自动线与数控机床对刀具的要求。

5.2.5 车削加工

在车床上能进行多种车削,如车外圆、车端面、钻孔、车孔、车槽、切断、车锥体、车螺纹及车削成形表面等。此外,还可以滚花、盘绕弹簧等。

1) 车外圆

车外圆是车床上最基本的一种加工,是由工件的旋转和车刀作纵向移动完成的,如加工光轴和阶梯轴、套筒、圆盘形零件(如带轮、飞轮、齿轮)的外表面。

车外圆车刀的选择如图5-19所示。

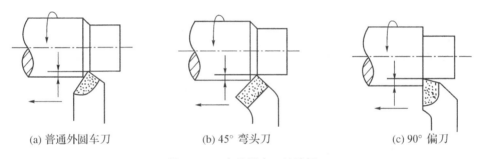

(a) 普通外圆车刀　　　　(b) 45°弯头刀　　　　(c) 90°偏刀

图5-19　车外圆车刀的选择

(1) 普通外圆车刀。如图5-19(a),主偏角为60°~75°,用于粗车外圆和无台阶的外圆。

(2) 45°弯头刀。如图5-19(b),不仅可用于车外圆,而且可车端面和倒角。

(3) 90°偏刀。如图5-19(c),用于车有台阶的外圆和细长轴,图示为右偏刀。

车外圆时的注意事项:①车削时必须及时清除切屑,且在停车时清除;②粗车铸、锻件等带硬皮的工件毛坯时,为保护刀尖,应先车端面或倒角,且背吃刀量应大于工件硬皮厚度;③装夹车刀时,尽可能使刀尖与工件轴线等高,刀杆与之垂直,且悬伸部分应尽可能短。

2) 车端面与车台阶

(1) 车端面。是由工件的旋转和车刀作横向移动完成的,图5-20为四种不同车刀车端面的情况。

①用右偏刀由外向中心车端面(见图5-20(a)),由副切削刃切削。车到中心时,凸台突然车掉,因此刀头易损坏;背吃刀量大时,易扎刀。

②用右偏刀由中心向外车端面(见图5-20(b)),由主切削刃切削,切削条件较好,不会出现图5-20(a)中出现的问题。

③用左偏刀由外向中心车端面(见图5-20(c)),由主切削刃切削。

④用弯头车刀由外向中心车端面(见图5-20(d)),由主切削刃切削,凸台逐渐车掉,

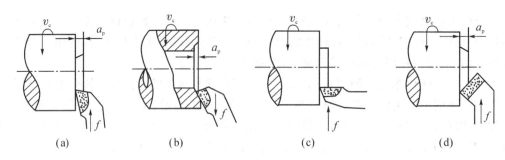

图 5-20 车端面车刀的选择

切削条件较好,加工质量较高。

车端面时的注意事项:①车刀刀尖应对准工件中心,以免端面出现凸台,造成崩刃;②端面质量要求较高时,最后一刀背吃刀量应小些,最好由中心向外切削。

(2) 车台阶。车刀的选择与安装与车端面相同,其操作要领:

①车台阶使用 90°偏刀。

②车低台阶(<5 mm)时,应使主切削刃与工件轴线相垂直,可一次走刀车出(图 5-21(a))。

③当台阶面较高时,应分层切削。最后一次纵向走刀后,车刀横向退出,以修光台阶端面。切削时,应使车刀主切削刃与工件轴线的夹角约为 95°角(图 5-21(b))。

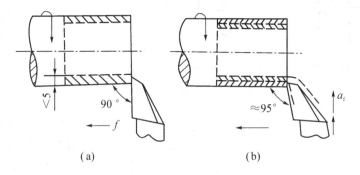

图 5-21 车台阶

3) 车槽与切断

(1) 车槽。在车床上车槽是用车槽车刀作横向进给来完成的。车槽方法如图 5-22 所示。

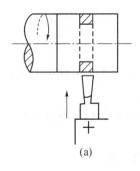
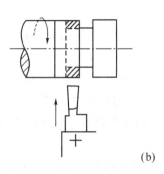
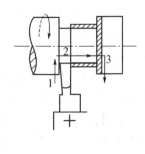

图 5-22 车槽方法

车槽刀刀头较窄,易折断,因此,在装刀时应注意两边对称,不宜伸出太长。

当槽宽小于5 mm时,可一次切出,见图5-22(a);当槽宽大于5 mm时,应分几次切出,最后精加工两侧面和底面,见图5-22(b)。车槽时,进给量要小,且应尽量均匀连续进给。

(2) 切断。切断使用切断刀,其形状与车槽刀相似,但刀头更窄而长。

切断时,一般采用卡盘装夹工件,应使切断位置尽量靠近卡盘;刀具的刀尖一定要与主轴轴心线等高,以防打刀和切断后端面留有凸面。见图5-23(a),切断刀安装过低,刀头易被压断;见图5-23(b),切断刀安装过高,刀具后刀面顶住工件,不易切削。

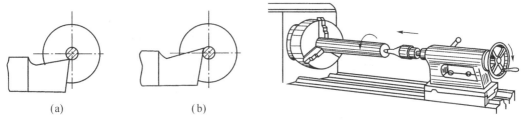

图5-23 切断刀的安装　　　　图5-24 在车床上钻孔

4) 钻孔与镗孔

(1) 钻孔。在车床上钻孔时,通常将钻头装在尾座锥形孔中,用手转动尾座手轮使钻头移动进行加工(图5-24);也可用夹具把钻头装夹在刀架上,或用床鞍拉动车床尾座,进行自动进给钻孔。

钻孔加工要点:①钻孔前先将端面车平;②钻孔时,摇动尾座手轮使钻头缓慢进给,并注意经常退出钻头排屑;③钻孔进给量不能过大,钻钢件时应加切削液。

(2) 镗孔。铸、锻或用钻头钻出来的孔,内孔表面是很粗糙的,还需要用内孔刀车削,一般称为镗孔。

在车床上镗孔的刀具选择如图5-25所示。镗孔时,因为刀杆刚性不足、排屑困难,所以比车外圆和车端面要困难些。图5-25(a)为镗通孔用的通孔镗刀;图5-25(b)为镗盲孔用的盲孔镗刀;图5-25(c)为切内槽用的切槽镗刀。

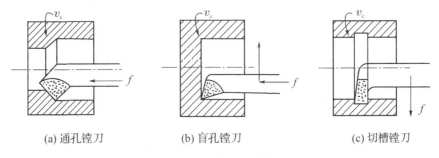

(a) 通孔镗刀　　　(b) 盲孔镗刀　　　(c) 切槽镗刀

图5-25 镗孔刀的选择

镗孔加工要点:①镗孔的切削用量一般取得较小;②应尽量选用较粗的镗刀杆,装镗刀时,刀杆伸长应略大于孔深;③为了保证加工质量,镗孔也应采用试切法调整背吃刀量。

5) 车圆锥面

由于圆锥面具有配合紧密、定心准确、装拆方便等优点,所以在各种机械结构中得到广泛的应用。车削圆锥面的方法有下列几种:

(1) 转动小滑板法。车削锥度大而长度短的工件及锥孔时,可将小滑板偏转等于工件锥角 α 的一半角度(即 α/2)后,再紧固其转盘,然后摇进给手柄进行切削,见图 5-26(a)。

这种方法的优点是操作简便,可加工任意锥角的内外锥面,但锥面长度不可太大(受小滑板行程的限制)。需手动进给,劳动强度较大。此法主要用于单件小批量生产中,精度较低。

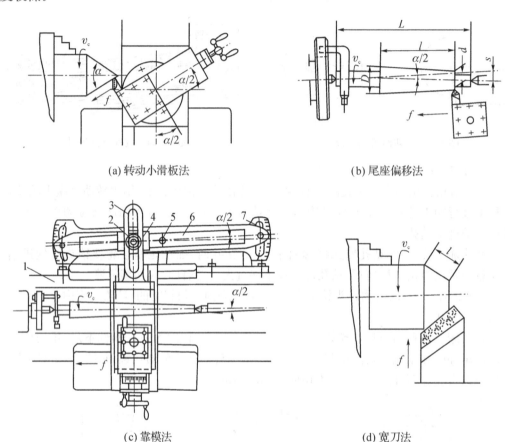

(a) 转动小滑板法 (b) 尾座偏移法

(c) 靠模法 (d) 宽刀法

1—床身 2—螺母 3—连接板 4—滑块 5—中心轴 6—靠模板 7—底座

图 5-26 车削锥面的方法

(2) 尾座偏移法。车削长而锥度小的外圆锥面时,可利用此法。将工件装在前后顶尖之间,并把尾座上架横向偏移一定距离 s,使工件轴线与纵向走刀方向成 α/2 角,自动走刀切出锥面。一般都把尾座上部向操作者方向偏移,使锥体小头在床尾方向,以利于加工和检验,见图 5-26(b)。

尾座偏移量的计算公式是:$s = \dfrac{D-d}{2l} \cdot L = L \mathrm{tg} \dfrac{\alpha}{2}$

式中:s——尾座偏移量;

D——锥面大端直径；

d——锥面小端直径；

l——锥面长度；

L——两顶尖之间的距离；

α——锥角。

这种方法能机动进给,表面质量较好,但不能车削锥度较大($\alpha<16°$)的工件,也不能车锥孔,调整尾座偏移量较费时。

(3) 靠模法。使用专用的靠模装置进行锥面加工,见图 5-26(c)。

这种加工方法可以加工锥角 $\alpha<24°$ 的内外锥面,实现自动进给,表面质量较好。适用于成批和大量生产中较长的内外锥面。

(4) 宽刀法。采用与工件形状相适应的刀具横向进给车削锥面,见图 5-26(d)。

这种方法可加工任意锥角、锥面长度小(一般不超过 20~25 mm)的内、外锥面,加工效率高,但要求刀具和工件的刚性好。适用于成批和大量生产中较短的内、外锥面。

6) 车成形面

车圆球、手把、凸轮等这类具有特形表面的零件,可用双手操纵法、成形车刀及靠模法进行加工。

(1) 双手操纵法。用普通车刀车成形面仅适用于单件小批量生产。操作步骤如下：

①用粗切台阶刀 1 在工件相应部位粗车出几个台阶(见图 5-27(a))。

②双手控制车刀 2 依纵向和横向的综合进给切掉台阶的峰部,获得大致的成形轮廓,再换用精车刀进行成形面的精车(见图 5-27(b))。

③用样板检验成形面是否合格(见图 5-27(c))。

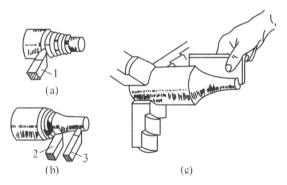

1—粗切台阶刀　2—成形轮廓刀　3—精切轮廓刀

图 5-27　双手操纵法车成形面

切削时,通常要经多次反复度量、修整才能达到图样要求。这种方法对操作者技术要求较高,生产效率低,但由于不需要特殊的设备,因此在单件、小批量生产中广泛应用。

(2) 用成形刀车成形面。用与要加工的零件表面轮廓相应的刀刃加工成形面(见图 5-28),操作方便,加工效率高,但由于样板刀的刀刃不能太宽,且磨出的曲线形状也不十分准确,因此这种方法多用于加工形状比较简单、轮廓尺寸要求不高的成形面。

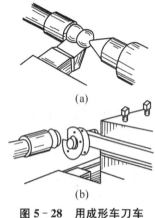

图 5-28 用成形车刀车成形面

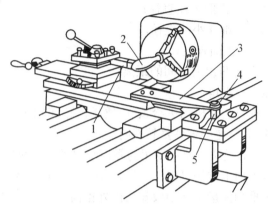

1—车刀 2—工件 3—拉杆 4—靠模 5—滚柱
图 5-29 用靠模法车成形面

(3) 用靠模法车成形面。如图 5-29 所示,将刀架的横滑板与丝杠脱开,在其前端的拉杆 3 上装有滚柱 5。当纵滑板纵向走刀时,滚柱 5 便在靠模 4 的曲线槽内移动,从而使刀具随着作曲线移动,采用小刀架控制切深,便可车出与靠模曲线相应的成形面。这种方法操作简便,加工出的成形面比较精确,生产效率高,适用于大批量生产。

7) 车螺纹

车床上可以车削各种不同截面形状的螺纹,如普通螺纹、梯形螺纹、锯齿螺纹、矩形螺纹等,它们是用与螺纹轴向截面形状相同的车刀完成的,其加工方法大致相同。

(1) 加工原理。车削螺纹与一般车削不同,要求主轴每转一转,刀架准确地移动一个螺距。车削一般螺纹时,按机床铭牌指示,变动进给箱外面的变速手柄,可获得车削各种不同螺距螺纹的进给量。车削比较精密的螺纹时,可通过进给箱中的离合器,将主轴传来的运动,只经过变向机构和交换齿轮 $\frac{a}{b} \times \frac{c}{d}$,直接传给丝杠(图 5-30),从而使传动路线大为缩短,减少了积累误差,提高了精度。不同的螺距可用调整交换齿轮的方法来实现,用这种方法还可以加工特殊螺距的螺纹。

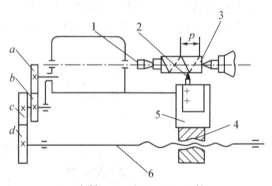

1—主轴 2—车刀 3—工件
4—开合螺母 5—床鞍 6—丝杠
图 5-30 车螺纹的传动示意图

(2) 螺纹车刀的安装。螺纹车刀的刀尖角必须与螺纹牙型角相等(普通螺纹的牙型角为 60°),切削部分的形状应与螺纹截面形状相吻合。因此,精车螺纹时,应取其前角为 0°。

安装螺纹车刀时,刀尖必须与工件中心等高;刀尖角的等分线必须垂直于工件轴线。为了保证上述要求,常使用对刀样板来刃磨和安装刀具(见图 5-31)。

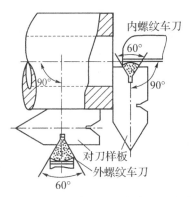

图 5-31　螺纹车刀的形状及对刀方法

(3) 车削螺纹的操作步骤。以车外螺纹为例,其操作步骤如图 5-32 所示。

①开车,使车刀与工件轻微接触,记下刻度盘读数,向右退出车刀,见图 5-32(a)。

②合上开合螺母,在工件表面上车出一条螺旋线,横向退出车刀,停车,见图 5-32(b)。

③开反车使刀具退到工件右端,停车,用钢尺检查螺距是否正确,见图 5-32(c)。

④利用刻度盘调整切深,开车切削,见图 5-32(d)。

⑤车刀将行到终了时,应做好退刀停车准备,先快速退出车刀,然后停车,再开反车退回刀架,见图 5-32(e)。

⑥再次横向进刀,继续切削,见图 5-32(f)。

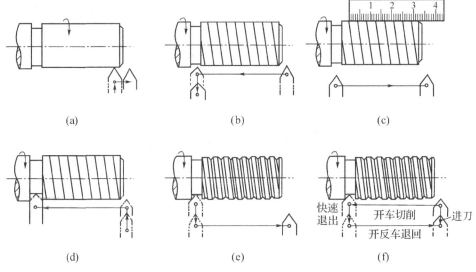

图 5-32　车削外螺纹的操作步骤

5.3　铣削加工

在铣床上用铣刀对工件进行切削加工的过程称为铣削加工,它是加工平面的主要方法,是目前应用最广的切削加工方法之一。

5.3.1 铣削加工概述

铣床的主运动是铣刀的旋转运动,进给运动是工件的直线运动。在有些铣床上,进给运动也可以是工件的回转运动或曲线运动。

在铣床上可以加工各种平面、台阶、沟槽、齿轮的齿面和成形面等,还可以安装孔加工刀具进行钻、扩、铰和镗孔加工,铣削加工的主要工作与刀具见图 5-33 所示。

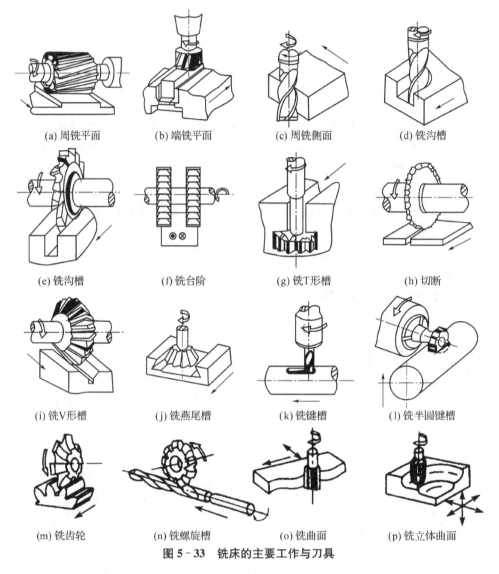

图 5-33 铣床的主要工作与刀具

铣削加工的经济精度一般可达 IT7~IT9 级,表面粗糙度 Ra 可达 $1.6 \sim 3.2 \mu m$。

铣削加工具有以下特点:

(1) 生产效率高。铣削加工主运动为回转运动,切削速度大;进给运动为连续进给;铣刀为多刃刀具,同一时刻有若干刀齿参加切削,各刀齿轮流切削,有充分的时间冷却,有利于刀具延长寿命,可以采用较大的切削用量。

(2) 加工范围广。铣刀的类型多,铣床的附件多,铣削工艺范围广。

(3) 加工质量中等。铣削一般属于粗加工或半精加工。铣削时,铣刀刀齿断续切削造成铣削力不断变化,铣削过程不如车削过程平稳,加工质量难以提高。

(4) 成本较高。铣床的结构比较复杂,铣刀的制造和刃磨比较困难,加工成本较高。

5.3.2 铣床

铣床的类型很多,有立式或卧式升降台式铣床、工作台不升降铣床、龙门铣床、工具铣床、仿形铣床及其他专门化铣床。

1) X6132型卧式万能升降台铣床

型号 X6132 中"6"表示"卧式升降台铣床组";"1"表示"万能升降台铣床系";"32"表示"工作台面宽度为 320 mm"。卧式万能升降台铣床安装铣刀的主轴仅作旋转运动,工作台可以实现在相互垂直的三个方向上调整位置和完成进给运动。主要用于加工平面、沟槽和成形面等,常用于单件及成批生产中。

(1) 主要组成部件。X6132 型卧式万能升降台铣床如图 5-34 所示,其主要组成部分如下。

① 床身。用来固定、支承其他部件。其顶面有水平导轨供横梁移动;前壁有垂直导轨供升降台升降;内部装有主轴、变速机构、润滑油泵、电气设备;后部装有电动机。

② 横梁。用于安装吊架,以便支承刀杆外伸端。

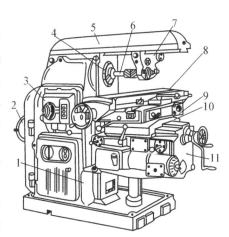

1—床身 2—电动机 3—主轴变速机构
4—主轴 5—横梁 6—刀杆 7—吊架
8—纵向工作台 9—转台
10—横向工作台 11—升降台

图 5-34 X6132型万能升降台铣床

③ 主轴。用于安装刀杆并带动铣刀旋转。

④ 纵向工作台。用于安装夹具和工件并带动它们作纵向进给。侧面有挡块,可使纵向工作台实现自动停止进给;下面回转台可使纵向工作台在水平面内偏转±45°角。

⑤ 横向工作台。用于带动纵向工作台一起作横向进给。

⑥ 升降台。用于带动纵、横向工作台上下移动,以调整纵向工作台面与铣刀的距离和实现垂直进给。其内部装有机动进给变速机构和进给电动机。

(2) 机床的传动系统

① 主运动

图 5-35 为 X6132 型万能卧式升降台铣床的传动系统图,主运动由 7.5 kW、1 450 r/min 的主电动机驱动,共获 18 级转速。主运动的传动路线表达式为:

$$\text{电动机(I轴)} \atop (1\,450\text{ r/min},\,7.5\text{ kW}) - \frac{\phi 150}{\phi 290} - \text{II轴} - \begin{Bmatrix} \frac{19}{36} \\ \frac{22}{33} \\ \frac{16}{38} \end{Bmatrix} - \text{III轴} - \begin{Bmatrix} \frac{27}{37} \\ \frac{17}{46} \\ \frac{38}{26} \end{Bmatrix} - \text{IV轴} - \begin{Bmatrix} \frac{80}{40} \\ \frac{18}{71} \end{Bmatrix} - \text{V轴}$$

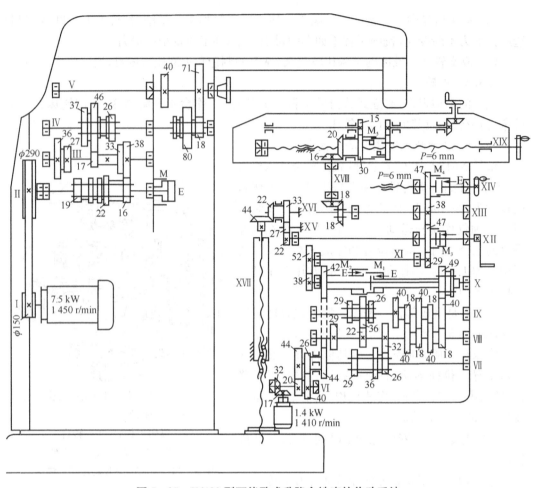

图 5-35 X6132型万能卧式升降台铣床的传动系统

②进给运动

进给运动由1.5 kW，1 410 r/min的进给电动机单独驱动，使纵向、横向、垂直方向均可获得21级进给运动和一个快速运动。工作进给运动的传动路线表达式为：

$$\text{电动机} \atop 1.5\text{ kW} -\frac{17}{32}-Ⅵ-\frac{20}{44}-Ⅶ-\begin{Bmatrix}\frac{29}{29}\\\frac{36}{22}\\\frac{26}{32}\end{Bmatrix}-Ⅷ-\begin{Bmatrix}\frac{29}{29}\\\frac{22}{36}\\\frac{32}{26}\end{Bmatrix}-Ⅸ-\begin{Bmatrix}\frac{40}{49}\\\frac{18}{40}\times\frac{18}{40}\times\frac{18}{40}\times\frac{18}{40}\times\frac{40}{49}\\\frac{18}{40}\times\frac{18}{40}\times\frac{40}{49}\end{Bmatrix}-$$

$$M_1-Ⅹ-\frac{38}{52}-Ⅺ-\frac{29}{47}-\begin{Bmatrix}\frac{47}{38}-ⅩⅢ-\begin{Bmatrix}\frac{18}{18}-ⅩⅧ-\frac{16}{20}-M_5-ⅩⅨ（纵向进给）\\\frac{38}{47}-M_4-ⅩⅣ（横向进给）\end{Bmatrix}\\M_3-Ⅻ-\frac{22}{27}-ⅩⅤ-\frac{27}{33}-ⅩⅥ-\frac{22}{44}-ⅩⅦ（垂向进给）\end{Bmatrix}$$

2) 其他铣床

(1) 立式升降台铣床。立式升降台铣床如图 5-36 所示,与卧式升降台铣床的主要区别是主轴为垂直安装,用立铣头代替卧式铣床的水平主轴、横梁、托架和刀杆。立铣头 1 可根据加工需要在垂直面内调整角度,主轴 2 可沿轴线方向调整或作进给运动。

立式升降台铣床可用端铣刀或立铣刀加工平面、沟槽、台阶、齿轮、凸轮及封闭轮廓表面等。由于立铣头可在垂直平面内旋转,因而可以铣削斜面。适于单件及成批生产。

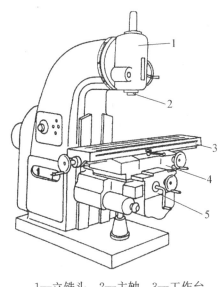 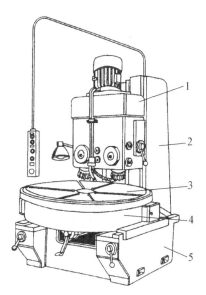

1—立铣头 2—主轴 3—工作台
4—床鞍 5—升降台
图 5-36 立式升降台铣床

1—主轴箱 2—立柱 3—圆工作台
4—滑座 5—床身
图 5-37 双轴圆形工作台铣床

(2) 工作台不升降铣床。该类铣床的工作台不作升降运动,机床的垂直运动由安装在立柱上的主轴箱来实现。机床的刚性好,可用较大的切削用量加工中型工件。

工作台不升降铣床根据工作台形状可分为圆形工作台铣床和矩形工作台铣床两类。图 5-37 为双轴圆形工作台铣床,主要用于粗铣和半精铣工件顶面。工件安装在圆工作台的夹具中,圆工作台作回转进给运动。工作台上可同时装几套夹具,装卸工件时无需停止工作台转动,可实现连续加工。主轴箱的两个主轴可分别安装粗铣和半精铣的端铣刀,工件从铣刀下经过后,即完成粗铣和半精铣加工。该机床的生产率较高,但需专用夹具装夹工件,适用于成批或大量生产中铣削中、小型工件的顶平面。

(3) 龙门铣床。龙门铣床的外形如图 5-38 所示,因机床主体结构为龙门式框架而得名。工作台 9 可在床身 1 水平导轨上作纵向进给运动。在立柱 4 和横梁 5 上都装有立铣头,每个立铣头都是独立的部件,由各自的电动机驱动主轴作主运动。横梁可沿立柱上的导轨作垂直位置调整,横梁上的立铣头可沿横梁上水平导轨作横向运动。卧铣头可在立柱上升降,各铣刀切深运动均由铣头主轴移动来实现。

龙门铣床的刚度和精度都很好,可用几把铣刀同时铣削,是一种大型、高效、通用铣床,适用于大批量生产。

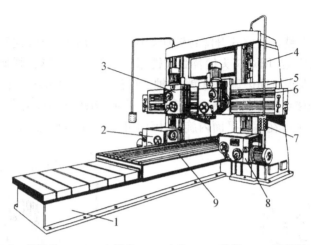

1—床身 2、8—卧铣头 3、6—立铣头 4—立柱 5—横梁 7—操纵箱 9—工作台

图 5-38 龙门铣床

5.3.3 工件在铣床上的安装

工件在铣床上的安装方式主要有：

(1) 用通用夹具(机床附件)装夹(如平口钳、V 形块等)，见图 5-39(a)、(c)；

(2) 用压板螺栓装夹，见图 5-39(b)；

(3) 用专用夹具或组合夹具装夹。详见机床夹具章节。

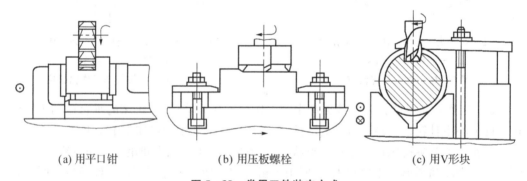

(a) 用平口钳　　　　　(b) 用压板螺栓　　　　　(c) 用V形块

图 5-39 常用工件装夹方式

在铣床上配以相应的附件可扩大它的加工范围，提高工作效率。常用机床附件有平口虎钳、万能分度头、回转工作台等。

1) 平口虎钳

机床用平口虎钳有非回转式和回转式两种，回转式平口虎钳底座设有转盘，可绕其轴线在 360°范围内任意扳转，平口虎钳外形如图 5-40 所示。

机床用平口虎钳的固定钳口本身精度及其相对于底座底面的位置精度均较高。底座下面带有两个定位键，用于在铣床工作台 T 形槽定位和连接，以保持固定钳口与工作台纵向进给方向垂直或平行。当加工工件精度要求较高时，安装平口虎钳要用百分表对固定钳口进行校正。

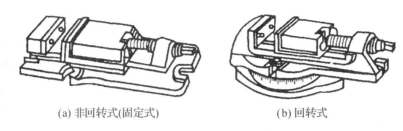

(a) 非回转式(固定式)   (b) 回转式

图 5-40 机床用平口虎钳

机床用平口虎钳适用于以平面定位和夹紧的中小型工件。按钳口宽度不同,常用的机床用平口虎钳有 100 mm、125 mm、136 mm、160 mm、200 mm、250 mm 等 6 种规格。

2) 万能分度头

万能分度头是铣床的重要附件,用来扩大机床的工艺范围。按其主轴中心到底面距离分为 FW125、FW200、FW250 等型号。

(1) 分度头的用途。分度头安装在铣床工作台上,被加工工件支承在分度头主轴顶尖与尾座顶尖之间(见图 5-41),或夹持在分度头的卡盘上,可完成以下工作:

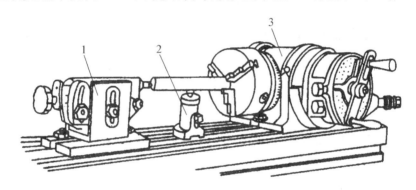

1—尾座 2—千斤顶 3—分度头

图 5-41 分度头装夹工件的方法

① 使工件周期地绕自身轴线回转一定角度,完成等分或不等分的圆周分度工作,如加工花键、方头、齿轮等;

② 通过配换挂轮,与工作台的纵向进给运动相配合,并由分度头使工件连续转动,以加工螺旋齿轮、螺旋槽和阿基米德螺旋线凸轮等;

③ 用卡盘夹持工件,使工件轴线相对于铣床工作台倾斜一所需角度,以加工与工件轴线相交成一定角度的平面、沟槽等。

(2) 分度头的结构。如图 5-42 所示为 FW125 型万能分度头的外形及其传动系统。轴 2 安装在鼓形壳体 4 内。壳体 4 轴颈支承在底座 8 上,并可绕其轴线回转,使主轴在水平线以下 6°至水平线以上 95°范围内调整所需角度。主轴前端有一莫氏锥孔,用于安装顶尖 1。主轴前端有一定位锥面,作为三爪卡盘定位之用。转动分度头手柄 K,经传动比为 1:1 的齿轮和 1:40 的蜗杆蜗轮副,可使主轴回转到所需分度位置。分度盘 7 在若干不同圆周上均布着不同的孔数,每一圆周上的均布小孔称为孔圈。手柄 K 在分度时转过的转数,由插销 J 所对的分度盘上孔圈的孔数目来计算。

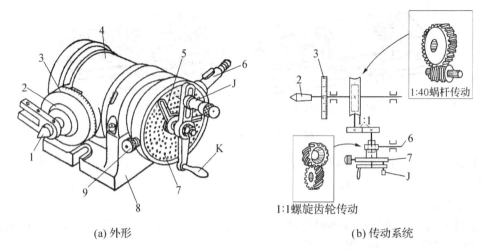

(a) 外形　　　　　　　　　　　　(b) 传动系统

1—顶尖　2—分度头主轴　3—刻度盘　4—壳体　5—分度叉　6—分度头外伸轴
7—分度盘　8—底座　9—锁紧螺钉　J—插销　K—分度头手柄

图 5-42　FW125 型万能分度头

FW125 型万能分度头带有三块分度盘,可按分度需要选用其中一块。每块分度盘有 8 圈孔,每一圈的孔数分别为:

第一块:16,24,30,36,41,47,57,59;

第二块:23,25,28,33,39,43,51,61;

第三块:22,27,29,31,37,49,53,63。

插销 J 可在分度头手柄 K 的长槽中沿分度盘径向调整位置,以使插销能插入不同孔数的孔圈内。

(3) 分度方法。

①直接分度法。分度时,脱开蜗杆与蜗轮的啮合,用手直接利用刻度盘上的读数进行分度。适用于精度不高且分度数较少(如 2,3,4,6 等分)的工件。

②简单分度法。当分度数目较多时,分度前应使蜗杆与蜗轮啮合,并用锁紧螺钉 9 将分度盘 7 锁紧。选好分度盘的孔圈后,应调整插销 J 对准所选用的孔圈,然后转动手柄进行分度。分度时,手柄每次应转的转数为:

$$n_k = \frac{1}{z} \times \frac{40}{1} \times \frac{1}{1} = \frac{40}{z} = a + \frac{p}{q} \tag{5.1}$$

式中:n_k——手柄每次应转的转数;

　　　z——工件每次需要的分度数;

　　　a——每次分度时,手柄 K 应转的整数转(当 $z>40$ 时,$a=0$);

　　　q——所选用孔圈的孔数;

　　　p——插销 J 在 q 个孔的孔圈上应转的孔距数。

例如,加工 $z=35$ 的直齿圆柱齿轮,用简单分度时,由上式可知:

$$n_k = 40/z = 1 + 5/35$$

因无 35 孔的孔圈,故可将 5/35 化简为 1/7,则 1/7=4/28=7/49=9/63,因此可选用第二块分度盘的 28 孔的孔圈,或第三块分度盘的 49 孔和 63 孔的孔圈。

若选用 28 孔的孔圈,则 $a=1, p=4, q=28$,即手柄 K 每次转 1 整转,再转 4 个孔距。

③其他分度法。有些分度数如 73、83 等,不能与 40 约简,又无合适孔圈可用,可采用差动分度法;在加工螺旋齿轮时或锥齿轮时因受结构限制,有时只能用近似分度法。有关差动分度法和近似分度法,读者可参考相关资料,此处不再赘述。

3) 回转工作台

回转工作台是用来辅助铣床完成各种圆弧面和分度零件的铣削加工。回转工作台分手动和机动两种。

图 5-43(a)为手动回转工作台。转动手轮 3,通过工作台内部安装的蜗轮蜗杆传动,带动转盘 1 转动。转动螺钉 2,可夹紧或放松转盘 1。转盘的中心为圆锥孔,作为工件定位用,以使工件圆弧和转盘同心。盘面上有 T 形槽,利用压板螺钉可将工件夹紧在转盘上。

图 5-43(b)为机动回转工作台。依靠传动轴 5,把工作台的转动与铣床的工作联系起来,这样工件就可以在铣削圆弧时作机动进给。扳动手柄 6 可以接通或断开机动进给。通过调整挡铁 4 的位置可以使转盘自动停止在所需要的位置上。若把手轮安装在方头 7 上,也可以进行手动进给。

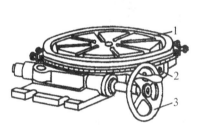

(a) 手动回转工作台　　　　　　　　　(b) 机动回转工作台

1—转盘　2—螺钉　3—手轮　4—挡铁　5—传动轴　6—手柄　7—手动进给手轮的连接方头

图 5-43　回转工作台

5.3.4　铣刀与铣削方式

1) 铣刀类型

铣刀的种类很多,按用途分常见铣刀有圆柱铣刀、面铣刀、盘形铣刀、锯片铣刀、键槽铣刀、模具铣刀、角度铣刀、T 形槽铣刀和成形铣刀等。如图 5-44 所示。

(1) 圆柱平面铣刀。如图 5-44(a)所示,有整体高速钢和镶焊硬质合金两种,切削刃一般为螺旋形,用于卧式铣床加工平面。

(2) 端铣刀。如图 5-44(b)所示,主要采用硬质合金可转位刀片,主切削刃分布在铣刀端面上,多用于立式铣床加工大平面,加工质量、生产率均较高。

(3) 盘铣刀。盘铣刀分单面刃、双面刃和三面刃三种,如图 5-44(c)、(d)、(e)所示,多采用硬质合金机夹结构,主要用于加工沟槽和台阶。图 5-44(f)为错齿三面刃铣刀,刀齿左右交错并为左右螺旋,可改善切削条件。

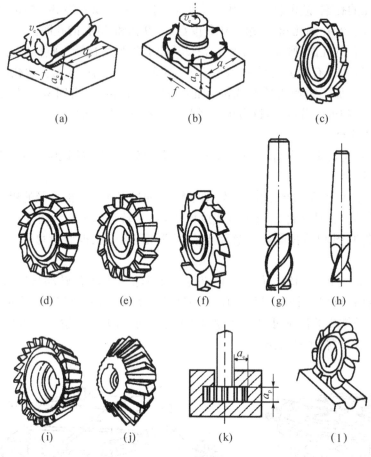

图 5-44 铣刀类型

(4) 锯片铣刀。见图 5-33(h)，锯片铣刀齿数少，容屑空间大，主要用于切断和切窄槽。

(5) 立铣刀。如图 5-44(g)所示，圆柱面上的螺旋刃为主切削刃，端面刃为副切削刃，不能沿轴向进给，主要用于加工槽、台阶面、小平面。

(6) 键槽铣刀。如图 5-44(h)所示，端刃和圆周刃都是主切削刃，铣削时，先轴向进给切入工件，然后沿键槽方向进给铣出键槽。

(7) 角度铣刀。角度铣刀分为单面和双面角度铣刀，如图 5-44(i)、(j)所示，用于铣削斜面、V 形槽、燕尾槽等。

(8) T 形槽铣刀。如图 5-44(k)所示，用于铣削 T 形槽。

(9) 成形铣刀。如图 5-44(l)所示，用于在普通铣床上加工各种成形表面，其廓形由工件的廓形确定。

2) 铣削方式

(1) 周铣与端铣。按照刀齿在铣刀上分布的部位不同，铣削方式可分为周铣与端铣。

端铣是利用分布在铣刀端部的刀齿进行切削。端铣时，同时参加工作的刀齿数目较多，切削力变化较小，切削过程较平稳，且端铣刀上有修光刀齿可对已加工表面有修光作用，因而其加工质量较好。刀杆刚性高，端铣刀大多采用硬质合金刀片，可采用较大的切削用量,常可在一次走刀中加工出整个工件表面,所以生产率与加工质量均较高,在平面铣削中应用较广,尤其适用于大平面铣削。

周铣是利用分布在铣刀圆柱面上的刀刃进行切削。圆柱铣刀不易镶嵌硬质合金,多用高速钢制造。但周铣则可通过选用不同类型的铣刀,进行平面、台阶、沟槽及成形面等的加工,因此,周铣的应用范围较广。

(2) 顺铣与逆铣。使用圆柱铣刀铣平面时,根据铣刀旋转方向与工件进给方向不同,铣削方式可分为顺铣与逆铣。

顺铣时,铣刀旋转方向与工件进给方向相同(图5-45(a))。顺铣时切削厚度由大变小,易于切削,可减小工件表面粗糙度,刀具耐用度高;顺铣时铣削力将工件压在工作台上,工作平稳。但对于进给丝杠和螺母有间隙的铣床不能采用顺铣,以免造成工作台窜动。

逆铣时,铣刀旋转方向与工件进给方向相反(图5-45(b))。铣削力与进给方向相

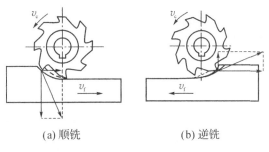

图 5-45 顺铣和逆铣

反,丝杠和螺母总是保持紧密接触;逆铣时铣削力有将工件抬起的趋势,易引起振动。

总之,当加工表面无硬皮,铣床装有丝杆螺母间隙调整机构,或对软材料精加工时,才采用顺铣,否则都应采用逆铣,生产中广泛采用逆铣。

5.3.5 铣削加工

在铣床上,使用不同类型的铣刀,可以进行多种铣削加工。

1) 铣削平面

(1) 铣削水平面。根据设备、刀具条件不同,可在卧式铣床上用圆柱铣刀对工件进行周铣(见图5-44(a)),或在立式铣床上用端铣刀对工件进行端铣(见图5-44(b))。

在立式铣床上用端铣刀铣削平面时,铣削比较平稳,加工表面也比较光洁,因此最好在立式铣床上采用端铣刀铣削水平面。但对于小平面可采用直径大于铣削面的立铣刀铣削,见图5-46(a);对于有台阶的平面或宽度大于铣刀直径的平面铣削,也可用立铣刀一刀接一刀的铣削,见图5-46(b)。立铣刀一般为三齿,圆柱面上的螺旋刃为主切削刃,端面刃为副切削刃。立铣刀不能沿轴向进给。

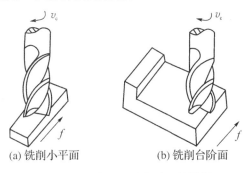

图 5-46 小平面及台阶面的铣削

(2) 铣削垂直面。可用卧式铣床或立式铣床加工垂直面。在卧式铣床上铣削垂直面是用端铣刀的端部刀刃齿进行端铣,见图 5-47(a);图 5-47(b) 为用三面刃铣刀铣削组合面。在立式铣床上铣削垂直面是用立铣刀的圆周齿进行周铣,见图 5-33(c)。

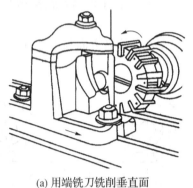

(a) 用端铣刀铣削垂直面　　(b) 用三面刃铣刀铣削组合面

图 5-47　用卧式铣刀加工垂直面

(3) 铣削斜面。铣斜面是铣平面的特例,常用铣斜面的方法如图 5-48 所示。可以用端铣刀将工件压在斜垫块上铣斜面,见图 5-48(a);可以用立铣刀将工件装夹在分度头上铣斜面,见图 5-48(b);可以用端铣刀将立铣头在其垂直面内旋转一个 α 角铣斜面,见图 5-48(c);可以用角度铣刀直接铣斜面,见图 5-48(d)。批量较大时,可采用专用夹具进行斜面铣削。

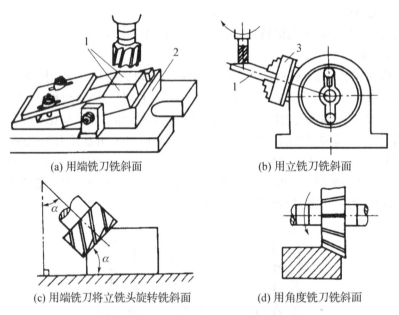

(a) 用端铣刀铣斜面　　(b) 用立铣刀铣斜面

(c) 用端铣刀将立铣头旋转铣斜面　　(d) 用角度铣刀铣斜面

1—工件　2—斜垫块　3—三爪卡盘

图 5-48　常用铣斜面方法

2) 铣削沟槽与切断

(1) 铣削直槽。可在立式铣床上用立铣刀铣削直槽,如图 5-33(d)所示;也可在卧式铣床上用盘形铣刀铣削直槽,如图 5-33(e)所示。

(2) 铣削键槽。如图 5-33(k)所示,可在立式铣床上用键槽铣刀铣削平键键槽。键槽铣刀为两齿,端刃和圆周刃都是主切削刃。铣削时先轴向进给切入工件,然后沿键槽方向进给铣出键槽,再沿轴向退出。也可在卧式铣床上用与键槽同直径、同厚度的半圆键铣刀铣削半圆形键槽,如图 5-33(l)所示。

(3) 铣削 T 形槽、燕尾槽和 V 形槽。如图 5-33(g)所示,先用圆盘铣刀或立铣刀铣削直槽,然后再用 T 形铣刀铣削出 T 形槽。如图 5-33(j)所示,先用圆盘铣刀或立铣刀铣削直槽,然后再用燕尾槽铣刀铣削出燕尾槽。如图 5-33(i)所示,用双面角度铣刀铣削 V 形槽。

(4) 铣削螺旋槽。具有螺旋槽的零件如螺杆、螺旋齿轮等,可在卧式铣床上利用万能分度头进行。螺旋运动是工件旋转和工作台进给运动的合成,当工件旋转一周时,它前进的距离必须等于导程。如图 5-49(a)所示。加工时,工作台还应绕垂直轴转动 β 角,此角应等于螺旋线的螺旋角,而其转动方向根据螺旋槽方向而定,如图 5-49(b)所示。

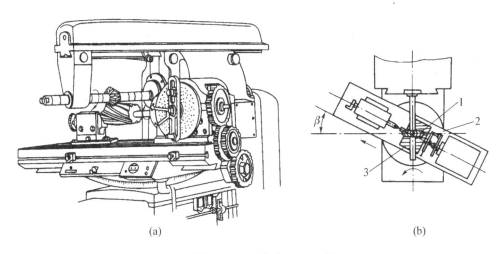

1—铣刀 2—工作台 3—工件
图 5-49 铣削螺旋槽

(5) 切断或割窄槽。一般用锯片铣刀在卧式铣床上进行,见图 5-33(h)。

3) 铣削曲线外形和特形表面

(1) 铣削曲线外形。曲线外形可以在立式铣床上用立铣刀依划线用手动进给铣削,见图 5-33(o)。也可用回转工作台依划线铣削(图 5-50),还可以在立式铣床上按照靠模铣削。

(2) 铣削成形面。图 5-51 为用成形铣刀铣削成形面示意图。

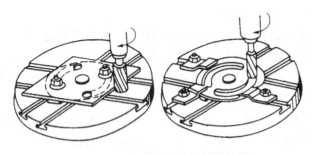
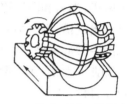

图 5-50 用回转工作台依划线铣削　　图 5-51 用成形铣刀铣削成形面

4) 铣削齿轮

用盘状齿轮铣刀在卧式铣床上,借助于分度头分度,铣削小模数齿轮,见图 5-33(m)。用指状齿轮铣刀在立式铣床上,借助于分度头分度,铣削较大模数齿轮。详见本章第 5 节齿轮加工。

5.3.6 铣削用量的选择

1) 选择铣削背吃刀量 a_p

根据不同的加工要求,a_p 的选择有三种。

(1) 当工件表面要求的表面粗糙度值 Ra 为 12.5 μm,一般可通过一次粗铣就能达到尺寸要求。但是当工艺系统刚性很差,或者机床动力不足,或者余量很大时,可考虑分两次铣削。此时第一刀的铣削背吃刀量 a_p 应尽可能大些,以使刀尖避开工件表面的锻、铸硬皮。通常铣削无硬皮的钢料时,a_p 为 3～5 mm;铣削铸钢或铸铁时,a_p 为 5～7 mm。

(2) 要求工件表面粗糙度值 Ra 小于 6.3 μm,可分粗铣和半精铣两次铣削。粗铣后留 0.5～1.0 mm 余量,再由半精铣切除。

(3) 工件表面粗糙度 Ra 值为 3.2～1.6 μm,可分粗铣、半精铣及精铣三次铣削。半精铣 a_p 为 1.5～2.0 mm,精铣 a_p 为 0.5 mm 左右。

2) 选择每齿进给量 f_z

在 X62W 或 X52 型铣床上,如果铣刀、夹具及工件的刚性一般,f_z 的大致范围如表 5-5 所列。

表 5-5 f_z 的推荐值范围

工件材料	每齿进给量/(mm·z^{-1})	
	高速钢铣刀	硬质合金铣刀
钢材	0.02～0.06	0.10～0.25
铸铁	0.05～0.10	0.15～0.30

在具体确定时,应注意:

(1) 粗铣取大值,精铣取小值。

(2) 对刚性较差的工件,或当所用的铣刀强度较低(如锯片、立铣刀等)时,f_z 应适当减小。

(3) 在加工不锈钢等冷硬倾向大的工件材料时,应适当增大 f_z,以免刃口在冷硬层内切削,加速刀齿的磨损。

(4) 用带修光刃的硬质合金铣刀进行半精铣时,只要工艺系统刚性允许,f_z 可增大到 0.3~0.5 mm/z。但修光刃必须磨得平直,并与进给方向保持较高的平行度。

3) 选择铣削速度 v_c

选择 v_c 时,首先应考虑刀具材料及工件材料的性质。刀具材料的耐热性越好,则 v_c 可取得越高;如果工件材料的强度、硬度很高,则 v_c 应适当减小。表 5-6 所列的铣削速度范围可供选择时参考。

表 5-6 典型工件材料的铣削速度推荐值

工件材料	布氏硬度 HBW	铣削速度/(m·min^{-1})	
		硬质合金铣刀	高速钢铣刀
20	≤156	150~190	20~45
45	≤229	120~150	20~35
40	220~250	60~90	15~25
铸铁	163~229	70~100	14~22
黄铜	56	120~200	30~60

在具体确定 v_c 时,应注意:
(1) 粗铣时,切削负荷大,v_c 应取小值;精铣时,为了减小表面粗糙度值,v_c 应取大值。
(2) 采用硬质合金铣刀,v_c 可取较大值。
(3) 铣削后,如发现铣刀耐用度太低,则应适当减小 v_c。

最后根据所选择的每齿进给量和铣削速度计算出所需要的每分钟走刀量和机床转速,根据计算的结果调整机床。

确定切削速度后,则主轴转速可按下式计算后,选择主轴实际转速。

$$n = \frac{1\,000\,v_c}{\pi d} \tag{5.2}$$

X5032 立式升降台铣床主轴转速有 18 种:30、37.5、47.5、60、75、95、118、150、190、235、300、375、475、600、750、950、1 180、1 500 r/min。横向或纵向进给速度也有 18 种:12、16、20、27、36、47、58、78、100、120、160、205、270、360、470、580、780、1 000 mm/min。

5.4 磨削加工

在磨床上用砂轮作为刀具对工件表面进行加工的过程称为磨削加工。磨削加工可以获得高精度和较低数值的表面粗糙度,是零件精加工的主要方法之一。

5.4.1 磨削加工概述

磨床的主运动是砂轮的高速旋转运动,进给运动可以由砂轮或工件分别完成,也可以由两者共同完成。

在一般条件下,加工精度为 IT5~IT6 级,表面粗糙度 Ra 值为 0.32~1.25 μm。

磨床加工的工艺范围很宽,可磨削内外圆柱面和圆锥面、平面、齿轮齿廓面、螺旋面及各种成形面等,磨削加工的主要工艺范围如图 5-52 所示。

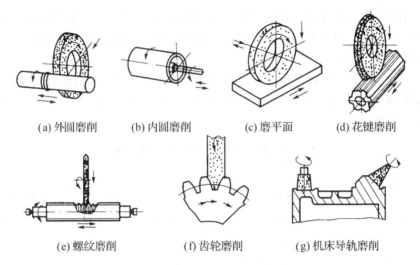

图 5-52 磨削加工的主要工艺范围

磨削加工时,砂轮每一个尖棱形的砂粒都相当于一个刀齿,整个砂轮可以看成是具有无数个刀齿的铣刀,所以磨削加工的实质可看成为密齿刀具的超高速切削过程。与车、铣等切削加工相比,磨削加工有以下特点:

(1) 能达到高的精度和较低数值的表面粗糙度。在高精度外圆磨床上磨削,尺寸精度可达 IT5 以上,表面粗糙度 Ra 值可达 $0.01~\mu m$。

(2) 不仅能加工软材料(如未淬火钢、铸铁等),还可以完成其他机床难加工的材料(如淬硬钢、高速钢、硬质合金、玻璃、陶瓷等)。

(3) 磨削速度高,产生热量大。一般砂轮线速度可达 $50~m/s$,约为车削和铣削的 10 倍。由于砂轮的高速切削和摩擦作用,磨削区温度可达 $800 \sim 1~000~℃$。因此,必须使用大量的切削液。

(4) 砂轮的自锐性。砂轮的自锐性是指磨料磨钝后,在切削力的作用下可自行脱落出锋利的新磨粒,来进行切削加工。这一特点使得在工件硬度与磨粒硬度十分接近时也能进行磨削。

(5) 径向磨削力大。磨削时由于磨粒以负前角切削等因素,径向切削力一般是切向磨削力的 $2 \sim 3$ 倍。大的径向切削力会引起工件、夹具及机床产生变形,影响加工精度。

5.4.2 砂轮

1) 砂轮的组成

砂轮是磨削的主要工具,它是由磨料加结合剂经过压制与焙烧而成的疏松多孔体,如图 5-53 所示。砂轮的特性由磨料的种类、粒度和结合剂的种类、结合强度等因素来决定。

(1) 磨料。磨料是制造砂轮的主要原料,在磨削中担负着主要的切削工作。磨料必须具备高硬度、

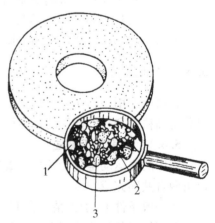

1—空隙 2—结合剂 3—磨料
图 5-53 砂轮的组成

高耐热、耐磨性和一定的韧性。常用的磨料有刚玉系（Al_2O_3）和碳化硅系（SiC），超硬磨料有人造金刚石和立方氮化硼等，其特性和用途见表 5-7。

表 5-7 常用磨料的特性与用途

系列	磨料名称	代号	旧代号	特 性	适合磨削的材料
刚玉系	棕刚玉	A	GZ	棕褐色，硬度高，韧性大，价格便宜	碳钢、合金钢
	白刚玉	WA	GB	白色，硬度比 A 高，韧性比 A 差	淬火钢、高速钢
碳化硅系	黑碳化硅	C	TH	黑色，硬度比 WA 高，性脆而锋利，导热性较好	铸铁、黄铜及非金属材料
	绿碳化硅	GC	TL	绿色，硬度及脆性比 C 高，有良好的导热性	硬质合金、宝石、陶瓷
超硬磨料	人造金刚石	SD	JR	无色透明或淡黄色、黄绿色、黑色，硬度高	硬质合金、宝石、光学玻璃、半导体材料等
	立方氮化硼	CBN	JDL	黑色或淡白色，硬度仅次于 SD，耐磨性高、发热小	不锈钢、高钒钢、高钼钢等难加工材料

（2）磨料的粒度。粒度表示磨料颗粒的大小。有两种表示方法：①粗磨粒用筛分法，粒度号是以筛网上每英寸长度的筛孔数来表示，粒度范围 F4～F220。如粒度 F60 的磨料，是指能通过每英寸长度 60 个筛孔的筛网而不能通过每英寸长度内 70 个筛孔的筛网。②微粉法，粒度范围 F230～F1200，粒度组成的检测方法为沉降法（原为显微镜法）。

砂轮的粒度对磨削加工生产率和工件表面质量影响较大。一般来说，粗磨时，应选用粗粒度的砂轮，以保证较高的生产率；精磨时，选用细粒度砂轮，以减低磨削表面的粗糙度值；磨软而黏的材料，应选用粗粒度的砂轮，以防工作表面堵塞；磨削脆、硬材料，则应选用细粒度砂轮。粒度的选用如表 5-8 所示。

表 5-8 粒度的选用

粒度号	颗粒尺寸/μm	使用范围
F12、F14、F16	2 000～1 000	粗磨、荒磨、打磨毛刺
F20、F24、F30、F36	1 000～400	磨钢锭、打磨铸件毛坯、切断钢坯等
F46、F60	400～250	内圆、外圆、平面、无心磨、工具磨等
F70、F80	250～160	内圆、外圆、平面、无心磨、工具磨等半精磨、精磨
F100、F120、F150、F180、F240	160～50	半精磨、精磨、珩磨、成形磨、工具磨等
F360、F400、F500、F600	50～14	精磨、超精磨、珩磨、螺纹磨、镜面磨等
F800、F1000、F1200	14～2.5	精磨、超精磨、镜面磨、研磨、抛光等

（3）结合剂。结合剂的作用是将磨粒黏结在一起。常用的结合剂有陶瓷结合剂、树脂结合剂、橡胶结合剂和金属结合剂，其中以陶瓷结合剂应用最广。

（4）硬度。砂轮的硬度是指在磨削力作用下磨粒脱落的难易程度。磨料容易脱落，表明砂轮硬度低;磨料难以脱落,表明砂轮硬度高。

砂轮硬度的选择,对磨削质量、效率和砂轮的损耗都有很大的影响。一般来说,磨削较硬的材料,应选用较软的砂轮;磨削较软的材料,应选用较硬的砂轮。在精磨和成形磨削时,应选用较硬的砂轮。砂轮的硬度等级和表示代号见表5-9。

表5-9 砂轮的硬度等级及代号

等级	大级	极软				很软			软			中级			硬			很硬	极硬
	小级	极软1	极软2	极软3	极软4	很软1	很软2	很软3	软1	软2	软3	中级1	中级2	中级3	硬1	硬2	硬3	很硬	极硬
代号		A	B	C	D	E	F	G	H	J	K	L	M	N	P	Q	R	S	T	Y

(5) 组织。砂轮的总体积是由磨粒、结合剂和气孔构成的,这三部分体积的比例关系,在工程中常称为砂轮的组织。砂轮的组织与用途见表5-10。

表5-10 砂轮的组织与用途

组织号	0	1	2	3	4	5	6	7	8	9	10	11	12	13	14
磨粒率/%	62	60	58	56	54	52	50	48	46	44	42	40	38	36	34
用途	成形磨削和精密磨削				磨淬火工件、刀具				磨韧性好、硬度低的材料						

2) 砂轮的形状及规格

根据加工需要,砂轮有不同的尺寸和形状,如图5-54所示。各种形状的砂轮都有代号,用汉语拼音表示,可查阅有关手册。

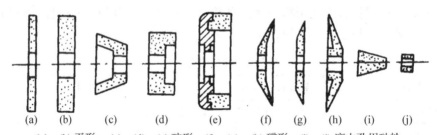

(a)、(b) 平形; (c)、(d)、(e) 碗形; (f)、(g)、(h) 碟形; (i)、(j) 磨内孔用砂轮

图5-54 砂轮的形状

在砂轮的端面都标有规格,例如:

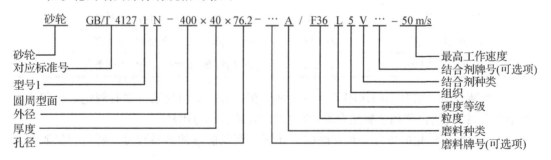

3) 砂轮的修整

砂轮使用一段时间后,磨粒变钝,几何形状被损坏,通过修整就可恢复其原有的切削能力和正确的几何形状。砂轮修整常用金刚石工具进行,如图 5-55 所示。启动砂轮,摇动台面纵向进给和砂轮横向进给,使金刚石慢慢靠近砂轮,当砂轮表面与之相接触即纵向退出,启动冷却泵,在充分冷却条件下进行修整。修整的切削用量为:横向进给量(修整深度)0.01～0.03 mm,纵向进给速度约 400 mm/min。修整时,横向进给次数一般为 2～3 次。精修时的横向进给量为 0.005～0.015 mm,纵向进给速度约 200 mm/min。

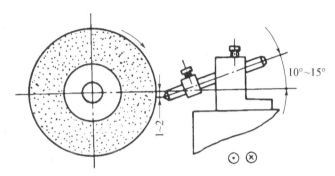

图 5-55 金刚石工具修整砂轮

5.4.3 外圆磨削

经过粗加工和半精加工过的轴类零件的外圆,需要进一步提高表面精度,降低表面粗糙度数值,可以通过外圆磨削加工的方法获得。

1) M1432A 型万能外圆磨床

图 5-56 是 M1432A 型万能外圆磨床的外形,机床的主要组成部件如下。

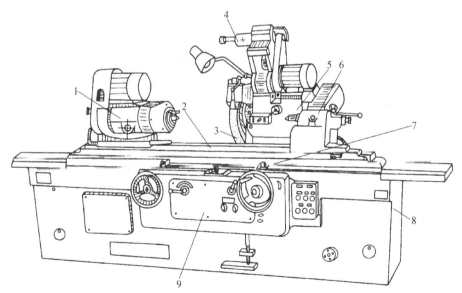

1—头架 2—工作台 3—砂轮 4—内圆磨具 5—砂轮架
6—尾座 7—换向撞块 8—床身 9—液压操纵箱

图 5-56 M1432A 型万能外圆磨床

(1) 头架。头架上有主轴,主轴端部可以安装顶尖,以便安装轴类工件;头架上可以安装三爪卡盘,以便安装套类零件。工件由单独的电动机通过带传动变速机构带动,使工件可获得六级转动速度:25、50、80、112、160、224 r/min。头架可在水平面内转动90°的角度。

(2) 工作台。工作台2分上下两层。上工作台可绕下工作台的心轴在水平面内偏转±10°左右的角度,以磨削锥度不大的长圆锥面。工作台台面上的头架1和尾座6,可随工作台沿床身作纵向直线往复运动。

(3) 砂轮架。砂轮架5用于安装砂轮3,并由单独的电动机通过带传动带动砂轮高速旋转(1 670 r/min)。砂轮架可在床身后部的导轨上作横向移动。移动的方式有机动间隙进给、手动进给、快速趋进工件和退出。当磨削短圆锥面时,砂轮架可绕其垂直轴线转动30°的角度。

(4) 尾座。尾座6内的顶尖和头架1的前顶尖一起,用于支承工件。通过脚踏操纵板,可控制尾架上的液压顶尖快速装卸工件。

(5) 内圆磨具。内圆磨具4用于支承磨内孔的砂轮主轴,主轴由单独的电动机驱动通过更换皮带轮,可获得10 000 r/min 和 15 000 r/min 两种速度。内圆磨具可绕其支架旋转,使用时翻下,不用时翻向砂轮架上方。

(6) 床身。床身8是磨床的基础支承件,它支承着砂轮架,工作台,头架,尾座等部件,使它们在工作时保持准确的相对位置。床身内部是液压部件及液压油的油池。

外圆磨削过程中,砂轮的高速旋转运动为主运动。进给运动有三个:工件在头架带动下自转,以保证磨出一圈外圆;工件可随工作台沿床身作纵向往复直线运动,以保证磨出整个轴向外圆;砂轮架可在床身后部的导轨上作横向移动,以保证轴的直径尺寸精度。

2) 工件在外圆磨床上的装夹

在外圆磨床上,工件一般用前、后顶尖装夹,也可用三爪自定心卡盘、四爪单动卡盘、心轴装夹。

(1) 顶尖装夹。如图5-57所示,其安装方法与车削中所用方法基本相同,但磨床所用顶尖都是死顶尖,不随工件一起转动,并且尾座顶尖是靠弹簧推紧力顶紧工件,这样可以减小安装误差,提高磨削精度。

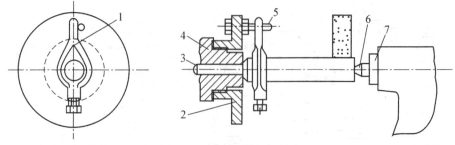

1—夹头　2—拨盘　3—前顶尖　4—头架主轴　5—拨杆　6—后顶尖　7—尾座套筒

图5-57 顶尖安装工件

磨削前,要对工件的中心孔进行研磨,以便提高其几何形状精度,降低表面粗糙度。一般采用四棱硬质合金顶尖,在车床或钻床上进行,研亮即可。当中心孔较大,修研精度较高时,必须选用油石顶尖或铸铁顶尖作前顶尖,用一般顶尖作后顶尖。研磨时,头架旋转,工件不旋转(用手握住),研好一端后再调头研磨另一端。

(2) 卡盘装夹。端面上没有中心孔的短工件可用三爪或四爪卡盘装夹,装夹方法与车削装夹方法相同。

(3) 心轴装夹。盘套类工件常以内圆定位磨削外圆。此时必须采用心轴来装夹工件,心轴可安装在两顶间,见图5-58小锥度心轴和图5-59台阶心轴;有时也可以直接将心轴安装在头架主轴的锥孔里,见图5-60可胀心轴。

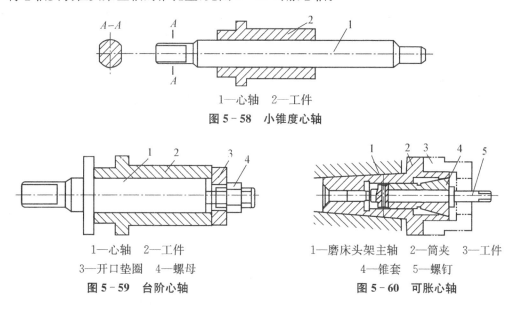

图5-58 小锥度心轴

1—心轴 2—工件
3—开口垫圈 4—螺母

图5-59 台阶心轴

1—磨床头架主轴 2—筒夹 3—工件
4—锥套 5—螺钉

图5-60 可胀心轴

3) 外圆磨削加工方法

工件的外圆一般在普通外圆磨床或万能外圆磨床上磨削。外圆磨削一般有纵磨、横磨、综合磨和深磨四种方式,如图5-61所示。

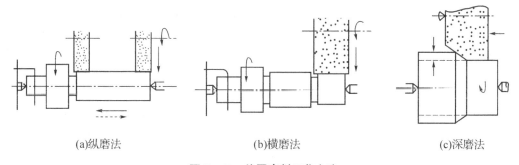

(a)纵磨法　　　(b)横磨法　　　(c)深磨法

图5-61 外圆磨削工艺方法

(1) 纵磨法。纵磨法是工件随工作台纵向往复运动,即纵向进给。每个行程终了时砂轮作横向进给一次,磨到尺寸后,进行无横向进给的光磨行程,直至火花消失为止,如图5-61(a)所示。纵磨法磨削外圆可用同一砂轮磨削长度不同的工件,磨削质量好,适合于磨削长轴或精磨,但磨削效率低。

(2) 横磨法。横磨法是工件不作纵向进给,砂轮以缓慢的速度连续或断续地向工件作横向进给,直至加工完毕,如图 5-61(b)所示。此方法常用于刚性较好且较短的工件,砂轮的宽度一般大于工件磨削部分的长度。它的特点是:充分发挥了砂轮的切削能力,磨削效率高;但因工件与砂轮的接触面积大,工件易发生变形和烧伤;砂轮形状误差直接影响工件几何形状精度,故磨削质量较低。

(3) 综合磨削法。生产中常先用横磨法对较长轴分段进行粗磨,以提高效率;再用纵磨法进行精磨,以提高精度。这种磨法也叫综合磨削法。

(4) 深磨法。用较小的纵向进给量,在一次行程内磨削全部余量的磨削方法叫深磨法。深磨法是利用砂轮斜面完成粗磨和半精磨,最大外圆完成精磨和修光,全部磨削余量一次完成,见图 5-61(c)。深磨法适用于刚性好的短轴的大批量生产。

4) 外圆锥面磨削

一般在普通外圆磨床或万能外圆磨床上磨削。根据工件的形状和锥角大小,可用以下三种磨削方法。

(1) 转动工作台法。常用于磨削锥面长而锥角小的外圆锥面。磨削时,把工件安装在两顶尖之间,再根据工件圆锥半角($\alpha/2$)的大小,将上工作台相对下工作台逆时针转过同样大小的角度,见图 5-62。

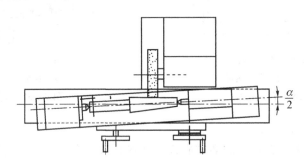

图 5-62 转动工作台磨外圆锥面

磨削时,一般采用纵磨法,也可以采用综合磨削法。用这种方法只能磨削圆锥角小于 12°~18°的外圆锥面。用转动工作台磨外锥面,因机床调整方便,工件装夹简单,精度容易控制,质量好。因此,除了工件圆锥角过大受工作台转动角度限制外,一般都应采用这种方法。

(2) 转动头架磨外圆锥面。常用于磨削锥度较大和长度较长的工件。磨削时,把工件装夹在头架卡盘中,再根据工件圆锥半角($\alpha/2$)将头架逆时针转过同样大小的角度,然后进行磨削,见图 5-63。角度值可从头架下面底座上的刻度盘上确定。但是,头架刻度不是很精确的,必须经试磨削后再进行调整。

(3) 转动砂轮架磨外圆锥面。常用于磨削锥度较大和长度较短的工件。如图 5-64 所示,砂轮架转过的角度也应等于工件的圆锥半角。磨削时必须注意工作台不能作纵向进给,只能用砂轮的横向进给来进行磨削。因此,工件的圆锥母线长度应小于砂轮的宽度。这种方法加工效率较高,但由于磨削时工作台不能纵向运动,不易提高工件精度和减小表面粗糙度,因此,一般情况下很少采用。

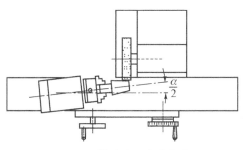

图 5-63 转动头架磨外圆锥面　　　　图 5-64 转动砂轮架磨外圆锥面

5) 磨削用量的确定

磨削用量主要包括工件的圆周速度、砂轮的圆周速度、纵向进给量和横向进给量。磨削用量选择是否适当,不仅直接关系到工件的加工精度和表面粗糙度值,而且还影响到生产效率。工件的圆周速度一般为 5~30 m/min;砂轮的圆周速度一般为 30~35 m/s 左右;工件每转一转,砂轮在纵向进给运动过程中所移动的距离叫做纵向进给量(单位为 mm/r),其大小选择与砂轮宽度 B 有关,进给量一般为 (0.1~0.8)B mm/r;工作台面往返行程一次,砂轮横向移动的距离叫做横向进给量,也叫做磨削深度,一般为 0.005~0.05 mm。

粗磨时,须采用较大的横向进给量和纵向进给量;精磨时,采用的值较小,且须选择较小的工件圆周速度,但应注意避免烧伤工件表面。随着砂轮损耗,其圆周速度也随之下降,要注意及时更换砂轮。

5.4.4 内圆磨削

经过钻孔、扩孔后的套类零件的较大内孔,需要进一步提高表面精度,降低表面粗糙度数值,可以通过内圆磨削加工的方法获得。内圆磨削的尺寸精度一般可达 IT6~IT7 级,表面粗糙度 Ra 值达 0.8~0.2 μm。

1) 内圆磨床

图 5-65 为 M2110A 型普通内圆磨床的外形。型号中"2"表示"内圆磨床组";"1"表示"内圆磨床型";"10"表示"最大磨削孔径为 100 mm"。如图所示,内圆磨床的头架通过底板固定在工作台上,前端装有卡盘或其他夹具,用以夹持并带动工件旋转。头架可绕垂直轴线转动一定角度(最大角度为 20°),以便磨削圆锥孔。

磨削时,由工作台带动头架沿床身的导轨作纵向往复运动。砂轮由砂轮架主轴带动作旋转主运动,砂轮架可由手动或液压传动沿床鞍作横向进给,工作台每往复一次,砂轮架作横向进给一次。

2) 工件的装夹

在内圆磨床上,工件一般用三爪卡盘装夹;对于形状比较复杂的工件可用四爪卡盘或花盘装夹;对于较长的套类零件可用卡盘和中心架装夹,装夹方法与车削装夹方法基本相同。

3) 内圆磨削

内圆磨削可以在普通内圆磨床或万能外圆磨床上磨削。内圆磨削主要用于淬火工件的圆柱孔和圆锥孔的精密加工。内圆磨削的砂轮因受孔径的限制,直径不能过大,为

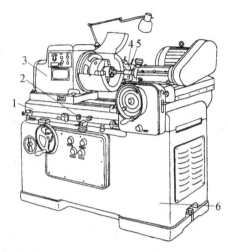

1—工作台 2—换向撞块 3—头架 4—砂轮修整器 5—内圆磨具 6—床身
图 5-65 M2110A 型普通内圆磨床

了达到很高的磨削速度,要求内圆磨床具有很高的主轴转速(10 000～20 000 r/min)。由于砂轮直径小,砂轮消耗大,在工作中常分粗磨和精磨两个阶段。

图 5-66 为内圆磨削示意图。其头架安装在工作台上,可随工作台沿床身导轨作纵向往复运动。工件安装在头架上,由主轴带动作圆周进给运动。砂轮由砂轮架主轴带动作旋转主运动,砂轮架可由手动或液压传动沿床鞍作横向进给,工作台每往复运动一次,砂轮架作横向进给一次。

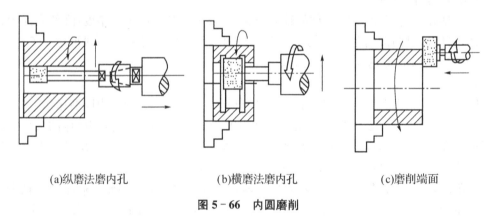

(a)纵磨法磨内孔　　(b)横磨法磨内孔　　(c)磨削端面

图 5-66 内圆磨削

4) 内圆锥面的磨削

磨内圆锥面的原理与磨外圆锥面相同,其方法一般有以下两种。

(1) 转动工作台磨内圆锥面。在万能磨床上磨内圆锥面的方法见图 5-67。磨削时,将工作台转过一个与工件圆锥半角相同的角度,并使工作台带动工件作纵向往复运动,砂轮作横向进给即可。这种方法由于受工作台转角的限制,因此,仅限于在磨削圆锥角在 18°以下长度较长的内锥面。

(2) 转动头架磨内圆锥面。磨削时,将头架转过一个与工件圆锥半角相同的角度,使工作台进行纵向往复运动,砂轮作微量横向进给即可,见图 5-68。

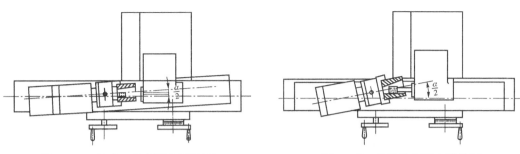

图 5-67 转动工作台磨内圆锥面　　　　图 5-68 转动头架磨内圆锥面

这种方法可以在内圆磨床上磨削各种锥度的内圆锥面以及在万能外圆磨床上磨削锥度较大的内圆锥面。由于采用纵向磨削,能使工件获得较高的精度和较小的表面粗糙度。因此,一般长度较短、锥度较大的零件都采用这种方法。

5) 磨削用量的确定

磨削用量主要包括工件的圆周速度、砂轮的圆周速度、纵向进给量和横向进给量。磨削用量选择是否适当,不仅直接关系到工件的加工精度和表面粗糙度值,而且还影响到生产效率。工件的圆周速度一般为 10~50 m/min(工件孔直径小于 50 mm);砂轮的圆周速度一般为 10~27 m/s(砂轮直径小于 50 mm);工件每转一转,砂轮在纵向进给运动过程中所移动的距离叫做纵向进给量(单位为 mm/r),其大小选择与砂轮宽度 B 有关,进给量一般为 (0.25~0.8)B mm/r;工作台面往返行程一次,砂轮横向移动的距离叫做横向进给量,也叫做磨削深度,一般为 0.005~0.03 mm。

粗磨时,须采用较大的横向进给量和纵向进给量;精磨时,采用的值较小,且须选择较小的工件圆周速度,但应注意避免烧伤工件表面。随着砂轮损耗,其圆周速度也随之下降,要注意及时更换砂轮。

5.4.5 平面磨削

平面磨削在平面磨床上进行,一般作为铣削和刨削加工后的精加工工序。

1) 平面磨床

图 5-69 为 M7120A 型平面磨床的外形。型号中"7"表示"平面磨床组";"1"表示"卧式矩台型";"20"表示"工作台面宽度为 200 mm"。

平面磨床的工作台由液压传动,可作纵向直线往复运动,磨头可沿滑鞍作横向间隙进给运动(手动或液动),磨头还可沿立柱的导轨作垂直间隙切入进给运动(手动)。

2) 平面磨削的工件装夹

平面磨床工作台上装有电磁吸盘。电磁吸盘用于装夹各种导磁材料制成的工件。导磁性工件如钢、铸铁件等可直接安装在工作台上。电磁吸盘由吸盘体、线圈、盖板、心体、绝磁层等几部分组成,如图 5-70 所示。当线圈中接通直流电源时,将工件吸住。工件加工完毕后,只要将电磁吸盘励磁线圈的电源切断,即可卸下工件。铜、铝等非导磁性工件通过精密平口钳等其他安装方法装夹。当磨削键、垫圈、薄壁套等尺寸小的零件时,由于工件与工作台接触面积小,吸力弱,容易被磨削力弹出造成事故。所以装夹这类工件时,还需在工件四周或左右两端用挡铁围住,以防工件移动,如图 5-71 所示。

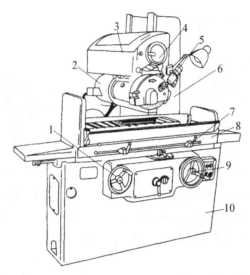

1—驱动工作台手轮　2—磨头　3—滑鞍　4—横向进给手轮　5—砂轮修正器
6—立柱　7—换向撞块　8—工作台　9—垂直进给手轮　10—床身

图 5-69　M7120A 型平面磨床

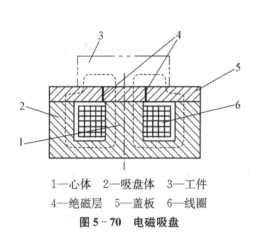

1—心体　2—吸盘体　3—工件
4—绝磁层　5—盖板　6—线圈

图 5-70　电磁吸盘

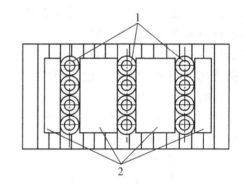

1—工件　2—挡铁

图 5-71　小工件的装夹

3) 平面磨削

磨削平面的方式有两种,用砂轮的周边进行磨削称为周磨;用砂轮的端面进行磨削称为端磨,如图 5-72 所示。

(1) 周磨。如图 5-72(a)所示,在矩台卧轴平面磨床上磨削,砂轮作旋转主运动,工件装在工作台上作纵向往复进给运动,砂轮的横向间隙进给由手动或液压传动实现,垂直间隙进给由手动实现。

周磨平面时,砂轮与工件的接触面积很小,排屑和冷却条件均较好,所以工件不易产生热变形,而且因砂轮圆周表面的磨粒磨损均匀,故加工质量较高,适用于中小批量生产的精度较高的中小型工件的精密磨削。磨削两平面间尺寸精度可达 IT6~IT5,平行度可达 0.03~0.01 mm;直线度可达 0.03~0.01 mm/m;表面粗糙度 Ra 值可达 0.8~0.2 μm。但由于砂轮主轴处于悬臂状态,故刚性差,磨削用量不能太大,生产率较低。

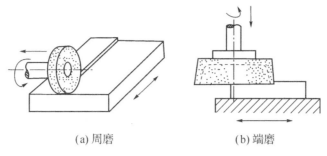

(a) 周磨　　　　　　　(b) 端磨

图 5-72　平面磨削

(2) 端磨。如图 5-72(b)所示,在矩台立轴平面磨床上磨削,砂轮作旋转主运动,工件装在工作台上作往复直线运动,砂轮还定时作垂直进给。

端磨平面时,砂轮与工件接触面积大,冷却液不易注入磨削区内,所以工件热变形大,而且因砂轮端面各点的圆周速度不同,端面磨损不均匀,所以加工精度较低。但其磨削效率高,适用于简单平行面的粗磨。

4) 磨削用量的确定

(1) 磨削速度。磨削速度是磨削过程中砂轮外圆的线速度,磨削速度 v 取 35~50 m/s。

(2) 进给量。对于圆磨,轴向进给量是工件每转一圈时沿本身轴线方向移动的距离;对于平面磨,进给量是工作台每完成一次纵向进给时,砂轮箱所作一次横向间隙移动的距离。一般 f 取 $(0.2\sim0.8)B$(B 为砂轮的宽度),单位为 mm/r。

(3) 背吃刀量。对于平面磨,进给量是当加工完整个平面后,砂轮箱连同滑座手动作一次间隙性的垂直进给量。一般 a_p 取 0.005~0.05 mm。

5.4.6　无心磨削

无心磨削的工件不用顶尖或卡盘来夹持,而由一个托板托住,并由砂轮对面的导轮(摩擦轮)带动而获得旋转和轴向进给运动。若将砂轮和导轮制成一定形状,又可以磨削阶梯面、圆锥面和其他成形表面(无轴向进给)。无心磨削主要用于外圆磨削,也可以进行内圆磨削。

外圆无心磨削和内圆无心磨削的工作示意图见图 5-73。用无心磨床磨削工件时生产效率很高,但更换工件时调整磨床很费时间。主要用于磨削大批量的细长轴和无中心孔的轴、套、销等。

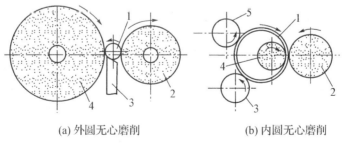

(a) 外圆无心磨削　　　　　　(b) 内圆无心磨削

1—工件　2—导轮　3—支架或支持滚轮　4—砂轮　5—压轮

图 5-73　无心磨削

5.5 齿轮加工

常用的齿轮有圆柱齿轮、锥齿轮及蜗轮等，其齿形轮廓是一种特殊的曲线，应用最广的是渐开线，所以它的加工方法比较特殊。近年来，已应用精密锻造、精密铸造、热轧、冷轧、粉末压制等少切削和无切削加工方法生产齿轮，但用这些方法生产高精度齿轮还有一定困难，因此，用切削方法加工齿轮仍用得比较广泛。加工一般齿形的方法有成形法和展成法两种：

(1) 成形法：使用与齿槽形状相同的成形刀具在毛坯上加工出齿形的方法。

(2) 展成法：它是利用一对渐开线齿轮或齿轮齿条相互啮合运动的原理，把其中一个齿轮齿条做成具有切削能力的刀具来完成齿形加工的一种方法。

5.5.1 成形法

1) 齿形的铣削加工

铣削加工是用成形法加工齿轮齿形的一种方法，这种方法简单，但生产效率不高，加工精度较低(9~11 级)，齿面表面粗糙度数值较大(Ra 为 3.2~6.3 μm)，适用于单件小批量生产。

一般在普通卧式铣床或立式铣床上用成形法加工齿轮，此时铣刀的旋转是主运动，被切齿的毛坯随工作台作纵向进给运动。当一个齿槽切好后利用分度头进行分度，再依次加工另一个齿槽，直到切完所有齿槽为止，如图 5-74 所示。

用成形法可加工直齿圆柱齿轮、斜齿圆柱齿轮、锥齿轮等。

齿轮铣刀分为盘状模数齿轮铣刀和指状模数齿轮铣刀两种。刀具的渐开线轮廓与齿轮的齿槽相吻合，切削时在两个相邻的齿上各切出半个齿形，如图 5-75 所示。

为了保证齿廓形状是渐开线齿形，齿轮铣刀的刀刃曲线就必须是标准的渐开线，在铣削相同模数而齿数不同的齿轮时，由于其渐开线的弯曲程度不同，就要求每一齿数有一把相应的铣刀，这在生产中显然是很难办到的。因此，通常把同一模数的铣刀制成 8 把一套和 15 把一套两种规格，如表 5-11 所示。每一号铣刀的刃形按可加工的最少齿数的齿槽设计，这样，加工出来的齿轮虽存在一定的齿形误差，但对于低精度的齿轮是允许的。

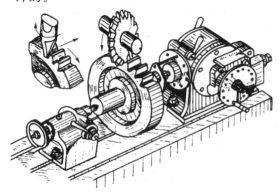

图 5-74 齿形的铣削加工

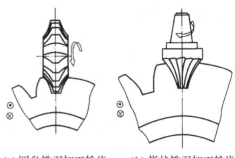

(a) 圆盘铣刀加工轮齿　　(b) 指状铣刀加工轮齿

图 5-75 单齿廓成形刀具加工齿轮轮齿

表 5-11　盘形齿轮铣刀刀号及铣齿规格

铣刀号		1	1.5	2	2.5	3	3.5	4	4.5	5	5.5	6	6.5	7	7.5	8
齿数范围	$m \leqslant 8$ mm	12~13	—	14~16	—	17~20	—	21~25	—	26~34	—	35~54	—	55~134	—	≥135
	$m > 8$ mm	12	13	14	15~16	17~18	19~20	21~22	23~25	26~29	30~34	35~41	42~54	55~79	80~134	≥135

8 把一套的齿轮铣刀适用于铣削模数 m 为 0.3~8 mm 的齿轮；15 把一套的适用于铣削模数 m 为 1~16 mm 的齿轮。显然，15 把一套的铣刀所铣出的齿轮，加工精度会高一些。铣制模数 $m > 10$ mm 的齿轮时，为了节约刀具材料，常采用指状齿轮铣刀。

2）拉齿

在拉床上采用拉刀拉制内齿轮也属于成形法加工。由于专用拉刀造价较高，所以只适用于大批生产中直径较小的内齿轮。

3）成形法磨齿

磨齿多用于对淬硬齿轮的齿面进行精加工，可得到较高的加工精度。成形法磨齿所用的砂轮截面形状，按样板用金刚石刀具修整成与工件齿间廓形相同形状，磨齿加工的示意图如图 5-76 所示。

成形法磨齿，机床结构简单，影响误差的因素较少；砂轮与工件的接触面大，生产效率高。但成形法磨齿的加工精度由砂轮形状决定，砂轮在工作时磨损不均匀。因此，成形法磨齿一般用于大批量生产且磨削精度要求不太高的齿轮或磨削内齿轮。

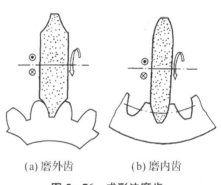

(a) 磨外齿　　(b) 磨内齿

图 5-76　成形法磨齿

5.5.2　展成法

大批量制造齿轮时广泛采用展成法。展成法加工齿轮常在滚齿机、插齿机、刨齿机和磨齿机等机床上进行。

1）齿形的滚齿加工

滚齿是在滚齿机上用与被切齿轮同模数的齿轮滚刀来加工齿轮的，如图 5-77 所示。

（1）工作原理。滚齿是利用齿轮与齿条啮合原理来加工齿轮的。齿条与同模数的任何齿数的渐开线齿轮都能正确地啮合。因此，如能将齿条制造出切削刃，并像插刀一样作上下往复切削运动（图 5-78(a)），当齿条移动一个齿距时，使齿坯的分度圆也相应转过一个周节的弧长，就可正确地切出渐开线齿形来（图 5-78(b)）。

把齿条当做刀具来加工齿轮时，齿条刀不可能做得很长，假如将齿条刀的刀齿有规律地分布在圆柱体的螺

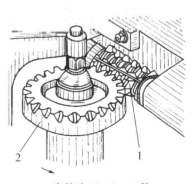

1—齿轮滚刀　2—工件

图 5-77　用滚刀加工齿轮

旋面上(图5-78(c)),就得到了滚刀的外形,当滚刀旋转起来时,就相当于齿条在移动。从滚切原理可知,用一把滚刀就可以滚切同一模数任何齿数的齿轮。

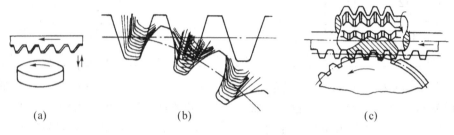

图5-78 滚齿的工作原理

(2) 切削运动。滚齿的主运动是滚刀的旋转运动。进给运动有两个:①展成运动,即工件和滚刀所作的啮合运动,对于单头滚刀,滚刀转一转,工件相对于滚刀转动一个齿;②垂直进给运动,即滚刀沿工件轴线方向作连续的进给运动,以切出工件整个齿宽上的齿形。

(3) 特点与用途。滚切时,滚刀是用几个齿同时并连续地切削齿轮毛坯,齿轮上的每个齿都是滚刀上同样的几个刀齿切出来的,齿距的累积误差较小,因此,它与仿形法相比不仅有较高的生产率,同时可达到较高的加工精度。一般滚齿可以加工8~9级精度的齿轮,使用高精度的滚刀,也可加工7级精度的齿轮,表面粗糙度值Ra可达$0.4 \sim 1.6\ \mu m$。

滚齿主要用于加工直齿、斜齿圆柱齿轮及蜗轮等,但不能加工内齿轮及相距太近的多联齿轮。滚齿可作为剃齿或磨齿等齿形精加工之前的粗加工和半精加工。

2) 齿形的插齿加工

插齿是在插齿机上用插齿刀加工齿轮的,如图5-79所示。

(1) 工作原理。插齿是按展成法的原理来加工齿轮的。插齿加工的过程,类似一对相啮合的圆柱齿轮,在其中一个齿轮的端面上加工出前角,齿顶和齿侧面加工出后

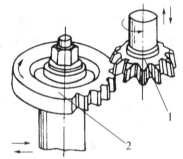

1—插齿刀 2—工件

图5-79 用插齿刀加工齿轮

角,成为有切削刃的插齿刀。插齿刀与齿轮工件在作无间隙啮合的运动过程中,将工件加工出齿形。

(2) 切削运动。插齿加工相当于一对齿轮的啮合滚动。工作时,插齿刀沿其轴线作往复插削的主运动。进给运动有:①工件与插齿刀之间的展成运动;②为了切出整个齿高,插齿刀还需要作径向进给运动;③为了避免插刀与工件的已加工表面发生摩擦而磨损刀具和工件,在刀具回程时工件的让刀运动。

(3) 特点与用途。插齿主要用于加工直齿圆柱齿轮,尤其适合于加工内齿轮和多联齿轮,还可以加工直齿齿条、齿扇和斜齿轮。与滚齿法相比,插齿法的加工精度较高,可加工7~9级精度的齿轮,表面粗糙度值较小(Ra可达$0.2 \sim 1.6\ \mu m$)。但加工模数较大的齿轮,插齿效率不如滚齿。

3) 齿形精加工

(1) 剃齿加工。剃齿是用剃齿刀对已经加工出的未淬硬齿面进行精加工。剃齿时,剃齿刀与齿轮啮合旋转,在齿面上剃下发丝状的细屑(厚度为 0.005~0.01 mm),用以修正齿形和细化表面粗糙度。剃齿只能加工未淬硬(<35 HRC)的齿轮。

① 工作原理。图 5-80 为剃齿刀及其工作情况。剃齿的加工原理相当于一对斜齿轮副的无间隙啮合过程。剃齿刀的外形和齿轮相似,齿面有许多横向狭槽作为刀刃,工作时由剃齿刀带动工件旋转。由于剃齿刀与工件的轴线相交成 β 角(一般取 β 等于 10°~15°)。故刀刃与工件齿面有横向滑动,产生切削运动。

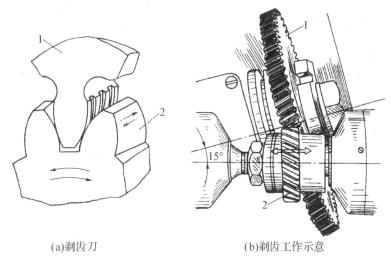

(a)剃齿刀　　　　(b)剃齿工作示意

1—剃齿刀　2—工件

图 5-80　剃齿

② 切削运动。剃齿加工的主运动是剃齿刀的正反向旋转运动,工件在剃齿刀带动下转动。进给运动有:a. 工件沿轴向往复移动;b. 剃齿刀的径向移动(进退刀)。

③ 特点与用途。剃齿是精加工齿轮齿形的一种方法,常用于滚齿之后以进一步提高精度和表面粗糙度。其加工质量较好,一般可达 6~7 级,表面粗糙度值 Ra 可达 0.2~0.8 μm。剃齿加工的生产效率和刀具耐用度都较高,所用机床简单、调整方便,在机床、汽车、拖拉机齿轮制造中应用很广。

(2) 珩齿加工。珩齿是用塑料和磨料制成的珩轮作为刀具对硬齿面齿轮进行的精加工。图 5-81 为两种珩磨轮的结构,一是带齿芯的,一是不带齿芯的。

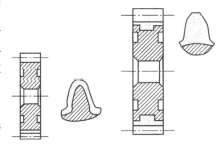

图 5-81　两种珩磨轮结构

珩齿的加工原理与剃齿相同。珩齿时,珩轮与被加工齿轮啮合旋转,珩磨轮上的磨料借助于珩磨轮齿面与工件齿面间产生的相对滑动磨去工件齿面的金属。

这种方法适用于淬火后硬度较高的齿轮的光整加工,加工精度主要取决于珩齿前齿轮精度和珩磨时间,一般可达 6 到 7 级,齿面粗糙度值 Ra 可达 $0.2\sim0.8~\mu m$,与磨齿相比,加工成本低、效率高、表面质量好。

(3) 磨齿加工。磨齿是用砂轮作为刀具,磨削已经加工出的齿面。齿轮经过热处理后,齿的表面硬度很高,不能用金属刀具来加工,只能用砂轮磨削进一步精加工。磨齿精度为 5~6 级,表面粗糙度值 Ra 为 $0.1\sim0.8~\mu m$。

图 5-82(a)是用蜗杆形砂轮来磨削齿轮轮齿,其工作原理与滚齿相似。这类磨齿机的效率高,但砂轮形状复杂,修整较困难。

图 5-82(b)是在磨齿机上用两个碟形砂轮滚磨齿轮的情况。两个砂轮的轴线互相倾斜,使其工作表面形成假想齿条的齿侧面,加工的齿轮沿这个假想齿条滚动。磨齿加工的精度高,表面粗糙度数值小,其主要缺点是生产效率低,加工费用高。

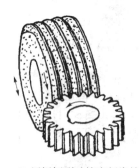 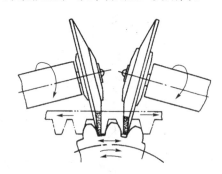

(a) 用蜗杆形砂轮磨削齿轮轮齿　　(b) 用两个碟形砂轮滚磨齿轮

图 5-82　展成法磨齿机的工作原理

磨齿多用于对淬硬齿轮的齿面进行精加工,能够纠正齿轮轮齿在预加工中产生的各项误差,可得到较高的加工精度。

5.6　钻削与镗削

在机器制造中,孔的加工占有很大的比重。孔加工的方法很多,用钻头在实体材料上加工孔称为钻孔。钻孔精度较低,为了提高精度和降低表面粗糙度,钻孔后还要继续进行扩孔和铰孔。对直径较大的孔,当尺寸精度及位置精度要求较高时,应进行镗孔。用镗削方法扩大工件孔径的加工方法称为镗孔。

5.6.1　钻削加工

1) 钻床

钻削加工的主运动为刀具随主轴的旋转运动,进给运动是刀具沿主轴轴线的移动。常见的钻床主要有台式钻床、立式钻床和摇臂钻床等。

(1) 台式钻床。台式钻床是一种小型钻床,常用来钻直径在 13 mm 以下的孔,一般采用手动进给。常见型号为 Z4012,其最大钻孔直径为 12 mm,图 5-83 为台式钻床外形图。台式钻床小巧灵活,使用方便,适用于加工小型零件上的各种小孔。

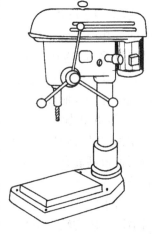

图 5-83　台式钻床

(2) 立式钻床。如图 5-84 所示,电动机将动力经主轴箱 4,传给主轴 2,使主轴带动钻头旋转,同时把动力传给进给箱 3,使主轴沿轴向作机动进给运动。利用手柄,也可以实现手动轴向进给,进给箱和工作台可沿立柱上的导轨上下调整位置,以适应加工不同高度的工件。

立式钻床主轴的轴线位置是固定的,工作时要移动工件,使刀具旋转轴线与被加工孔的中心线重合。这对大而重的工件来说,操作很不方便。因此,它只适用于单件、小批量生产中加工中、小型零件。

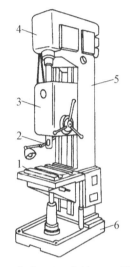

1—工作台 2—主轴 3—进给箱
4—主轴箱 5—立柱 6—底座
图 5-84 立式钻床

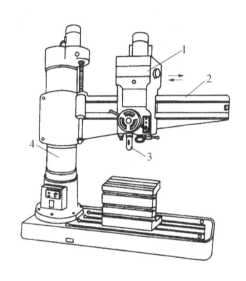

1—主轴箱 2—摇臂 3—主轴 4—立柱
图 5-85 摇臂钻床

(3) 摇臂钻床。图 5-85 为摇臂钻床外形图。钻床的摇臂 2 可在立柱 4 上作上下移动和作 360°回转,主轴箱 1 可沿摇臂 2 上的导轨作水平移动。所以,摇臂钻床工作时可以很方便地调整主轴 3 的位置。为了使主轴在加工时能保持正确的位置,摇臂钻床上备有立柱、摇臂及主轴箱的锁紧机构。当主轴的位置调整好后,可以将它们快速锁紧。

摇臂钻床适用于在笨重的大工件以及多孔工件上钻孔。它是在不移动工件的情况下,靠移动钻轴对准工件上孔的中心来钻孔的,效率很高。因此,适用于单件和中、小批量生产加工大、中型工件。

2) 钻削加工

在钻床上用钻头等刀具,对工件进行切削加工的过程称为钻削加工。钻削工作可分为钻孔、扩孔、铰孔及锪孔等。在钻床上能完成的工作见图 5-86。

(1) 钻孔。钻孔最常用的刀具是麻花钻。麻花钻由柄部、颈部和切削部分组成,如图 5-87 所示。柄部是钻头的夹持部分,用来传递动力。钻柄有锥柄和直柄两种,一般直径大于 13 mm 的做成锥柄(见图 5-87(a)),可直接插入钻床主轴锥孔内,或插入钻套后再插入钻床主轴孔内;直径小于 13 mm 的钻头做成直柄(见图 5-87(b)),钻削时用装在钻床主轴上的钻夹头将其夹紧。颈部是柄部和工作部分的过渡部分,通常作为砂轮退刀和打印标记的部位,工作部分分为导向部分和切削部分。

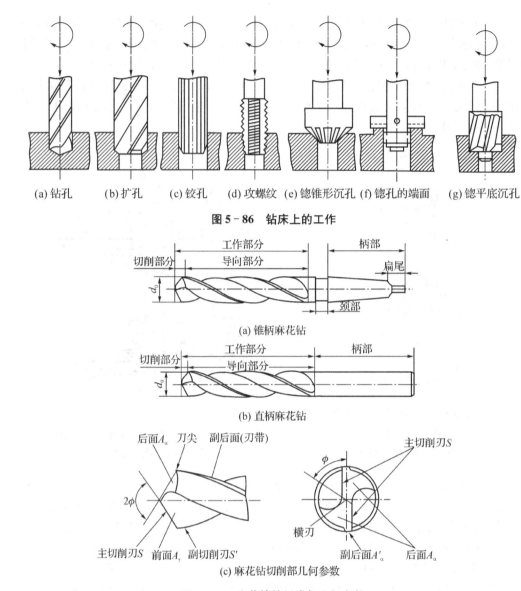

(a) 钻孔　(b) 扩孔　(c) 铰孔　(d) 攻螺纹　(e) 锪锥形沉孔　(f) 锪孔的端面　(g) 锪平底沉孔

图 5-86　钻床上的工作

图 5-87　麻花钻的组成与几何参数

导向部分主要由两条对称的螺旋槽和刃带（副后面）组成。螺旋槽的作用是正确地形成切削刃和前角，并起着排屑和输送切削液的作用。刃带的作用是引导钻头保持切削方向，使之不偏斜。

切削部分由下列要素组成：两螺旋沟形成的两个螺旋形前刀面，两个由刃磨得到的后刀面，前刀面和后刀面的交线形成的两主切削刃，螺旋形前刀面和刃带的圆柱形副后刀面的交线形成的两副切削刃，两后刀面的交线形成的横刃。横刃用于切削孔底的中心部位，其切削条件很差。两条主切削刃之间的夹角称为顶角（2ϕ），出厂时为118°。顶角对钻头的切削性能影响很大，在使用时，必须合理地选择顶角。一般加工钢料和铸铁的钻头顶角为116°～120°，顶角较小时，轴向力小，容易切入工件，但强度降低；难钻削材料选较大值。

钻孔前先要在工件上划线,打样冲眼,以便钻孔时起定位作用。较小的工件用台虎钳夹紧,大的工件用螺栓、压板装夹。装夹时,应使工件表面与钻头垂直。

钻孔时,应根据孔径大小选择钻头。一般当孔径小于 20 mm 时,可一次钻出;大于 20 mm时,应先钻出一小孔,然后再将孔扩大。第一次钻头直径取工件孔径的 0.5~0.7 倍。

用直径较大的钻头钻孔时,钻床主轴转速应低些,以免钻头很快磨钝;用较小的钻头钻孔时,钻床主轴转速可高些,但进给量应小些,以免钻头折断。钻孔开始时,应先钻一浅坑,检查孔的位置是否正确;当孔将要钻穿时,应减小进给量,以免由于横刃产生的很大的轴向切削力的迅速消失,使钻头突然切入工件而发生事故。钻深孔时,应经常提起钻头,排出切屑和使钻头冷却。钻韧性材料时,要使用切削液。

大批量钻孔时,为了提高生产率和质量,可先按照工件的形状和尺寸制成钻模,钻削时按照钻模位置进行加工,这样加工前就不必在工件上划线,见图 5-88。

由于钻头的结构和钻削的工作条件较差,钻孔精度较低,一般为 IT11~IT12 级,表面粗糙度值 Ra 为 12.5~50 μm。

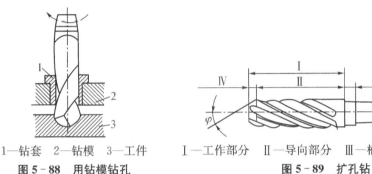

1—钻套 2—钻模 3—工件　　Ⅰ—工作部分 Ⅱ—导向部分 Ⅲ—柄部 Ⅳ—切削部分

图 5-88 用钻模钻孔　　　　图 5-89 扩孔钻

(2) 扩孔、铰孔及锪孔。扩孔是用扩孔钻扩大孔径的加工方法。一般的扩孔工作可以用麻花钻进行,对于精度要求较高的孔则用专门的扩孔钻(见图 5-89)。扩孔钻的切削刃一般有三个或四个,比一般钻头多。由于切削刃和刃带多,故导向性好,工作起来比较稳定,振动小,不易偏斜,而且扩孔钻没有横刃,轴向切削力小,刀具强度好,所以扩出孔的精度和表面质量比较高。利用扩孔钻扩孔,加工精度可达 IT9~IT10 级公差,表面粗糙度 Ra 可达 3.2~6.3 μm,常用作钻孔后的半精加工。扩孔余量一般为孔径的 1/8~1/10。

(3) 铰孔。为了提高孔的表面质量和精度,用铰刀对孔进行精加工称为铰孔。铰孔精度可达 IT7~IT9 级公差(手铰可达 IT6 级),表面粗糙度 Ra 可达 0.4~1.6 μm。

铰刀根据使用方法,可分为手用铰刀和机用铰刀两种。手用铰刀工作部分较长,齿数较多,直径通常为 1~50 mm。机用铰刀工作部分较短,直径通常在 10~80 mm(见图5-90)。

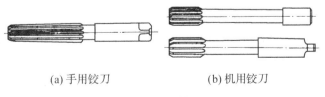

(a) 手用铰刀　　　　(b) 机用铰刀

图 5-90 铰刀

铰孔是精加工，所以加工余量不应过大。为了保证铰孔质量，铰孔时必须使用适当的切削液，借以冲掉切屑和消散热量。机铰时，为了避免工件与机床主轴中心线的同轴度误差，常把铰刀安装在浮动夹头中。

(4) 锪孔。有些零件的连接孔，有时为了适应装配要求(装平头或沉头螺钉)，需要在孔的端部或端面锪孔。锪孔是用锪孔钻加工平底或锥形沉孔，或锪平孔的局部端面。锪孔钻的工作情况见图 5-86(e)、(f)、(g)所示。

扩孔和铰孔只能保证孔本身的精度，当孔距离精度较高时，可利用夹具或镗孔来保证。

5.6.2 镗削加工

镗削加工是用镗刀在镗床上进行切削的一种加工方法。与钻削相比，可用镗刀镗削工件上的毛坯孔或已粗钻出的孔，适合加工尺寸较大、精度要求较高，特别是分布在不同位置上且轴线间距精度和相互位置精度(同轴度、平行度、垂直度)要求很严格的箱体类零件。

镗削加工的主运动由刀具的旋转运动来完成，进给运动由刀具或工件的移动来完成。镗床的种类很多，有卧式镗床、立式镗床、坐标镗床等。其中卧式镗床应用最广。

1) 卧式镗床

常见卧式镗床型号为 T618，"6"表示"卧式镗床组"；"1"表示"卧式镗床系"；"8"表示"主轴直径为 80 mm"。如图 5-91 为卧式镗床外形图。

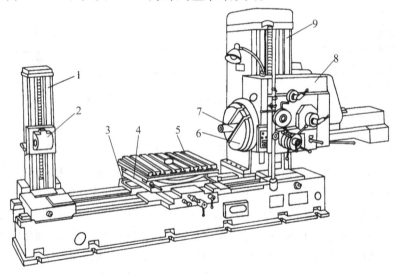

1—后立柱　2—镗杆支承　3—下滑座　4—上滑座　5—工作台
6—平旋盘　7—主轴　8—主轴箱　9—立柱
图 5-91　卧式镗床

图中，主轴箱 8 可沿立柱 9 的导轨上下移动，工件安装在工作台 5 上，可与工作台一起随下滑座 3 或上滑座 4 作纵向或横向移动。此外，工作台还可以绕上滑座的圆导轨在水平面内调整至一定角度的位置，以便加工互相成一定角度的孔或平面。加工时，刀具安装在主轴 7 或平旋盘 6 上，由主轴获得各种转速。镗刀还可以随主轴做轴向移动，实现轴向进给运动或调整运动。当镗杆或刀杆伸出较长时，可用后立柱 1 上的镗杆支承孔来支持镗杆的另一端，以增强刚性。当刀具装在平旋盘 6 上的径向刀架上时，径向刀架带着刀具作径向进给,完成铣削端面的工序。

2) 镗削加工

镗床除可进行镗孔外,还能加工端面、钻孔、扩孔、锪孔,加工短圆柱面、内外环形槽以及内外螺纹等。图 5-92 为卧式镗床工作示例。

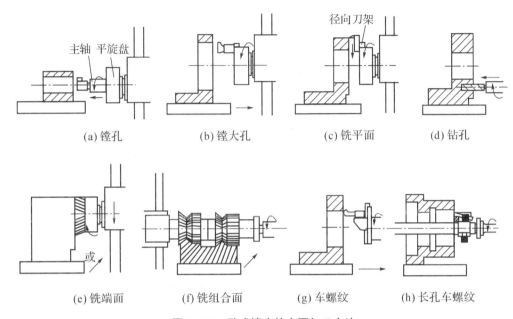

图 5-92　卧式镗床的主要加工方法

3) 镗刀

根据镗刀的结构特点及使用方式,镗刀可分为单刃镗刀、多刃镗刀和浮动镗刀。其中单刃镗刀较为常用。

单刃镗刀适用于孔的粗、精加工。常用单刃镗刀如图 5-93 所示,有整体式(图 5-93(a))和机夹式(图 5-93(b)、(c)、(d))之分。整体式常用于加工小直径孔;大直径孔一般采用机夹式,以获得较好的刚度,防止切削时的振动或变形。

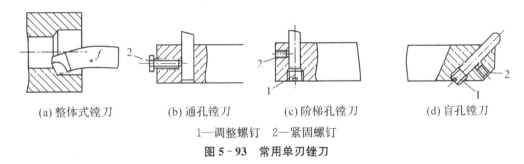

1—调整螺钉　2—紧固螺钉

图 5-93　常用单刃锉刀

4) 镗削加工特点

(1) 镗床加工工艺范围广,主要用于箱体、机架等结构复杂的大中型零件上的孔与孔系加工。镗床上一般有坐标测量装置,容易保证孔与孔之间及孔与基准之间的尺寸精度及位置精度。

(2) 镗床能在工件一次安装中完成粗加工、半精加工和精加工等多工序的加工。一般镗孔精度可达 IT7~IT8 级,表面粗糙度值 Ra 为 $0.8\sim1.6~\mu m$。

(3) 刀具通用性好,一把镗刀可以加工一定范围内不同直径的孔。通过调整孔与工件的相对位置,可以纠正原有孔的轴线偏斜。镗刀结构简单,刃磨方便,成本较低,但生产率低,一般适用于单件、小批量生产。

5.7 刨削与拉削

用刨刀在刨床上对工件进行切削加工的工艺过程,称为刨削。按照切削时刀具与工件相对运动方向的不同,刨削可分为水平刨削和垂直刨削两种。水平刨削通常称为刨削,垂直刨削通常称为插削。

5.7.1 刨削加工

刨削主要用于加工各种平面、沟槽和成形表面。刨床的主运动为刀具或工件的直线往复运动,进给运动是间歇性的直线运动,其方向与主运动方向垂直,由刀具或工件完成。刨削的加工精度可达 IT7~IT8 级,表面粗糙度 Ra 为 $1.6\sim6.3~\mu m$。刨削加工特别适用于加工窄长平面,生产率较低,多用于单件小批生产。

1) 刨床

刨床类机床主要有牛头刨床、龙门刨床和插床等。

(1) 牛头刨床。图 5-94 为牛头刨床外形图。常见型号为 B6065,其中"B"表示"刨床类";"6"表示"牛头刨组";"0"表示"牛头刨系";"65"表示"最大刨削长度为 650 mm"。

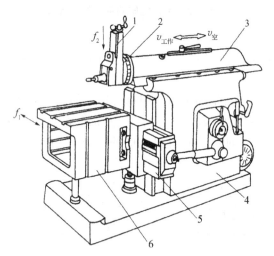

1—刀架 2—转盘 3—滑枕 4—床身 5—横梁 6—工作台
图 5-94 牛头刨床

工作时,主运动是装有刀架1的滑枕3沿床身4的导轨在水平方向作往复直线运动;进给运动是工作台6带动工件沿横梁5作间歇式的横向运动。这两种运动都是机动。此外,刀架座可绕水平轴线转至一定的位置以加工斜面;刀架能沿刀架座的导轨上下移动,作切入运动;横梁5可沿床身的垂直导轨上下移动,以适应不同高度工件的加工。这三种移动都是手动。

牛头刨床主要用来刨削中、小型工件。由于其结构简单,机床的调整与操作比较方便;刨刀的构造简单,刃磨方便,在工具、机修车间进行单件或小批生产时应用较广泛。

(2) 龙门刨床。图 5 - 95 为 BM2015 型龙门刨床的外形。其型号中"B"表示刨床类;"M"表示"精密"特性;"2"表示龙门刨床组;"0"表示龙门刨床型;"15"表示最大刨削长度为 1 500 mm。

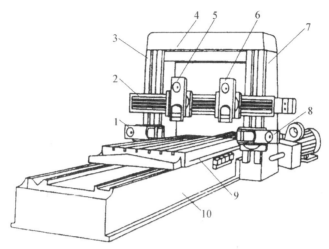

1,8—侧刀架　2—横梁　3、7—立柱　4—顶梁　5、6—垂直刀架　9—工作台　10—床身

图 5 - 95　龙门刨床

机床工作时,主运动是工件随工作台 9 一起作直线往复运动;进给运动是垂直刀架 5 和 6 在横梁 2 的导轨上间歇地移动作横向运动;立柱 3 和 7 上的侧刀架 1 和 8 可沿立柱导轨上下间歇移动,以加工垂直面。这三种运动都是机动。垂直刀架上的滑板可使刀具上下移动,作切入运动或刨垂直面;滑板还能绕水平轴旋转至一定的角度,以加工倾斜面;横梁 2 还能沿立柱导轨升降至一定位置,以适应不同高度工件的加工。这三种移动为手动。

龙门刨床主要用于加工大平面,特别是长而窄的平面,还可加工沟槽或同时加工几个中小型零件的平面,精刨时可得到较高的加工质量。

(3) 插床。主要用来插削直线的成形内表面。图 5 - 96 为 B5032 型插床外观图。型号中"B"表示刨床类;"5"表示插床组;"0"表示插床型;"32"表示最大插削长度为 320 mm。

插床的构造及传动和牛头刨床相似,所不同的是插床的滑枕在垂直方向作直线往复运动,工作台作纵向、横向或回转的进给运动。

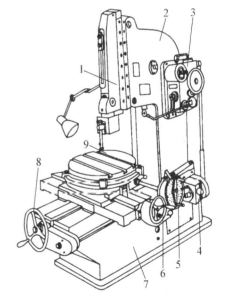

1—滑枕　2—床身　3—变速箱　4—进给箱
5—分度盘　6—工作台横向移动手轮　7—底座
8—工作台纵向移动手轮　9—工作台

图 5 - 96　插床

2) 刨削加工

(1) 刨刀及插刀

①刨刀。刨刀的外形与车刀相似,但由于刨削加工的不连续性,刨刀切入工件时会受到较大的冲击力,所以一般刨刀刀杆的横截面比车刀大。有些刨刀的刀杆做成弯形的,以便刨削时,由于加工余量不均匀造成刨削深度突然增大或刀刃突然遇到坚硬质点,能向后弯曲变形,避免啃伤工件表面或崩刃,如图 5-97 所示。

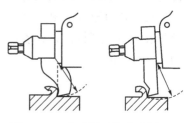

图 5-97 弯头刨刀和直头刨刀

常用刨刀有平面刨刀(见图 5-98(a))、偏刀(见图 5-98(b))、角度偏刀(见图 5-98(c))、切刀(见图 5-98(d))、弯刀(见图 5-98(e))。

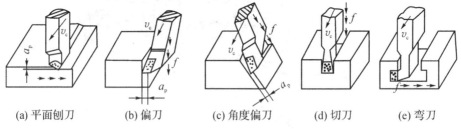

(a) 平面刨刀　　(b) 偏刀　　(c) 角度偏刀　　(d) 切刀　　(e) 弯刀

图 5-98 刨床加工的典型表面

用宽刃精刨刀进行精刨,能得到较高的平面加工质量。如图 5-99 所示为加工一般铸铁用的宽刃精刨刀。这种刀带有较宽的、平行于工件已加工表面的切削刃(平直刃)。刨削时,以较低的切削速度和极小的背吃刀量,切去(或刮去)工件表面极薄的一层金属。精刨后,工件表面粗糙度 Ra 可达 $0.4\sim1.6\ \mu m$,在 1 000 mm 长度范围内的直线度可在 $0.02\sim0.03$ mm 内。

②插刀。在插床上插削工件用的刀具称为插刀。插削和刨削的加工性质相同,只是刨刀在水平方向进行刨削,而插刀则在垂直方向进行刨削。所以,只要把刨刀刀头从水平切削的位置转到垂直切削位置,就是插刀刀头的几何形状(图 5-100)。根据用途的不同,插刀可以分为尖刀、光刀、切刀、偏刀和成形刀等。

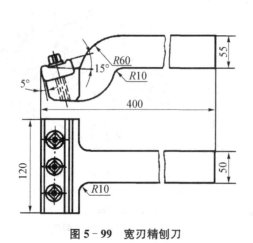

图 5-99 宽刃精刨刀　　图 5-100 插刀的几何形状

(2) 工件的安装

小型工件可直接夹在平口钳内,平口钳用螺栓紧固在刨床工作台上。这种方法使用方便,应用广泛。较大的工件可用螺栓压板直接装夹,参见图 5-39,工件在铣床上的安装。

(3) 刨削工作

刨床主要用于单件、小批量生产中加工水平面、垂直面、倾斜面等平面和 T 形槽、燕尾槽、V 形槽等沟槽,也可以加工直线成形面,如图 5-98 所示。

插削主要用来加工各种装夹时垂直于工作台的键槽、花键槽、六方孔、四方孔和其他多边形孔等。利用划线,也可加工盘形凸轮等特形面。在插床上加工内表面,比在刨床上方便,但插刀的工作条件不如刨刀,插削的加工质量和生产效率低于刨削,一般适于单件、小批生产。大批生产时,往往由拉削加工代替。

5.7.2 拉削加工

用拉刀在拉床上加工工件内、外表面的工艺过程,称为拉削。拉削可看作是多把刨刀排列成队的多刃刨削(图 5-101)。因此,拉削从切削性质上来看,近似于刨削和插削。

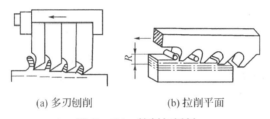

(a) 多刃刨削　　(b) 拉削平面

图 5-101　拉削与刨削

拉削运动比较简单,只有主运动,没有进给运动。拉削时,工件固定不动,拉刀对工件作相对直线运动,拉刀的切削齿后一个比前一个高,因此在一次进给中,被加工零件表面的全部切削余量被拉刀上不同的切削刃分层切下,所以生产率很高。并且,由于拉削速度较低,拉削过程平稳,切削层的厚度很薄,精度可以达到 IT7~IT8 级,表面粗糙度值 Ra 达 0.4~1.6 μm。

1) 拉床及拉刀

(1) 拉床。拉床是用拉刀进行加工的机床。拉床按其加工表面的不同,可分为内表面及外表面拉床;按机床结构形式,可分为卧式拉床及立式拉床。拉床的工作一般由液压驱动,主参数用额定拉力表示,如常用卧式内拉床 L6120,其额定拉力为 200 kN。图 5-102 为卧式拉床外观图。

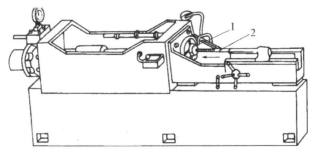

1—工件　2—拉刀

图 5-102　卧式拉床

(2) 拉刀。根据被加工表面及孔断面形状的不同,拉刀有各种形式。图 5-103 为圆孔拉刀的结构图。l_1 为拉刀的柄部,用以夹持拉刀,并带动拉刀运动。l_2 为颈部。l_3 为导向部分,用以引导拉刀加工正确的位置,防止拉刀歪斜。l_4 为切削部分,有切削齿,用于切削金属。切削齿上有切屑槽用以容纳切屑。切屑槽应有足够的空间,否则切屑容纳不下,会破坏已加工表面,甚至使拉刀折断。切削齿刃上沿轴向有交错的断屑槽。l_5 为校正部分,用作最后的修正加工。l_6 为防止拉刀工作时下垂的后支持部分,又称后导向部分。

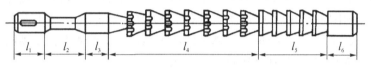

图 5-103 拉刀

2) 拉削加工

拉削可以加工各种形状的通孔、平面及成形表面,特别适宜于加工用其他方法较难加工的各种异形通孔零件,如图 5-104 所示。拉削加工孔形时,必须预先钻孔或车孔。

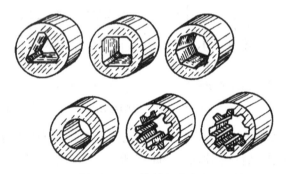

图 5-104 拉削各种孔形

近几年来,随着拉削工艺的发展,一些外齿轮、斜齿圆柱齿轮、锥齿轮,甚至非圆齿轮也能用拉削方法生产。但由于拉刀制造复杂,成本高,一种拉刀只能加工一种表面,适用于大批量生产。

5.8 机械加工质量

产品质量取决于零件质量和装配质量。零件的质量既与材料性质、零件表面层组织状态等物理因素有关,也与加工精度、表面粗糙度等几何因素有关。尤其是零件的加工精度及表面粗糙度直接影响产品的使用性能和寿命。

5.8.1 加工精度与表面质量的概念

零件的机械加工质量包括机械加工精度和机械加工表面质量两方面。

1) 机械加工精度的概念

机械加工精度是指零件加工后的实际几何参数(尺寸、形状和位置)与理想几何参数的符合程度。而它们之间不相符合(或差异)的程度称为加工误差。加工精度在数值上通过加工误差的大小来表示,所谓保证加工精度,即指控制加工误差。机械加工精度可分为尺寸精度、形状精度和位置精度。

任何一种加工方法，都不可能将零件加工得绝对准确，总会存在一定的误差。从机器的使用性能来看，也没有必要将零件的尺寸、形状及位置关系制造得绝对准确，只要这些误差大小不影响机器的使用性能即可。

2) 机械加工精度的获得方法

(1) 获得尺寸精度的方法

① 试切法。试切法是指通过对工件试切、测量、调整、再试切的反复过程，使加工尺寸达到要求。这种方法效率较低，对操作者技术水平要求较高。

② 定尺寸刀具法。用刀具的相应尺寸来保证工件加工部位尺寸的方法称为定尺寸刀具法。如钻孔、拉孔、攻螺纹等。

③ 调整法。预先调整好刀具和工件在机床上的相对位置，并在一批零件的加工过程中保持这个位置不变，以保证工件加工尺寸的方法称为调整法。工件的加工精度在很大程度上取决于调整的精度。

④ 自动控制法。用测量装置、进给装置和控制装置组成一个自动加工的循环系统，使加工过程中的测量、补偿调整和切削工作等自动完成，以保证工件加工部位尺寸的方法称为自动控制法。

(2) 获得形状精度的方法

① 刀尖轨迹法。采用非成形刀具，利用机床的成形运动使刀尖与工件的相对运动轨迹符合加工表面形状的要求。如车削、刨削等。

② 成形刀具法。机床的某些成形运动用成形刀具刀刃的几何形状代替。如成形车、成形铣等。

③ 仿形法。指刀具按照仿形装置进给对工件进行加工的方法。如车刀利用靠模和仿形刀架加工阶梯轴或回转体表面等。

④ 展成法。其成形运动是工件和刀具间的相互啮合运动，加工表面是刀刃在相互啮合运动中的包络面。如滚齿、插齿等。

(3) 获得位置精度的方法

加工表面的位置精度取决于它的基准面在机床上是否占有正确的位置。主要靠机床的运动之间、机床的运动与工件装夹后的位置之间及各工位位置之间的相互正确程度来保证。

3) 机械加工表面质量的含义

任何机械加工所得的零件表面，都不是完全理想的表面，它总是会存在一定程度的微观不平度、残余应力、冷作硬化等问题。这些问题虽然只产生在很薄的表面层中，却影响着零件的使用性能和寿命，对在高速、重载或高温条件下工作的零件的影响尤为显著。

机械加工表面质量主要包括两方面内容，即表面几何形状和表面层的物理力学性能。

(1) 表面几何形状。任何加工后的表面几何形状，总是以"峰"和"谷"交替出现的形式偏离其理想的光滑表面。按波距 L 和波高 H 的比值不同，如图 5-105 所示，可分为以下三种误差：

① 表面粗糙度。$L/H \leqslant 50$，属微观几何形状误差。

② 表面波度。$L/H = 50 \sim 1\,000$，介于宏观和微观之间的几何形状误差，它主要是由

加工过程中的振动所引起的。

③宏观几何形状偏差。$L/H \geqslant 1\,000$，即加工精度中所指的"几何形状偏差"。

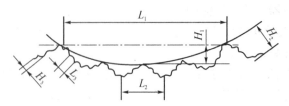

图 5-105　表面粗糙度与波度

(2) 表面层的物理力学性能。

①表面层冷作硬化。这是指已加工表面由于挤压产生塑性变形，表面层硬度高于工件材料加工前的硬度的现象。

②表面层金相组织的变化。机械加工中，工件表面加工区温度急剧升高；导致表面层金相组织发生变化，尤其在磨削加工中更为明显。

③表面层残余应力。残余应力是指工件表面层发生形状变化或组织改变时，在表面层与基体材料交界处产生的应力。当引起应力的原因去除后，此应力仍然存在。

5.8.2　影响机械加工精度的因素

在机械加工中，零件的尺寸、几何形状和各表面间的相互位置，取决于工件和刀具的相互位置及相对运动关系。而加工时，工件和刀具又是安装在夹具和机床上的，并受到它们的约束，因此，在机械加工时，机床、夹具、刀具和工件就构成了一个完整的系统，称之为工艺系统。工艺系统本身的几何误差和切削过程中各种因素引起的工艺系统的误差，在不同的条件下以不同的程度反映为零件的尺寸、几何形状和各表面相互位置的加工误差。

影响零件加工精度的因素可以归纳为以下三个方面：工艺系统的几何误差、工艺系统的力效应、工艺系统的热变形。

1) 工艺系统的几何误差对加工精度的影响

工艺系统的几何误差是指机床、夹具、刀具和工件本身所具有的原始制造误差。这些误差在加工时会或多或少地反映到工件的加工表面上。另外，在长期生产过程中，机床、夹具和刀具逐渐磨损，使工艺系统的几何误差进一步扩大，工件的加工精度也就相应地进一步降低。

(1) 加工原理误差。加工原理误差是指在加工工件时采用了近似的加工运动或近似的刀具刀刃廓形而产生的误差。

理论上完全正确的加工方法有时很难实现，原因有：或者加工效率很低；或者要使用结构很复杂的机床和夹具；或者理论廓形的刀具不易制造或制造精度很低。因此，有时会采用近似加工来保证加工质量、提高生产率和经济性。例如，用成形法加工直齿渐开线齿形时，理论上同一模数一种齿数的齿轮就要用相应的一种齿形刀具加工。而实际上，为减少刀具数量，常用一把模数铣刀加工几种不同齿数的齿轮；又如在齿轮滚齿加工中，用阿基米德蜗杆代替渐开线蜗杆，加工出来的齿廓是接近渐开线的折线；还有在数控加工中用直线或圆弧逼近所要求的曲线。以上这些都会产生加工原理误差。

(2) 机床的几何误差。工件的加工精度在很大程度上取决于机床的制造精度。一般来说,一定精度的机床只能加工出一定精度的工件。机床误差中对加工精度影响较大的是主轴回转误差、导轨导向误差和传动链传动误差。

①主轴回转误差。主轴回转误差就是主轴的瞬时回转轴线相对于其平均回转轴线在加工表面的法线方向上的最大变动量。如图5-106所示,主轴回转误差表现为径向圆跳动、端面圆跳动和角向摆动。

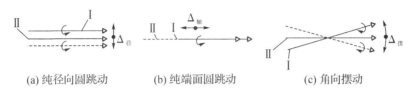

(a) 纯径向圆跳动　　(b) 纯端面圆跳动　　(c) 角向摆动

图 5-106　主轴回转误差的基本形式

机床主轴是安装工件或刀具的基准,因此,不同形式、不同的加工方法的主轴回转误差对加工精度的影响是不一样的。

机床主轴回转误差为纯径向圆跳动时(见图5-106(a)),一般会引起工件的圆度误差和圆柱度误差;主轴回转误差为纯端面圆跳动时(见图5-106(b)),对于内孔和外圆的加工没有影响,但在车削端面时,会出现端面对轴线的垂直度误差,车螺纹时会出现螺距误差;主轴回转的角向摆动(见图5-106(c)),主要影响工件的形状精度,使镗出的孔为椭圆形,车出的工件产生圆柱度误差。事实上,主轴的回转误差是上述三种基本形式误差的合成。因此,主轴的误差既影响工件的圆柱面的形状精度,又影响端面的形状精度。

②导轨误差。床身导轨是机床的一些主要部件间相对位置和相对运动的基准,依靠它来保持刀具与工件之间的导向精度。机床导轨的精度要求主要有:在水平面内的直线度;在垂直面内的直线度;两导轨的平行度。现以车削为例,分析导轨误差对零件加工精度的影响。

a. 导轨在水平面内的直线度误差,使刀尖产生水平位移 Δy(图5-107(a)),引起工件在半径方向的加工误差 $\Delta R(\Delta R = \Delta y)$,这一误差使工件被加工表面形成鞍形、鼓形或锥形等圆柱度误差。

b. 导轨在垂直面内的直线度误差,使刀尖产生垂直位移 Δz(图5-107(b)),此位移使工件在半径方向上产生的加工误差 $\Delta R \approx \Delta z^2/D, D=2R$。这一误差会使工件被加工表面形成双曲旋转面或鼓形等圆柱度误差,但影响很小,可忽略不计。

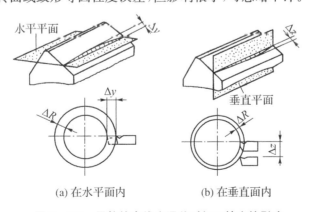

(a) 在水平面内　　(b) 在垂直面内

图 5-107　导轨的直线度误差对加工精度的影响

c. 两导轨在垂直方向上的平行度误差（扭曲度），会引起车床纵向溜板沿床身移动时发生倾斜，从而使刀尖相对于工件产生偏移，影响加工精度（图 5-108）。设车床中心高为 H，导轨宽度为 B，导轨扭曲量为 δ，刀尖水平位移为 Δy，则导轨扭曲量所引起的工件半径方向上的加工误差为 $\Delta R = \Delta y = \delta H / B$。由于沿导轨全长上不同位置处的扭曲量不同，因此工件将产生圆柱度误差。

d. 主轴回转轴心线与床身导轨不平行对加工精度的影响。以车削加工外圆柱面为例，在水平面内主轴轴线与导轨不平行时，加工出的表面呈锥形；在垂直面内不平行时，工件的表面形成双曲旋转面，如图 5-109 所示。

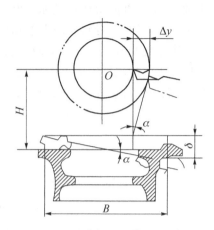

图 5-108 导轨扭曲度对加工精度的影响

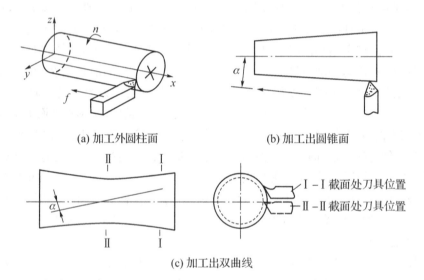

(a) 加工外圆柱面　　　(b) 加工出圆锥面

(c) 加工出双曲线

图 5-109 主轴回转轴线与导轨平行度误差对车削外圆的影响

③传动链的传动误差。在机械加工中，工件表面的形成是通过一系列传动机构来实现的。这些传动机构由于本身的制造、安装误差和工作中的磨损，必将引起工件表面形成运动的不准确，产生加工误差。在切削运动需要有严格的内在联系的情况下，如车螺纹、滚齿、插齿、精密刻度等加工，传动误差是影响加工精度的主要因素。

为减小传动误差对加工精度的影响，可采取下列措施：

a. 减少传动链中的元件数目，缩短传动链，以减少误差来源；

b. 提高传动元件，特别是末端传动元件的制造精度和装配精度；

c. 在传动链中按降速比递增的原则分配各传动副的传动比，末端传动副的降速比大，则传动链中其余各传动元件误差的影响就小；

d. 消除传动链中齿轮间的传动间隙；

e. 可采用误差校正机构来提高传动精度。

(3) 刀具与夹具的误差。

①刀具的误差。刀具对加工精度的影响，将因刀具种类的不同而不同。

a. 单刃刀具(如车刀、刨刀、单刃镗刀)的制造误差对加工精度没有直接影响。

b. 定尺寸刀具(如钻头、铰刀、拉刀及键槽铣刀等)的尺寸精度直接影响工件的尺寸精度。刀具因安装不当而产生的径向圆跳动和端面圆跳动等也会使加工面的尺寸扩大。

c. 成形刀具(如成形车刀、成形铣刀、成形砂轮等)的形状精度直接影响工件的形状精度。

d. 展成法加工刀具(如滚齿刀、插齿刀等)的尺寸和形状精度直接影响加工精度。

在切削过程中，刀具的逐渐磨损会直接影响加工精度。

②夹具的误差。夹具的作用是使工件或刀具在加工过程中相对机床保持正确的位置。因此，夹具的制造误差和磨损对工件的加工精度有很大影响。

夹具误差包括定位元件、引导元件、对刀装置、分度机构及夹具体等的制造误差，以及定位元件之间的相互位置误差。

(4) 定位与调整误差。工件在夹具上装夹时，由于定位不准确产生的定位误差将影响工件的加工精度。在机械加工的每道工序中，总是要对机床、夹具、刀具进行调整，以保证工件与刀具间准确的相对位置。由于调整不可能绝对准确，也就产生了一项误差，即调整误差。在工艺系统已达到工艺要求的情况下，调整误差对加工精度的影响就起决定性作用。

2) 工艺系统力效应对加工精度的影响

在机械加工中，工艺系统在切削力、夹紧力、传动力、重力和惯性力等外力作用下会产生弹性变形，从而破坏已经调整好的工件和刀具之间的相对位置，使工件产生几何形状误差和尺寸误差。

(1) 切削力的变化对加工精度的影响。如车细长轴时，由于车刀在不同位置轴的变形不同，使切削深度随刀具的位置而变化，从而车出的轴就会出现中间粗两头细的形状，如图 5-110 所示。

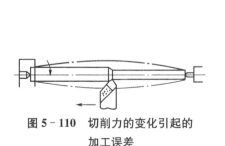

图 5-110 切削力的变化引起的加工误差

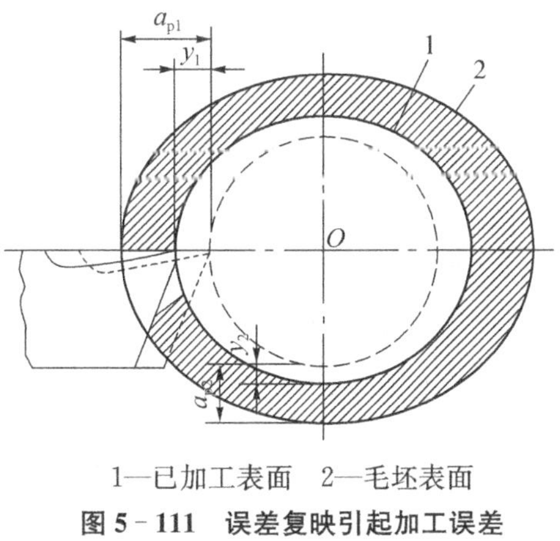

1—已加工表面　2—毛坯表面

图 5-111 误差复映引起加工误差

(2) 误差复映引起加工误差。图 5-111 所示为车削一个有圆度误差的毛坯。将刀尖调整到要求的尺寸后,在工件每一转过程中,背吃刀量 a_p 发生变化,因此,法向切削力 $F_{法}$ 也随背吃刀量的变化而变化,所以加工后工件仍有圆度误差。这种使毛坯形状误差复映到加工后的工件表面上的现象称为误差复映。

一般经过二三次工作行程就可使误差复映的影响减小到公差允许的范围内。

3) 工艺系统热变形对加工精度的影响

机械加工过程中,工艺系统因受切削热、运动副摩擦热、阳光及供暖设备的辐射热等影响而产生变形,破坏了工件与刀具间的相互位置关系和相对运动的准确性,引起加工误差。工艺系统热变形对加工精度的影响很大,尤其在精密加工中,热变形引起的加工误差占总加工误差的 40% 以上。

(1) 机床热变形对加工精度的影响。由于各类机床的结构和工作条件相差很大,所以引起机床热变形的热源和变形形式也不尽相同。在机床的热变形中,以主轴部件、床身导轨及两者相对位置的热变形对加工误差的影响最为突出。图 5-112 为几种机床热变形的大概趋势,它使得铣削后的平面与基面之间出现平行度误差。

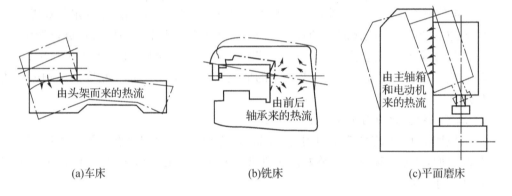

图 5-112 几种机床的热变形趋势

(2) 刀具热变形对加工精度的影响。在加工过程中,刀具切削部分温度很高,刀具受热伸长,从而影响工件的加工精度。

刀具的热变形在加工不同的零件时产生的加工误差不同。断续切削时,如加工一批短轴的外圆,刀具热伸长对每一个工件的影响不明显,对一批工件而言,则尺寸逐渐减小,并影响一批工件的尺寸分散范围;连续切削时,如加工长轴外圆时,刀具热伸长会使工件产生锥度。但由于刀具体积小,能较快地达到热平衡,而且刀具的伸长又能与刀具的磨损互相补偿,所以对加工精度的影响不甚显著。

(3) 工件热变形对加工精度的影响。工件的热变形主要受切削热的影响。在热膨胀下达到的加工尺寸,冷却收缩后会变小,甚至超差。在精加工时,工件的热变形对加工精度的影响很大,大型、复杂零件及铜、铝等有色金属的热变形对加工精度的影响更为显著。

工件受热是否均匀对热变形的影响也很大。在平面的刨、铣、磨等加工中,工件单面受热,受热不均匀,尤其是板类零件的单面加工,上下表面的温差造成工件弯曲变形,主要影响形状精度。

(4) 减小工艺系统热变形的途径。

①减少发热和隔离热源。通过合理地选择切削用量、刀具的几何参数等来减少切削热;对机床各运动副,如主轴轴承、丝杠副、齿轮副、摩擦离合器等零部件,从改进结构和改善润滑等方面来减少摩擦热。凡是能从工艺系统中分离出去的热源,如电动机、变速箱、液压装置和油箱等,尽可能放在机床的外部,若不能放在外部,应用隔热材料将发热部件和机床大件隔离。此外,还应及时清除切屑以阻止切屑热量的传入等。

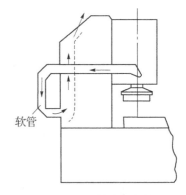

图 5-113 用热空气加热立柱后壁

②强制冷却和均衡温度。对机床发热部位采取风冷、油冷等强制冷却方法,控制温升;对切削区域内供给充分的切削液以降低切削温度;对机床采用热补偿以均衡温度。如图 5-113 所示的平面磨床,采用热空气加热温度较低的立柱后壁,以均衡立柱前后壁的温度场,可明显降低立柱的倾斜。

③保持热平衡和控制环境温度。机床运转一段时间后,工艺系统吸收的热量和散发的热量大致相等,则认为工艺系统达到热平衡。因此,加工前应先开动机床空转一段时间,在达到或接近热平衡时再进行加工。当加工精密零件时,若中间有不切削的间断时间,机床仍要空转,以保持热平衡。

环境温度的变化也会使工艺系统产生变形,因此,在精密零件的加工中,需要控制室温的变化。如均匀地安排车间内的供暖设备,使热流的方向不朝向机床,避免阳光对机床的直接照射等。一般一昼夜气温变化可达 10 ℃左右,晚上 10 时至翌晨 6 时温度变化较小,所以精度要求较高的工件常在此时间进行加工。

5.8.3 影响机械加工表面质量的因素

1) 影响零件表面粗糙度的因素

(1) 残留面积。切削加工时,工件被切削层中总有一小部分材料未被切除而残留在已加工表面上,使表面粗糙。残留面积的高度 R_{max} 直接影响表面粗糙度 Ra 值的大小。以车削加工为例,无刀尖圆弧时,$R_{max} = f/(\cos \kappa_r + \cos \kappa'_r)$;有刀尖圆弧时,$R_{max} = f^2/8r$,如图 5-114 所示。

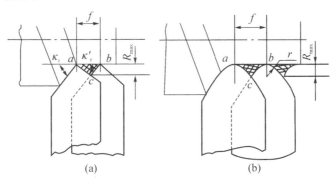

图 5-114 车外圆时的残留面积

由此可见,减小进给量 f、主偏角 κ_r、副偏角 κ_r' 或增大刀尖圆弧半径 r,残留面积高度便会减小,从而减小表面粗糙度值 Ra。

(2) 积屑瘤和鳞刺。在较低速度(20~80 m/min)下加工塑性材料,容易产生积屑瘤和鳞刺。

积屑瘤的轮廓很不规则,从刀刃上伸出的长度又不一致,就会将已加工表面划出沟痕,部分脱落的积屑瘤碎片还会黏附在已加工表面上,影响表面粗糙度值。正确地选择切削速度,提高刀具刃磨质量和适当的冷却润滑,可防止积屑瘤的产生。

鳞刺就是在已加工表面上出现的鳞片状毛刺,可使已加工表面变得很粗糙。在用钝刀切削时,这种现象更明显。对于低碳钢进行正火或调质以提高硬度,及时磨刀并调整切削速度等,可以避免鳞刺的出现。

(3) 工件材料性质。切削脆性材料时,由于切屑的崩碎在加工表面上留下很多麻点,使表面粗糙度增大。切削塑性材料时,在挤压变形的同时,切屑与工件因分离而产生金属的撕裂,使表面粗糙度增大。

(4) 加工时的振动。当切削加工发生振动时,会在工件表面产生明显的振痕,使粗糙度上升,表面质量恶化。所以在加工中应采取措施减小振动。

切削液的冷却和润滑作用,可降低切削区的温度并减少摩擦,使表面粗糙度数值减小,改善表面质量。

2) 影响零件表面层物理力学性能的因素

(1) 影响表面层冷作硬化的因素。

主要是机械加工对冷作硬化的影响。

a. 刀具几何参数。刀具刃口圆弧半径的增大、前角的减小、后刀面的磨损及前后刀面不光洁等都将增加刀具对工件的挤压和摩擦作用,使工件表层的冷作硬化程度加大。

b. 切削用量。随着切削速度的增加,刀具与工件的接触挤压时间缩短,工件的塑性变形减小,同时切削温度升高,对冷作硬化有回复作用,冷作硬化程度将下降;但切削速度进一步增大时,因切削热作用时间短,回复不充分,冷作硬化程度反而会增大。增大进给量时,切削力将增大,切削层塑性变形也会增大,从而增加冷作硬化程度;但进给量太小时,因切屑厚度极薄,增加了对表面的挤压,也会使冷作硬化程度加大。

c. 工件材料。工件材料的硬度越低,塑性越好,则切削加工时的挤压变形也越大,冷作硬化程度增大。

(2) 影响表面层金相组织变化的因素。一般情况下,切削加工的切削热大部分被切屑带走,加工区温升不高,不会使工件表面层金相组织发生变化。但在磨削加工时,传给工件的切削热可达 80%,磨削区温度急剧升高,将会使加工表层金相组织发生变化。

在磨削加工中,由于磨削热使工件表面层金相组织发生变化,从而使表面层硬度下降,并伴随出现残余应力和产生细微裂纹,同时出现彩色的氧化膜,这种现象称为磨削烧伤。磨削烧伤使零件的性能和使用寿命大为降低,甚至不能使用。

(3) 影响表面层残余应力的因素。

① 表面层残余应力的产生。

a. 冷塑性变形。在切削、磨削及滚压加工中,工件表面层受后刀面的挤压和摩擦会发生伸长的塑性变形,但由于受到里层基体的阻碍,表层将产生残余压应力,而里层则产生与之平衡的残余拉应力。

b. 热塑性变形。在切削或磨削加工中,表面层温度比里层基体高,使表层产生残余拉应力,里层则产生残余压应力。

c. 金相组织的变化。不同的金相组织有不同的质量体积,马氏体质量体积最大,奥氏体质量体积最小。当表面层金相组织发生变化时,表面层体积就要变化,但受到里层基体的阻碍,而产生残余应力。

②零件加工后表面层的残余应力。零件加工后表面层的残余应力是上述三种因素综合的结果。在一定的条件下,可能是一种或两种因素起主要作用。

表面层的残余压应力一般能提高零件的使用性能,而残余拉应力则对零件的使用性能不利。如果磨削时表面层产生的残余应力为拉应力,并且其大小超过了材料的强度极限,零件表面就会产生裂纹,使零件的疲劳强度大为降低。因此,在磨削加工中应严格控制表面层残余拉应力,以避免磨削裂纹的产生。

5.8.4 提高机械加工质量的途径与方法

1)提高机械加工精度的途径

(1)直接减小或消除误差。在查明产生加工误差的主要因素后,设法对其直接消除或减小,以提高加工精度。对于精密零件的加工,要尽量提高工艺系统的精度、刚度并控制热变形;对于刚度差的零件加工,要尽量减小零件的受力变形;对成形零件的加工,应减小成形刀具的制造误差。

如车削细长轴时,除采用跟刀架外,再采取反向进给的切削方法,使工件轴向受拉,可基本消除因切削力作用而引起的工件弯曲变形,如图5-115所示。

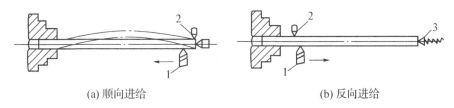

(a) 顺向进给　　　　　　　　(b) 反向进给

1—车刀　2—跟刀架　3—弹簧顶尖

图5-115　车细长轴的两种方法比较

又如磨削薄片工件时,为了克服工件弹性变形对平直度的影响,可采用在工件和磁力工作台之间衬垫橡皮垫,使工件在自由状态下获得定位夹紧,从而保证其磨削后的平面度,见图5-116。

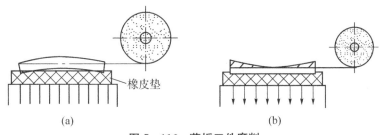

图5-116　薄板工件磨削

(2) 误差补偿或抵消。误差补偿是指人为地造出一种新的误差以抵消工艺系统中的误差。误差抵消指的是利用工艺系统中原有的一种误差去抵消另一种误差。例如图 5-117 所示,精密丝杠车床就是采用校正尺来使螺母 2 得到一个附加运动,以补偿螺母丝杠 3 的螺距误差。

(3) 误差转移。误差转移指的是将工艺系统的误差转移到不影响加工精度的方向或新的工艺装置上。例如,磨削主轴锥孔时,将工件主轴轴颈放在专用夹具上,并将磨床主轴与工件主轴之间用万向联轴器作浮动连接。这样锥孔与轴颈的同轴度不是靠磨床主轴的旋转精度来保证,而是靠夹具的 V 形块来保证。又如图 5-118 表示六角车刀应用误差转移的例子。由于六角转塔要长期保持六个位置的定位精度是很困难的,故一般采用"立刀"安装,即把刀刃的切削基面放在垂直平面内。这样一来,六角转塔的转位误差 ε 就处于 Z 方向上,由 ε 而产生的加工误差 Δy 就小到可忽略不计的程度。

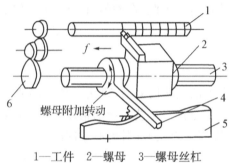

1—工件 2—螺母 3—螺母丝杠
4—摆杆 5—校正尺 6—挂轮

图 5-117 用校正尺补偿螺距误差

图 5-118 六角车床采用"立刀"安装

(4) 误差平均。误差平均指的是利用有密切联系的表面之间的相互比较、相互检查,从中找出差异,进而进行相互修正(如配偶件的对研)或互为基准进行加工,以达到很高的加工精度。图 5-119 为多槽分度盘互为基准的精密加工。加工时,先以⑧面为基准磨①面,再以①面为基准磨②面,如此循环下去,直到各槽面全部磨出。这里是基于"圆分度误差封闭性"原理,即"任何圆分度在一整圈内的累积误差恒等于零",所以能获得很高的分度精度。

(5) "就地加工"保证精度。这种方法不但可以用于机器的装配,也可用于零件的加工。如在机床上就地修正卡盘和花盘平面的平面度和垂直度,修正卡爪的同轴度,以及修正夹具的定位面等。

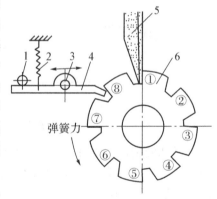

1—销钉 2—弹簧 3—卡爪轴
4—定位卡爪 5—砂轮 6—分度盘

图 5-119 精密分度盘分度
槽面的磨削

(6) 加工过程的积极控制。在加工过程中经常测量刀具与工件间的相对位置变化或工件的加工误差,依此随时控制调整工艺系统的状态,以保证加工精度。例如,在外圆磨床加工过程中,使用主动量仪对工件尺寸进行连续测量,并随时控制砂轮和工件间的相对位置,直至工件尺寸达到要求为止。

2) 提高机械加工表面质量的方法

(1) 精密加工。精密加工依靠机床运动精度，保证工件的精度和表面粗糙度。具体方法有：

①精密车削。使用细颗粒硬质合金刀片或金刚石刀具，采用高的切削速度、小的背吃刀量和进给量，加工精度可达 IT5～IT6 级，表面粗糙度值 Ra，对于黑色金属 Ra 达 0.2～0.8 μm；对于有色金属 Ra 达 0.4～0.1 μm。

②高速精镗。高速精镗可用于不适宜采用内圆磨削的各种零件的精密孔的加工。镗刀一般采用硬质合金刀具，切削速度高，背吃刀量和进给量都很小，加工精度为 IT6～IT7，表面粗糙度值 Ra 为 0.1～0.8 μm。

③宽刃精刨。宽刃精刨指采用宽刀刃（刃宽 60～500 mm）进行精刨，适用于在龙门刨床上加工铸铁件及钢件。刀具材料采用硬质合金或高速钢，切削速度低，背吃刀量小，在加工平面上可切去一层极薄的金属，加工精度很高。例如，采用精刨加工机床床身导轨面，与研磨相比，不仅效率可提高 20～40 倍，而且加工直线度可达 1 000∶0.005，平面度不大于 1 000∶0.02，表面粗糙度值 Ra 在 0.8 μm 以下。

④高精度磨削。用金刚石笔在砂轮工作面上修整出大量等高的磨粒微刃，这些磨粒微刃能从工件表面切除微薄的余量，达到很高的加工精度。表面粗糙度值 Ra 在 0.1～0.5 μm 时称为精密磨削；Ra 在 0.012～0.025 μm 时称为超精密磨削；Ra 在 0.008 μm 以下时，称为镜面磨削。

(2) 光整加工。用粒度很细的磨料对工件表面进行微量切削、挤压和刮擦，以降低工件表面粗糙度值，切除表面变质层，提高表面质量。光整加工一般不能提高孔与其他表面的位置精度。

①研磨。研磨是最为常用的光整加工方法。研磨时，在研具与工件加工表面间需加研磨剂，在一定的压力下研具与工件作复杂的相对运动，通过磨料在工件表面的切削、刮擦和挤压作用，磨去极薄的金属层。研磨可分为手工研磨和机械研磨，图 5-120 为机械研磨装置的示意图。研磨对机床设备的精度要求不高，可加工金属材料，也可加工非金属材料。研磨因在低速低压下进行，工件塑性变形小，切削发热小，尺寸精度可达 IT3～IT5，表面粗糙度值 Ra 达 0.008～0.1 μm。

②珩磨。珩磨的工作原理是将砂条安装在珩磨头圆周上，由胀开机构沿径向胀开砂条，对工件表面施加一定的压力。同时，珩磨头作回转运动和直线往复运动，对孔进行低速磨削、挤压和擦光。工作原理见图 5-121。

珩磨时压强小，磨粒负荷小，切削热也小。加工精度为 IT4～IT6，表面粗糙度值 Ra 为 0.025～0.2 μm。

(3) 表面强化。表面机械强化是指在常温下通过冷压方法使零件表面层金属产生塑性变形，提高表面硬度，并使表面层产生残余压应力，提高抗疲劳性能，同时还将微观凸峰压平，降低表面粗糙度的数值。常用表面机械强化方法如图 5-122 所示。

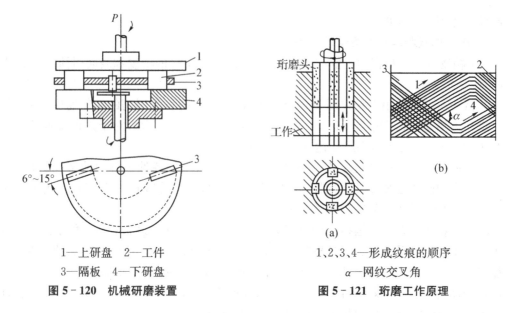

| 1—上研盘　2—工件 | 1、2、3、4—形成纹痕的顺序 |
| 3—隔板　4—下研盘 | α—网纹交叉角 |

图 5-120　机械研磨装置　　　图 5-121　珩磨工作原理

①滚压加工。滚压加工是用经过淬硬和精细抛光并可自由旋转的滚柱或滚珠,对金属零件表面进行挤压,使表面硬度提高,粗糙度值变小,并产生残余压应力。滚压方式有滚柱滚压和滚珠滚压,如图 5-122(a)、(b)所示。

②挤压加工。挤压加工是用截面形状与零件孔的截面形状相同的挤压工具,在有一定过盈量的情况下,推孔或拉孔强化零件表面,如图 5-122(c)、(d)所示。这种方法效率高、质量好,常用于小孔的最终加工工序。

③喷丸强化。如图 5-122(e)所示,喷丸强化是用压缩空气或机械离心力将小珠丸高速喷出,打击零件表面,使其表面层产生冷作硬化层和残余压应力,提高零件的疲劳强度和使用寿命。珠丸可由铸铁、砂石、钢、铝、玻璃等材料制成,根据被加工零件的材料选定。

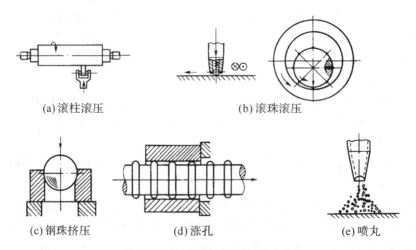

图 5-122　常用表面机械强化方法

本章小结

1. 金属切削机床分为 12 类。机床型号是按照机床的类别、主要特性、主要参数等编号。

2. 车削、铣削可分别完成 IT8 级以下的回转体表面和平面、台阶、沟槽等表面加工，磨削可完成各种表面的 IT7 级以上的精加工，钻削、镗削、拉削主要完成各种孔的加工，刨削更适合于批量不大的窄长平面加工。

3. 零件的机械加工质量包括机械加工精度和机械加工表面质量两方面。提高机械加工精度的方法主要有：直接减小或消除误差、误差补偿或转移等；提高机械加工表面质量的方法主要有：精密切削或磨削、光整加工等。

习题五

5-1 试述下列机床型号的含义：CA6140，CK6136S，X6132，M1432B。

5-2 车削加工的特点是什么？

5-3 车床的主要组成部分有哪些？

5-4 常用车刀有哪些种类？其主要用途是什么？

5-5 工件在车床上常用安装方法有哪几种？各有何特点？

5-6 为什么在车孔时工件的外圆、端面最好在同一次装夹中完成？

5-7 简述车锥面的方法、特点及应用。

5-8 简述铣削加工的特点。

5-9 铣床的主要组成部分有哪些？

5-10 何谓顺铣和逆铣？何谓周铣和端铣？简述其各自应用。

5-11 铣床的附件主要有哪些？简述其用途。

5-12 用 FW125 型万能分度头铣削加工 $z_1=32$，$z_2=55$ 的直齿圆柱齿轮时，可用何种机床、刀具，应如何分度？

5-13 磨削加工有何特点？

5-14 砂轮的磨料、粒度、硬度、结合剂、组织的含义是什么？如何选用？

5-15 什么是砂轮的"自锐性"？为什么砂轮会"自锐"还要修整？

5-16 M1432A 型外圆磨床的砂轮架和工件头架均能转动一定角度，工作台的上台面又能相对于下台面扳动一定角度，各有何用处？

5-17 外圆磨削时，砂轮和工件须作哪些运动？

5-18 外圆磨削方法有哪几种？如何选用？

5-19 比较平面磨削时周磨法与端磨法的优缺点。

5-20 试分析成形法和展成法加工齿轮的特点。

5-21 展成法加工齿轮的方法有哪些？其中哪些是齿形的精加工？简述各种加工方法的特点及应用。

5-22 台式钻床、立式钻床和摇臂钻床各适合于什么样的零件加工？

5-23 比较钻孔、扩孔、铰孔、拉孔和镗孔的加工精度和表面粗糙度，各用在什么场合？

5-24 刨削与铣削的主要功能都是加工平面，与之相比刨削有哪些加工特点？

5-25 零件的加工质量包含哪些内容？

5-26 简述机械加工表面质量对零件使用性能的影响。

5-27 车削加工时，导轨误差对加工精度有何影响？

5-28 在车床上加工圆盘端面时,有时会出现如图 5-123(a)、(b)所示的形状,试分析其产生原因。

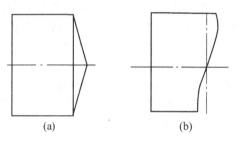

图 5-123 习题 5-28 图

5-29 三批工件在三台车床上加工外圆,加工后经测量分别有如图 5-124 所示的形状误差:(a)为鼓形,(b)为鞍形,(c)为锥形,分别分析可能产生上述形状误差的主要原因。

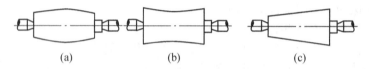

图 5-124 习题 5-29 图

5-30 如图 5-125(a)、(b)所示的工件,在拉孔或铰孔后,产生了圆柱度误差和圆度误差,试分析其原因。

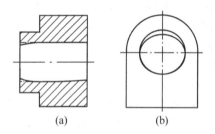

图 5-125 习题 5-30 图

5-31 为减少传动链误差对加工精度的影响,可采取哪些措施?
5-32 什么叫误差复印?如何减少误差复印对加工精度的影响?
5-33 如何减少工艺系统热变形对加工精度的影响?
5-34 简述影响机械加工表面粗糙度的因素有哪些?
5-35 提高机械加工精度的途径有哪些?
5-36 简述影响机械加工表面粗糙度的因素有哪些?
5-37 有哪些精密加工和光整加工途径可以提高机械加工表面质量?
5-38 表面强化工艺为什么能改善表面质量?生产中常用的表面强化工艺方法有哪些?

实验与实训

1. 实验七 万能分度头的分度方法与使用。
2. 到柴油机、拖拉机、机床或齿轮生产等大中型机械加工企业,参观机械加工工艺过程。

第6章 机床夹具

学习目标

1. 了解机床夹具的作用、分类、组成；
2. 理解工件定位的基本原理，理解常用机床夹具组成及工作原理；
3. 掌握常见定位方式及其所用定位元件，掌握典型夹紧机构及其应用。

本章简要介绍机床夹具的作用、分类、组成；介绍工件定位的基本原理及常用机床夹具的结构、组成及工作原理；主要介绍常见定位方式及其所用定位元件，典型夹紧机构及其应用。

6.1 概述

夹具是机械制造厂里使用的一种工艺装备，分为机床夹具、焊接夹具、装配夹具及检验夹具等。在机械制造过程中，用于装夹工件，并使工件处于正确位置以接受加工或检验的工艺装备，称机床夹具。

6.1.1 机床夹具在机械加工中的作用

（1）保证加工质量。采用夹具装夹工件可以保证工件与机床或刀具之间的相对正确位置，容易获得比较高的加工精度和使一批工件稳定地获得同一加工精度，基本不受操作人员技术水平的影响。

（2）提高生产率，降低生产成本。用夹具来定位、夹紧工件，就避免了用划线找正等方法来定位工件，缩短了安装工件的时间。

（3）减轻劳动强度。采用夹具后，工件的装卸更方便、省力、安全。如可用气动、液压、气液联动、电动夹紧等。

（4）扩大机床的工艺范围。在铣床上加一个分度装置，就可以加工有等分要求的零件；在车床上加角铁式车夹具，可替代镗床完成箱体等工件的镗孔工序。

6.1.2 机床夹具的分类

（1）从使用机床的类型来分。可分为车床夹具、铣床夹具、磨床夹具、钻床夹具（又称钻模）、镗床夹具（又称镗模）等。

（2）从专业化程度来分。可分为：

①通用夹具。已经标准化的，可加工一定范围内不同工件的夹具，称为通用夹具。如车床上使用的三爪卡盘、四爪卡盘，铣床上使用的平口虎钳、万能分度头等。

②专用夹具。专为某一工件的某道工序设计制造的夹具,称为专用夹具。

③可调夹具。夹具的某些元件可调整或可更换,以适应多种工件加工的夹具,称为可调夹具。

④组合夹具。采用标准的组合夹具元件、部件,专为某一工件的某道工序组装的夹具,称为组合夹具。

⑤拼装夹具。用专门的标准化、系列化的拼装夹具零部件拼装而成的夹具。

⑥随行夹具。用于自动线上,工件安装在随行夹具上,随行夹具由运输装置送往各机床,并在机床夹具或工作台上进行定位夹紧,称为随行夹具。

(3) 从动力来源来分。可分为手动夹具、气动夹具、液压夹具、气液夹具、电动夹具、电磁夹具、真空夹具、自紧夹具(靠切削力本身夹紧)等。

6.1.3 机床夹具的组成

机床夹具的种类和结构繁多,现以如图 6-1 所示钻床夹具为例,说明它们的基本组成。图中左侧为工件图。

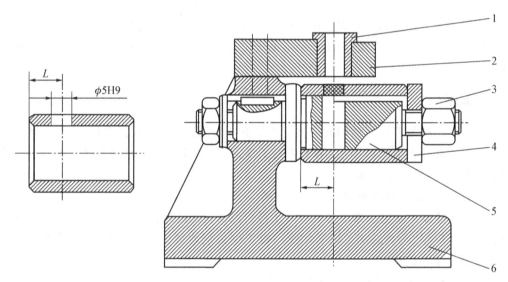

1—钻套 2—钻模板 3—螺母 4—开口垫圈 5—定位芯轴 6—夹具体
图 6-1 钻床夹具

(1) 定位元件。用于确定工件在夹具中的加工位置,与工件定位表面相接触的元件。如图 6-1 钻夹具中的定位芯轴 5。

(2) 夹紧装置。用于将定位后的工件压紧固定,保证工件在加工过程中受到外力作用时不离开的零件,共同组成夹紧装置。图 6-1 中的螺母 3 和开口垫圈 4 就起到了上述作用。

(3) 导向元件和对刀装置。用于确定刀具相对于定位元件的正确位置,对于钻头等孔加工刀具用导向元件,对于铣刀、刨刀等用对刀装置。如图 6-1 中为钻头导向用的钻套 1。铣床夹具上的对刀块和塞尺为对刀装置。

(4) 连接元件。用于确定夹具在机床上正确位置的元件。如图 6-1 中夹具体 6 的底面为安装基面,保证了钻套 1 的轴线垂直于钻床工作台。因此,夹具体可兼作连接元件。车床夹具上的过渡盘、铣床夹具上的定向键都是连接元件。

(5) 夹具体。夹具体是机床夹具的基础件,如图 6-1 中夹具体 6,通过它可将夹具的所有元件连接成一个整体。

(6) 其他装置或元件。它们是指夹具中因特殊需要而设置的装置或元件。如需加工按一定规律分布的多个表面时,常设置分度装置;为能方便、准确地定位,常设置预定位装置;对于大型夹具,常设置吊装元件等。

6.2 工件在夹具中的定位

在零件的加工过程中,除了要有机床、刀具、量具及其他工具以外,还必须根据零件装夹和定位原理,设计相应结构的夹具来保证零件与刀具的正确位置,并要求夹具能够迅速地将零件夹紧或卸下。

6.2.1 工件定位的基本原理

1) 六点定位原则

一个刚性物体,在空间是一个自由体,具有六个自由度,如图 6-2 所示,为沿三个直角坐标轴 Ox、Oy、Oz 方向的移动和绕这三个轴的转动。要使物体在空间不移动,不转动,就必须限制这六个自由度。在三个相互垂直的坐标平面内,通常用六个支承点来控制工件的六个自由度。如图 6-3 所示为工件的六点定位,在 xOy 平面上,被三个支承点限制了三个自由度,即沿 Oz 轴的移动和绕 Ox、Oy 轴的转动,这个面称为主基准面;工件在 yOz 平面上被两个支承点限制了两个自由度,即沿 Ox 轴的移动和绕 Oz 轴的转动,这个面称为导向基准面;工件在 xOz 平面上被一个支承点限制了一个自由度,即沿 Oy 轴的移动,这个面称为止动基准面。这样合理分布的六个支承点,限制了工件的六个自由度,使工件在空间的位置完全确定,这就是"六点定位原则"。

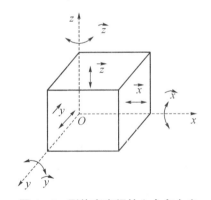

图 6-2 刚体在空间的六个自由度

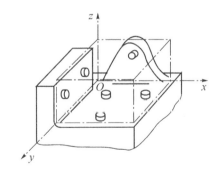

图 6-3 工件的六点定位

在应用工件"六点定位原则"分析定位时,应注意以下几点:

(1) 定位支承点与工件定位基准面要始终保持接触,才能起到限制自由度的作用。

(2) 分析定位支承点的定位作用时,不考虑力的影响。不要把"定位"和"夹紧"两个概念相混淆。

(3) 定位支承点是由定位元件抽象而来。在夹具中,定位支承点是通过具体的定位元件体现的。某个具体的定位元件可转化为几个定位支承点,要结合其结构来分析。支承点的分布方式与工件的形状有关。

通过以上分析可知,定位就是限制自由度。工件定位基准按其所限制的自由度可分为:主要定位基准面、导向定位基准面、止推(或防转)定位基准面。

2) 六点定位原则的运用

定位原则适用于任何形状工件的定位,如果违背这个原理,工件在夹具中的位置就不能完全确定。然而,工件用六点定位原则进行定位时,必须根据具体加工要求,灵活运用,以便用最简单的定位方法,使工件在夹具中迅速获得正确的位置。

(1) 完全定位。工件的六个自由度全部被夹具中的定位元件所限制,而在夹具中占有完全确定的唯一位置,称为完全定位。

如图 6-4(a)所示的环形工件,要在工件的侧表面上钻孔。在夹具上布置了六个支承点(见图 6-4(b)),工件端面紧贴在支承点 1、2、3 上,限制 $\vec{x}$、$\vec{y}$、$\vec{z}$ 三个自由度;工件内孔紧靠支承点 4、5 限制 $\vec{y}$、$\vec{z}$ 两个自由度;键槽侧面靠在支承点 6 上,限制 $\vec{x}$ 自由度。图 6-4(c)是这六个支承点所采用定位元件的具体结构,圆台阶面 A 相当于 1、2、3 三个支承点;短销 B 相当于 4、5 两个支承点;嵌入键槽中的防转销 C 相当于支承点 6 一个支承点。

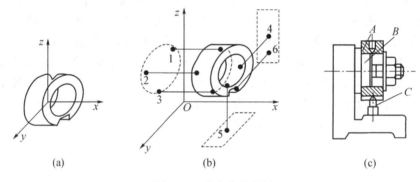

图 6-4 完全定位示例

(2) 不完全定位。根据具体加工要求,并不需要限制工件的全部自由度,工件定位时在某些方向的移动或转动不影响加工精度,只需要分布与加工要求有关的支承点,用较少的定位元件,就可以达到定位的要求,这种定位情况称为不完全定位。图 6-5(a)是五个支承点定位的工件与夹具图,工件以内孔和一个端面在夹具的心轴和平面上定位,限制工件 $\vec{x}$、$\vec{y}$、$\vec{z}$、$\widehat{x}$、$\widehat{y}$ 五个自由度,工件绕 z 轴的转动不影响对小孔 ϕD 的加工要求。如图 6-5(b)是四个支承点定位的工件与夹具图,工件以长外圆在夹具的双 V 形块上定位,限制工件四个自由度,工件绕 z 轴的转动和沿 z 轴的移动不影响对槽 B 的加工要求。

(3) 欠定位。工件实际定位所限制的自由度数目,少于按其加工要求所必须限制的自由度数目称为欠定位。按欠定位方式进行加工,必然无法保证工序所规定的加工要求,因此,欠定位是不允许的。图 6-5 示例中,缺少对各定位方案中任何一个自由度的限制,均会影响该工件的加工要求。

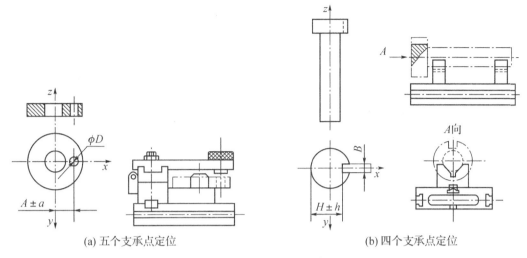

(a) 五个支承点定位　　　　　　　　(b) 四个支承点定位

图 6-5　不完全定位示例

(4) 过定位。同一个自由度被几个支承点重复限制的情况,称为过定位。一般来说,在工件上以形状精度和位置精度很低的面作为定位基准时,不允许出现过定位;以精度较高的面作为定位基准时,为提高工件定位的刚度和稳定性,在一定条件下是允许采用过定位的。

如图 6-6 中的齿坯 2 以内孔在心轴 5 上定位,限制齿坯 $\vec{x}$、$\vec{y}$、$\hat{x}$、$\hat{y}$ 四个自由度;又以端面在支承凸台 3 上定位,限制齿坯 $\vec{z}$、$\hat{x}$、$\hat{y}$ 三个自由度,其中 $\hat{x}$、$\hat{y}$ 被重复限制了,是过定位。若齿坯内孔与端面的垂直度误差较大,夹紧时将使齿坯或心轴产生变形,影响加工精度,一般不允许。但由于实际生产时,齿坯内孔与端面是在一次安装中车出,垂直度误差很小。心轴的制造精度更高,产生的较小垂直度误差可以利用心轴和定位孔间的间隙来补偿。这样可以增加定位的可靠性,是允许的。

(5) 定位与夹紧的关系。定位与夹紧的任务是不同的,两者不能互相替代。若认为工件被夹紧后位置不能动了,其自由度就都已限制了,这种理解是错误的。图 6-7 所示为定位与夹紧关系图,工件在平面支承 1 和两个圆柱挡销 2 上定位,工件放在实线位置和虚线位置都可以夹紧,但工件在 x 方向上的位置不确定,钻出的孔其位置也不确定(出现尺寸 A_1 和 A_2)。只有在 x 方向上再设置一个挡销时,在 x 方向才获得确定的位置。另一方面,若认为工件在挡销的反方向仍有移动的可能性,因此位置不定,这种理解也是错误的。定位时,必须使工件的定位基准紧贴在夹具的定位元件上,否则不能称其为定位,而夹紧则使工件不离开定位元件。

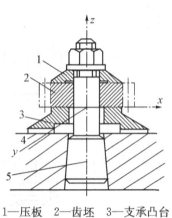

1—压板　2—齿坯　3—支承凸台
4—工作台　5—心轴

图 6-6　插齿夹具中齿坯的定位

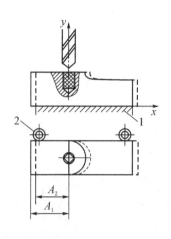

1—平面支承　2—挡销

图 6-7　定位与夹紧关系图

表 6-1 中列举了一些典型定位元件所能限制的自由度，供分析定位时参考。

表 6-1　常见定位元件及其组合定位所能限制的自由度

工件定位及基准面	定位元件	定位方式简图	定位元件特点	限制的自由度
平面	支承钉			$1、2、3—\vec{z}、\hat{x}、\hat{y}$ $4、5—\hat{x}、\hat{z}$ $6—\hat{y}$
	支承板		每个支承板相当于两个支承钉	$1、2—\vec{z}、\hat{x}、\hat{y}$ $3—\hat{x}、\hat{z}$
	固定支承与浮动支承		1、3—固定支承 2—浮动支承	$1、2—\vec{z}、\hat{x}、\hat{y}$ $3—\hat{x}、\hat{z}$
	固定支承与辅助支承		1、2、3、4—固定支承 5—辅助支承	$1、2、3—\vec{z}、\hat{x}、\hat{y}$ $4—\hat{x}、\hat{z}$ 5—增加刚性，不限制自由度

续　表

工件定位及基准面	定位元件	定位方式简图	定位元件特点	限制的自由度
圆柱孔 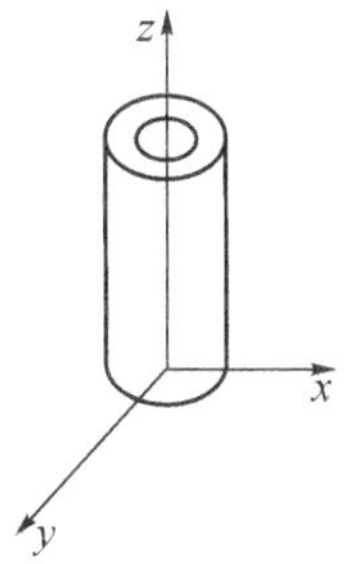	定位销（心轴）	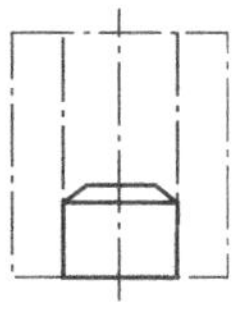	短销（心轴）	$\vec{x}$、$\vec{y}$
		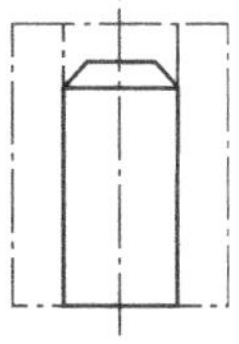	长销（长心轴）	$\vec{x}$、$\vec{y}$ $\hat{x}$、$\hat{y}$
	锥销	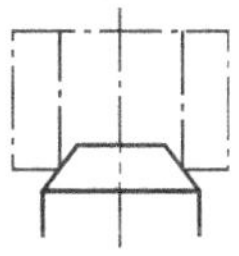	单锥销	$\vec{x}$、$\vec{y}$、$\vec{z}$
		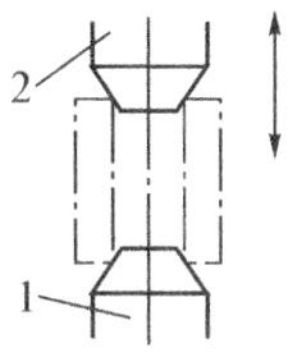	1—固定销 2—活动销	$\vec{x}$、$\vec{y}$、$\vec{z}$ $\hat{x}$、$\hat{y}$
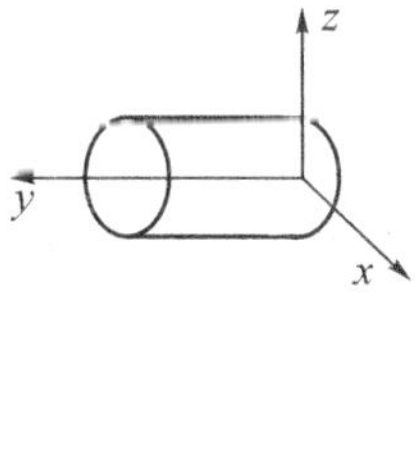	支承钉或支承板	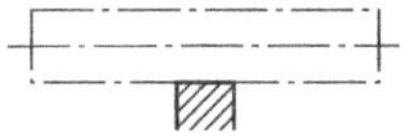	支承钉或支承板	$\vec{z}$（或$\hat{x}$）
		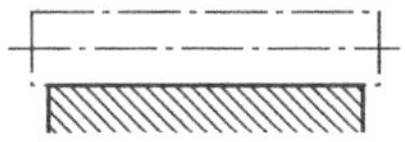	长支承板或两个支承钉	$\vec{z}$、$\hat{x}$
外圆柱面	V形块	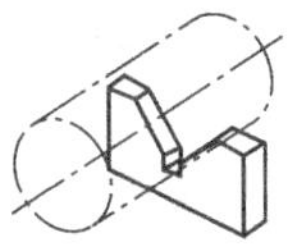	窄V形块	$\vec{x}$、$\vec{z}$
		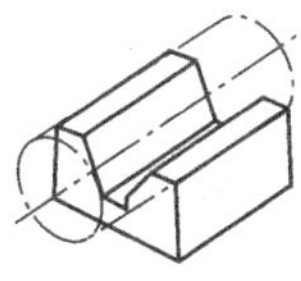	宽V形块或两个窄V形块	$\vec{x}$、$\vec{z}$ $\hat{x}$、$\hat{z}$
		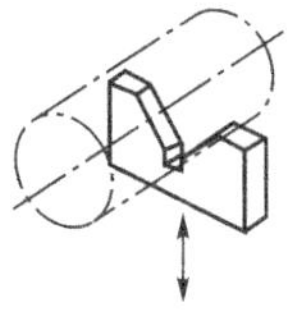	垂直运动的窄活动V形块	$\vec{x}$或$\hat{y}$

续 表

工件定位及基准面	定位元件	定位方式简图	定位元件特点	限制的自由度
外圆柱面 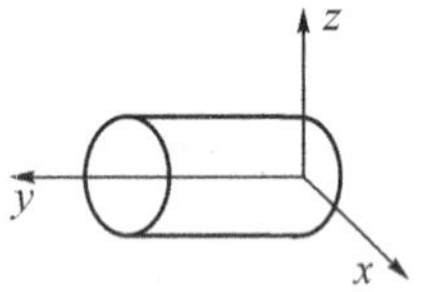	定位套	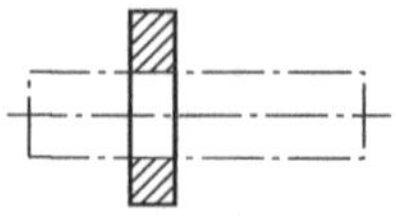	短套	$\vec{x}$、$\vec{z}$
		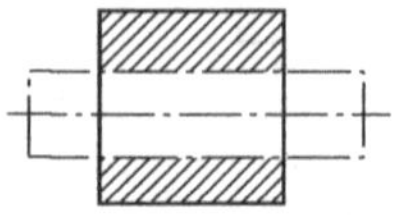	长套	$\vec{x}$、$\vec{z}$、$\hat{x}$、$\hat{z}$
	半圆孔衬套	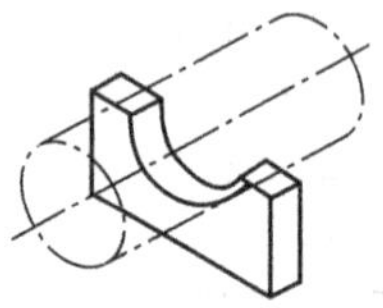	短半圆孔	$\vec{x}$、$\vec{z}$
			长半圆孔	$\vec{x}$、$\vec{z}$、$\hat{x}$、$\hat{z}$
	锥套（顶尖）		单锥套	$\vec{x}$、$\vec{y}$、$\vec{z}$
		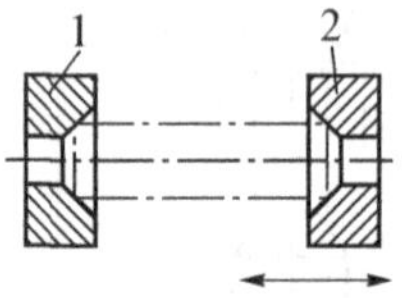	1—固定锥套 2—活动锥套	$\vec{x}$、$\vec{y}$、$\vec{z}$、$\hat{x}$、$\hat{z}$

6.2.2 常见的定位方式及其所用定位元件

工件在夹具中的定位方式，一般是根据工件上已被选作定位基准面的形状，而采用相应结构形状的定位元件来定位的。工件上的定位基准面和夹具上定位元件的工作表面，保持一定形状的点、线（近似的）或面的接触。

定位元件按工件定位表面来分类，可以分为：以平面为定位基准的定位元件，以圆孔为定位基准的定位元件，以外圆为定位基准的定位元件，以组合定位为基准的定位元件。

1) 平面定位基准的定位元件

用工件的平面作为定位基准，是生产中常见的定位方式之一。常用的定位元件有：固定支承、可调支承、自位（浮动）支承和辅助支承四类。除辅助支承外，其余对工件起定位作用。

(1) 固定支承。固定支承分为支承钉和支承板两种形式，如图6-8所示。它们的共同特点是在使用过程中不能调整，高度尺寸是固定不动的。当工件以加工过的平面定位时，可采用平头支承钉(图6-8(a))；当工件以粗糙不平的毛坯面定位时，可采用球头支承钉(图6-8(b))；网纹支承钉(图6-8(c))用在工件的侧面，能起到增大摩擦因数，防止工件滑动的作用；图6-8(d)所示支承板结构简单，制造方便，但沉孔处切屑不易清除干净，故适用于侧面和顶面定位；图6-8(e)所示支承板上斜槽作用便于清除切屑，适用于底面定位。

当要求几个支承钉和支承板在装配后等高时，可采用装配后一次磨削法（配磨），以保证它们的限位基准面在同一平面内。

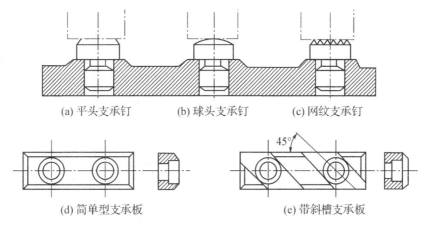

图 6-8 支承钉与支承板

（2）可调支承。可调支承是指支承钉的高度可以进行调节。在工件定位过程中，支承钉的高度需要调整时，采用图 6-9 所示的标准可调支承钉。

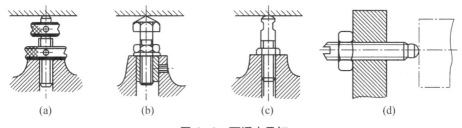

图 6-9 可调支承钉

图 6-10 为可调支承钉两种应用示例。

① 毛坯精度不高，而又以粗基准定位时。如图 6-10(a)所示箱体零件，当工件第一道工序以图示下底面定位加工上平面后，因 H 有误差（$\Delta H = H_2 - H_1$），第二道工序再以上平面定位加工孔时，出现余量不均，影响孔的加工质量。若第一道工序用可调支承钉定位，保证 H 有足够精度，那么孔的加工余量就容易得到保证。

② 在成组可调夹具中使用。如图 6-10(b)所示为两个尺寸不同的工件，因两工件 L 不同，定位右侧支承采用可调支承钉，即可对两工件进行定位。

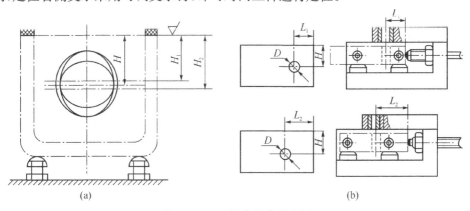

图 6-10 可调支承应用实例

(3) 自位支承。自位支承又称浮动支承，它是指在某些自由度方向上支承点的位置能随着工件定位基准位置的变化而自动调节，因此尽管它与工件可能有两点或三点接触，但由于自位支承在某些方向是活动的，故其作用仍相当于一个固定支承，只限制一个自由度。自位支承由于增加了接触点，可提高工件的安装刚性和稳定性，但夹具结构较复杂。如图6-11所示几种自位支承结构形式，多用于毛面定位。

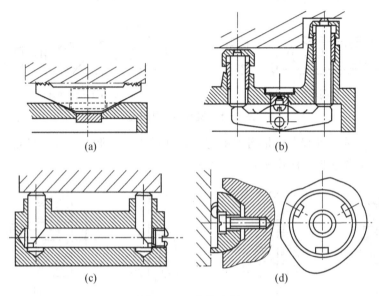

图 6-11 自位支承

(4) 辅助支承。辅助支承用来提高工件的装夹刚度和稳定性，但不起定位作用。严格来说，辅助支承不能算是定位元件。它的工作特点是：待工件定位夹紧以后，再调整支承钉的高度，使其与工件的有关表面接触并锁紧，每安装一个工件就调整一次。常见辅助支承结构如图6-12所示。

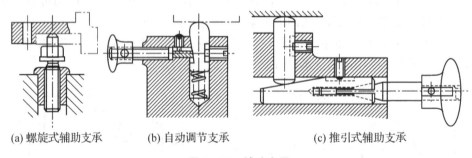

(a) 螺旋式辅助支承　　(b) 自动调节支承　　(c) 推引式辅助支承

图 6-12 辅助支承

①螺旋式辅助支承。如图6-12(a)所示，螺旋式辅助支承的结构与可调支承相近，但操作过程不同，前者不起定位作用，后者起定位作用，且结构上螺旋式辅助支承不用螺母锁紧。

②自动调节支承。如图6-12(b)所示，弹簧推动滑柱与工件接触，转动手柄通过顶柱锁紧滑柱，使其承受切削力等外力。

③推引式辅助支承。如图 6-12(c)所示,工件定位后,推动手轮使滑销与工件接触,然后转动手轮使斜楔开槽部分胀开而锁紧。

2) 圆孔定位基准的定位元件

用工件的圆孔内表面作为定位基准面时,其特点是:定位孔与定位元件之间处于配合状态。常用的定位元件有:定位销和定位心轴等。一般为孔与端面组合使用。

(1) 定位销。定位的种类有:圆柱定位销、圆锥定位销。其主要用于零件上的中小孔定位,一般直径不超过 50 mm。

①圆柱定位销。图 6-13 为圆柱定位销的结构,图 6-13(a)~(c)为固定式圆柱定位销,常用于中批量以下生产中。图 6-13d 为可换式圆柱定位销,用于大批大量生产,便于定位销的更换。

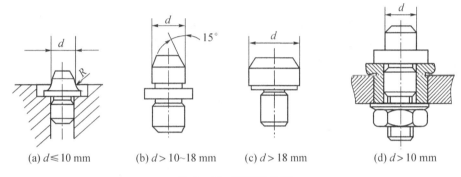

(a) $d \leqslant 10$ mm (b) $d > 10$~18 mm (c) $d > 18$ mm (d) $d > 10$ mm

图 6-13　圆柱定位销

②圆锥定位销。图 6-14 为圆锥定位销的结构,其中图 6-14(a)为粗基准定位用,图 6-14(b)为精基准定位用。

定位销结构已标准化,也可组合使用。如图 6-15(a)为圆锥—圆柱组合心轴,锥度部分使工件准确定心,圆柱部分可减少工件倾斜(圆锥与圆柱部分同轴度精度要足够高,否则过定位)。如图 6-15(b)以工件底面做主要定位基准面,圆锥销是活动的,即使工件的孔径变化较大,也能准确定位不会过定位。如图 6-15(c)为工件在双圆锥销上定位,其中一个为活动的。以上三种定位方式均限制工件的五个自由度。

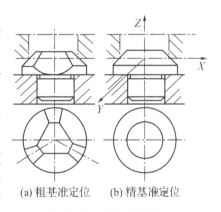

(a) 粗基准定位　(b) 精基准定位

图 6-14　圆锥定位销

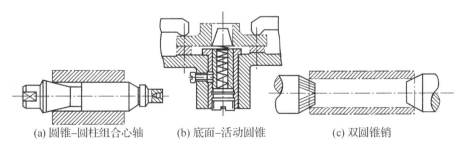

(a) 圆锥-圆柱组合心轴　(b) 底面-活动圆锥　(c) 双圆锥销

图 6-15　圆锥销组合定位销

(2) 定位心轴。定位心轴主要用于盘套类工件的定位。图 6-16 为常用定位心轴的结构型式。

图 6-16(a)为间隙配合心轴。心轴的限位圆柱面一般按 h_6、g_6 或 f_7 制造,其装卸工件方便,但定心精度稍低。为了减少因配合间隙造成的工件倾斜,工件以孔和端面联合定位,因而要求工件定位孔与定位端面之间、心轴的限位圆柱面与限位端面之间都有较高的垂直度。

图 6-16(b)为过盈配合心轴。由引导部分 1、工作部分 2、传动部分 3 组成。引导部分作用是使工件迅速而准确地套入心轴,其直径 d_3 基本尺寸等于工件孔的最小极限尺寸,公差按 e_8 制造。工作部分的直径基本尺寸等于工件孔的最大极限尺寸,公差按 r_6 制造。当工件定位孔的长径比 $L/d>1$ 时,心轴的工作部分应稍带锥度。这种心轴结构简单、定心准确,不用另设夹紧装置,但装卸工件不便,易损伤工件定位孔,因此,多用于定心精度要求高的精加工。

图 6-16(c)为花键心轴。用于加工以花键孔定位的工件。当工件定位孔的长度与直径之比 $L/d>1$ 时,工作部分应稍带锥度。设计花键心轴时,应根据工件的不同定心方式来确定定位心轴的结构,其配合可参考上述两种心轴。

图 6-16(d)为小锥度心轴。锥度为 $1/(1\ 000 \sim 8\ 000)$。定位时工件楔紧在心轴上,靠弹性变形产生的摩擦力带动工件回转,L_k 为使孔与心轴配合的弹性变形长度。这种心轴定心精度很高,常用于作用力不大的加工或检验芯轴。

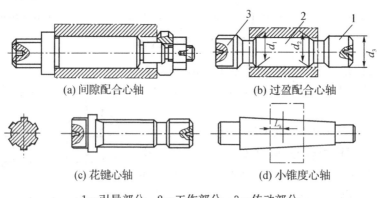

(a) 间隙配合心轴　　(b) 过盈配合心轴

(c) 花键心轴　　(d) 小锥度心轴

1—引导部分　2—工作部分　3—传动部分

图 6-16　定位心轴

心轴在机床上的常用安装方式如图 6-17 所示。为保证工件的同轴度要求,设计心轴时,夹具总图上应标注心轴各限位基面之间、限位圆柱面与顶尖或锥柄之间的位置精度要求,其同轴度可取工件相应同轴度的 $1/2 \sim 1/3$。

3) 外圆定位基准的定位元件

用工件外圆柱表面作定位基准,常用的定位元件有:V 形块、定位套筒、半圆孔和锥套等。其中 V 形块应用最广泛。

(1) V 形块。常用 V 形块的结构如图 6-18 所示。图 6-18(a)用于较短的精定位基准面;图 6-18(b)用于粗定位基准面或阶梯定位面;图 6-18(c)适用于两基准面相距较远的定位;图 6-18(d)适用于直径和长度较大的重型工件,其结构为铸铁底座镶淬硬支承板或硬质合金板。

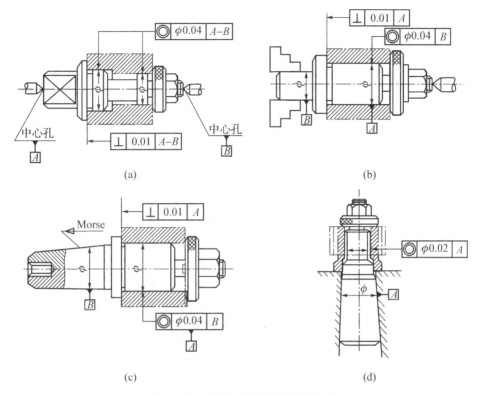

图 6-17 心轴在机床上的安装方式

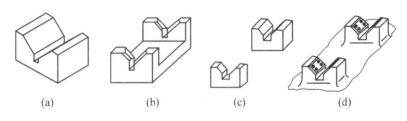

图 6-18 V 形块

V 形块两斜面的夹角有 60°、90°和 120°,以 90°应用最广。90°V 形块的典型结构和尺寸已标准化。V 形块的优点是对中性好,它能使工件的定位基准轴线处在 V 形块两斜面的对称面上,而不受定位基准面误差的影响,并且安装方便。

V 形块在使用中有固定式和活动式两种。图 6-19 为活动 V 形块的应用,其中图 6-19(a)是加工连杆孔的定位方式,活动 V 形块限制一个转动自由度,同时还有夹紧作用。图 6-19(b)的活动 V 形块,限制工件的一个移动自由度。

固定 V 形块与夹具体的连接,一般采用两个定位销和 2~4 个螺钉,定位销孔在装配时调整好位置后与夹具体一起钻铰,然后打入定位销。

(2) 定位套筒。图 6-20(a)是用套筒定位的例子,这是一种定心定位。为防止工件偏斜,常采用套筒内孔与端面联合定位,见图 6-20(b)。定位套结构简单、容易制造,但定心精度不高,故只适用于精定位基面。

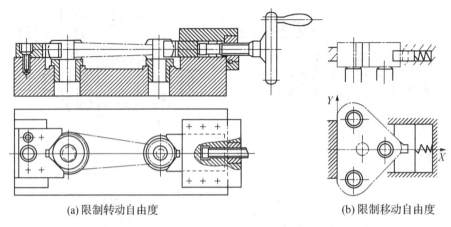

(a) 限制转动自由度   (b) 限制移动自由度

图 6-19 活动 V 形块的应用

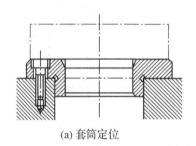
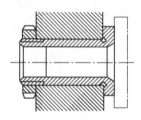

(a) 套筒定位   (b) 套筒内孔与端面联合定位

图 6-20 定位套筒

为了提高定位套的定心精度,在实际应用中常把套筒定位演化为定心夹紧机构,如图 6-21 所示为锥面弹性套筒式定心夹紧机构,在实现定心的同时,能将工件夹紧。

(3) 半圆孔支承座。如图 6-22 所示,下面的半圆套是定位元件,上面的半圆套起夹紧作用。这种定位方式主要用于大型轴类零件及不便于轴向装夹的零件。定位基准面的精度不低于 IT8~IT9,半圆套的最小内径应取工件定位基面的最大直径。

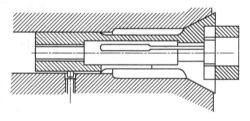

图 6-21 弹簧夹头

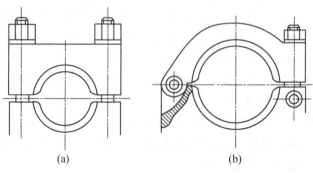

图 6-22 半圆孔支承座

(4) 定位锥套。图 6-23 为通用的外拨顶尖,工件以圆柱面的端部在外拨顶尖的锥孔中定位,锥孔中有齿纹,以便带动工件旋转。顶尖体的锥柄部分插入机床主轴孔中。

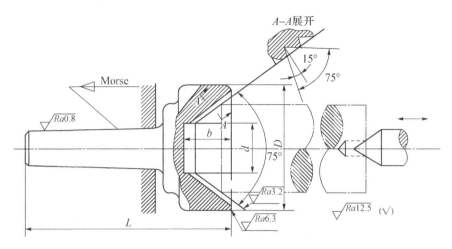

图 6-23 工件在外拨顶尖锥孔中的定位

4) 组合定位基准的定位元件

在生产中,通常用工件的几个表面同时作为定位基准,采取组合定位方式。

组合定位的方式很多,最常用的就是以"一面两孔"作为定位基准,相应的定位元件是支承板和两定位销(或其中一个为削边销),俗称"一面两销"定位,如图 6-24 所示。这种定位方式易于做到工艺过程中的基准统一,保证工件的位置精度。

图 6-24 中,如果两销均为圆柱销,则 $\vec{x}$ 自由度被两销重复限制,即产生过定位。在这种情况下,由于工件上两孔的孔间距和夹具上两销中心距有误差($\pm\Delta K$ 和 $\pm\Delta J$)存在,会出现图 6-25 所示的干涉现象,使部分工件不能装入。因此,要正确处理过定位问题。解决这一问题的途径有两种,其一是减小其中一个销的直径,以补偿销和孔的中心距偏差,但会增大定位误差。其二是将一个销做成削边销(或菱形销),如图 6-26 所示。其结构已标准化。

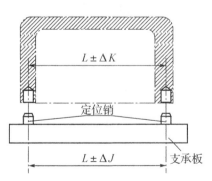

图 6-24 一平面与两孔的组合定位

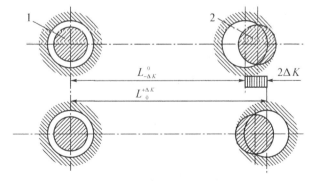

图 6-25 一平面与两孔定位时的干涉现象

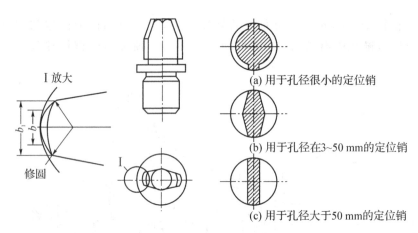

图 6-26 削边销结构

除了上述各种典型表面的定位方式以外,还有以工件的某些特殊表面(如工件的 V 形导轨面、燕尾导轨面、齿表面、螺纹表面、花键表面等)为定位基准的定位方式,采用这样的定位方式,有时更有利于保证定位精度。

6.3 工件在夹具中的夹紧

在机械加工中,工件的定位和夹紧是联系非常密切的两个过程。工件在定位元件上定好位后,还需要采用一些装置将工件牢固的压紧,防止工件在切削力、工件重力、离心力等的作用下发生位移或振动,以保证加工质量和安全生产。这种把工件压紧在夹具或机床上的机构称为夹紧装置。

6.3.1 夹紧装置的组成及要求

夹紧装置的结构形式是多种多样的,根据力源不同可分为手动和机动两种夹紧装置。

1) 夹紧装置的组成

图 6-27 是机动夹紧装置组成的示意图,主要由以下三部分组成。

(1) 力源装置。它是产生夹紧原始作用力的装置,对机动夹紧结构来说,它是指气动、液压、电力等动力装置。

(2) 传力机构。是把力源产生的力传给夹紧元件的中间机构。中间传动机构的作用如下:

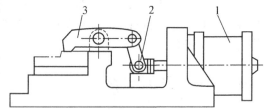

1—汽缸 2—杠杆 3—压板
图 6-27 夹紧装置组成示意图

① 改变力的作用方向。气缸作用力的方向通过铰链杠杆机构后改变为垂直方向的夹紧力。

② 改变作用力的大小。为了把工件牢固地夹住,有时往往需要有较大的夹紧力,这时可利用中间传动机构(如斜楔、杠杆等)将原始力增大,以满足夹紧工件的需要。

③ 起自锁作用。在力源消失以后,工件仍能得到可靠的夹紧。这一点对手动夹紧特

别重要。

(3) 夹紧元件。它是夹紧装置的最终执行元件,与工件直接接触,把工件夹紧。

在一些手动夹紧装置中,夹紧元件与中间传力机构往往是混在一起的,很难区分开,因此常将二者统称为夹紧机构。

2) 对夹紧装置的基本要求

(1) 夹紧既不应破坏工件的定位,又要有足够的夹紧力,同时又不应产生过大的夹紧变形,不允许产生振动和损伤工件表面。

(2) 夹紧动作迅速,操作方便、安全省力。

(3) 手动夹紧机构要有可靠的自锁性;机动夹紧装置要统筹考虑其自锁性和稳定的原动力。

(4) 结构应尽量简单紧凑,工艺性要好。

(5) 自动化、复杂化程度与生产要求相一致。

6.3.2 夹紧力的确定

确定夹紧力包括正确地选择夹紧力的三要素,即:夹紧力的方向、作用点和大小。它是一个综合性问题,必须结合工件的形状、尺寸、重量和加工要求,定位元件的结构及其分布方式,切削条件及切削力的大小等具体情况确定。

1) 夹紧力的方向和作用点的确定

(1) 夹紧力的作用方向应垂直指向主要定位基准面。如图 6-28 所示是在角铁形工件上镗孔的示例。加工要求孔中心线垂直 A 面,因此应以 A 面为主要定位基面,并使夹紧力垂直于 A 面,如图 6-28(a)所示。但若夹紧力垂直于水平面,如图 6-28(b)、(c)所示,则由于 A 与底面总存在垂直度误差,因此无法满足加工要求。当夹紧力垂直于 A 面有困难而必须指向底面时,则必须提高 A 面与底面间垂直度的要求。

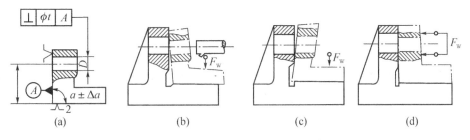

图 6-28 夹紧力应指向主要定位基面

再如 6-29 所示,夹紧力朝向主要定位面——V 形块的两斜面,使工件的装夹稳定可靠。如果夹紧力改朝端面 B,则由于工件圆柱面与端面的垂直度误差,夹紧可能会造成圆柱面离开 V 形块的两斜面。这不仅破坏了定位,影响加工要求,而且加工时工件容易振动。

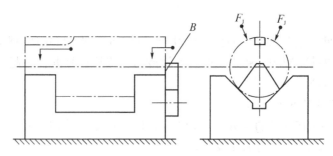

图 6-29 夹紧力指向主要定位面

对工件施加几个方向不同的夹紧力时,指向主要限位面的夹紧力应是主要夹紧力。

(2) 夹紧力的作用方向应使所需夹紧尽可能的小。图 6-30(a)所示为钻削轴向切削力 F_x、夹紧力 F_1 和 F_2、工件重力 G 都垂直于定位基面的情况,三者方向一致,钻削扭矩由这些同向力作用在支承面上产生的摩擦力矩所平衡,此时所需的夹紧力最小。图 6-30(b)所示为夹紧力 F_1、F_2 与钻削轴向切削力 F_x 和工件重力 G 方向相反,这时所用的夹紧力除了要平衡轴向力 F_x 和重力 G 之外,还要由夹紧力产生的摩擦阻力矩来平衡钻削扭矩,因此需要很大的夹紧力,一般尽量避免。

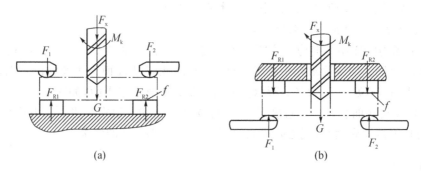

图 6-30 夹紧力方向对夹紧力大小的影响

(3) 夹紧力的方向和作用点应施于工件刚性较好的方向和部位,并应使夹紧力分布均匀,以减少工件的变形。这一原则对刚性较差的工件尤其重要。如图 6-31(a)所示的薄壁套筒工件,轴向的刚性比径向好,用卡爪径向夹紧易引起工件变形,若沿轴向施加夹紧力,则变形情况就可大为改善。图 6-31(b)所示的薄壁箱体夹紧时,夹紧力不应作用在箱体的顶面,而应作用在箱体的凸边上。箱体没有凸边时,可如图 6-31(c)所示将单点夹紧力 F 改为三点夹紧,改变了着力点的位置并增加了夹紧时的接触面积,这样就保证了夹紧的可靠性,减少了工件的变形。

(4) 夹紧力应落在支承元件上或几个支承元件所形成的支承面以内。如图 6-32(a)所示夹紧力作用点的位置是正确的,夹紧力作用点应施于支承面范围内并靠近支承件的几何中心。如图 6-32(b)所示,这样的夹紧力和支承反力构成力偶,将使工件倾斜和移动,破坏工件的定位。

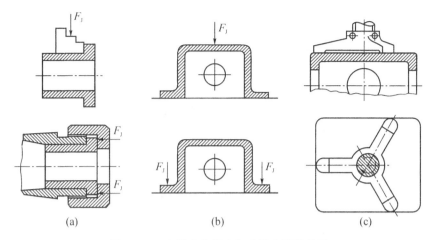

图 6-31 夹紧力作用点与夹紧变形的关系

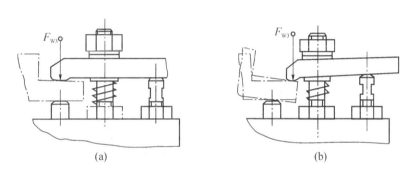

图 6-32 夹紧力作用点与工件稳定性的关系

(5) 夹紧力的作用点应适当靠近加工面。夹紧力靠近加工面可提高加工部位的夹紧刚性，防止或减少工件产生振动。如图 6-33 所示，主要的夹紧力 F_{Q1} 垂直作用于主要定位基准，在靠近加工面处采用辅助支承，再施加适当的辅助夹紧力 F_{Q2}，即可提高工件的安装刚度。

2) 夹紧力大小的估算

夹紧力的大小对工件安装的可靠性、工件和夹具的变形和夹紧机构的复杂程度等都有很大关系。因此，在夹紧力的方向、作用点确定之后，尚须确定恰当的夹紧力大小。

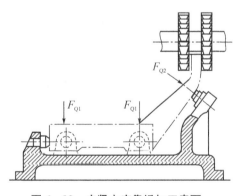

图 6-33 夹紧力应靠近加工表面

在加工过程中，工件受到切削力、离心力、惯性力和工件自身重力等的作用。夹紧力大小的计算是一个很复杂的问题，一般只能做粗略的估算。为了简化计算起见，在确定夹紧力的大小时，可只考虑切削力对夹紧的影响，并假设工艺系统是刚性的，切削过程是稳定不变的，然后找出在加工过程中对夹紧最不利的瞬时状态，按静力平衡原理求出夹紧力的大小。最后为保证夹紧可靠，再乘以安全系数作为实际所需的夹紧力数值，即：

$$F_k = KF$$

式中：F_k——实际所需夹紧力；

F——在一定条件下，由静力平衡计算出的夹紧力；

K——安全系数。考虑到切削力的变化和工艺系统变形等因素，一般取 $K=1.5\sim3$。

根据经验，一般粗加工时取 $2.5\sim3$；精加工时取 $1.5\sim2$。实际所需夹紧力的具体计算方法可参照机床夹具设计手册等资料。

6.3.3 典型夹紧机构及其特点

夹紧机构的种类虽然很多，但其结构大都以斜楔夹紧机构、螺旋夹紧机构和偏心夹紧机构为基础，这三种夹紧机构合称为基本夹紧机构。

1) 斜楔夹紧机构

图 6-34 为几种用斜楔夹紧工件的机构。

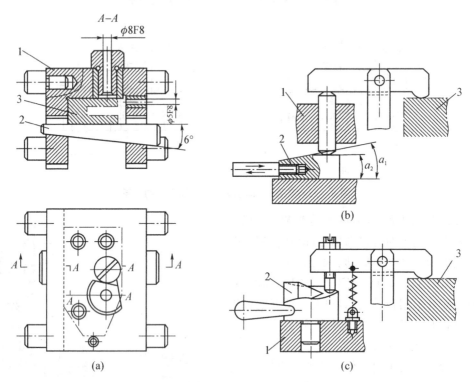

1—夹具体　2—斜楔　3—工件

图 6-34　斜楔夹紧机构

图 6-34(a) 是在工件上钻互相垂直的 $\phi 8$ mm、$\phi 5$ mm 两组孔。工件装入后，锤击斜楔大头，夹紧工件。加工完毕后，锤击斜楔小头，松开工件。由于用斜楔直接夹紧工件的夹紧力较小，且操作费时，所以，实际生产中应用不多，多数情况下是将斜楔与其他机构联合起来使用。图 6-34(b) 是将斜楔与滑柱合成一种夹紧机构，一般用气压或液压驱动。图 6-34(c) 是由端面斜楔与压板组合而成的夹紧机构。

(1) 斜楔的夹紧力。图 6-35(a) 是在外力 F_Q 作用下斜楔的受力情况。建立静平衡方程式：
$$F_1 + F_{RX} = F_Q$$

而 $F_1 = F_J \tan\varphi_1$，$F_{RX} = F_J \tan(\alpha + \varphi_2)$

所以

$$F_J = \frac{F_Q}{\tan\varphi_1 + \tan(\alpha + \varphi_2)} \tag{6.1}$$

式中：F_J——斜楔对工件的夹紧力(N)；

$\quad\quad\alpha$——斜楔升角(°)；

$\quad\quad F_Q$——加在斜楔上的作用力(N)；

$\quad\quad\varphi_1$——斜楔与工件间的摩擦角(°)；

$\quad\quad\varphi_2$——斜楔与夹具体间的摩擦角(°)。

当 φ_1、φ_2、α 均很小时（一般 $\varphi_1 = \varphi_2 = \varphi = 5° \sim 8°$，$\alpha \leq 10°$），夹紧力可用下式作近似计算：

$$F_J = \frac{F_Q}{\tan(\alpha + 2\varphi)} \tag{6.2}$$

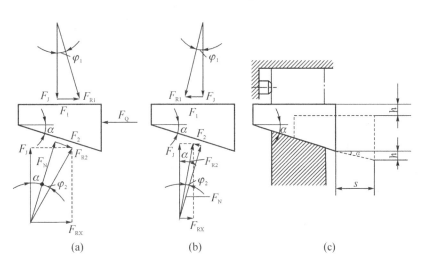

图 6-35　斜楔受力分析

(2) 斜楔自锁条件。图 6-35(b)是作用力 F_Q 撤去后斜楔的受力情况。从图中可以看出，要自锁，必须满足：$F_1 > F_{RX}$

由于：$F_1 = F_J \tan\varphi_1$，$F_{RX} = F_J \tan(\alpha - \varphi_2)$

可得：$\tan\varphi_1 > \tan(\alpha - \varphi_2)$

由于 φ_1、φ_2、α 都很小，则 $\tan\varphi_1 \approx \varphi_1$，$\tan(\alpha - \varphi_2) \approx \alpha - \varphi_2$

因此，斜楔的自锁条件是：$\alpha < \varphi_1 + \varphi_2$ （6.3）

设 $\varphi_1 = \varphi_2 = \varphi$，则 $\alpha < 2\varphi$ （6.4）

为保证自锁可靠，手动夹紧机构一般取 $\alpha = 6° \sim 8°$。用气压或液压装置驱动的斜楔不需要自锁,可取 $\alpha=15°\sim30°$。

(3) 斜楔的扩力比。夹紧力与作用力之比称为扩力比($i=F_J/F_Q$)或扩力系数。i 的大小表示夹紧机构在传递力的过程中扩大(或缩小)作用力的倍数。

由式(6.1)可知,斜楔的扩力比为:

$$i=\frac{F_J}{F_Q}=\frac{1}{\tan\varphi_1+\tan(\alpha+\varphi_2)} \tag{6.5}$$

如取 $\varphi_1=\varphi_2=6°,\alpha=10°$ 代入上式,得 $i=2.6$。可见,在作用力 F_Q 不是很大的情况下,斜楔的夹紧力是不大的。

斜楔夹紧机构是夹紧机构中最基本的形式,适用于夹紧力大而行程小,以气动或液压为动力源的夹具。

2) 螺旋夹紧机构

由螺钉、螺母、垫圈、压板等元件组成的夹紧机构,称为螺旋夹紧机构,见图 6-36。螺旋夹紧机构包括单个螺旋夹紧机构和螺旋压板机构。

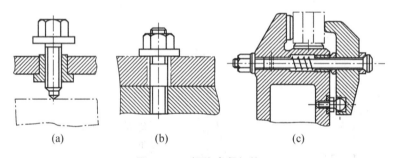

图 6-36 螺旋夹紧机构

(1) 单个螺旋夹紧机构。图 6-36(a)、(b)所示是直接用螺钉或螺母夹紧工件的机构,称为单个螺旋夹紧机构。在图 6-36(a)中,螺钉头直接与工件表面接触,螺钉转动时,可能损伤工件表面,或带动工件旋转。改进结构如图 6-37 所示,是在螺钉头部装上摆动压块,当摆动压块与工件接触后,由于压块与工件间的摩擦力矩大于压块与螺钉间的摩擦力矩,压块不会随螺钉一起转动。如图 6-37(a)、(b)所示,A 型的端面是光滑的,用于夹紧已加工表面;B 型的端面有齿纹,用于夹紧毛坯面。当要求螺钉只移动不转动时,可采用图 6-37(c)所示结构。

单个螺旋夹紧机构夹紧动作慢、工件装卸费时,图 6-38 是常见的几种快速夹紧机构。

第 6 章 机床夹具

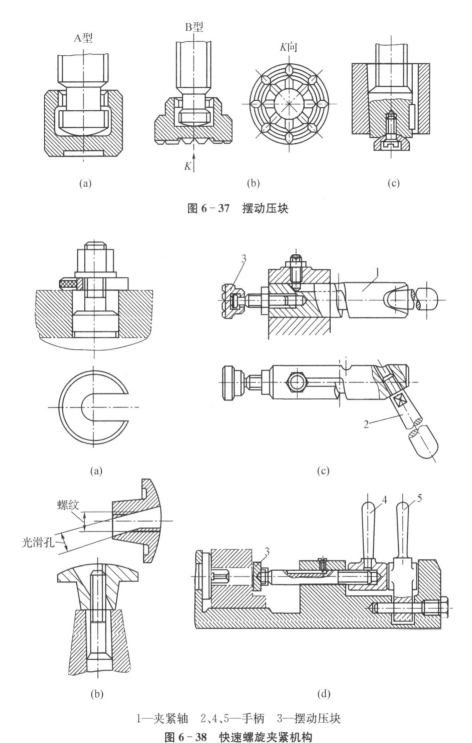

图 6-37 摆动压块

1—夹紧轴 2、4、5—手柄 3—摆动压块
图 6-38 快速螺旋夹紧机构

图 6-38(a)使用了开口垫圈。图 6-38(b)采用了快卸螺母。图 6-38(c)中,夹紧轴 1 上的直槽连着螺旋槽,先推动手柄 2,使摆动压块迅速靠近工件,继而转动手柄,用螺旋段夹紧工件并自锁。图 6-38(d)中的手柄 4 带动螺母旋转时,因手柄 5 的限制,螺母不

· 259 ·

能右移,致使螺杆带着摆动压块3向左移动,从而夹紧工件。松夹时,只要反转手柄4,稍微松开后,即可转动手柄5,为手柄4的快速右移让出空间。

由于螺旋可以看做是绕在圆柱体上的斜楔,因此,螺旋夹紧机构的夹紧原理与斜楔夹紧相同,一般其螺旋升角即相当于斜楔楔角 $\alpha(<4°)$,扩力比 i 达 60~100,自锁性好,夹紧力大。

(2) 螺旋压板机构。夹紧机构中,结构形式变化最多的是螺旋压板机构。图 6-39 是螺旋压板机构的几种典型结构。其中图 6-39(a)可增大夹紧力;图 6-39(b)可增大行程;图 6-39(c)为铰链压板,可增大夹紧力;图 6-39(d)为回转压板;图 6-39(e)是螺旋钩形压板机构,其特点是结构紧凑;图 6-39(f)为万能自调压板,能适应 100 mm 高度内不同高度,使用方便。

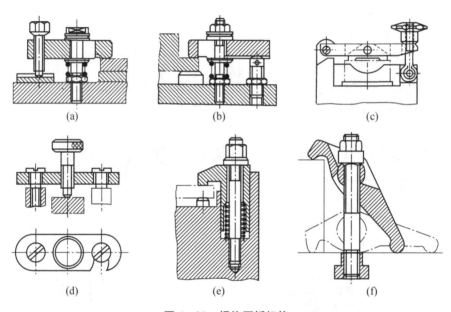

图 6-39 螺旋压板机构

螺旋夹紧机构不仅结构简单、容易制造,而且由于缠绕在螺钉表面的螺旋线很长,升角又小,所以螺旋夹紧机构的自锁性能好,夹紧力和夹紧行程都较大,是手动夹紧中用得最多的一种夹紧机构。

3) 偏心夹紧机构

用偏心件直接或间接夹紧工件的机构,称为偏心夹紧机构。常用的偏心件是圆偏心轮和偏心轴。图 6-40(a)、(b)用的是圆偏心轮,图 6-40(c)用的是偏心轴,图 6-40(d)用的是偏心叉。

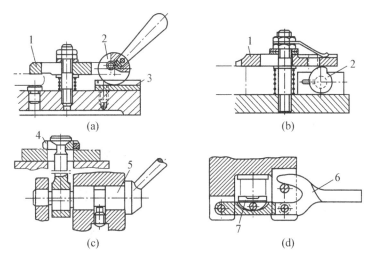

1—压板 2—偏心轮 3—偏心轮用垫板 4—快换垫圈
5—偏心轴 6—偏心叉 7—弧形压块

图 6-40 圆偏心夹紧机构

图 6-41 为圆偏心轮直接夹紧工件的原理图。偏心轮几何中心是 C,回转中心是 O,直径为 D,偏心距为 e。虚线部分是"基圆盘",其半径 $r=D/2-e$。当偏心轮绕回转中心顺时针方向旋转时,相当于一个弧形楔(阴影部分)逐渐楔入"基圆盘"与工件之间,从而夹紧工件。由此可见,偏心夹紧的工作原理与斜楔夹紧的作用原理相同。

理论上讲,偏心轮下半部整个轮廓线上的任何一点都可以用作夹紧点,相当于偏心轮从 0°转至 180°,夹紧总行程为 $2e$,但实际上为防止松夹和咬死,偏心轮工作段常取转角为 60°~90°范围,可以获得比较稳定的自锁性。偏心轮相当于绕在圆盘上的斜楔,故其自锁条

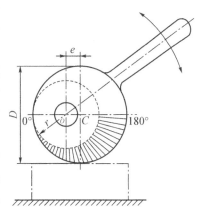

图 6-41 圆偏心轮的工作原理

件与斜楔自锁条件相同,不难推出当夹紧点自锁时,外径 D 和偏心距 e 的关系为:$2e/D \leqslant \mu_1$。其中 μ_1 为偏心轮与工件间的摩擦系数,当 $\mu_1=0.15$ 时,$D/e \geqslant 14$。

偏心夹紧机构操作方便、夹紧迅速,缺点是夹紧力不大($D/e=14$ 时,$i \approx 12$),夹紧行程较小,一般用于切削力不大、振动小的场合,多用于小型工件的夹具中。

6.4 各类机床夹具简介

6.4.1 车床常用夹具

车床广泛应用于轴类、套筒类、盘类等回转零件的加工,常用通用夹具有三爪卡盘、四爪卡盘、花盘及各种顶尖、芯轴等。在车床上加工箱体、支架类零件上的孔及端面时,由于这类零件的形状比较复杂,难以装夹在通用卡盘上,因而需要设计专用夹具。

图 6-42 所示为加工轴承座内孔的角铁式车床夹具,工件以底面上的两孔在圆柱销

4和削边销3上定位,底面在支承板5上定位,用两块压板2夹紧。平衡块8使夹具回转平衡。

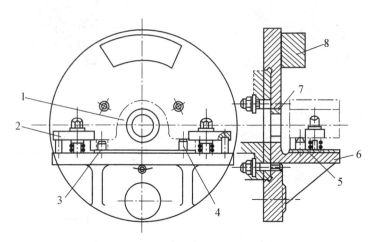

1—工件 2—压板 3—削边销 4—圆柱销 5—支承板
6—夹具体 7—校正套 8—平衡块
图6-42 角铁式车床夹具

由于整个车床夹具一起回转,所以要求它结构紧凑,夹紧力足够大,重心尽可能靠近回转中心。必要时要设置平衡块或减重孔等措施,以消除回转中不平衡现象。

6.4.2 铣床常用夹具

铣床适用于工件上各种平面、台阶、沟槽、螺旋面等的加工,常用通用夹具有:直接将工件定位夹紧于工作台上的螺旋压板机构、通用精密平口钳、万能分度头、回转工作台等。铣床专用夹具的种类很多,按进给方式可分为直线进给式、圆周进给式和仿形进给式三种类型。它一般由定位元件、夹紧装置、对刀装置(对刀块与塞尺)、定位键和夹具体组成。

1) 直线进给式铣床夹具

图6-43所示为一个连杆铣槽的直线进给式铣床夹具。图中右下角为连杆零件工序图。工序图要求工件以一面两孔定位,分四次安装铣削大头孔端面处的8个槽。工件以端面安放在夹具底板4的定位面N上,大、小头孔分别套在圆柱销5和削边销1上,并用两个压板10夹紧。铣刀相对于夹具的位置用对刀块2借助于塞尺调整,采用定距切削。夹具通过两个定位键3在铣床工作台上定位,并通过夹具底板4上的两个耳座用T形槽螺栓和螺母固紧在工作台上。为防止夹紧工件时压板转动,在压板一侧设置了止动销11。

2) 圆周进给式铣床夹具

图6-44为在立式铣床上连续铣削拨叉的夹具简图。转台6通过电动机、蜗杆蜗轮机构带动回转。夹具上能同时装夹12个工件。拨叉以圆孔、端面及外侧面在定位销2上定位,由液压缸5驱动拉杆1通过开口垫圈3将拨叉夹紧。AB是切削区域,CD为装卸区域。

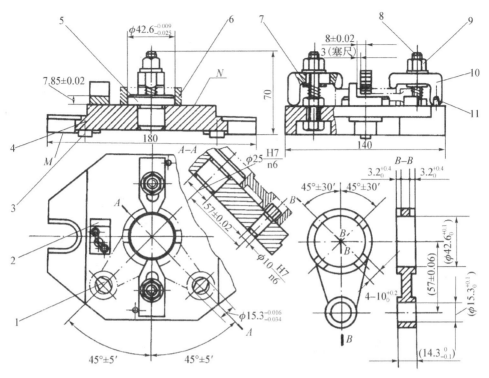

1—削边销 2—对刀块 3—定位键 4—夹具底板 5—圆柱销 6—工件
7—弹簧 8—螺栓 9—螺母 10—压板 11—止动销

图 6-43 连杆铣槽夹具

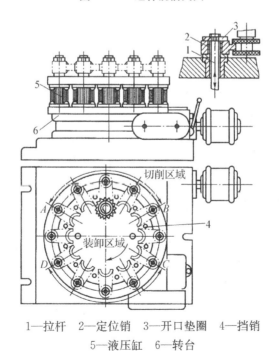

1—拉杆 2—定位销 3—开口垫圈 4—挡销
5—液压缸 6—转台

图 6-44 圆周进给式铣床夹具

3) 仿形进给式铣床夹具

图 6-45 为装在普通立式铣床上的仿形进给式铣床夹具。靠模板 2 和工件 4 装在回转台 7 上,回转台由蜗杆蜗轮带动作等速圆周运动。在强力弹簧作用下,滑座 8 带动工件沿导轨相对于刀具作辅助运动,从而加工出与靠模外形相仿的成形面。

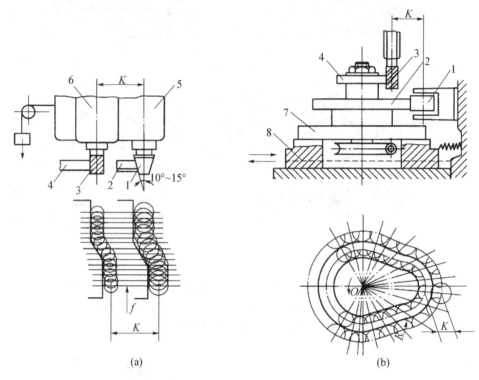

1—滚柱 2—靠模板 3—铣刀 4—工件 5—铣刀滑座
6—滚柱滑座 7—回转台 8—滑座

图 6-45 仿形进给式铣床夹具

6.4.3 钻床常用夹具

在钻床上进行孔的钻、扩、铰、锪、攻螺纹加工所用的夹具,称为钻床夹具。钻床夹具用钻套引导刀具进行加工,有利于保证被加工孔对其定位基准和各孔之间的尺寸精度和位置精度,并可显著提高劳动生产率。钻床夹具的种类繁多,一般分为固定式、回转式、移动式、翻转式、盖板式和滑柱式等几种类型。

1) 固定式钻模

在使用过程中,夹具和工件在机床上的位置固定不变。常用于在立式钻床上加工较大的单孔或在摇臂钻床上加工平行孔系。图 6-1 就是一个固定式钻模。

2) 回转式钻模

在钻削加工中,回转式钻模使用较多,它用于加工同一圆周上的平行孔系,或分布在圆周上的径向孔。它包括立轴、卧轴和斜轴回转三种基本型式。如图 6-46 所示为卧轴回转式钻模。工件以内孔及端面定位,用螺母、开口垫圈夹紧,加工工件径向均匀分布的孔,加工完一个孔后,拔出对定销 6,转动手柄 3 分度,加工下一个孔。

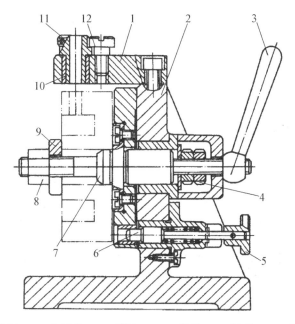

1—钻模板 2—夹具体 3—手柄 4、8—螺母 5—把手 6—对定销
7—圆柱销 9—快换垫圈 10—衬套 11—钻套 12—螺钉
图 6-46 卧轴回转式钻模

3) 移动式钻模

这类钻模用于钻削中、小型工件同一表面上的多个孔。使用时,钻模可沿钻床工作台面移动,它靠摩擦力矩与转矩平衡,钻孔 $d<10$ mm,钻模加工件总重量小于 15 kg。

4) 翻转式钻模

这类钻模主要用于加工中、小型工件分布在不同表面上的孔,如图 6-47 所示为加工套筒上四个径向孔的翻转式钻模。工件以内孔及端面在定位销 1 上定位,用快换垫圈 2 和螺母 3 夹紧。钻完一组孔后,翻转 60°钻另一组孔。

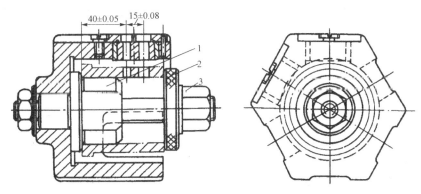

1—定位销 2—快换垫圈 3—螺母
图 6-47 翻转式钻模

5) 盖板式钻模

这类钻模没有夹具体,钻模板上除钻套外,一般还装有定位元件和夹紧装置,只要将

它覆盖在工件上即可进行加工。图6-48所示为加工车床溜板箱上多个小孔的盖板式钻模。在钻模盖板1上不仅装有钻套,还装有定位用的定位销2、削边销3和支承钉4。因钻小孔,钻削力矩小,故未设置夹紧装置。

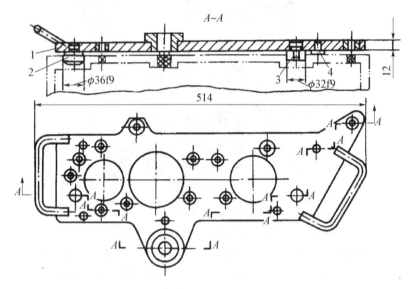

1—钻模盖板　2—定位销　3—削边销　4—支承钉
图6-48　盖板式钻模

6) 滑柱式钻模

它是一种标准钻模,其钻模板固定在滑柱上,可随滑柱上下移动。下移时可将工件夹紧,并借锁紧机构锁紧。滑柱式钻模本身是标准的,其定位元件要按工件进行设计。

6.4.4　镗床常用夹具

镗床夹具又称为镗模,主要用于加工箱体、支架类零件上精密的孔或孔系,它不仅在各类镗床上使用,也可在组合机床、车床及摇臂钻床上使用。镗模的结构与钻模相似,一般用镗套作为导向元件引导镗孔刀具或镗杆进行镗孔。镗床夹具按导向支架的布置可分为双支承镗模、单支承镗模和无支承镗模三类。

1) 双支承镗模

有两个引导镗刀杆的支承,镗杆与机床主轴采用浮动连接,镗孔的位置精度由镗模保证,消除了机床主轴回转误差对镗孔精度的影响。

(1) 前后双支承镗模。图6-49为镗削车床尾座孔的双支承镗模,镗模的两个支承分别设置在刀具的前方和后方,镗刀杆9和主轴之间通过浮动接头10连接。工件以底面、槽及侧面在定位板3、4及可调支承钉7上定位,限制六个自由度。采用联动夹紧机构,拧紧夹紧螺钉6,压板5、8同时将工件夹紧。镗模支架1上装有滚动回转镗套2,用以支承和引导镗刀杆。镗模以底面A作为安装基面安装在机床工作台上,其侧面设置找正基面B,因此可不设定位键。

前后双支承镗模应用得最普遍,一般用于镗削孔径较大,孔的长径比$L/D>1.5$的通孔或孔系,其加工精度较高,但更换刀具不方便。当工件同一轴线上孔数较多,且两支

承间距离 $L > 10d$（d 为镗杆直径）时，在镗模上应增加中间支承，以提高镗杆刚度。

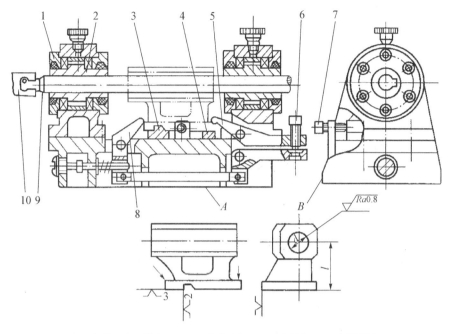

1—支架 2—镗套 3、4—定位板 5、8—压板 6—夹紧螺钉
7—可调支承钉 9—镗刀杆 10—浮动接头
图 6-49 镗削车床尾架孔的镗模

(2) 后双支承镗模。图 6-50 为后双支承镗孔示意图，两个支承设置在刀具的后方，镗杆与主轴浮动连接。为保证镗杆的刚性，镗杆的悬伸量 $L_1 < 5d$；为保证镗孔精度，两个支承的导向长度 $L > (1.25 \sim 1.5) L_1$。后双支承镗模可在箱体的一个壁上镗孔，此类镗模便于装卸工件和刀具，也便于观察和测量。

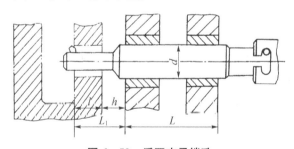

图 6-50 后双支承镗孔

2) 单支承镗模

这类镗模只有一个导向支承，镗杆与主轴刚性连接。安装镗模时，应使镗套轴线与机床主轴轴线重合。主轴的回转精度将影响镗孔精度。根据支承相对刀具的位置，单支承镗模可分为前单支承镗模和后单支承镗模两种。

(1) 前单支承镗模。如图 6-51 所示为采用前单支承镗孔，镗模支承设置在刀具前方，主要用于加工孔径 $D > 60$ mm、加工长度 $L < D$ 的孔径。一般镗杆的导向部分直

径 $d<D$。因导向部分直径不受加工孔径大小的影响,故在多工步加工时,可不更换镗套。这种布置也便于在加工中观察与测量。但在立镗时,切屑会落入镗套,应设置防屑罩。

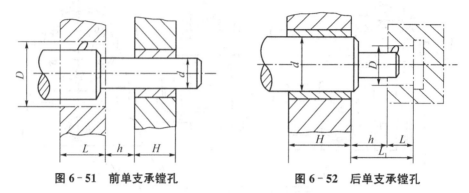

图 6-51　前单支承镗孔　　　　　图 6-52　后单支承镗孔

(2) 后单支承镗模。图 6-52 所示为采用后单支承镗孔,镗模支承设置在刀具后方。用于立镗时,切屑不会落入镗套。当加工 $D<60$ mm、加工长度 $L<D$ 的通孔或盲孔时,可使镗杆的导向部分直径 $d>D$。这种形式的镗杆刚性好,加工精度高,装卸工件和更换刀具方便,多工步加工时不可更换镗杆。当加工孔长度 $L=(1\sim1.25)D$ 时,应使镗杆的导向部分直径 $d<D$,以便镗杆的导向部分可以进入加工孔,从而缩短镗套与工件之间的距离 h 及镗杆悬伸的长度 L_1。为便于刀具及工件的装卸和测量,单支承镗模的镗套工件之间的距离 h 一般在 20~80 mm 之间,常取 $h=(0.5\sim1.0)D$。

3) 无支承镗模

工件在刚性好、精度高的金刚镗床、坐标镗床或数控机床、加工中心上镗孔时,夹具上不设置镗模支承,加工孔的尺寸和位置精度由镗床保证。这类夹具只需设计定位元件、夹紧装置和夹具体即可。

本章小结

1. 工件在直角坐标系中有六个自由度,需根据加工要求,采用适当的定位元件限制。

2. 常见定位方式有以平面定位、以圆孔定位、以外圆定位及组合定位。常见夹紧机构主要有斜楔夹紧、螺旋夹紧及偏心夹紧。

3. 采用车、铣、钻、镗夹具,可提高加工效率,保证加工精度,扩大机床工艺范围。

习题六

6-1　机床夹具有哪几个组成部分？各起何作用？

6-2　什么叫"六点定位原则"？什么是欠定位、过定位？试分析图 6-53 中的定位元件是限制哪些自由度？是否合理？若不合理应如何改进？

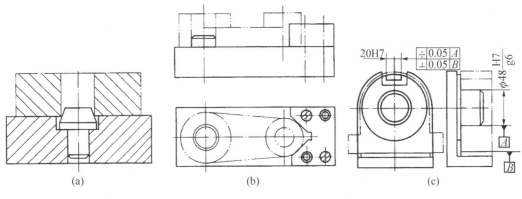

图 6-53 习题 6-2 图

6-3 根据六点定位原则,分析图 6-54 中的各定位方案中定位元件所限制的自由度。有无重复定位现象?是否合理?如果不合理,应如何改进?

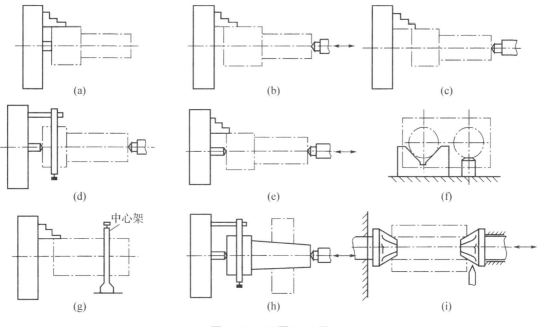

图 6-54 习题 6-3 图

6-4 工件以平面为定位基准时,常用哪些定位元件?

6-5 除平面定位外,工件常用定位表面有哪些?相应定位元件有哪些类型?

6-6 工件在夹具中夹紧的目的是什么?为什么说夹紧不等于定位?

6-7 夹具夹紧的基本要求是什么?试分析图 6-55 所示各夹紧机构中夹紧力的方向和作用点是否合理?若不合理,应如何改进?

6-8 分析三种夹紧机构的优缺点。

6-9 如何保证车床夹具的转动平衡?

6-10 如何确定铣刀与夹具间的相对位置?定位键起何作用?

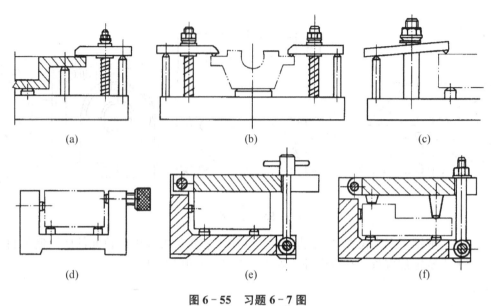

图 6-55 习题 6-7 图

6-11 钻床夹具有哪些类型？各类钻模有何特点？

6-12 镗床夹具可分为几类？各有何特点？其应用场合是什么？

实验与实训

查阅《机床夹具设计手册》，熟悉机床夹具零件及部件，了解典型夹具机构。

第7章　机械加工工艺规程的制定

> **学习目标**
> 1. 了解生产过程、生产类型及机械加工工艺规程制定的原则和步骤，了解提高机械加工生产率的工艺措施；
> 2. 理解零件工艺性分析方法，理解加工余量的确定、机床及工艺装备的选择方法；
> 3. 掌握零件毛坯选择、定位基准选择、表面加工方法的确定、工序尺寸及其公差的确定方法。

本章简要介绍生产过程、机械加工工艺过程的组成及机械加工工艺规程制定的原则和步骤，时间定额的确定方法及提高机械加工生产率的工艺措施；介绍了零件工艺性分析、加工余量的确定、机床及工艺装备的选择方法；主要介绍了零件毛坯选择、定位基准选择、表面加工方法的确定、工序尺寸及其公差的确定方法。

7.1　概述

7.1.1　生产过程与机械加工工艺过程

1) 生产过程

将原材料转变为成品的全过程称为生产过程。它主要包括：

(1) 产品投产前的生产技术准备工作。包括产品的设计、工艺的设计和专用工艺装配的设计及制造、原材料的运输和保管、生产组织等方面的准备工作。

(2) 毛坯的制造。如毛坯的锻造、铸造、焊接和型材的锯切等。

(3) 零件的加工过程。如机械加工、特种加工、焊接、热处理和表面处理等。

(4) 产品的装配过程。包括零部件装配、总装配、调整、检验和试车等。

(5) 各种生产服务活动。包括原材料、半成品、工具的供应、运输、保管，以及产品的表面精饰、包装等生产的辅助过程。

为了便于组织生产，现代机械工业的发展趋势是组织专业化生产，即一种产品的生产是分散在若干个专业化工厂进行，最后集中由一个工厂制成完整的机械产品。例如，制造机床时，机床上的轴承、电机、电器元件、液压元件，甚至轴、齿轮等许多其他零部件都是由专业厂生产的，最后由机床厂完成关键零部件和配套件的生产，并装配成完整的机床。专业化生产有利于零部件的标准化、通用化和产品的系列化，从而能在保证质量的前提下，提高劳动生产率和降低成本。

2) 机械加工工艺过程

所谓"工艺",就是制造产品的方法。工艺过程是指生产过程中直接改变生产对象的形状、尺寸、相对位置和性能等,使其成为半成品或成品的过程。它是生产过程中的主要部分。机械产品的工艺过程又可分为铸造、锻造、冲压、焊接、机械加工、热处理、装配等。

机械加工工艺过程是利用机械加工的方法,直接改变毛坯的形状、尺寸和相对位置等,使其转变为成品的过程。它是机械产品工艺过程的重要组成部分,直接决定产品的质量,对产品的成本和生产周期有较大的影响。

7.1.2 机械加工工艺规程及其制定原则和步骤

机械加工工艺规程是指规定产品或零部件制造工艺过程及操作方法的工艺文件。它把较合理的工艺过程和操作方法,按照规定的表格形式固定下来,经过审批后用来指导和组织生产。零件的机械加工工艺规程包括的内容有:工艺路线、各工序加工的内容与要求、所采用的机床和工艺装备、工件的检验项目和检验方法、切削用量及工时定额等。下面以图 7-1 所示农用车Ⅲ轴大齿轮为例,说明编制机械加工工艺规程的方法和步骤。

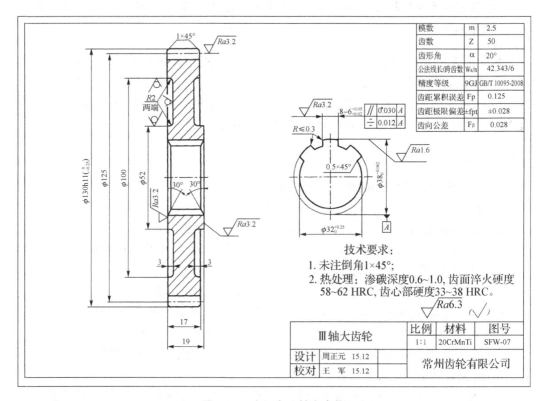

图 7-1 农用车Ⅲ轴大齿轮

1) 工艺规程的作用

(1) 工艺规程是指导生产的主要技术文件。合理的工艺规程是在依据工艺理论、生产实践经验和工艺试验的基础上制定的,是保证产品质量和提高经济效益的指导性文件。企业员工在生产中要严格执行既定的工艺规程。

(2) 工艺规程是组织和管理生产的基本依据。产品原材料的供应,毛坯的制造,工夹量具的设计或采购,机床设备的安装,生产作业计划的编排,劳动力的组织,生产成本的核算,都要以工艺规程为基本依据。

(3) 工艺规程是新建、扩建工厂或车间的基本资料。只有依据工艺规程和生产纲领才能正确地确立生产需要的机床及其他设备的种类规格和数量、机床的布置、车间的面积、生产工人的工种、等级和数量以及辅助部门的安排等。

2) 工艺规程的种类

工艺规程是生产中使用的重要的工艺文件,为了便于科学管理和交流,其格式都有相应的标准。常用的工艺规程有以下两种。

(1) 机械加工工艺过程卡片。以工序为单位简要说明零件加工过程的一种工艺文件,表7-1为农用车Ⅲ轴大齿轮机械加工工艺过程卡片的第1页。卡片上有产品的名称和型号、零件的名称和图号、毛坯的种类和材料,它以工序为单位列出零件加工的工序名称(毛坯、机械加工、热处理及检验等)、工序内容、完成各工序的车间工段、所采用的设备和工艺装备等。机械加工工序内容包括工件的定位、夹紧,以及各加工工步。机械加工工艺过程卡片是制定其他工艺文件的基础。

表7-1 机械加工工艺过程卡片

常州齿轮有限公司		机械加工工艺过程卡片		产品型号	SFW	零(部)件图号	SFW-07	共4页
				产品名称	农用车	零(部)件名称	Ⅲ轴大齿轮	第1页
材料牌号	20CrMnTi	毛坯种类	锻件	毛坯外形尺寸	$\phi140\times24$	每毛坯件数 1 每台件数 1		备注
工序号	工序名称	工 序 内 容		车间	工段	设备	工 艺 装 备	工时 准终 单件
10	锻	锻造成型(按锻件图)		外协				
20	热	热处理:正火(按热处理工艺守则)		外协				
30	车	粗车各部尺寸(按粗车图)		外协				
40	检	粗车齿坯检验(按粗车图)		检验站				
50	拉	靠大端面		金工		L6120	花键拉刀:SFW-07-LH	
		拉花键:$8-\phi38^{+0.09}_{+0.06}\times\phi32^{+0.25}_{+0.10}\times6^{+0.08}_{+0.05}$					$\phi38^{+0.09}_{+0.06}$ 拉塞规:SFW-07-SL	
		大径 $\sqrt{Ra1.6}$ 键侧 $\sqrt{Ra3.2}$ ⌀ 0.25 A					$6^{+0.08}_{+0.05}$ 塞片	
							偏摆仪 杠杆百分表	
							检验芯轴:8-38.08~38.10×31×5.5两根	
60	车	花键大径定心,凸台小端面定位,并胀紧		金工		CA7620	精车夹具:GSFW-07-CJ	
		1.精车大外圆至$\phi130^{0}_{-0.25}$					游标卡尺:0-200/0.02	
		2.精车大端面至总长$19.5^{+0.15}_{0}$ $\sqrt{Ra3.2}$ ⌀ 0.04 A					偏摆仪 杠杆百分表	
		3.倒大外圆角$1\times45°$					检验芯轴:8-38.08~38.10×31×5.5两根	
70	车	花键大径定心,大端面定位,并胀紧		金工		CA7620	精车夹具:GSFW-07-CJ	
		1.精车小端面,保证总长19 ± 0.08 $\sqrt{Ra3.2}$ ⌀ 0.035 A					游标卡尺:0-200/0.02	
		2.倒小外圆角$1\times45°$					偏摆仪 杠杆百分表	
							检验芯轴:8-38.08~38.10×31×5.5两根	
80	车	花键大径定心,大端面定位,并胀紧		金工		CA7620	精车夹具:GSFW-07-CJ	
				编制(日期)	校对(日期)		审核(日期)	会签(日期)
				周正元 15.12	苏沛群 15.12		赖华清 15.12	杨桂附 15.12
标记	处数	更改文件号	签字	日期	标记	处数	更改文件号	签字 日期

(2) 机械加工工序卡片。在机械加工工艺过程卡片的基础上,按每道工序编制的一种工艺文件,表7-2为农用车Ⅲ轴大齿轮工序60车工序的机械加工工序卡片。一般要画出工序简图(简图中本工序加工表面用粗实线,其余用细实线绘制),并详细说明该工序每个工步的加工内容、工艺参数、操作要求以及使用的设备和工艺装备等,一般在成批生产和大批量生产中应用,主要用来指导工人生产。

表 7-2　机械加工工序卡片

常州齿轮有限公司	机械加工工序卡片		产品型号	SFW	零(部)件图号	SFW-07	共 1 页
			产品名称	农用车	零(部)件名称	Ⅲ轴大齿轮	第 1 页
(零件图)			车间	工序号	工序名称	材料牌号	
			金工	60	车	20CrMnTi	
			毛坯种类	毛坯外形尺寸	每坯件数	每台件数	
			锻件	φ140×24	1	1	
			设备名称	设备型号	设备编号	同时加工件数	
			半自动车床	CA7620	CCS-589	1	
			夹具编号		夹具名称	冷却液	
			GSFW-07-CJ		精车夹具		
			工位器具编号		工位器具名称	工序工时	
						准终	单件
			CCG-768		托盘		
工步号	工步内容		工艺装备	主轴转速 r/min	切削速度 m/min	进给量 mm/r	切削深度 mm	进给次数	工步工时 机动 辅助
1.	精车大外圆至 $\phi130_{-0.25}^{0}$			710			0.5	1	
2.	精车大端面至总长 $19.5_{0}^{+0.15}$ $\sqrt{Ra3.2}$ $\boxed{0.04\ A}$								
3.	倒大外圆角 1×45°								
描图									
描校									
底图号									
装订号									
			编制(日期)	校对(日期)	标准化(日期)	审核(日期)	会签(日期)
			周正元 15.12	苏沛群 15.12	王军 15.12	赖华清 15.12	杨桂俯 15.12
标记 处数 更改文件号 签字 日期			标记 处数 更改文件号 签字 日期				

此外,还有机械加工工艺卡片、技术检验卡、产品装配工艺卡片等。

3）制定机械加工工艺规程的原则

制定机械加工工艺规程的基本原则是"保质、高效、低耗",即在充分考虑采取各种措施保证产品质量的基础上,以最低的成本保证所要求的生产率和年生产纲领,应尽力做到技术上先进、经济上合理并具有良好的生产条件。

（1）应以保证零件加工质量,达到图纸设计规定的各项要求为前提。

（2）在保证加工质量的基础上,应使工艺过程有较高的生产率和较低的成本。

（3）应充分考虑零件的年生产纲领和生产类型,充分利用现有生产条件,并尽可能做到平衡生产。

（4）尽量减轻工人劳动强度,保证安全生产,创造良好、文明的劳动条件。

（5）积极采用先进技术和方法,力争减少材料和能源的消耗,并应符合环境保护要求。

4）制定机械加工工艺规程的步骤

制定机械加工工艺规程的工作主要包括工艺分析与毛坯的选择、基准选择与工艺路线的拟定和工序设计三个阶段,其内容和步骤如下：

（1）分析加工零件的工艺性。

（2）选择毛坯。

（3）选择定位基准。

（4）拟定工艺路线。

(5) 工序设计。
(6) 填写工艺文件。

在准备阶段工作的基础上,拟定以工序为单位的加工工艺过程,再对每个工序确定详细内容,将有相互影响和联系的前后阶段内容作局部反复修改。最后对制定的工艺规程还要进行综合分析和评价:能否满足生产率及生产节拍的要求,能否做到大致地均衡利用设备负荷,经济效益如何等。如果这一分析评价不可行,还要重新制定工艺规程。还可同时编制出几个工艺规程的方案进行分析比较,将最后认定的工艺规程的内容填入工艺卡片,形成工艺文件。

7.1.3 机械加工工艺过程的组成

机械加工工艺过程是由一个或若干个顺序排列的工序组成,毛坯依次经过这些工序就成为成品。每一个工序又可分为一个或若干个安装、工位、工步和走刀。

(1) 工序。工序是一个或一组工人,在一个工作地点对同一个或同时对几个工件进行加工所连续完成的那一部分工艺过程。划分工序的依据是工作地(或机床)是否变动和加工是否连续。如图7-2所示阶梯轴,当单件生产时,其端面、外圆等加工是在同一台机床上连续完成的,只算一道工序,其工序划分见表7-3;当成批生产时,为了提高效率,采用专用机床生产,端面、外圆等加工划分为五道工序,见表7-4。

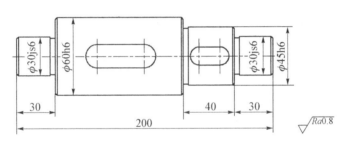

图7-2 阶梯轴

表7-3 阶梯轴的机械加工工艺过程(单件生产时)

工序号	工序名称	工序内容	设备
10	车	车端面,钻中心孔,车外圆,车槽,倒角	车床
20	铣	铣键槽,去毛刺	铣床
30	磨	磨外圆	磨床

表7-4 阶梯轴的机械加工工艺过程(成批生产时)

工序号	工序名称	工序内容	设备
10	铣钻	铣两端面,钻中心孔	铣钻床
20	车	粗车一端外圆	仿形车床
30	车	粗车另一端外圆	仿形车床
40	车	精车一端外圆,车槽,倒角	仿形车床

续 表

工序号	工序名称	工序内容	设备
50	车	精车另一端外圆,车槽,倒角	仿形车床
60	铣	铣键槽	铣床
70	钳	去毛刺	钳工台
80	磨	磨外圆	磨床

又如农用车Ⅲ轴大齿轮精车工序,单件生产只算一道工序。成批生产时可分为车大外圆、大端面、倒角,车小端面、倒角,及车齿宽端面、倒角三道工序。工序是组成工艺过程的基本单元,又是生产计划和经济核算的基本单元。

(2) 安装。工件在加工前,将工件在机床或夹具中定位、夹紧的过程称为安装。农用车Ⅲ轴大齿轮工序 60 精车工序,花键大径定心并用液压弹性胀套胀紧,限定 4 个自由度,大端面定位,限 1 个自由度。在一个工序中,工件可能安装一次,也可能需要安装几次。如表 7-3 中,工序 10 需要多次安装,工序 20 只需一次安装。工件在加工中,应尽量减少安装次数,因为多一次安装不但增加了装卸工件的辅助时间,同时还会产生安装定位误差。

(3) 工位。工位是指为了减少安装次数,常采用回转工作台、转位或移位夹具等,使工件在一次安装中先后处于几个不同的位置进行加工,工件在机床上所占据的每一个待加工的位置称为工位。图 7-3 所示是利用万能分度头使工件依次处于Ⅰ、Ⅱ、Ⅲ、Ⅳ来完成对轴上等分槽的铣削加工。

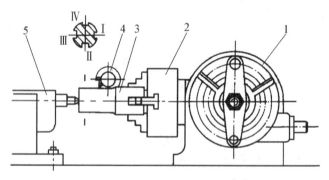

1—分度头　2—三爪自定心卡盘　3—工件　4—铣刀　5—尾座
图 7-3 多工位加工

(4) 工步。工步是指在一个工序中,当加工表面不变、切削工具不变、切削用量中的进给量和切削速度不变的情况下所完成的那部分工艺过程。以上三种因素中任一因素改变后,即成为新的工步。

一个工序可以只包括一个工步,也可以包括几个工步。如表 7-4 中工序 10 可划分成两个工步:铣两端面、钻中心孔。对于在一次安装中连续进行的若干个相同的工步,为了简化工序内容的叙述,可视为一个工步。如图 7-4 所示零件,如用一支钻头连续钻削四个 $\phi15$ mm 的孔,就可视为一个工步。用几把不同的刀具或者用复合刀具同时加工一个零件的几个表面的工步,称为复合工步。如图 7-5 所示是用钻头和车刀同时加工内孔和外圆的复合工步。在工艺文件上,复合工步应视为一个工步。

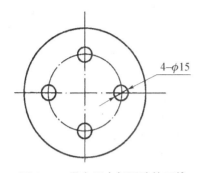

图 7-4 具有四个相同孔的工件

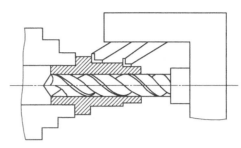

图 7-5 同时加工外圆和孔

(5) 走刀。走刀是指在一个工步内,如果被加工表面需切去的金属层很厚,一次切削无法完成,则应分几次切削,每进行一次切削就是一次走刀。一个工步可以包括一次或几次走刀。如图 7-6 所示,用棒料制造阶梯轴时,第二工步中包括两次走刀。

7.1.4 生产类型及其工艺特征

零件机械加工的工艺规程与其生产组织类型是密切相关的,所以在制定零件机械加工工艺规程时,应首先确定零件机械加工的生产组织类型。而生产组织类型又主要是与零件的生产纲领有关的。

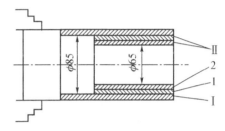

Ⅰ—第一工步($\phi 85$)　Ⅱ—第二工步($\phi 65$)
1—第二工步第一次走刀
2—第二工步第二次走刀

图 7-6 以棒料制造阶梯轴

1) 生产纲领

生产纲领是企业在计划期内应当生产的产品产量和进度计划。计划期为一年的生产纲领称为年生产纲领,也称年产量。

机械产品中某零件的年生产纲领可按下式计算:

$$N = Qn(1+a\%)(1+b\%)$$

式中:N——零件的年生产纲领(件/年);
  Q——产品的年生产纲领(台/年);
  n——每台产品中该零件的数量(件/台);
  $a\%$——该零件的备品率;
  $b\%$——该零件的废品率。

2) 生产类型

生产批量是一次投入或产出的同一产品或零件的数量。

根据零件的生产纲领或生产批量可以划分出不同的生产类型,它是指企业生产专业化程度的分类,一般分为三种不同的生产类型:单件生产、成批生产和大量生产。

(1) 单件生产。单件生产的基本特点是产品品种繁多,每种产品仅制造一个或几个,很少重复生产。例如一般工厂的专用模具、夹具、量具、刀具等工艺装备的生产都属于单件或小批生产。另外重型机械产品的制造、新产品的试制等都属于这种生产类型。

(2) 成批生产。成批生产的基本特点是产品品种多,同一产品有一定的数量,能够成批进行生产,或者在一段时间之后又重复某种产品的生产。例如机床、工程机械、农用车等许多机械产品都属于成批生产。

成批生产中,每批投入生产的同一产品的数量称为批量。根据产品批量大小又分为小批生产、中批生产和大批生产。小批生产的工艺特征接近单件生产,常将两者合称为单件小批生产。大批生产的工艺特征接近大量生产,常合称为大批大量生产。

(3) 大量生产。大量生产的基本特点是同一产品的生产数量很大,通常是一工作地长期进行同一种零件的某一道工序的加工,生产具有严格的节奏性。汽车、拖拉机、自行车等通用产品的生产都属于大量生产。

表7-5所列是按产品年产量划分的生产类型,供确定生产类型时参考。

表7-5 年产量与生产类型的关系

生产类型		同类零件的年产量/件		
		轻型零件生产 (零件质量<100 kg)	中型零件的生产 (零件质量100~2 000 kg)	重型零件的生产 (零件质量>2 000 kg)
单件生产		<100	<10	<5
成批生产	小批	100~500	10~200	5~100
	中批	500~5 000	200~500	100~300
	大批	5 000~50 000	500~5 000	300~1 000
大量生产		>50 000	>5 000	>1 000

3) 工艺特征

对于不同的生产类型,产品的制造工艺、设备工装、工人的技术等级要求和技术效果均有所不同,具有不同的工艺特征。各种生产类型的工艺特征可归纳成表7-6。

表7-6 各种生产类型的工艺特征

特点	单件生产	成批生产	大量生产
加工对象	经常变换	周期性变换	固定不变
毛坯的制造方法及加工余量	型材用锯床或热切割下料,木模手工砂型铸造,自由锻造,手工电弧焊。毛坯精度低,加工余量大	金属造型、模锻、冲压,毛坯精度与余量中等	广泛采用模锻、金属模机器造型,毛坯精度高,加工余量小
机床设备及排列方式	通用机床,部分采用数控机床。按机床的种类及大小"机群式"排列	通用机床及部分高效率机床。按加工零件类别分工段排列	专用机床、自动机床及自动线。按流水形式排列

续 表

特点	单件生产	成批生产	大量生产
夹具	通用夹具或组合夹具	广泛采用专用夹具	采用高效率专用夹具
刀具与量具	通用刀具和通用量具	较多采用专用刀具和专用量具	采用高生产率刀具和量具,自动测量
对工人的要求	技术熟练的工人	一定熟练程度的工人	对操作工的技术要求较低,对调整工的技术要求较高
工艺规程	工艺过程卡	工艺过程卡和工序卡	工艺过程卡和工序卡
工件的互换性	一般配对制造,广泛采用调整或修配法	多数互换,少数试配或修配	全部互换或分组互换
生产率	用传统加工方法生产率低,用数控机床可提高生产率	中	高
成本	高	中	低

7.2 零件工艺性分析与毛坯的选择

7.2.1 原始资料准备及产品工艺性分析

1) 原始资料的准备

制定工艺规程时,通常具有下列原始资料。

(1) 产品的全套装配图和零件工作图及产品质量验收标准等设计文件。

(2) 产品的生产纲领和生产类型。

(3) 企业的生产条件。如设备的品种、规格、数量及工人技术水平,工艺装备的制造能力,毛坯的生产能力等。

(4) 国内外工艺技术的发展情况。积极引进先进的工艺技术以提高工艺水平。

(5) 有关的手册、标准及指导性文件。如机械设计手册、机械加工工艺手册及图册等。

2) 产品工艺性分析

设计的产品在能满足使用要求的前提下,制造、维修的可行性和经济性称为产品的结构工艺性。

产品的工艺性分析是在产品技术设计之后进行的。通过分析产品装配图和零件图,熟悉产品性能、用途和工作条件,明确各零部件的装配关系和作用,弄清各零件的装配基准、重要尺寸及加工表面的主次,分析各项尺寸、形状和位置公差以及技术要求的制定依据,明确主要技术要求和关键技术问题,以便调动相应的工艺措施来加以保证。

7.2.2 零件工艺性分析

在制定机械加工工艺规程之前,应先对零件工艺性进行分析(也叫工艺性审查)。这主要包括零件技术性分析和零件结构工艺性分析两方面内容。

1) 零件技术性分析

零件技术性分析主要考虑以下几个方面内容：

(1) 零件图上视图、尺寸、公差是否齐全，标注是否合理、正确。如尺寸标注时，重要尺寸应直接标注，标注的尺寸应便于测量，要考虑设计基准与工艺基准重合等。

(2) 零件的加工精度与表面质量要求是否合理。加工质量定得过高会增加工序，增加制造成本；过低会影响其使用性能，必须根据零件在整个机器中的作用和工作条件进行合理选择。

(3) 热处理、表面处理等技术要求是否合理。

2) 零件结构工艺性分析

零件结构的工艺性是指零件结构在满足使用要求的前提下，该零件制造的可行性和经济性。在进行零件结构设计时，应考虑到加工的安装、对刀、测量、切削效率等。结构工艺性好的零件，制造方便，并具有较低的生产成本。反之，结构工艺性不好的零件，制造困难，并会增加制造成本，甚至无法制造。在设计产品和零件时，对零件的结构工艺性必须给予充分的重视，在不同的生产类型、生产条件下对零件的结构工艺性要求也不一样。表7-7列出了在常规工艺条件下零件结构工艺性对比的实例。

表7-7 零件结构工艺性对比

序号	结构的工艺性不好	结构的工艺性好	说明
1	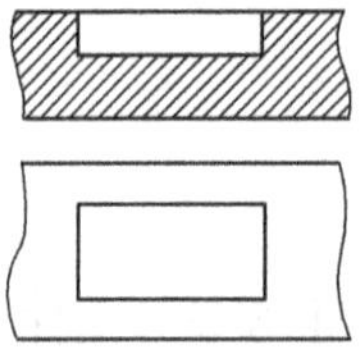	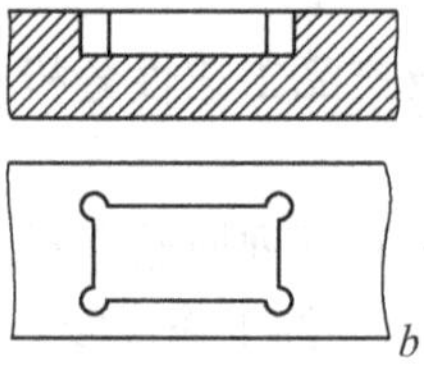	方形凹槽的四角加工时无法清角，应改成圆角或右图结构
2	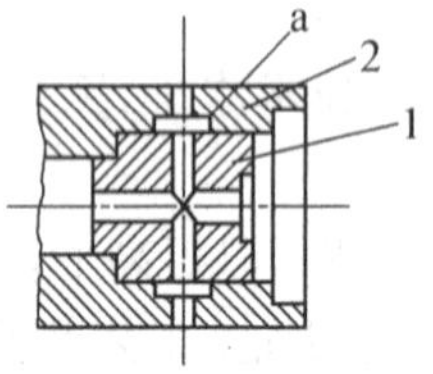	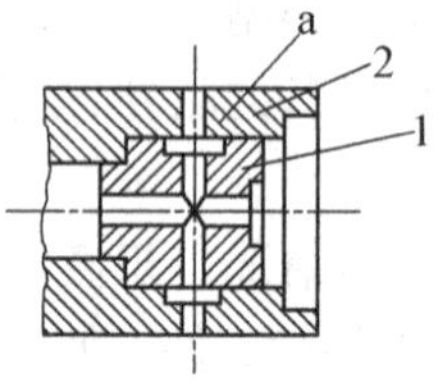	将沉孔a改在件1上，外表面便于加工与测量
3	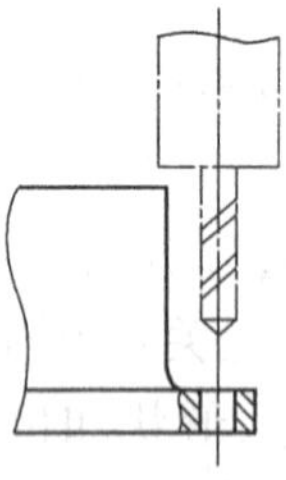	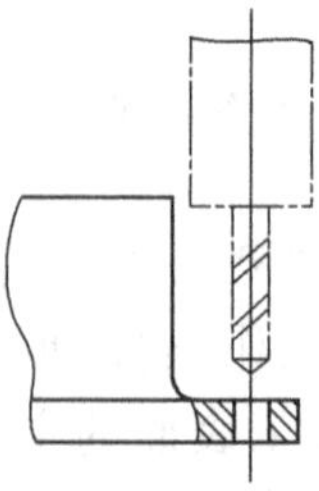	小孔与壁距离太近，无法引进刀具
4	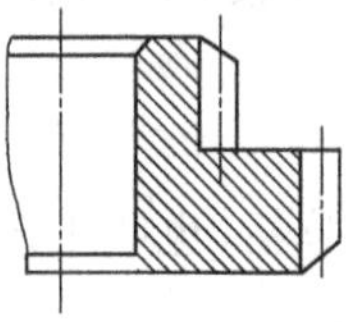	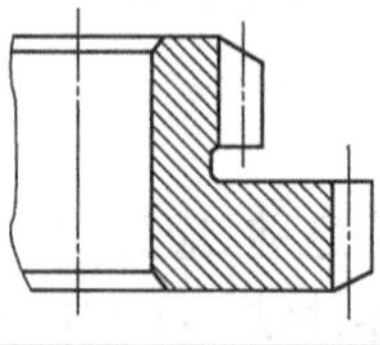	小齿轮与大齿轮间应留插齿让刀槽，否则整体双联齿轮的小齿轮轮齿无法加工

续 表

序号	结构的工艺性不好	结构的工艺性好	说 明
5	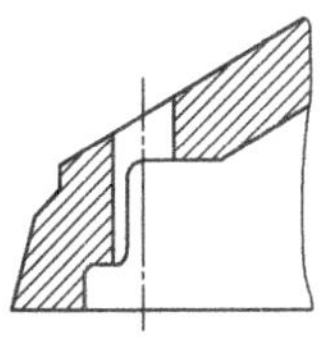	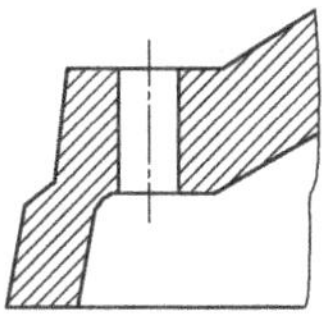	钻孔的入端和出端应避免斜面,否则钻头容易引偏甚至折断
6	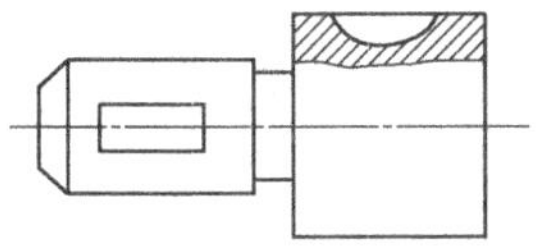	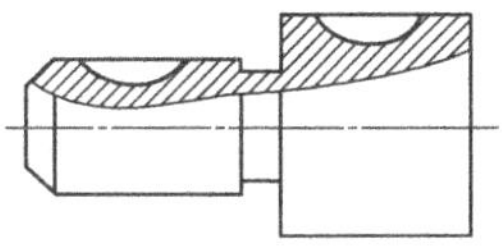	键槽的尺寸、方位相同,可在一次安装中加工出全部键槽,提高生产率
7	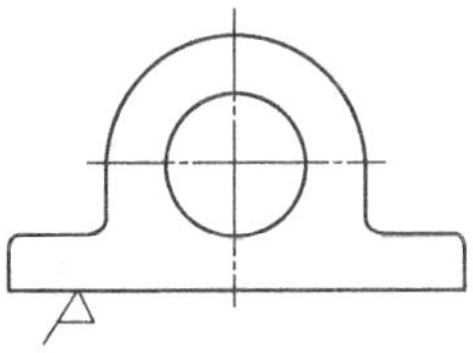	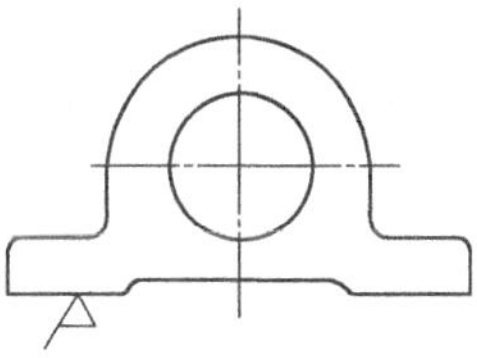	将轴承座底部铸造成右图结构,既可减少加工面积,又可提高底面的接触刚度,还可减少材料和切削工具的消耗量
8	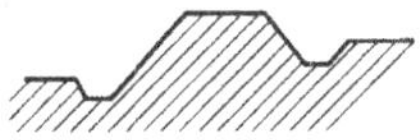	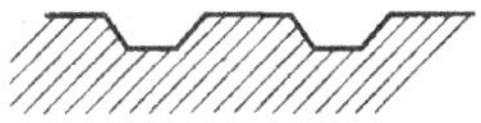	三个凸台表面在同一平面上,可在一次进给中加工完成
9	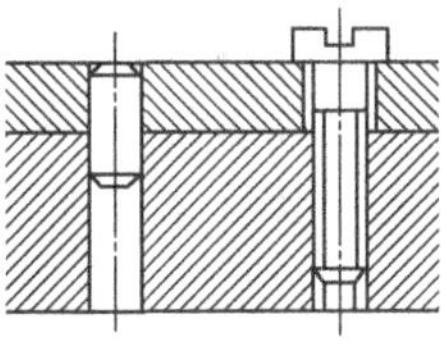	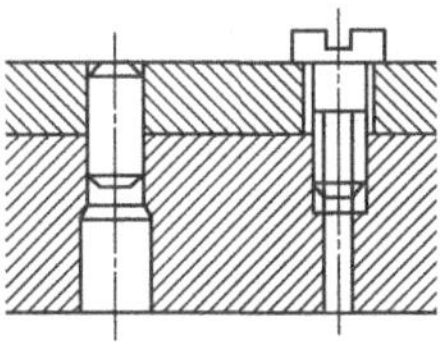	销孔太深,增加铰孔工作量;螺钉太长,没有必要
10	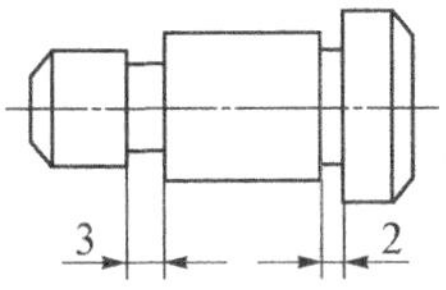	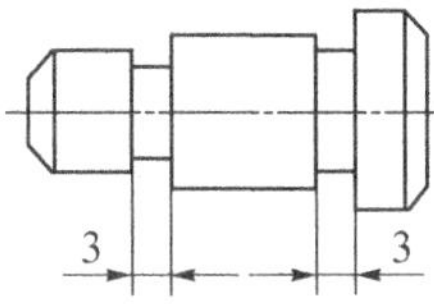	轴类零件上的砂轮越程槽宽度相同,可减少刀具种类,节省换刀时间

零件结构工艺性分析主要考虑以下几个方面内容:

(1) 零件结构应便于加工。对于不便加工或无法加工的结构,应作相应的改进,如表 7-7 中序号 1~4。

(2) 对车、刨、磨等加工面,为了使刀具或砂轮顺利退出,常开设退刀槽、砂轮越程槽、让刀槽,如表 7-7 中序号 4、10。轴肩处切槽也是装配的需要。

(3) 尽量避免、减少或简化内表面的加工。如表 7-7 中序号 2,内沉孔很难加工。

(4) 避免在斜面或弧面上钻孔。如表 7-7 中序号 5。

(5) 零件加工表面应尽量分布在同一方向。如表 7-7 中序号 6,同一方向可提高效率。

(6) 有利于减少加工和装配的劳动量。如表 7-7 中序号 7(凸台或凹槽)、序号 8、序号 9(或同名义尺寸,不同精度),有利于减少加工。

(7) 零件的有关尺寸应力求一致,并能用标准刀具加工。如表 7-7 中序号 10,砂轮越程槽宽度相同。又如一些螺纹孔、销孔、键槽等尺寸选用,必须选用标准规格。

零件工艺性分析后,应填写《零件工艺性审查记录》,对于有明显的不合理之处,应与有关人员一起分析,按规定手续对图样进行必要的修改与补充。

7.2.3 毛坯的选择

毛坯是根据零件所要求的形状、工艺尺寸等而制成的供进一步加工用的生产对象。正确的选择毛坯有重要的技术经济意义。因为它不仅影响毛坯本身的制造,而且对零件的材料利用率、工序数量、加工成本等都有很大的影响。为此毛坯制造与机械加工两方面的工艺人员必须密切配合,兼顾冷、热加工两方面的要求。

1) 毛坯的种类

机械零件常用的毛坯主要有铸件、锻件、焊接件、各种型材等。

(1) 铸件。适用于形状较复杂的零件毛坯。铸造方法有砂型铸造、金属型铸造、压力铸造、熔模铸造和离心铸造等。如变速器箱体、泵壳等用铸铁、铸铝、铸铜做材料的零件。

(2) 锻件。适用于强度要求高、形状比较简单的零件毛坯。锻造方法有自由锻和模锻两种。自由锻毛坯精度低、加工余量大、生产率低,但快捷、制造成本低,适用于单件小批生产或作为大型零件毛坯。模锻毛坯精度高、加工余量小、生产率高,但要制造模具,周期长、制造成本高,适用于中小型毛坯的大批量生产。如机床主轴、齿轮等批量生产优质碳素钢零件毛坯。

(3) 型材。型材主要有棒材、板材、管材等,常用型钢还有角钢、槽钢、工字钢、六角钢、方钢、带材、丝材等。在单件小批生产中常用型材下料。如普通轴、套的毛坯直接用棒材、管材锯切。就其制造方法来分,型材有热轧和冷拉两类。热轧适用于尺寸较大、精度较低的毛坯;冷拉适用于尺寸小、精度要求高的毛坯。

(4) 焊接件。在生产大型、形状复杂的零件时,将型材焊接成所需的零件结构,简单方便,生产周期短。焊接件适合于单件小批生产。如机架、立柱、底座等。

毛坯种类另外还有适合于批量较大、板料零件的冲压件;适合于批量大、精度要求高、小型仪表零件的冷挤压件和适合于大批量、结构简单的粉末冶金件(金属粉末压制成型再高温烧结)等。

2) 毛坯的选择

在选择毛坯时应考虑下列因素:

(1) 零件材料的工艺性及组织和力学性能要求。零件材料的工艺性是指材料的铸造和锻造等性能,所以零件的材料确定后其毛坯已大体确定。例如,当材料具有良好的铸造性能(如铸铁、铸铜、铸铝等)时,一般采用铸件做毛坯。对于钢质零件,还要考虑力学性能的要求:力学性能要求低的,常用型材;一些重要零件,为保证良好的力学性能,则需选择锻造毛坯。

(2) 零件的结构形状和尺寸。例如,对于阶梯轴,如果各台阶直径相差不大,可直接采用棒料做毛坯,使毛坯准备工作简化;当阶梯轴各台阶直径相差较大,宜采用锻件做毛坯,以节省材料和减少机械加工工作量。对于大型零件,多选择自由锻和砂型铸造的毛坯,而中小型零件,根据不同情况可选择模锻、熔模铸造、压力铸造等先进毛坯制造方法。

(3) 生产类型。大批、大量生产时宜采用精度高、生产率高的毛坯制造工艺,如模锻、压铸等。虽然用于毛坯制造的设备和工艺装备费用较高,但可以由降低材料消耗和减少机械加工费用予以补偿。单件小批生产可采用型材、自由锻、手工造型铸造或焊接的毛坯,如变速器箱体新品试制常采用焊接件,正式投产时再采用铸件。

(4) 工厂生产条件。选择毛坯时,既要考虑现有的生产条件,如毛坯制造的实际工艺水平和能力,又要考虑毛坯是否可以专业化协作生产,同时应考虑采用先进工艺制造毛坯的可行性和经济性。

为节约材料和能源,在批量生产中应考虑利用各种模具进行少切削、无切削制造,如精铸、精锻、精冲、冷轧、冷挤压、粉末冶金、注塑压塑成形等。

3) 毛坯的形状与尺寸

由于毛坯制造技术的限制,零件被加工表面的技术要求还不能从毛坯制造直接得到,所以毛坯上某些表面需要有一定的加工余量,通过机械加工达到零件的质量要求。毛坯尺寸与零件的设计尺寸之差称为毛坯余量或加工总余量。毛坯余量的大小与零件材料、零件尺寸及毛坯制造方法有关,可根据有关手册或资料确定。一般情况下将毛坯余量叠加在加工表面上即可求得毛坯尺寸。

毛坯的形状与尺寸不仅与毛坯余量大小有关,在某些情况下还受工艺需要的影响。因此在确定毛坯时要注意以下问题:

(1) 工艺凸台。为满足工艺的需要而在工件上增设的凸台称为工艺凸台。如图 7-7 所示,工艺凸台 B 可增加加工面 A 加工时的刚度。工艺凸台在零件加工后若影响零件的外观和使用性能应予以切除。另外,一些箱体类零件毛坯制造时,为了便于装配或制造而开设一些工艺孔,完工后再根据情况予以封堵。

(2) 一坯多件。为了毛坯制造方便和易于机械加工,可以将若干个小零件制成一个毛坯,如图 7-8 所示,毛坯长度:

$$L=(l_1+B)n-B$$

式中:l_1——单个零件长;

　　　B——切口宽度;

　　　n——切割零件的个数。

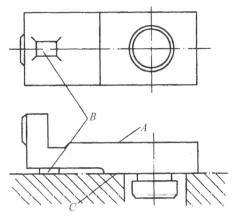

A—加工面　B—工艺凸台　C—定位面

图 7-7　带工艺凸台的刀架毛坯

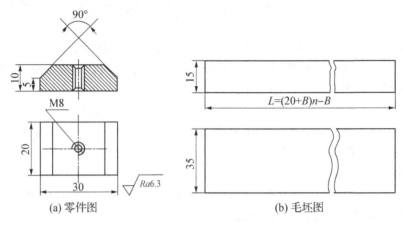

图 7-8 滑键零件图及毛坯图

(3) 组合毛坯。某些形状比较复杂的零件,单独加工比较复杂,如图 7-9 所示为车床进给系统中的开合螺母外壳。为了保证这些零件的加工质量和加工方便,常将分离零件组合成为一个整体毛坯,加工到一定阶段后再切割分离。

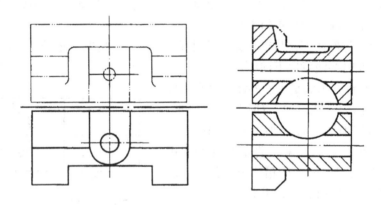

图 7-9 车床开合螺母外壳简图

(4) 有些表面不要求制出,如小孔、槽、凹坑等。

7.3 基准的选择与机械加工工艺路线的拟定

工艺路线是工艺设计的总体布局。其主要任务是选择零件各表面的加工方法和加工方案,确定各表面加工顺序以及整个工艺过程中工序数目和各工序内容。这之中应确定各次加工的定位基准和安装方法,然后再将所需的辅助工序、热处理工序插入相应顺序中,就得到了机械加工工艺路线。

在拟定工艺路线时应从工厂的实际情况出发,充分考虑应用各种新工艺、新技术的可行性和经济性。多提几个方案进行分析比较,以便确定一个符合工厂实际情况的最佳工艺路线。

7.3.1 定位基准的选择

1) 基准及其分类

在机床上加工工件时,必须使工件在机床或夹具上处于某一正确的位置,这一过程称为定位。工件定位之后一般还需夹紧,以便在承受切削力时仍能保持其正确位置。

基准是用来确定生产对象上几何要素间的几何关系所依据的那些点、线、面。根据基准的作用不同,可分为设计基准和工艺基准。

(1) 设计基准。设计基准是在零件图上用于标注尺寸和表面相互位置关系的基准。例如图7-10所示的衬套,轴线 O-O 是各外圆表面及内孔的设计基准;端面 A 是端面 B、C 的设计基准;内孔表面 D 的轴心线是 $\phi 40h6$ 外圆表面的径向跳动和端面 B 端面跳动的设计基准。作为设计基准的点、线、面在工件上不一定具体存在(如孔的中心、轴心线、基准中心平面等),而常常由某些具体表面来体现,这些表面可称为设计基面。

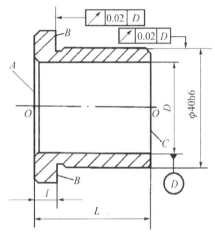

图 7-10 衬套

(2) 工艺基准。在零件加工、测量和装配过程中所使用的基准,称为工艺基准。根据用途不同,工艺基准可以分为工序基准、定位基准、测量基准和装配基准。

① 工序基准。在工序图上用来确定本工序被加工表面加工后的尺寸、形状、位置的基准称为工序基准。其所标注的加工面位置尺寸称为工序尺寸。工序图是机械加工工序卡片中的工艺附图,加工表面用粗实线绘制,其余表面用细实线绘制。如图7-11中,A 为加工表面,h 为工序尺寸,底面 B 为工序基准。

② 定位基准。在加工时,为了保证工件相对于机床和刀具之间的正确位置所使用的基准称为定位基准。它是工件上与夹具定位元件直接接触的点、线、面。在图7-12中,加工 ϕE 孔时,为保证对 A 面的垂直度,要用 A 面作为定位基准;为保证 L_1、L_2 的距离尺寸,要用 B、C 面作为定位基准。

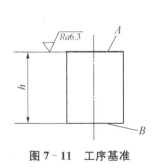

图 7-11 工序基准

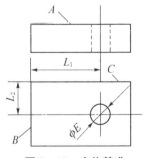

图 7-12 定位基准

定位基准除了是工件的实际表面外,也可以是表面的几何中心、对称线或对称面等,因此,有时定位基准在工件上不一定具体存在,但它是由一些相应的实际表面来体现的,如内孔或外圆的中心线由内孔表面或外圆表面来体现,这些表面称为定位基面。

③测量基准。在测量工件时,用于测量已加工表面的尺寸及各表面之间位置精度的基准称为测量基准。如图7-13所示,用深度游标卡尺测量槽深时,平面 A 为测量基准。

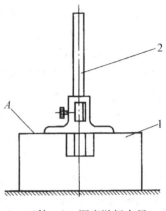

1—工件　2—深度游标卡尺
图7-13　测量基准

④装配基准。在机器装配时,用来确定零件或部件在机器中正确位置的基准。如图7-14所示,定位环孔 D (H7)的轴线是设计基准,在进行装配时又是装配基准。

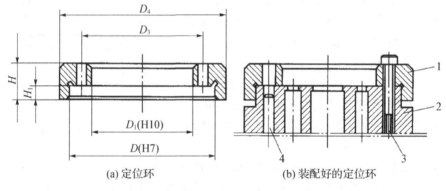

1—定位环　2—凹模　3—螺钉　4—销钉
图7-14　装配基准

2) 定位基准的选择

在零件加工过程中,定位基准的选择不仅影响工件的加工精度,而且对同一个被加工表面所选用的定位基准不同,其工艺路线也可能不同。合理选择定位基准对保证零件加工质量起着决定性的作用。

定位基准分粗基准和精基准两种。以毛坯上未加工的表面作定位基准的为粗基准。以经过机械加工的表面作定位基准的为精基准。

在制定零件机械加工工艺规程时,总是先考虑选择怎样的精基准定位将工件加工到设计要求,然后考虑选择什么样的粗基准定位,将用作精密基准的表面加工出来。

(1) 粗基准的选择原则。选择粗基准时,主要要求保证各加工面有足够的余量,使加工面与不加工面间的位置符合图样要求,并特别注意要尽快获得精基准面。具体选择时应考虑下列原则:

①对于有不加工表面的工件,为保证不加工表面与加工表面之间的相对位置要求,一般应选择不加工表面为粗基准。如图7-15所示套类零件,外圆表面1为不加工表面,选择外圆表面1为粗基准加工孔和端面,加工后能保证孔与外圆柱面间的壁厚均匀。

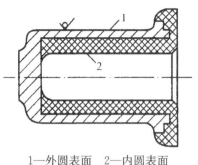
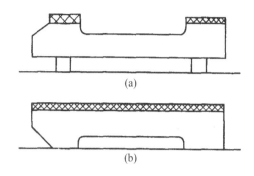

1—外圆表面 2—内圆表面

图 7-15 套的粗基准选择　　　　图 7-16 床身加工粗基准选择

②如果要保证某加工表面(相对重要表面)切除的余量均匀,应选该表面作粗基准。如图 7-16 所示的车床床身,应选导轨面为粗基准加工床身底平面,可消除较大的毛坯误差,使底平面与导轨毛面基本平行,见图 7-16(a);再以底平面为基准加工导轨面时,导轨面的加工余量就比较均匀,而且比较小,见图 7-16(b)。

③为保证各加工表面都有足够的加工余量,应选择毛坯余量小的表面作粗基准。如图 7-17 所示阶梯轴,选择 $\phi55$ mm 外圆作粗基准,它的加工余量较小。若选择 $\phi108$ mm 的外圆表面为粗基准加工 $\phi55$ mm 外圆表面,由于毛坯两外圆的偏心为 3 mm,加工后的 $\phi50$ mm 的外圆表面会因一侧加工余量不足而出现部分毛面,造成工件报废。

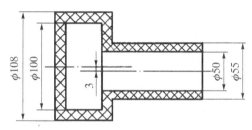

图 7-17 阶梯轴粗基准选择

④选作粗基准的表面,应尽可能平整,不能有飞边、浇口、冒口或其他缺陷,以便使工件定位可靠,夹紧方便。

⑤同一尺寸方向上的粗基准表面只能使用一次。因为毛坯面粗糙且精度低,定位精度不高,若重复使用,在两次安装中会使加工表面产生较大的位置误差。对于相互位置精度要求高的表面,常常会造成超差而使零件报废。

(2) 精基准的选择原则。选择精基准主要应考虑如何减小定位误差,使安装方便、正确、可靠,以保证加工精度。为此一般遵循如下原则:

①基准重合原则。应尽量选择零件上的设计基准作为精基准,即为"基准重合"的原则。如图 7-18(a)所示的轴承座,1、2 表面已加工完毕,现欲加工孔 3,要求孔 3 轴线与设计基准面 1 之间的尺寸为 $A_0^{+\delta A}$。如果按图 7-18(b)所示,用 2 面作为定位精基准,则工序尺寸为 $E_0^{+\delta E}$。尺寸 A 成为间接得到的尺寸。因 2 面与 1 面之间的尺寸有公差 δB,所以有 $A_{min}=E-(\delta B+B)$,$A_{max}=E+\delta E-B$,则 $\delta A=A_{max}-A_{min}=\delta E+\delta B$,$\delta B$ 为前道工序公差,由于基准不重合而影响到尺寸 A。由此可见,当加工一批零件时,在孔 3 轴线与 1 面之间尺寸 A 的误差中,除其他原因产生加工误差外,还应包括因定位基准与设计基准不重合引起的定位误差。该误差 $\varepsilon_{定位}=\delta B$。如果按图 7-18(c)所示,用 1 面直接作为精基准,此时的定位基准与设计基准相重合,则 $\varepsilon_{定位}=0$。

为此,定位精基准应尽量与设计基准重合,否则会因基准不重合而产生定位误差,有时还会因此造成零件尺寸超差而报废。

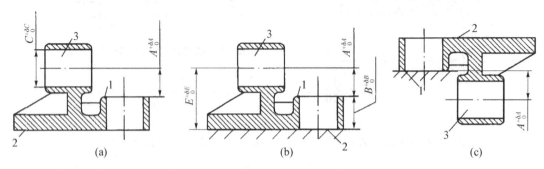

图 7-18 定位误差与定位基准选择的关系

②基准统一原则。在加工位置精度较高的某些表面,应尽可能在多数工序中采用同一组精基准,即"基准统一"的原则。这样可以保证加工表面的相互位置精度。例如加工轴类零件时,采用两中心孔定位加工各外圆表面,可保证各外圆表面之间同轴度误差较小;齿轮加工采用"一孔一面"作为精基准进行滚齿、剃齿等加工;箱体加工采用"一面两销孔"作为多道工序的精加工基准。

基准统一不仅可以避免因基准变换而引起的定位误差,而且在一次安装中能加工出较多的表面,既便于保证各个被加工表面间的位置精度,又有利于提高生产率。

③自为基准原则。有些精加工或光整加工工序要求加工余量小而均匀,这时应尽可能用加工表面自身为精基准。该表面与其他表面之间的位置精度应由先行工序予以保证。例如磨削车床导轨面时,就利用导轨面作为基准进行找正安装,以保证加工余量少而均匀。还有浮动镗刀镗孔、无心磨外圆、圆孔拉刀拉孔等均采用自为基准原则。

④互为基准原则。当两个被加工表面之间位置精度较高,要求加工余量小而均匀时,多以两表面互为基准进行加工。如图 7-19(a)所示,导套在磨削加工时为保证 $\phi 32H8$ 与 $\phi 42k6$ 的内外圆柱面间的同轴度要求,可先以 $\phi 42k6$ 的外圆柱面为基准在内圆磨床上加工孔 $\phi 32H8$,如图 7-19(b)所示。然后再以 $\phi 32H8$ 内孔作定位基准,在心轴上磨削 $\phi 42k6$ 的外圆,则容易保证各加工表面都有足够的加工余量,达到较高的同轴度要求,如图 7-19(c)所示。

在生产实际中,选择定位粗、精基准有时是相互矛盾的,这时就需要结合实际情况,从解决主要问题着手,对加工全过程的定位基准通盘考虑,灵活运用,确定出切合实际的合理方案。

图 7-1 农用车Ⅲ轴大齿轮定位粗基准为大外圆,夹大外圆钻孔。拉花键符合自为基准原则。后续精车、滚齿、剃齿等精基准为花键孔大径及大端面,既符合基准重合原则,又符合基准统一原则。

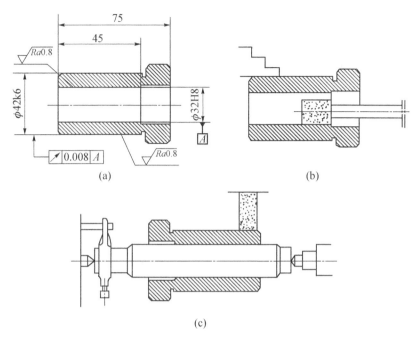

图 7-19 采用互为基准磨内孔和外圆

7.3.2 表面加工方法的确定

任何零件都是有一些基本表面(如外圆、内孔、平面)和一些特殊表面(如螺纹等)经不同组合而形成的。根据这些表面所要求的精度和表面粗糙度以及零件的结构特点,将每一表面的加工方法和加工方案确定下来,也就确定了零件的加工内容。

确定零件表面的加工方法是以各种加工方法的加工经济精度和其相应的表面粗糙度为依据的。加工经济精度是指在正常条件下,即采用符合质量标准的设备、工艺装备和标准技术等级工人,不延长加工时间所能保证的加工精度。相应的粗糙度称为经济粗糙度。每一种加工方法,加工的精度越高其加工成本也越高。反之,当加工精度越低其加工成本也越低。但是,这种关系只在一定范围内成立。一种加工方法的加工精度达到一定程度后,即使再增加成本,加工精度也不易提高。反之,当加工精度降低到一定程度后,即使加工精度再低,加工成本也不随之下降。经济精度就是处在上述两种情况之间的加工精度。选择加工方法理所当然地应使其处于经济精度的加工范围内。各种加工方法所能达到的经济精度和表面粗糙度见表 7-8 所示。

表 7-8 各种加工方法的经济精度和表面粗糙度(中批量生产)

被加工表面	加工方法	经济精度等级	表面粗糙度 $Ra/\mu m$
外圆和端面	粗车	IT11~IT12	12.5~25
	半精车	IT8~IT10	3.2~6.3
	精车	IT7~IT8	0.8~1.6
	粗磨	IT7~IT8	0.4~0.8
	精磨	IT6~IT7	0.2~0.4

续 表

被加工表面	加工方法	经济精度等级	表面粗糙度 $Ra/\mu m$
外圆和端面	研磨	IT5	0.012～0.2
	超精加工	IT5	0.012～0.2
	精细车(金刚石)	IT6～IT7	0.025～0.4
孔	钻孔	IT11～IT13	12.5～50
	铸锻孔的粗扩(镗)	IT10～IT12	6.3～12.5
	精扩	IT9～IT11	3.2～6.3
	粗铰	IT8～IT10	1.6～6.3
	精铰	IT7～IT8	0.8～1.6
	半精镗	IT8～IT9	1.6～3.2
	精镗	IT7～IT8	0.8～1.6
	精细镗(浮动镗)	IT6～IT7	0.4～0.8
	粗磨	IT7～IT8	0.4～0.8
	精磨	IT6～IT7	0.2～0.4
	研磨	IT6	0.012～0.2
	珩磨	IT6～IT7	0.1～0.4
	拉孔	IT7～IT9	0.8～1.6
平面	粗刨、粗铣	IT11～IT13	6.3～25
	半粗刨、半粗铣	IT10～IT12	3.2～6.3
	精刨、精铣	IT8～IT10	1.6～3.2
	拉削	IT7～IT9	0.4～1.6
	粗磨	IT8～IT9	1.6～6.3
	精磨	IT6～IT7	0.4～0.8
	研磨	IT5～IT6	0.012～0.1

　　某一表面的加工方法的确定,主要由该表面所要求的加工精度和表面粗糙度来确定。通常是根据零件图上给定的某表面的加工要求,按加工经济精度和经济粗糙度来选定它的最后加工方法。然后再选定前面一系列的准备工序的加工方法和顺序,经过逐次加工达到其设计要求。表7-9、表7-10、表7-11分别列出了外圆柱面、内孔和平面的加工方法和加工精度。

表7-9 外圆柱表面的加工方法及加工精度

序号	加工方法	经济精度（公差等级表示）	经济粗糙度 $Ra/\mu m$	适用范围
1	粗车	IT11~12	12.5~50	适用于淬火钢以外的各种金属
2	粗车—半精车	IT8~10	3.2~6.3	
3	粗车—半精车—精车	IT7~8	0.8~1.6	
4	粗车—半精车—精车—滚压（或抛光）	IT7~8	0.025~0.2	
5	粗车—半精车—磨削	IT7~8	0.4~0.8	主要用于淬火钢，也可用于未淬火钢，但不加工有色金属
6	粗车—半精车—粗磨—精磨	IT6~7	0.2~0.4	
7	粗车—半精车—粗磨—精磨—超精加工（或轮式超精磨）	IT5~6	0.012~0.1	
8	粗车—半精车—精车—精细车（金刚车）	IT6~7	0.025~0.4	主要用于要求较高的有色金属加工
9	粗车—半精车—粗磨—精磨—超精磨（或镜面磨）	IT5以上	0.006~0.025	极高精度的外圆加工
10	粗车—半精车—粗磨—精磨—研磨	IT5以上	0.006~0.1	

表7-10 孔的加工方法及加工精度

序号	加工方法	经济精度（公差等级表示）	经济粗糙度 $Ra/\mu m$	适用范围
1	钻	IT11~13	12.5~50	加工未淬火钢及铸铁的实心毛坯，也可用于加工有色金属。孔径小于15~20 mm
2	钻—铰	IT8~10	1.6~6.3	
3	钻—粗铰—精铰	IT7~8	0.8~1.6	
4	钻—扩	IT10~11	6.3~12.5	加工未淬火钢及铸铁的实心毛坯，也可用于加工有色金属。孔径大于15~20 mm
5	钻—扩—铰	IT8~9	1.6~3.2	
6	钻—扩—粗铰—精铰	IT7	0.8~1.6	
7	钻—扩—机铰—手铰	IT6~7	0.2~0.4	
8	钻—扩—拉	IT7~9	0.1~1.6	大批量生产
9	粗镗（或扩孔）	IT11~12	6.3~12.5	除淬火钢外各种材料，毛坯有铸出孔或锻出孔
10	粗镗（粗扩）—半精镗（精扩）	IT9~10	1.6~3.2	
11	粗镗（粗扩）—半精镗（精扩）—精镗	IT7~8	0.8~1.6	
12	粗镗（粗扩）—半精镗（精扩）—精镗—浮动镗刀精镗	IT6~7	0.4~0.8	

续 表

序号	加工方法	经济精度（公差等级表示）	经济粗糙度 $Ra/\mu m$	适用范围
13	粗镗(扩)—半精镗—磨孔	IT7~8	0.4~0.8	主要用于淬火钢,也可用于未淬火钢,但不宜用于有色金属
14	粗镗(扩)—半精镗—粗磨—精磨	IT6~7	0.2~0.4	
15	粗镗—半精镗—精镗—精细镗(金刚镗)	IT6~7	0.05~0.4	主要用于精度要求高的有色金属加工
16	钻—(扩)—粗铰—精铰—珩磨;钻—(扩)—拉—珩磨;粗镗—半精镗—精镗—珩磨	IT6~7	0.025~0.2	精度要求很高的孔
17	以研磨代替上述方法中的珩磨	IT5~6	0.006~0.1	

表 7-11 平面的加工方法及加工精度

序号	加工方法	经济精度（公差等级表示）	经济粗糙度 $Ra/\mu m$	适用范围
1	粗车	IT11~13	12.5~50	端面
2	粗车—半精车	IT8~10	3.2~6.3	
3	粗车—半精车—精车	IT7~8	0.8~1.6	
4	粗车—半精车—磨削	IT6~8	0.2~0.8	
5	粗刨	IT11~13	6.3~25	一般不淬硬平面(端铣表面粗糙度 Ra 值较小)
6	粗刨(或粗铣)—精刨(或精铣)	IT8~10	1.6~3.2	
7	粗刨(或粗铣)—精刨(或精铣)—刮研	IT6~7	0.1~0.8	精度要求较高的不淬硬平面,批量较大时宜采用宽刃精刨方案
8	以宽刃精刨代替上述刮研	IT7	0.2~0.8	
9	粗刨(或粗铣)—精刨(或精铣)—磨削	IT7~8	0.4~0.8	精度要求高的淬硬平面或不淬硬平面
10	粗刨(或粗铣)—精刨(或精铣)—粗磨—精磨	IT6~7	0.1~0.4	
11	粗铣—拉	IT7~9	0.4~1.6	大量生产,较小的平面(精度视拉刀精度而定)
12	粗铣—精铣—磨削—研磨	IT5 以上	0.012~0.1	高精度平面

由于获得同一经济精度和粗糙度的加工方法往往有几种,选择时应考虑以下问题:
(1) 被加工表面的精度、尺寸大小和零件的结构形状。一般情况下采用加工方法所

获得的经济精度,应能保证零件所要求的加工精度和表面质量。例如,材料为钢,尺寸精度为 IT7,表面粗糙度 Ra 为 $0.4~\mu m$ 的外圆柱面,用车削、外圆磨削都能加工。但因为上述加工精度是外圆磨削的加工精度,而不是车削加工的经济精度,所以应选用磨削加工方法作为达到工件加工精度的最终加工方法。

被加工表面的尺寸大小对选择加工方法也有一定影响。例如,孔径大时宜选用镗孔和磨孔,如果选用铰孔,将使铰刀直径过大,制造使用都不方便。而加工直径小的孔,则采用铰孔较为适当,因为小孔若采用镗削和磨削加工,将使刀杆直径过小,刚性差,不易保证孔的加工精度。

选择加工方法还取决于零件的结构形状。如外圆柱面一般采用车削和外圆磨进行加工,而内圆柱面(孔)则多通过钻、扩、铰、镗、内圆磨等方法获得。回转体零件上较大直径的孔可采用车削或磨削;箱体上 IT7 级的孔常采用镗削或铰削。窄长平面用刨,而大平面用铣效率更高。

(2) 零件材料的性质和热处理要求。对于加工质量要求高的有色金属零件,一般采用精细车、精细铣或金刚石镗削等加工方法,而避免采用磨削加工,因为磨削有色金属易堵塞砂轮。经淬火后的钢质零件一般只能采用磨削加工和特种加工。

(3) 生产率和经济性要求。所选择的零件加工方法,除保证产品的质量和精度要求外,应有尽可能高的生产率。尤其在大批量生产时,应尽量采用高效率的先进加工方法和设备,以达到大幅度提高生产率的目的。例如,采用拉削方法加工内孔和平面;采用组合铣削、组合磨削方法同时加工几个表面;通过改变毛坯形状,提高毛坯质量,实现少切削、无切削加工。但在单件小批生产的情况下,如果盲目采用高效率的先进加工方法和设备,会因投资过大、设备利用率不高,使产品成本增高。

(4) 现有生产条件。选择加工方法应充分利用现有设备,合理安排设备负荷,同时还应重视新工艺、新技术的应用。

加工实例。图 7-1 农用车Ⅲ轴大齿轮主要加工表面为大外圆、端面、花键孔及齿面,其成批生产的加工方案如下:

① 大外圆、端面(IT10～11级精度):粗车——半精车。
② 花键孔(IT8级精度):钻孔——扩孔——拉孔。
③ 齿面(9级精度):滚齿——剃齿。

7.3.3 加工阶段的划分

当零件表面具有较高的精度与表面粗糙度要求时,是不可能在一个工序中就把毛坯加工成成品的,需要把零件的加工过程分成若干个阶段进行,才能满足加工的质量要求。

1) 加工阶段的划分

从保证加工质量、合理使用设备及人力等因素考虑,工艺路线按工序性质一般分为粗加工阶段、半精加工阶段和精加工阶段。对那些加工精度和表面质量要求特别高的表面,在工艺过程中还应安排光整加工阶段。

(1) 粗加工阶段。其主要任务是切除加工表面上的大部分余量,使毛坯的形状和尺寸尽量接近成品。粗加工阶段,加工精度要求不高,切削用量、切削力都比较大,所以粗加工阶段主要考虑如何提高劳动生产率。

(2) 半精加工阶段。进一步提高精度和降低表面粗糙度,并留下合适的加工余量为主要表面精加工做好准备。本阶段还完成一些次要表面的加工,如钻孔、攻螺纹、切槽等。对于加工精度要求不高的表面或零件,经过半精加工后即可达到要求。

(3) 精加工阶段。使精度要求高的表面达到规定的质量要求。要求的加工精度较高,各表面的加工余量和切削用量都比较小。

(4) 光整加工阶段。对尺寸精度和表面粗糙度要求特别高的表面,还要安排光整加工,以进一步提高精度和减小表面粗糙度,一般不纠正形状和位置误差。

应当指出,加工阶段的划分是指零件加工的整个过程,不能以某一表面的加工或某一工序的性质来判断。同时,在具体应用时,也不可以绝对化。当加工质量要求不高,工件的刚性足够,毛坯质量高,加工余量小时可以不划分加工阶段;在加工中心等自动机床上加工的零件以及某些运输、安装困难的重型零件,也不划分加工阶段,而是在一次安装下完成全部表面的粗、精加工。对于精度要求稍高的零件可在粗加工之后将夹具松开以消除夹紧变形,再用较小的力重新夹紧进行精加工。

2) 划分加工阶段的作用

(1) 保证加工质量。工件在粗加工阶段切除的余量较多,产生的切削热和切削力较大,工件所需要的夹紧力也大,因而使工件产生的内应力和由此引起的变形也大,所以粗加工阶段不可能达到高的精度和较小的表面粗糙度。完成零件的粗加工后,再进行半精加工、精加工,可以逐步减小或消除先行工序的加工误差,最后达到设计图样所规定的加工要求。

(2) 合理使用设备。由于工艺过程分阶段进行,粗加工阶段可以采用功率大、刚度好、精度低、效率高的机床进行加工,以提高生产率。精加工阶段可采用高精度机床和工艺装备,严格控制有关工艺因素,以保证加工零件的质量要求。所以粗、精加工分开,可以充分发挥各类机床的性能、特点,做到合理使用设备,延长高精度机床的使用寿命。

(3) 便于热处理工序的安排。机械加工工艺过程分阶段进行,便于在各工序之间穿插安排必要的热处理工序,既可以充分发挥热处理的效果,也有利于切削加工和保证加工精度。例如,对于一些精密零件,粗加工后安排去应力的时效处理,可以减小工件的内应力,从而减小对加工精度的影响。在半精加工后安排淬火处理,不仅能满足零件的性能要求,也使零件的粗加工和半精加工容易,零件因淬火产生的变形可以通过精加工予以消除。

(4) 便于及时发现毛坯缺陷。由于工艺过程分阶段进行,在粗加工各表面之后,可及时发现毛坯缺陷,如气孔、砂眼和加工余量不足等,以便及时报废或修补,避免继续加工造成浪费。

7.3.4 加工顺序的安排

1) 机械加工顺序的安排

零件被加工表面不仅有自身的精度要求,而且各表面之间还常有一定的位置要求,在零件的加工过程中要注意基准的选择与转换。安排加工顺序应遵循以下原则:

(1) 基准先行。用作精基准的表面,要先加工出来,然后以精基准表面定位加工其他表面。在精加工阶段之前,有时还需对精基准进行表面修复,确保定位精度。

(2) 先粗后精。整个零件的加工工序应是粗加工在先,半精加工次之,最后安排精加工和光整加工。

(3) 先主后次。零件的工作表面、装配基面等主要表面应先加工，而键槽、螺孔等往往和主要表面之间有相互位置要求，一般应安排在主要表面之后加工。另一方面，主要表面加工容易出废品，应放在前阶段进行，以减少工时的浪费。

(4) 先面后孔。先加工平面，后加工孔。因为箱体、支架等类零件上的平面所占轮廓尺寸较大，用它定位稳定可靠，一般总是先加工出平面，以平面作精基准，然后加工内孔。

2) 热处理工序的安排

热处理工序在工艺路线中的安排，主要取决于零件热处理的目的。

(1) 预备热处理。包括正火、退火、时效和调质等。这类热处理的目的是改善加工性能，消除内应力和为最终热处理作好组织准备。其工序位置一般安排在粗加工之前。

①正火、退火。经过热加工的毛坯，为改善切削加工性能和消除毛坯内应力，对于含碳量不大于 0.45% 的钢常进行正火处理，而对于含碳量大于 0.45% 的钢进行退火处理。

②时效处理。主要用于消除毛坯制造和机械加工中产生的内应力。对形状复杂的铸件，一般在粗加工之后安排一次时效处理；对于精密零件，有时要进行多次时效处理。

③调质处理。调质处理能消除内应力，改善加工性能并能获得较好的综合力学性能。考虑材料的淬透性，一般将其安排在粗加工之后，半精加工之前进行。

(2) 最终热处理。常用的有淬火－回火、表面热处理等。主要的目的是赋予零件最终的使用性能或提高零件的硬度和耐磨性，一般将其安排在精加工(磨削)之前进行，或安排在精加工之后，光整加工之前进行。

3) 辅助工序的安排

辅助工序主要包括检验、去毛刺、清洗、防锈处理等。

检验工序是主要的辅助工序。按加工阶段可分为首检、巡检和完工检。为了保证产品质量，及时去除废品，防止浪费工时，并使责任分明，检验工序应安排在：①零件粗加工或半精加工结束之后；②重要工序加工前后；③零件从一个车间转到另一车间加工之前，如从钣金车间转机加工车间前，或转热处理车间前等；④零件所有加工工序完成之后。

钳工去毛刺常安排在易产生毛刺的工序之后，检验及热处理工序之前。

清洗一般安排在检验前及主要工序完成后，去除切屑、油污等，并作适当的防锈处理。

防锈处理的方法主要有：①喷漆，一般适用于铸件及车船等防锈要求高的表面；②镀金属层，如镀装饰铬(依次镀铜、镀镍、镀铬)防锈性能好且美观，还有镀锌、镀铜、镀锡等；③发黑、发蓝，常用于机器内部结构件；④涂防锈油，常用于有配合表面及工作条件较好的零件，如机床、柴油机等闭式齿轮和轴等。另外还有在面盆、杯子表面烧涂搪瓷等。

4) 工序的集中与分散

确定加工方法和划分加工阶段之后就要划分工序。在零件加工的工步、顺序已经排定后，如何将这些工步组成工序，就需要考虑采用工序集中还是工序分散的方法。

(1) 工序集中。就是指零件的加工集中在少数几个工序中完成，每道工序加工的内容较多，工艺路线短。其特点是：

①可以采用高效机床和工艺装备，生产率高；

②减少了设备数量以及操作工人和占地面积，节省人力、物力；

③减少了工件安装次数,有利于保证表面间的位置精度;
④采用的工装设备结构复杂,调整维修较困难,生产准备工作量大。

(2) 工序分散。就是指每道工序的加工内容很少,甚至一道工序只含一个工步,工艺路线很长,主要特点是:

①设备和工艺装备比较简单,便于调整,容易适应产品的变换;
②对工人的技术要求较低;
③可以采用最合理的切削用量,减少机动时间;
④所需设备和工艺装备的数目多,操作工人多,占地面积大。

工序集中与工序分散各有优缺点,要根据生产类型、零件的结构特点和技术要求、机床设备等条件进行综合分析,来决定按照哪一种原则安排工艺过程。一般情况下,单件小批量生产时,只能工序集中,在一台普通机床上加工出尽量多的表面;大批量生产时,若采用多刀多轴的自动或半自动高效机床、数控机床等先进设备,按工序集中原则组织生产;若采用传统的流水线、自动线生产,则按工序分散的原则组织生产。

图 7-1 农用车Ⅲ轴大齿轮加工时,先钻孔、拉孔,符合基准先行原则,预备热处理采用正火以调节硬度,最终热处理采用渗碳淬火,保证齿面硬度在 58~62 HRC。采用工序分散原则。综上所述,齿轮加工工艺路线如下:

锻造——正火——粗车(又可分为钻孔——粗车大端面、大外圆——粗车小端面——粗车齿宽端面,外协加工)——粗车检验——拉花键孔——半精车大端面、大外圆——半精车小端面——半精车齿宽端面——齿坯检验——滚齿——去毛刺——清洗——剃齿——清洗——检验——渗碳淬火——成品检验——上防锈油、包装、入库。

7.4 工序设计

7.4.1 加工余量的确定

1) 工序余量和加工总余量

(1) 工序余量。工序余量是相邻两工序的工序尺寸之差。是被加工表面在一道工序中切除的金属层厚度。

对于外表面,$Z_b = a - b$(图 7-20(a))

对于内表面,$Z_b = b - a$(图 7-20(b))

式中:Z_b——本工序的工序加工余量;

a——前工序的工序尺寸;

b——本工序的工序尺寸。

上述表面的加工余量为非对称的单边加工余量,旋转表面(外圆和孔)的加工余量是对称加工余量。对称加工余量的计算式如下:

对于轴:$2Z_b = d_a - d_b$(图 7-20(c))

对于孔:$2Z_b = d_b - d_a$(图 7-20(d))

式中:Z_b——半径上的加工余量;

d_a——前工序的加工表面的直径;

d_b——本工序的加工表面的直径。

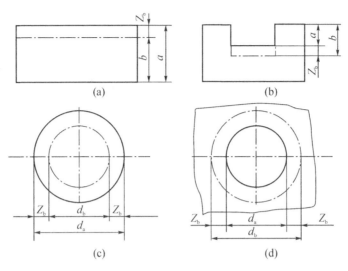

图 7-20 工序余量

(2) 加工总余量。加工总余量是指零件从毛坯变为成品的整个过程中某一表面所切除金属层的总厚度,即零件上同一表面毛坯尺寸与零件设计尺寸之差,也等于各工序加工余量之和。即

$$Z_{总} = \sum_{i=1}^{n} Z_i$$

式中:$Z_{总}$——总加工余量;
　　Z_i——第 i 道工序的工序余量;
　　n——该表面总共加工的工序数。

总加工余量也是个变动值,其值及公差一般是从有关手册中查得或凭经验确定。黑色金属轴类零件用棒料作为毛坯时,外圆加工总余量参见表 7-12。选取时应注意:台阶轴最大直径在轴的中间部位按最大直径选取,在靠近端头部位则可选小些。

表 7-12 黑色金属轴类零件的外圆加工余量

零件公称直径	零件长度与公称直径之比（L/D）			
	4	4～8	8～12	12～20
	直径方向的余量/mm			
3～6	2	2	2	2
>6～10	2	2	3	3
>10～18	2	2	3	4
>18～30	3	3	4	4
>30～50	4	4	5	5
>50～80	5	5	8	8

2) 影响加工余量的因素

加工余量的大小对零件的加工质量、生产率和经济性都有较大的影响。余量过大会使机械加工的劳动量增加,生产率下降。同时也会增加材料、工具、动力的消耗,使生产成本增加。确定加工余量的基本原则是在保证加工质量的前提下,尽量减少加工余量。以车削图 7-21(a)所示圆柱孔为例,分析影响加工余量大小的因素,如图 7-21(b)、和图 7-21(c)所示,图中 d_1、d_2 分别为前道和本道工序的工序尺寸。影响加工余量的因素包括:

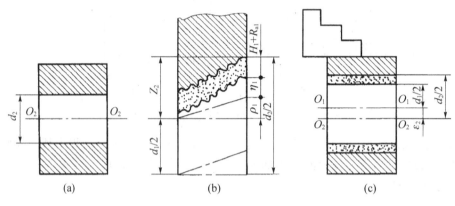

图 7-21 影响加工余量的因素

(1) 被加工表面由前道工序产生的微观不平度 Ra_1 和表面缺陷层深度 H_1。

(2) 被加工表面上由前道工序产生的尺寸误差和几何形状误差。一般形状误差 η_1 已包含在前道工序的工序尺寸公差 T_1 范围内,所以只将 T_1 计入加工余量。

(3) 前道工序引起的被加工表面的位置误差 ρ_1。

(4) 本道工序的安装误差 ε_2。这项误差会影响切削刀具与被加工表面的相对位置,所以也应计入加工余量。

由于 ρ_1 和 ε_2 在空间有不同的方向,所以在计算加工余量时应按两者的矢量和进行计算。

按照确定工序余量的基本要求,对于对称表面或回转体表面,工序的最小余量应按下列公式计算:

$$2Z_2 \geqslant T_1 + 2(Ra_1 + H_1) + 2|\rho_1 + \varepsilon_2|$$

对于非对称表面,其加工余量是单边的可按下式计算:

$$Z_2 \geqslant T_1 + Ra_1 + H_1 + |\rho_1 + \varepsilon_2|$$

3) 确定加工余量的方法

(1) 经验估计法。根据工艺人员和工人长期生产实践经验,采用类比法来估计确定加工余量的大小。此法简单易行,但有时为经验所限,为防止余量不够产生废品,估计的余量一般偏大。此法多用于单件小批生产。

(2) 查表修正法。以有关工艺手册和资料所推荐的加工余量为基础,结合实际加工情况进行修正以确定加工余量的大小。此法应用较广。查表时应注意表中的数值是单边余量还是双边余量。

常用工序加工余量的推荐数值见表 7-13～表 7-16。

(3) 分析计算法。以一定的试验资料和计算公式为依据,对影响加工余量的诸因素进行逐项的分析计算以确定加工余量的大小。这种方法确定的加工余量是最经济合理的,但需要全面的试验数据和资料,计算也较复杂,仅在贵重材料及某些大批量生产中采用。

表 7-13 基孔制 8 级精度(H8)孔的加工　　　　　　　　　　（单位：mm）

零件基本尺寸	钻 第一次	钻 第二次	用车刀镗以后	扩孔钻	铰	零件基本尺寸	钻 第一次	钻 第二次	用车刀镗以后	扩孔钻	铰
10	9.8	—	—	—	10H8	40	25.0	38	39.7	39.75	40H8
15	14.8	—	—	—	H8	45	25.0	43	44.7	44.75	45H8
20	18.0	—	19.8	19.8	20H8	50	25.0	48	49.7	49.75	50H8
25	23.0	—	24.8	24.8	25H8	60	30.0	55	59.5	—	60H8
30	15.0	28	29.8	29.8	30H8	70	30.0	65	69.5	—	70H8
35	20.0	33	34.7	34.75	35H8	80	30.0	75	79.5	—	80H8

表 7-14 粗车及半精车外圆加工余量及偏差　　　　　　　　　（单位：mm）

零件基本尺寸	直 径 余 量						直径偏差 (h12～h13)
	经或未经热处理零件的粗车		半精车				
			经热处理		未经热处理		
	折 算 长 度						
	≤200	>200～400	≤200	>200～400	≤200	>200～400	
3～6	—	—	0.5	—	0.8	—	−0.12～−0.18
>6～10	1.5	1.7	0.8	1.0	1.0	1.3	−0.15～−0.22
>10～18	1.5	1.7	1.0	1.3	1.3	1.5	−0.18～−0.27
>18～30	2.0	2.2	1.3	1.3	1.3	1.5	−0.21～−0.33
>30～50	2.0	2.2	1.4	1.5	1.5	1.9	−0.25～−0.39
>50～80	2.3	2.5	1.5	1.8	1.8	2.0	−0.30～−0.45

表 7-15 半精车后磨外圆的加工余量　　　　　　　　　　（单位：mm）

零件基本尺寸	直径余量					
	经或未经热处理零件的终磨		热处理后			
			粗磨		半精磨	
	折算长度					
	≤200	>200~400	≤200	>200~400	≤200	>200~400
3~6	0.15	0.20	0.10	0.12	0.05	0.08
>6~10	0.20	0.30	0.12	0.20	0.08	0.10
>10~18	0.20	0.30	0.12	0.20	0.08	0.10
>18~30	0.20	0.30	0.12	0.20	0.08	0.10
>30~50	0.30	0.40	0.20	0.25	0.10	0.15
>50~80	0.40	0.50	0.25	0.30	0.15	0.20

表 7-16 板料每面（边）加工余量　　　　　　　　　　（单位：mm）

板厚	≤12		>12~25		>25~50	
零件长度	每边	平面	每边	平面	每边	平面
≤200	3	2~4	4	3~5	5	3~5
>200~500	4	2~4	5	3~5	6	3~5
>500~1 000	5	3~4	6	4~6	7	4~6
>1 000~1 500	5~6	3~4	6~7	6~7	7~8	5~7

7.4.2　工序尺寸及其公差的确定

零件的设计尺寸一般要经过几道工序的加工才能得到，每道工序加工所应达到的尺寸称为工序尺寸。正确确定工序尺寸及其公差是制定零件工艺规程的重要工作之一。工序尺寸及其公差的大小不仅受到加工余量大小的影响，而且与工序基准的选择有密切的关系。下面分两种情况进行讨论。

1）工艺基准与设计基准重合时工序尺寸及其公差的确定

当工序基准、定位基准或测量基准与设计基准重合，表面多次加工时，工序尺寸及公差的计算是比较容易的。例如轴、孔和某些平面的加工，计算时只需考虑各工序的加工余量和所能达到的精度。工序余量常用查表法确定。工序尺寸公差可按所采用加工方法的经济精度确定。工序尺寸及其公差的确定顺序是由最后一道工序开始向前推算，计算步骤为：

①确定毛坯总加工余量和工序余量。

②确定工序公差。最终工序公差等于设计尺寸公差，其余工序公差按经济精度确定。

③求工序基本尺寸。从零件图上的设计尺寸开始，一直往前推算到毛坯尺寸，某工

序基本尺寸等于后道基本尺寸加上(如轴)或减去(如孔)后道工序余量。

④标注工序尺寸公差。最后一道工序的公差按设计尺寸标注,其余工序尺寸公差按各工序经济精度等级,并按入体原则标注:对于被包容面(如轴)的工序尺寸公差取上偏差为零;对于包容面(如孔)的尺寸公差取下偏差为零。毛坯尺寸公差为双向分布。

计算时应注意两点:一是对于某些毛坯(如热轧或冷轧棒料)应按计算结果从材料的尺寸规格中选择一个相同或相近尺寸为毛坯尺寸;二是在毛坯尺寸确定后应重新修正粗加工的工序余量;精加工工序余量应进行验算,以保证精加工余量不至于过大或过小。

【例 7-1】 某回转体零件孔的设计要求为 $\phi 25 \text{H8}(^{+0.033}_{0})$ mm,表面粗糙度数值为 $1.6\ \mu\text{m}$,其加工工艺路线为:钻孔—镗孔—铰孔。试求各工序加工余量、基本尺寸及公差。

解:通过查表 7-13,可得各工序基本尺寸,最终工序公差等于设计尺寸公差,其余工序公差按经济精度确定公差,结果列于表 7-17 中。

表 7-17 工序尺寸及公差的计算　　　　　　　　　　(单位:mm)

工序名称	工序加工余量	基本工序尺寸	工序加工精度等级及工序尺寸公差	工序尺寸及公差
铰	0.2	25	$\text{H8}(^{+0.033}_{0})$	$\phi 25 \text{H8}(^{+0.033}_{0})$
镗孔	1.8	25-0.2=24.8	$\text{H10}(^{+0.084}_{0})$	$\phi 24.8 \text{H10}(^{+0.084}_{0})$
钻孔		24.8-1.8=23	$\text{H12}(^{+0.21}_{0})$	$\phi 23 \text{H12}(^{+0.21}_{0})$

【例 7-2】 加工外圆柱面,设计尺寸为 $\phi 25 \text{g7}(^{-0.007}_{-0.028})$,长度为 50 mm,表面粗糙度 Ra 值为 0.8。加工的工艺路线为:粗车—半精车—磨外圆。用查表法确定毛坯尺寸、各工序尺寸及公差。

解:通过查表 7-14、表 7-15,可得各工序加工余量,计算各工序基本尺寸,最终工序公差等于设计尺寸公差,其余工序公差按经济精度确定公差,结果列于表 7-18 中。

表 7-18 工序尺寸及公差的计算　　　　　　　　　　(单位:mm)

工序名称	工序加工余量	基本工序尺寸	工序加工精度等级及工序尺寸公差	工序尺寸及公差
磨外圆	0.2	25	$\text{g7}(^{-0.007}_{-0.028})$	$\phi 25 \text{g7}(^{-0.007}_{-0.028})$
半精车	1.3	25+0.2=25.2	$\text{h9}(^{0}_{-0.052})$	$\phi 25.2 \text{h9}(^{0}_{-0.052})$
粗车	2.0	25.2+1.3=26.5	$\text{h12}(^{0}_{-0.25})$	$\phi 26.5 \text{h12}(^{0}_{-0.21})$
毛坯		26.5+2=28.5		$\phi 28.5$

如果采用棒料做毛坯,单件生产时选毛坯直径为 $\varphi29$ mm 或 $\varphi30$ mm。

图 7-1 农用车Ⅲ轴大齿轮,用查表修正法确定半精车余量为 0.5 mm,花键孔小径双面余量为 0.1 mm,查表 7-13,可确定齿轮各外形及内孔加工工序尺寸及公差:

大外圆 $\phi130h11(_{-0.25}^{0})$:锻造毛坯(尺寸 $\phi140$,双面余量 9)——粗车(尺寸 $\phi131\pm0.1$,双面余量 1)——半精车(尺寸 $\phi130h11(_{-0.25}^{0})$)。

总长 19:锻造毛坯(尺寸 24,双面余量 5)——粗车(尺寸 $20_{0}^{+0.20}$,双面余量 1)——半精车大端面(尺寸 $19.5_{0}^{+0.15}$)——半精车小端面(尺寸 19 ± 0.08)。

齿宽 17:锻造毛坯(尺寸 22,双面余量 5)——粗车(尺寸 $18_{0}^{+0.20}$,双面余量 1)——半精车大端面(尺寸 $17.5_{0}^{+0.15}$)——半精车小端面(尺寸 17 ± 0.08)。

花键孔 $\phi38_{+0.06}^{+0.09}\times\phi32_{+0.10}^{+0.25}\times6_{+0.05}^{+0.08}$:锻造毛坯(孔不锻出)——钻孔(尺寸 $\phi31.9_{0}^{+0.20}$,小径双面余量 0.1)——拉花键孔(尺寸 $\phi38_{+0.06}^{+0.09}\times\phi32_{+0.10}^{+0.25}\times6_{+0.05}^{+0.08}$)。

2) 工艺基准与设计基准不重合时工序尺寸及其公差的确定

当零件加工时,由于多次转换工艺基准,使得测量基准、定位基准或工序基准与设计基准不重合,工序尺寸及公差需通过解算工艺尺寸链得到。

(1) 工艺尺寸链的基本概念

在零件加工、测量或机械装配过程中,经常遇到的不是一些孤立的尺寸,而是一些相互联系的尺寸,按一定顺序将这些相互联系的尺寸连接成封闭形式的尺寸组合称为工艺尺寸链。

如图 7-22(a)所示零件,平面 1、2 已加工,要加工平面 3,平面 3 的位置尺寸 A_2 其设计基准为平面 2。当选择平面 1 为定位基准,这就出现了设计基准与定位基准不重合的情况。在采用调整法加工时,工艺人员需要在工序图(见图 7-22(b))上标注工序尺寸 A_3,供对刀和检验时使用,以便直接控制工序尺寸 A_3,间接保证设计尺寸 A_2。尺寸 A_1、A_2、A_3 首尾相连构成一封闭的尺寸组合,即工艺尺寸链,如图 7-22(c)所示。尺寸链的主要特征是封闭性和关联性。

封闭性——这些互相关联的尺寸必须按一定顺序排列成封闭的形式。

关联性——某一个尺寸及精度的变化必将影响其他尺寸和精度的变化,也就是说:它们的尺寸和精度互相联系、互相影响。

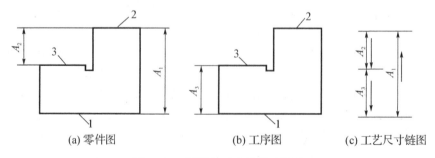

图 7-22 零件加工中的尺寸联系

(2) 工艺尺寸链的组成

工艺尺寸链中各尺寸简称环。根据各环在尺寸链中的作用可分为封闭环和组成环两种。

①封闭环。它是尺寸链中唯一的一个特殊环,是在加工、测量或装配等工艺过程完成时最后形成或间接得到的,用 A_0 表示。如图 7-22 中,在完成 A_1、A_3 尺寸加工后,间接保证了尺寸 A_2,A_2 就是封闭环。

②组成环。它是尺寸链中除封闭环以外的各环。同一尺寸链中的组成环,一般以同一字母加下标表示,如 A_1、A_2、A_3 等。组成环的尺寸是直接保证的,它又影响到封闭环的尺寸,如图 7-22 中 A_1、A_3。

根据组成环对封闭环的影响不同,组成环又可分为增环和减环。

由于工艺尺寸链是由一个封闭环和若干个组成环所组成的封闭图形,故尺寸链中组成环的尺寸变化必然引起封闭环的尺寸变化。当某组成环增大(其他组成环保持不变),封闭环也随之增大时,则该组成环称为增环,用 A_z 表示。如图 7-22 中的 A_1。当某组成环增大(其他组成环保持不变),封闭环反而减小时,则该组成环称为减环,用 A_j 表示。如图 7-22 中的 A_3。

当尺寸链环数较多、结构复杂时,增环与减环的判别也比较复杂。为了便于判别,可按照各尺寸首尾相连的原则,顺着一个方向在尺寸链中表示各环的字母的上面划箭头。凡组成环的箭头与封闭环的箭头方向相同者,此环为减环,反之则为增环。如图 7-23 所示,尺寸链由 4 个环组成,按尺寸顺着一个方向画各环的箭头,其中 A_1、A_3 的箭头方向与 A_0 的相反,则 A_1、A_3 为增环;A_2 的箭头方向与 A_0 的相同,则 A_2 为减环。需要注意的是:所建立的尺寸链,必须使组成环数最少,这样可以更容易满足封闭环的精度或者使各组成环的加工更容易、更经济。

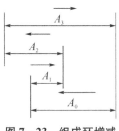

图 7-23 组成环增减性的判断

(3) 工艺尺寸链计算的基本公式

工艺尺寸链的计算方法有两种:极值法和概率法。生产中一般多采用极值法(或称极大极小值法)。由于尺寸链的各环连接成封闭形式,因此可以图 7-24 所示尺寸链为例,从中得其计算的基本公式。

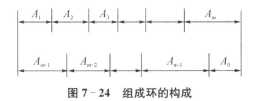

图 7-24 组成环的构成

①基本尺寸间的关系

$$A_0 = \sum_{z=1}^{m} A_z - \sum_{j=m+1}^{n-1} A_j \tag{7.1}$$

式中：m——增环的环数；

n——总环数；

A_0——封闭环的基本尺寸。

由上式可知，封闭环的基本尺寸等于所有增环的基本尺寸之和减去所有减环的基本尺寸之和。

②极限尺寸之间的关系

当所有增环皆为最大极限尺寸、减环皆为最小极限尺寸时，封闭环基本尺寸必为最大极限尺寸，即：

$$A_{0\max} = \sum_{z=1}^{m} A_{z\max} - \sum_{j=m+1}^{n-1} A_{j\min} \tag{7.2}$$

当所有增环皆为最小极限尺寸、减环皆为最大极限尺寸时，封闭环基本尺寸必为最小极限尺寸，即：

$$A_{0\min} = \sum_{z=1}^{m} A_{z\min} - \sum_{j=m+1}^{n-1} A_{j\max} \tag{7.3}$$

③极限偏差间的关系

由式(7.2)减去式(7.1)，得封闭环的上偏差为：

$$ESA_0 = \sum_{z=1}^{m} ESA_z - \sum_{j=m+1}^{n-1} EIA_j \tag{7.4}$$

由式(7.4)可知，封闭环的上偏差等于所有增环上偏差之和减去所有减环下偏差之和。

由式(7.1)减去式(7.3)，得封闭环的下偏差为：

$$EIA_0 = \sum_{z=1}^{m} EIA_z - \sum_{j=m+1}^{n-1} ESA_j \tag{7.5}$$

由式(7.5)可知，封闭环的下偏差等于所有增环下偏差之和减去所有减环上偏差之和。

④公差间的关系

由式(7.2)减去式(7.3)，得封闭环的公差为：

$$TA_0 = \sum_{i=1}^{n-1} TA_i \tag{7.6}$$

由式(7.6)可知，封闭环的公差等于所有组成环的公差之和。由此可知，封闭环的公差比任一组成环的公差都大。因此，在工艺尺寸链中，一般选择最不重要的环作为封闭环。在装配尺寸链中，封闭环是装配的最终要求。为了减小封闭环的公差，应尽量减少尺寸链的环数，这就是在设计中应遵守的最短尺寸链原则。

(4) 工艺尺寸链的分析与计算

分析与计算尺寸链的步骤是：

a. 确定封闭环；

b. 绘出工艺尺寸链图;

c. 判断组成环的性质(增环或减环);

d. 进行尺寸链计算;

e. 验算。

① 测量基准与设计基准不重合时的工序尺寸计算。

【例 7-3】 如图 7-25(a)所示套筒零件,两端面已加工完毕,加工孔底面 C 时,要保证尺寸 $16_{-0.35}^{0}$ mm,因该尺寸不便测量,试标出测量尺寸及其公差。

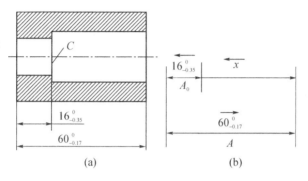

图 7-25 测量尺寸的换算

解:a. 确定封闭环:由于套筒总长度和孔的深度可以用游标卡尺测量,而尺寸 $16_{-0.35}^{0}$ mm 只能通过尺寸 $A=60_{-0.17}^{0}$ mm 和孔深尺寸 x 间接计算出来,显然尺寸 $16_{-0.35}^{0}$ mm 是封闭环。

b. 绘出工艺尺寸链图:自封闭环两端出发,把图中相互联系的尺寸首尾相连即得工艺尺寸链,如图 7-25(b)所示。

c. 判断组成环的性质:从封闭环开始,按逆时针方向环绕尺寸链图,平行于各尺寸画出箭头,尺寸 A 的箭头方向与封闭环相反为增环,尺寸 x 的箭头方向与封闭环相同为减环。

d. 计算工序尺寸 x 及其上下偏差:

根据式(7.1)求 x 的基本尺寸

$$16 = 60 - x \quad 则 \quad x = 44$$

根据式(7.4)求 x 的下偏差

$$0 = 0 - EI(x), 则 \, EI(x) = 0$$

根据式(7.5)求 x 的上偏差

$$-0.35 = -0.17 - ES(x), 则 \, ES(x) = +0.18$$

所以测量尺寸 $x = 44_{0}^{+0.18}$。

e. 验算:用极值法分析与计算尺寸链时,各组成环的尺寸公差与封闭环尺寸公差间应满足式(7.6),因此可用该式来验算结果是否正确。

根据式(7.6)得

$$0 - (-0.35) = (+0.18 - 0) + [0 - (-0.17)]$$
$$0.35 = 0.35$$

验算表明,各组成环公差之和等于封闭环的公差,计算无误。

通过分析以上计算结果可以发现,由于基准不重合而进行尺寸换算,将带来两个问题:

a. 换算的结果明显提高了对测量尺寸的精度要求。如果能按原设计尺寸进行测量,其公差值为 0.35 mm,换算后的测量尺寸公差为 0.18 mm,测量公差减少了 0.17 mm,此值恰是另一组成环的公差值。

b. 假废品问题。测量零件时,当 A 的尺寸为 $60_{-0.17}^{0}$ mm,x 的尺寸为 $44_{0}^{+0.18}$ mm 时,则 A_0 必为 $16_{-0.35}^{0}$ mm,零件为合格品。

假如 x 的实测尺寸超出 $44_{0}^{+0.18}$ mm 的范围,如偏大或偏小 0.17,即 x 的尺寸为 44.35 mm 或 43.83 mm 时,只要 A 的尺寸也相应为最大 60 mm 或最小 59.83 mm,则算得 A_0 尺寸相应为 $(60-44.35)$mm$=15.65$ mm 和 $(59.83-43.83)$mm$=16$ mm,零件仍为合格品,这就出现了假废品。由此可见,只要超差量小于另一组成环的公差时,则有可能出现假废品,这时需要重新测量其他组成环的尺寸,再算出封闭环的尺寸,以判断是否是废品。

② 定位基准与设计基准不重合时的工序尺寸计算。

【例 7-4】如图 7-26(a)所示零件,孔 D 的设计基准为 C 面。镗孔前,表面 A、B、C 已加工。镗孔时,为了使工件安装方便,选择表面 A 为定位基准,并按工序尺寸 A_3 进行加工,试求工序尺寸 A_3 及其公差。

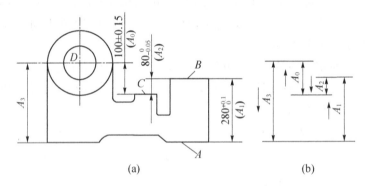

图 7-26　定位基准与设计基准不重合的尺寸换算

解:由于设计尺寸 $A_0=100\pm0.15$ mm 是本工序加工中间接得到的,即为封闭环。自封闭环两端出发,绘出工艺尺寸链图,见图 7-26(b)。用画箭头的方法可判断出:A_2、A_3 为增环,A_1 为减环。则工序尺寸 A_3 的计算如下:

根据式(7.1)求 A_3 的基本尺寸:$A_0=A_2+A_3-A_1$,$100=80+A_3-280$,则 $A_3=300$ mm。

根据式(7.4)求 A_3 的上偏差:$ESA_0=ESA_2+ESA_3-EIA_1$,$+0.15=0+ESA_3-0$,则 $ESA_3=+0.15$。

根据式(7.5)求 A_3 的下偏差:$EIA_0=EIA_2+EIA_3-ESA_1$,$-0.15=-0.05+EIA_3-0.1$,则 $EIA_3=0$。

所以工序尺寸 $A_3=300_{0}^{+0.15}$ mm。

当定位基准与设计基准不重合进行尺寸换算时,也需要提高本工序的加工精度,使加工更加困难。同时,也会出现假废品的问题。

在进行工艺尺寸链计算时,还有一种情况必须注意。以图 7-26 为例,如零件图中标注的设计尺寸 $A_0=100\pm0.1$ mm,则经过计算可得工序尺寸 $A_3=300^{+0.05}_{0}$ mm,其公差值 $TA_3=0.05$ mm,显然精度要求过高,加工难以达到。有时还会出现公差值为零或负值的现象。遇到这种情况,一般可以采取以下两种措施:

一是减小其他组成环的公差。即根据各组成环加工的经济精度来压缩各环公差。

二是改变定位基准或加工方法。

③工序基准是尚待继续加工的表面的工序尺寸计算。

【例 7-5】加工图 7-27(a)所示外圆及键槽,其加工顺序为:

①车外圆至 $\phi 26.4^{0}_{-0.083}$ mm;

②铣键槽至尺寸 A_1;

③淬火;

④磨外圆至 $\phi 26^{0}_{-0.021}$ mm,同时保证键槽位置尺寸 $21^{0}_{-0.16}$ mm。

试确定铣键槽的工序尺寸 A_1。

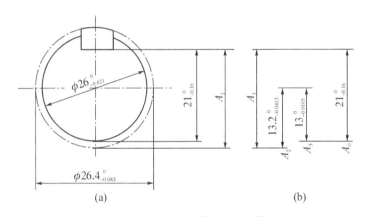

图 7-27 加工键槽的尺寸换算

解:从上述工艺过程可以看出,尺寸 $21^{0}_{-0.16}$ mm 是间接保证的尺寸,是尺寸链的封闭环,用 A_0 表示。要注意的是,当有直径尺寸时,一般应考虑用半径尺寸来列尺寸链。车削后的半径尺寸($A_2=13.2^{0}_{-0.0415}$ mm)、磨削后的外圆半径尺寸($A_3=13^{0}_{-0.0105}$ mm)及键槽加工深度尺寸(A_1)都是直接获得的,为组成环。绘出工艺尺寸链图,见图 7-27(b)。用画箭头的方法可判断出:A_1、A_3 为增环,A_2 为减环。

键槽的工序尺寸及偏差计算如下:

根据式(7.1)求 A_1 的基本尺寸:$A_0=A_1+A_3-A_2$,$21=A_1+13-13.2$,则 $A_1=21.2$ mm。

根据式(7.4)求 A_1 的上偏差:$ESA_0=ESA_1+ESA_3-EIA_2$,$0=ESA_1+0-(-0.0415)$,则 $ESA_1=-0.0415\approx-0.042$ mm。

根据式(7.5)求 A_1 的下偏差:$EIA_0=EIA_1+EIA_3-ESA_2$,$-0.16=EIA_1+(-0.0105)-0$,则 $EIA_1=-0.1495\approx-0.150$ mm。

所以,工序尺寸 $A_1 = 21.2_{-0.150}^{-0.042}$ mm。

7.4.3 机床与工艺装备的选择

制定机械加工工艺规程时,正确选择机床与工艺装备是保证零件加工质量要求,提高生产率及经济性的一项重要措施。通常情况下,大批大量生产时选用专用机床及专用工艺设备;成批生产时选用通用机床及专用工艺装备;单件小批生产时选用通用机床及通用工艺装备。

1) 机床的选择

选择机床时应注意下述几点:

(1) 机床的主要规格尺寸应与加工零件的轮廓尺寸相适应,即小零件应选择小型机床,大零件应选择大型机床,做到设备合理使用。

(2) 机床的精度应与工序要求的加工精度相适应。对于高精度的零件加工,在缺乏精密机床时,可通过设备改装,以粗干精。

(3) 机床的生产率应与加工零件的生产类型相适应。单件小批生产选择通用设备,大批大量生产选择高生产率专用设备。

(4) 机床的选择还应与现有生产条件相适应。例如,选择机床时应考虑现有设备的类型、规格、实际精度、负荷情况以及操作者的技术水平等因素。

2) 工艺装备的选择

工艺装备的选择,包括夹具、刀具和量具的选择。

(1) 夹具的选择

单件小批生产,应尽量选用通用夹具。例如,标准卡盘、平口钳和回转工作台等通用夹具。但对于某些结构复杂、精度很高的零件,非专用工艺装备难以保证其加工质量时,也应使用必要的工艺装备,以保证其技术要求。为提高生产率应积极推广使用组合夹具。大批大量生产,应采用高生产率的气液传动的专用夹具。夹具精度应与加工精度相适应。

(2) 刀具的选择

刀具的选择主要取决于所确定的加工方法、工件材料、所要求的加工精度、生产率和经济性、机床类型等。原则上应尽量采用标准刀具,必要时可采用各种高生产率的复合刀具和专用刀具。刀具的类型、规格以及精度等应与加工要求相适应。

(3) 量具的选择

量具的选择主要根据检验要求的准确度和生产类型来决定。所选用量具能达到的准确度应与零件的精度要求相适应。单件小批生产广泛采用通用量具,大批大量生产则采用光滑极限量规及高生产率的检验仪器。

7.4.4 时间定额的确定与提高机械加工生产率的工艺措施

1) 时间定额的确定

时间定额是指在一定的生产条件下,规定生产一件产品或完成一道工序所需消耗的时间。时间定额不仅是衡量劳动生产率的指标,也是安排生产计划、核算生产成本和工人劳动报酬的重要依据。合理的时间定额能调动工人的生产积极性,促进工人技术水平的提高,从而不断提高劳动生产率。

时间定额通常由定额员、工艺人员和工人相结合,通过总结过去的经验,并参考有关的技术资料直接估计确定;或者以同类产品的工件或工序的时间定额为依据进行对比分析后推算出来;也可以通过对实际操作时间的测定和分析来确定。

单件时间($t_{单件}$)是完成单件产品或产品一道工序的时间。它由下列几部分组成:

(1) 基本时间($t_{基本}$)。它是指直接改变零件尺寸、形状、相对位置、表面质量或材料性质等工艺过程所消耗的时间。切削加工是指切除工序余量所消耗的时间,包括刀具的趋近、切入、切削、切出等所消耗的时间。

(2) 辅助时间($t_{辅助}$)。它是指为完成工艺过程中的各种辅助动作而消耗的时间。它包括装卸工作、开停机床、改变切削用量、对刀、试切和测量所消耗的时间。

(3) 布置工作地时间($t_{布置}$)。它是指为使加工正常进行,工人照管工作地点及保持正常工作状态所消耗的时间。例如,在加工过程中调整、更换和刃磨刀具、润滑和擦拭机床、清除切屑等所消耗的时间。布置工作地时间可取基本时间和辅助时间之和的2%～7%。

(4) 休息和生理需要时间($t_{休息}$)。它是指工人在工作时间内为恢复体力和满足生理需要所消耗的时间。一般可取基本时间和辅助时间之和的2%。

上述时间的总和称为单件时间。即

$$t_{单件} = t_{基本} + t_{辅助} + t_{布置} + t_{休息}$$

(5) 准备终结时间($t_{准备}$)。只指工人为了生产一批产品或零部件,进行准备和结束工作所消耗的时间。

因该时间对一批产品或零部件(批量为 N)只消耗一次,故分摊到每个零件上的时间为 $t_{准备}/N$。

所以,成批生产时某产品单件时间定额($t_{定额}$)为:

$$t_{定额} = t_{基本} + t_{辅助} + t_{布置} + t_{休息} + t_{准备}/N$$

在大量生产时,因 N 极大,时间定额为:

$$t_{定额} = t_{基本} + t_{辅助} + t_{布置} + t_{休息}$$

这种时间定额的计算方法目前在成批和大量生产中广泛应用。对基本时间的确定,是以手册上给出的各类加工方法的时间计算办法进行计算。辅助时间的确定,在大批大量生产中,将辅助动作分解,再分别查表计算;在成批生产中,可根据以往统计资料进行确定。

2) 提高机械加工生产率的工艺措施

制定机械加工工艺规程,要在保证零件质量的前提下,尽量采用先进工艺措施,提高劳动生产率,降低生产成本。

劳动生产率是衡量生产效率的一个综合技术经济指标,它不是一个单纯的工艺技术问题,还与产品设计、生产组织和管理工作有关。所以,改进产品结构设计,改善生产组织和管理工作,都是提高劳动生产率的有力措施。若仅从工艺技术角度考虑提高机械加工生产率的措施,则有缩短单件时间、采用先进工艺方法、采用高效率自动化加工技术等。

(1) 采用工艺措施缩短工艺时间

①缩短基本时间。

基本时间 $t_{基本}$ 可按有关公式进行计算。以车削为例：

$$t_{基本} = \frac{\pi dL}{1\,000\,vf} \times \frac{Z}{a_p}$$

式中：L——切削长度，mm；d——切削直径，mm；Z——切削余量，mm；

v——切削速度，m/min；f——进给量，mm/r；a_p——背吃刀量，mm。

a. 提高切削用量 n、f、a_p。增加切削用量将会使基本时间减小，但会增加切削力、切削热和工艺系统的变形及刀具磨损等。因此，必须在保证质量的前提下采用大的切削用量。

要采用大的切削用量，关键要提高机床的承受能力，特别是刀具的耐用度。要求机床刚度好、功率大，要采用优质的刀具材料，如陶瓷车刀的切削速度可达 500 m/min，聚晶氮化硼刀具的切削速度可达 900 m/min，能加工淬硬钢。

b. 减小切削长度。在切削加工时采用多刀或复合刀具对工件的同一表面或几个表面同时进行加工，缩短基本时间。

如图 7-28(a) 所示为采用三把刀具同时切削同一表面，切削行程约为工件长度的 1/3；

如图 7-28(b) 所示为合并走刀，用三把刀具一次性完成三次走刀，切削行程约可减小 2/3；

如图 7-28(c) 所示为复合同步加工，也可大大减小切削行程长度。

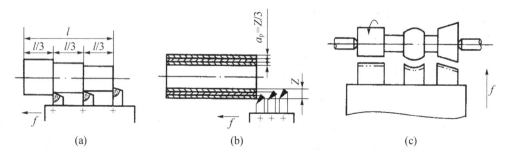

图 7-28 采用多刀加工减小切削行程长度

c. 采用多件加工。多件加工通常有顺序多件加工、平行多件加工和平行顺序多件加工三种方式。

如图 7-29(a) 所示为顺序多件加工，这样可减小刀具的切入和切出长度。这种方式多见于龙门刨床、镗床及滚齿加工中。

如图 7-29(b) 所示为平行多件加工，一次走刀可同时加工几个零件，所需基本时间与加工一个零件的时间相同。这种方式常用在铣床和平面磨床上。

如图 7-29(c) 所示为平行顺序多件加工，这种加工方式能非常显著地缩短基本时间。常见于立轴式平面磨床和铣削加工中。

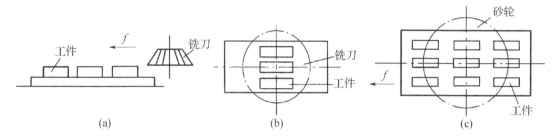

图 7-29 采用多件加工减小切削行程长度

② 缩短辅助时间。缩短辅助时间的方法主要是要实现机械化和自动化,或使辅助时间与基本时间重合。具体措施有:

a. 采用先进、高效的夹具,直接缩短辅助时间。在大批大量生产时,采用高效的气动或液压夹具、自动测量装置等使辅助动作实现机械化和自动化;在单件小批生产和成批生产时,采用组合夹具或成组夹具都将缩短装卸工件的时间。

b. 采用多工位连续加工,使辅助时间和基本时间重合。当采用回转工作台和转位夹具,能在不影响切削的情况下装卸工件,使辅助时间与基本时间重合。如图 7-30 所示为双工位转位夹具。

c. 采用主动检验或数字显示自动测量装置,可以大大缩短停机测量时间。

d. 采用两个相同夹具交替工作的方法。当一个夹具安装好工件进行加工时,另一个夹具同时进行工件的装卸,这样可以使辅助时间与基本时间重合。

③ 缩短布置工作地时间。采用各种快速换刀、自动换刀、对刀装置来缩短换刀和调刀时间,采用耐用度高的刀具或砂轮来减少换刀次数均可缩短布置工作地时间。在实际应用中使用不重磨刀具、专用对刀样板、自动换刀装置等。

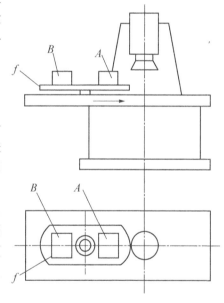

图 7-30 双工位转位夹具

④ 缩短准备和终结时间。在中、小批生产中,由于批量小、品种多,准备终结时间在单件生产中占有较大的比重,使生产率受到限制。可以采用成组技术以及零部件通用化、标准化、产品系列化等有效方法,扩大产品批量,缩短准备终结时间。

(2) 采用先进工艺方法

采用先进工艺方法可大大提高劳动生产率,具体措施如下:

① 在毛坯制造中采用新工艺。在毛坯制造时采用粉末冶金、熔模铸造、精锻、精铸等新工艺,能提高毛坯精度,减少机械加工劳动量和节约原材料。例如,采用粉末冶金工艺制造齿轮油泵的内齿轮,可以完全取消齿形加工,只要磨削两个端平面即可。

② 采用少、无切削工艺。如采用冷挤、冷轧、滚压等方法,不仅能提高生产率,而且可

提高工件表面质量和精度。例如,采用冷挤压工艺制造齿轮,取代剃齿工艺,可提高生产率4倍。

③改进加工方法。如在大批量生产中采用拉削代替镗、铰削可大大提高生产率。又如,用强力磨削取代平面铣削,不仅可以在一次加工中切除大部分加工余量,而且提高了加工精度。因此,采用高生产率的机械加工工艺已经成为提高机械加工生产率的主要方向。

④应用特种加工新工艺。对于某些特硬、特脆、特韧性材料及复杂型面的加工,往往用常规加工方法难以完成加工,而采用电加工、化学加工等特种加工方法能显示其优越性和经济性。

(3) 高效及自动化加工的应用

加工过程自动化是提高劳动生产率的最理想手段。但自动化加工投资大,技术复杂,因而要针对不同的生产类型,采用相应的自动化水平。

对于大批大量生产,由于工件批量大,生产稳定,可采用多工位组合机床或组合机床自动线,整个工作循环都是自动进行的,可达到很高的生产率。中小批生产的自动化可采用各种数控机床及其他柔性较高的自动化生产方式。

本章小结

1. 机械加工工艺过程是由一个或若干个顺序排列的工序组成,每一个工序又可分为一个或若干个安装、工位、工步和走刀。同一工件不同的生产类型,其工艺过程不同。制定机械加工工艺规程的基本原则是"保质、高效、低耗"。

2. 常见毛坯类型有铸件、锻件、焊接件及型材等。零件加工基准的选择要符合基准重合、基准统一等原则。零件表面的加工方法的确定,主要由该表面所要求的加工精度和表面粗糙度来确定,同时兼顾尺寸大小、形状、热处理、生产类型等。当工艺基准与设计基准重合时,某工序基本尺寸等于后道基本尺寸加上(或减去)后道工序余量,工序公差按经济精度确定;当工艺基准与设计基准不重合时,需用解算尺寸链方法确定工序尺寸及其公差。

习题七

7-1 试述工序、工步、走刀、安装、工位的概念,试指明下列工艺过程中(图7-31)工序、安装、工步。小轴(坯料为棒料)加工顺序如下:

(1) 在卧式车床上车左端面,钻中心孔;

(2) 在卧式车床上夹右端,顶左端中心孔,粗车左端台阶;

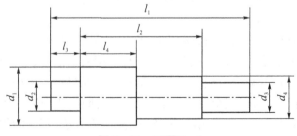

图7-31 习题7-1

(3) 调头,在卧式车床上车右端面,钻中心孔;
(4) 在卧式车床上夹左端,顶右端中心孔,粗车右端台阶;
(5) 在卧式车床上用两顶尖,精车各台阶;

7-2 生产类型有哪几种?某机床厂年产C6136型卧式车床500台,属于哪一种生产类型?

7-3 机械加工工艺规程有哪几种?不同的生产类型分别用何种形式的工艺规程?

7-4 拟定机械加工工艺规程的原则与步骤有哪些?

7-5 分析图7-32零件的结构工艺性,试对不足之处加以改进。

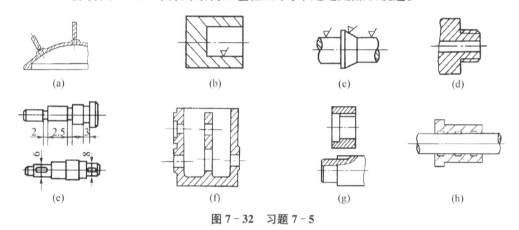

图7-32 习题7-5

7-6 常用毛坯的种类有哪些?试为下列零件选择合适的材料与毛坯。

汽车轴、单件生产的一般轴、灰铸铁皮带轮、轴承座、锉刀、拖拉机齿轮、单件生产的板状零件、机床床身、汽车变速箱壳体、变速箱壳体新产品试制。

7-7 试述设计基准、定位基准、测量基准、装配基准的概念,并举例说明。

7-8 什么叫粗基准?什么叫精基准?试为下图三个零件选择粗、精基准。其中图7-33(a)是齿轮,毛坯为热轧棒料;图7-33(b)是传动轴,毛坯是锻件;图7-33(c)是飞轮,毛坯为铸件。均为成批生产。

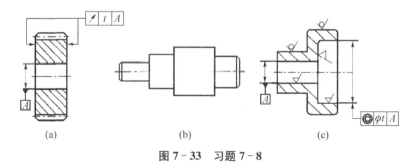

图7-33 习题7-8

7-9 如图7-34所示小轴,加工A、C面时均以坯料表面B为粗基准,问是否恰当,为什么?

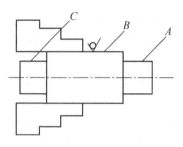

图 7-34　习题 7-9

7-10　试确定下列表面的加工方法：

(1) 轴上 IT8 级非淬硬外圆表面，表面粗糙度数值为 $Ra1.6$；

(2) 轴上 IT8 级外圆表面，表面硬度为 40～45 HRC，表面粗糙度数值为 $Ra1.6$；

(3) 箱体上 $\phi16H7$ 孔，表面粗糙度数值为 $Ra0.8$；

(4) 大批量生产的齿轮孔 $\phi25H8$，表面粗糙度数值为 $Ra1.6$；

(5) 箱体上 $\phi80H7$ 孔，表面粗糙度数值为 $Ra0.8$；

(6) 箱体上 IT8 级大端面，表面粗糙度数值为 $Ra1.6$。

7-11　机械加工一般可分为哪些加工阶段？各加工阶段的主要作用是什么？

7-12　机械加工顺序的安排应遵循哪些原则？

7-13　举例说明在机械加工工艺过程中，如何合理安排热处理工序的位置？

7-14　某回转体零件孔的设计要求为 $\phi30H8(^{+0.033}_{0})$ mm，粗糙度数值为 $1.6\ \mu m$，其加工工艺路线为：钻孔—镗孔—铰孔。试用查表法求各工序加工余量、基本尺寸及公差。

7-15　加工外圆柱面，设计尺寸为 $\phi50g7(^{-0.009}_{-0.034})$，长度为 50 mm，表面粗糙度 Ra 值为 0.8。加工的工艺路线为：粗车—半精车—磨外圆。试用查表法确定毛坯尺寸、各工序尺寸及公差。

7-16　如图 7-35 所示工件，内外圆及端面已加工，现需铣出右端槽，并保证尺寸 $5^{0}_{-0.06}$ mm 及 26 ± 0.2 mm，试求试切调刀的测量尺寸 H、A 及其上、下偏差。

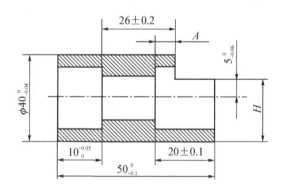

图 7-35　习题 7-16

7-17　图 7-36 所示零件的尺寸要求，其加工过程为：

(1) 在铣床上铣底平面；

(2) 在另一铣床上铣 K 面；

(3) 在钻床上钻、扩、铰 $\phi20H8$ 孔，保证尺寸 125 ± 0.1 mm；

(4) 在铣床上加工 M 面，保证尺寸 165±0.3 mm。

试求以 K 面定位加工 $\phi16H7$ 孔的工序尺寸 A_1，保证尺寸 $200_0^{+0.9}$。

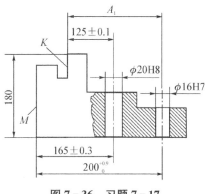

图 7-36　习题 7-17

7-18　图 7-37 零件加工时，图样要求保证尺寸 6±0.1 mm，但这一尺寸不便直接测量，只好通过度量尺寸 L 来保证。试求工序尺寸 L 及其上下偏差。

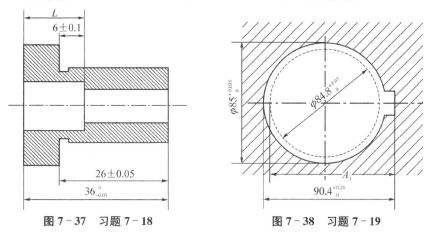

图 7-37　习题 7-18　　　　　　　　图 7-38　习题 7-19

7-19　如图 7-38 所示为齿轮内孔的局部简图，设计要求为：孔径 $\phi85_0^{+0.035}$ mm，键槽深度尺寸为 $90.4_0^{+0.2}$ mm，其加工顺序为：

(1) 镗内孔至 $\phi84.8_0^{+0.07}$ mm；

(2) 插键槽至尺寸 A_3；

(3) 热处理（淬火）；

(4) 磨内孔至 $\phi85_0^{+0.035}$ mm，同时保证键槽深度尺寸为 $90.4_0^{+0.2}$ mm。

试确定插键槽的工序尺寸 A_3。

7-20　什么叫时间定额？单件时间定额包括哪些组成部分？

7-21　提高机械加工生产效率的工艺措施有哪些？

实验与实训

查阅有关《机械加工工艺手册》：了解更多零件结构工艺性知识；熟悉典型表面加工方法；熟悉查表法确定总体余量及工序余量的方法。

第8章 典型零件加工与工艺编制

学习目标

1. 了解四类典型零件的功用、结构特点、技术要求、材料与热处理、毛坯等；
2. 理解四类典型零件加工的主要工艺问题及检验方法；
3. 掌握四类典型零件的典型工艺的编制。

本章简要介绍轴类、套筒类、箱体类及盘类（齿轮）零件的功用、结构特点、技术要求、材料与热处理、毛坯等；介绍了四类典型零件加工的主要工艺问题及检验方法；主要介绍了四类典型零件的典型工艺编制方法。

8.1 轴类零件加工

8.1.1 概述

1) 轴类零件的功用与结构特点

轴类零件是机械零件中的关键零件之一。在机器中，它的主要作用是支承传动类零件、传递转矩、承受载荷，以及保证装在轴上的零件等有一定的回转精度。

轴类零件是回转体零件，其长度大于直径。加工表面通常有内外圆柱面、内外圆锥面、螺纹、键槽、横向孔和沟槽等。轴类零件按结构形状可分为：光轴、空心轴、阶梯轴和异形轴（曲轴、凸轮轴、偏心轴、十字轴和花键轴等）几类，如图 8-1 所示。

2) 轴类零件的技术要求

（1）尺寸精度。尺寸精度包括直径尺寸精度和长度尺寸精度。精密轴颈为 IT5 级，重要轴颈为 IT6～IT8 级，一般轴颈为 IT9 级。轴向尺寸一般要求较低，当阶梯轴的阶梯长度要求较高时，其公差可达 0.005～0.01 mm。

（2）几何形状精度。几何形状精度主要指轴颈的圆度、圆柱度，一般应在直径公差范围内。当几何形状精度要求较高时，零件图上应注出规定允许的偏差。

（3）相互位置精度。相互位置精度主要指装配传动件的轴颈相对于支承轴颈的同轴度及端面对轴心线的垂直度等。通常用径向圆跳动来标注。普通精度轴的径向圆跳动为 0.01～0.03 mm，高精度的轴通常为 0.005～0.01 mm。

（4）表面粗糙度。轴类零件的表面粗糙度和尺寸精度应与其表面工作要求相适应。通常支承轴颈的表面粗糙度值 Ra 为 3.2～0.4 μm，配合轴颈的表面粗糙度值 Ra 为 0.8～0.2 μm。

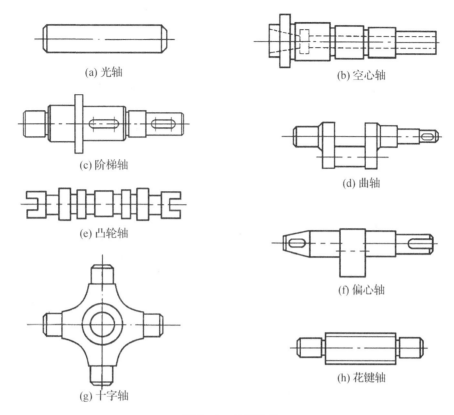

图 8-1 轴的种类

3) 轴类零件的材料与热处理

轴类零件应根据不同的工作状况,选择不同的材料和热处理规范。一般轴类零件常用中碳钢,如 45 钢,经正火、调质及部分表面淬火等热处理,得到所要求的强度、韧度和硬度。对于中等精度而转速较高的轴类零件,一般选用 40Cr 等中碳合金钢进行调质和表面淬火处理。在高速、重载荷等条件下工作的轴类零件,可选用 20Cr、20CrMnTi 等低碳合金钢,经渗碳淬火处理后,使其表面具有很高的硬度,心部则获得较高的强度和韧度。对于高精度、高转速的轴,可选用 38CrMoAl 渗氮钢经调质和表面渗氮处理,使其具有很高的心部强度和表面硬度、优良的耐磨性和耐疲劳性,热处理变形也小。对于有些形状复杂的轴,还可采用球墨铸铁 QT600-3 等,并根据需要进行退火、调质、等温淬火等热处理。

4) 轴类零件的毛坯

轴类零件的毛坯常采用锻件、棒料和铸件等毛坯形式。一般光轴、外圆直径相差不大的或是单件小批生产的阶梯轴多采用棒料;对于外圆直径相差较大或较重要的轴常采用锻件;对于某些大型的或结构复杂的轴可采用铸件。

8.1.2 轴类零件加工的工艺问题分析

1) 定位基准的选择

(1) 用两中心孔定位。轴类零件常用两中心孔作为定位精基准,因为轴类零件的各外圆表面、圆锥面、螺纹表面的同轴度及端面的垂直度等设计基准都是轴的中心线,用轴的两端中心孔作为定位基准,不仅符合基准重合原则,并能够在一次安装中加工出大部分外圆及端面,这也符合基准统一原则。

粗加工及半精加工时为了提高零件的刚度,经常用外圆表面或外圆表面与中心孔共同作为定位基准,即"一夹一顶"安装。内孔加工时,也以外圆作为定位基准。

(2) 空心轴定位基准的选择。对于空心的轴类零件,在加工出内孔后,为了使后续各工序有统一的定位基准,在定位精度要求较高,轴孔锥度较小的情况下,可使用锥堵,如图 8-2(a)所示。当孔端锥度较大或是圆柱孔时,可使用锥堵心轴,如图 8-2(b)所示。当然,如果空心轴孔较小,可直接在孔口倒 2×60°工艺锥孔作为定位基准。

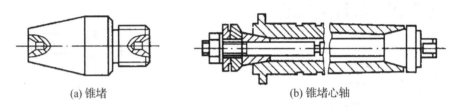

(a) 锥堵　　　　　　　　　(b) 锥堵心轴

图 8-2　锥堵与锥堵心轴

(3) 中心孔的修正。中心孔在使用过程中会因磨损和热处理变形而影响轴类零件的加工精度。在加工高精度轴类零件时,中心孔的形状误差会影响到加工表面的加工精度,因此要在各个加工阶段尤其是精加工工序前,对中心孔进行修正。中心孔的修研方法有以下几种。

① 用硬质合金顶尖修研。如图 8-3 所示为修研中心孔的六棱硬质合金顶尖,其刃带具有切削和挤光作用,能纠正中心孔的几何形状误差。这种方法效率高,但质量稍差,常用于普通中心孔的修研。

② 用油石、橡胶砂轮或铸铁顶尖修研。将油石、橡胶砂轮或铸铁顶尖研磨工具夹在车床卡盘上,把工件顶在研磨工具和车床后顶尖之间,并加入一定的润滑油及研磨剂进行研磨,如图 8-4 所示。此方法修研精度高,但效率较低,必要时可联合使用上述两种方法。

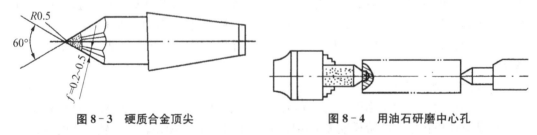

图 8-3　硬质合金顶尖　　　　　　图 8-4　用油石研磨中心孔

③ 用中心孔磨床磨削。大批量生产轴类零件中心孔的修研,一般在中心孔磨床上进行。该方法生产效率高,加工精度好。

2) 外圆表面加工

(1) 外圆表面的车削加工。轴类零件外圆表面的车削可划分为荒车、粗车、半精车、精车和细车等加工阶段。

①荒车。对于自由锻件或大型铸件毛坯,为减少外圆表面的形状误差,使后续工序的加工余量均匀,需荒车加工,加工后的尺寸精度达IT15~IT18级。

②粗车。目的是尽快切除多余的材料,使其接近工件的形状尺寸。其特点是采用大的背吃刀量、较大的进给量及中等或较低的切削速度,以求提高生产率。粗车后应留有半精车和精车的加工余量。粗车的尺寸精度达IT10~IT12,表面粗糙度值为Ra12.5~25 μm。对于要求不高的非功能性表面,粗车可作为最终加工;而对于要求高的表面,粗车作为后续工序的预加工。

③半精车。是在粗车的基础上进行的。其背吃刀量和进给量均较粗车时小,可进一步提高外圆表面的尺寸精度、形状和位置精度及表面质量。半精车可作为中等精度表面的终加工工序,也可作为高精度外圆表面磨削或其他精加工工序的预加工。半精车尺寸精度达IT9~IT10,表面粗糙度值为Ra3.2~6.3 μm。

④精车。一般可作为最终加工工序或光整加工工序的预加工,其主要目的是达到零件表面的加工要求。为此,要求使用高精度的车床,选择合理的车刀几何角度和切削用量。采用的背吃刀量和进给量比半精车更小,为避免产生积屑瘤,常采用高速精车或低速车削。精车后的尺寸精度可达IT7~IT8,表面粗糙度值为Ra0.8~1.6 μm。

⑤细车。细车使用精度和刚度都很好的车床,同时采用金刚石等高耐磨性刀具,其尺寸精度可达IT6~IT7,表面粗糙度值为Ra0.4~0.8 μm。一般用于单件小批量的高精度外圆表面的终加工工序。细车尤其适宜加工有色金属,因为有色金属不宜采用磨削,所以常采用细车代替磨削。

在不同的生产条件下,加工外圆表面使用的设备也不相同。在单件小批量生产中,使用通用机床;在中批量生产中,使用液压仿形刀架或液压仿形车床;在大批量生产中,使用液压仿形车床或多刀半自动车床或自动车床。数控车床在不同批量中都广泛使用,尤其用于轴的精加工。

使用液压仿形刀架可实行车削加工的半自动化,更换靠模、调整刀具都比较简单,可减轻劳动强度,提高加工效率。图8-5为车床用液压仿形刀架加工示意图。仿形刀架5安装在溜板2上,位于方刀架1的对面,仿形尺4(靠模)安装在床身的附加靠模支架上。工作时,仿形刀架随溜板作纵向移动,触头3沿仿形尺轮廓滑动,使仿形刀架按照触头运动作仿形运动,车出与仿形尺轮廓相同的零件。

(2) 外圆表面的磨削加工。磨削加工是工件外圆表面精加工的主要方法,某些精确坯料(如精密铸件、精密锻件和精密冷轧件)可不经车削加工直接进行磨削。它既能加工淬硬工件,也可以加工未淬硬的工件。根据不同的精度和表面粗糙度的要求,磨削可分为粗磨、精磨、精细磨和镜面磨削等。

①粗磨。粗磨采用较粗磨粒的砂轮和较大的背吃刀量及进给量,以提高生产率。粗磨的尺寸精度可达IT7~IT8,表面粗糙度值为Ra0.8~1.6 μm。

②精磨。精磨则常用较细磨粒的砂轮和较小的背吃刀量及进给量,以获得较高的精度及较小的表面粗糙度。精磨的尺寸精度可达IT5~IT6,表面粗糙度值为Ra0.2~0.8 μm。

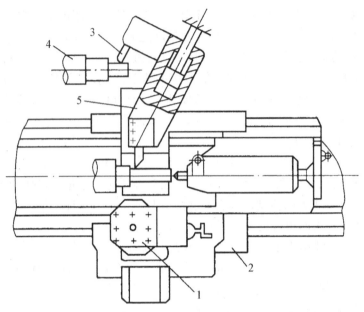

1—方刀架 2—溜板 3—触头 4—仿形尺 5—仿形刀架

图 8-5 液压仿形刀架

③光整加工。如果工件精度要求在 IT5 以上，表面粗糙度要求达 $Ra0.008\sim0.1~\mu m$。则在经过精车或精磨以后，还需要通过光整加工。常用的外圆表面光整方法有研磨、超级光磨和抛光等。

根据磨削时工件定位方式的不同，磨削可分为中心磨削和无心磨削。中心磨削加工精度高，生产率高，通用性广，目前在机械加工中占有重要地位。无心磨削的生产率很高，但难以保证工件的相互位置精度和形状精度，并且不能磨削带有键槽和平面的轴。

提高磨削效率，降低磨削成本，是磨削加工中不可忽视的问题。提高磨削效率的途径有两条：其一是缩短辅助时间，如自动装卸工件、自动测量及数字显示、砂轮的自动修整与补偿、开发新磨料和提高砂轮耐用度等；其二是缩短机动时间，如高速磨削、强力磨削、宽砂轮磨削和多片砂轮磨削等，如图 8-6 所示。

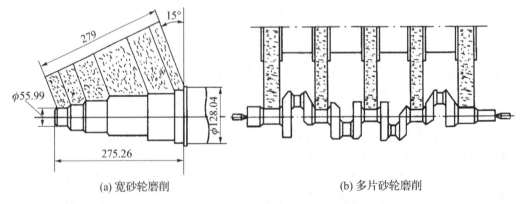

(a) 宽砂轮磨削　　　　(b) 多片砂轮磨削

图 8-6 宽砂轮磨削和多片砂轮磨削

3)其他表面的加工方法

(1)花键加工。花键是轴类零件上的典型表面,与单键相比,具有连接强度高、各部位受力均匀、导向性和对中性好、连接可靠和传递转矩大等优点。根据花键的截面形状不同,可分为矩形、渐开线形、梯形和三角形四种,其中矩形花键应用最广。花键的定心方式常见的是以小径定心和大径定心,轴类零件的花键加工常采用铣削、滚削和磨削三种方法。

当单件小批量生产时,矩形花键的加工常在装有分度头的卧式铣床上进行。先用盘铣刀铣花键的两侧面,再用弧形成型铣刀铣花键的小径,见图8-7(a);也可用一把成型铣刀同时完成侧面和小径的加工,见图8-7(b)。当批量生产时,一般用展成法在花键铣床上使用花键滚刀加工花键,见图8-8。批量生产时还常采用双飞刀高速铣花键,铣削时飞刀高速旋转,花键轴做轴向移动。

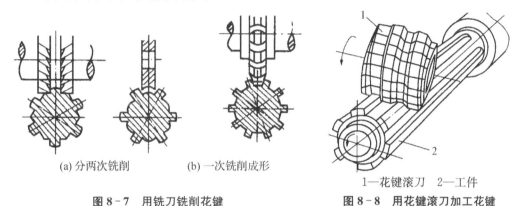

图8-7 用铣刀铣削花键　　图8-8 用花键滚刀加工花键

当花键精度要求较高或表面进行淬火处理后,常采用磨削作为最终加工。当生产批量较大时,通常在普通外圆磨床上磨削大径,在花键磨床上磨削键侧;而以小径定心的花键,小径和键侧都要磨削。当生产批量较小时,可在工具磨床上或平面磨床上用分度头磨削外花键的小径和键侧。花键轴的磨削见图8-9。

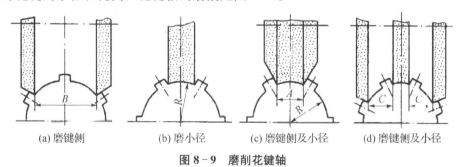

图8-9 磨削花键轴

(2)螺纹的加工。螺纹是轴类零件的常见加工表面,其加工方法很多,这里仅介绍车削、铣削、滚压和磨削螺纹的特点。

车削螺纹是常用的加工螺纹的方法,所用刀具简单,适应性强,可获得较高的加工精度;但效率较低,适用于单件小批量生产。当螺纹直径较小时,常在车床上用板牙套外螺纹,用丝锥攻内螺纹。

铣削螺纹广泛应用在生产批量较大的场合,生产效率比车削螺纹高,但加工精度较低。铣削螺纹的刀具有螺纹铣刀和梳形螺纹铣刀。图 8-10 为铣削螺纹的加工示意图。

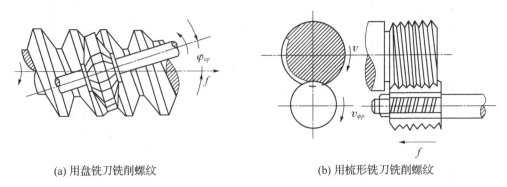

(a) 用盘铣刀铣削螺纹　　　　　　(b) 用梳形铣刀铣削螺纹

图 8-10　铣削螺纹

滚压螺纹常用于大量生产的场合,生产效率高。其滚压方式较多,有滚丝轮滚压螺纹,如图 8-11 所示;还有搓丝板滚压螺纹,见图 8-12。

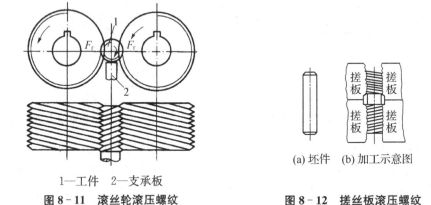

1—工件　2—支承板　　　　　　　　(a) 坯件　(b) 加工示意图

图 8-11　滚丝轮滚压螺纹　　　　　　图 8-12　搓丝板滚压螺纹

磨削螺纹是精密螺纹的主要加工方法,用于加工高硬度和高精度的螺纹件。磨削螺纹在螺纹磨床上进行,加工成本较高。

4) 拟定工艺路线

一般来说,加工轴类零件以车削、磨削为主要加工方法。其工艺路线如下:下料—锻造—正火—车端面、钻中心孔—粗车各外圆表面—调质(中碳或中碳合金钢)—修研中心孔—半精车各外圆表面—车螺纹—铣键槽或花键—热处理(淬火)—修研中心孔—粗精磨外圆表面—检验入库。

(1) 下料一般在锯床上进行。批量生产毛坯,多采用锻件,强度高、材料利用率高。

(2) 车端面、钻中心孔工序,在单件小批生产中,常在普通车床上进行,由于需要调头装夹,两端中心孔的不同轴度大,精度低。在成批大量生产中,常用铣端面钻中心孔专用机床,在一次装夹中分两个工位,先铣削两端面,再钻中心孔,其精度高、生产率高。

(3) 轴的粗、半精加工一般在车床上进行。单件小批量生产中采用普通车床,大批大量生产中采用仿形车床或多刀半自动车床。现多采用数控车床。

(4) 加工键槽或花键时,单件小批生产中,常采用铣床加工,成批大量生产时分别采用键槽铣床或花键铣床加工。花键加工精度要求高时,还应使用花键磨床加工。

(5) 轴的精加工对于有色金属采用精车、细车,对钢件常采用外圆磨削加工。

8.1.3 阶梯轴加工工艺

现以如图 8-13 所示的传动轴为例,介绍一般阶梯轴的机械加工工艺过程。传动轴在减速箱中的装配,见图 8-14。生产类型为单件小批生产;零件材料为 45 钢;调质处理硬度为 240~290 HB;未注倒角 C1。

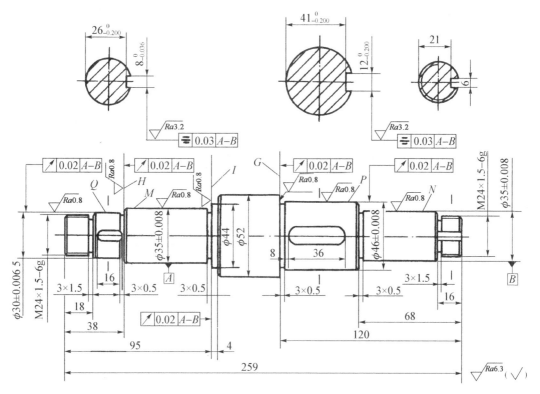

图 8-13 传动轴

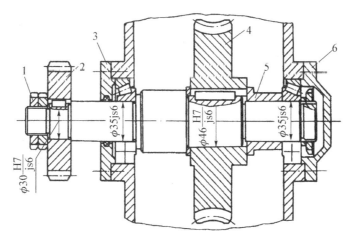

1—锁紧螺母 2—齿轮 3—透盖 4—蜗轮 5—隔套 6—端盖

图 8-14 传动轴在减速箱中的装配简图

工艺分析过程如下：

(1) 确定定位基准面。根据该零件的几何特征，采用"一夹一顶"作为加工粗加工、半精加工基准。为保证该轴的几个主要配合表面和轴肩对基准轴线 $A-B$ 的径向圆跳动和端面圆跳动要求，应以"两中心孔"为定位精基准。

(2) 主要表面的加工方法。由于该轴基本为回转表面，以车削、磨削为主要加工方法。粗加工、半精加工采用车削加工，又因主要表面 M、N、P、Q 的尺寸公差等级较高，表面粗糙度 Ra 值较小，车削加工后还需进行磨削。因此，这些表面的加工顺序为：粗车→调质→半精车→磨削。

(3) 选择毛坯的类型。轴类零件的毛坯通常选用棒料或锻件。对于批量不大的阶梯轴一般采用热轧或冷轧棒料。图 8-13 所示的传动轴，材料为 45 钢，批量为单件小批生产，各外圆直径相差不大，因此，毛坯选用 $\phi60$ 的热轧圆钢料。

(4) 拟定工艺过程。在拟定该轴的工艺过程中，当考虑主要表面加工的同时，还要考虑次要表面的加工及热处理要求。要求不高的外圆在半精车时就可以加工到规定的尺寸，退刀槽、越程槽、倒角和螺纹应在半精车时加工，键槽在半精车后进行划线和铣削。调质处理安排在粗车之后。调质后要安排修研中心孔工序，以消除热处理变形和氧化皮。磨削之前，一般还应修研一次中心孔，以提高定位精度。单件生产轴半精车、磨削余量分别取 1.5、0.5，批量生产"粗车及半精车外圆加工余量及偏差"见表 7-14，磨外圆余量见表 7-15。当轴最大直径在≥10～18 挡时，选取中心孔规格 A2；在≥18～30 挡时，取 A2.5；在≥30～50 挡时，取 A3.15；在＞50～80 挡时，取 A4。

综上所述，该零件的机械加工工艺过程见表 8-1。

表 8-1　传动轴的机械加工工艺过程

工序号	工序名称	工序内容	加工简图	设备
10	下料	棒料 $\phi60\times263$		锯床
20	车	(1) 三爪自定心卡盘夹持工件，车端面见平，钻中心孔 A2； (2) "一夹一顶"安装工件，粗车三个台阶，长度、直径方向分别留余量 1 和 2 mm		车床
		(1) 调头，三爪自定心卡盘夹持工件另一端，车端面保证总长 259±0.4，钻中心孔 A2； (2) "一夹一顶"安装工件，粗车另外四个台阶，直径、长度均留余量 2 mm		车床

续 表

工序号	工序名称	工序内容	加工简图	设备
30	热	调质处理 240～290 HB		
40	钳	用油石修研两端中心孔	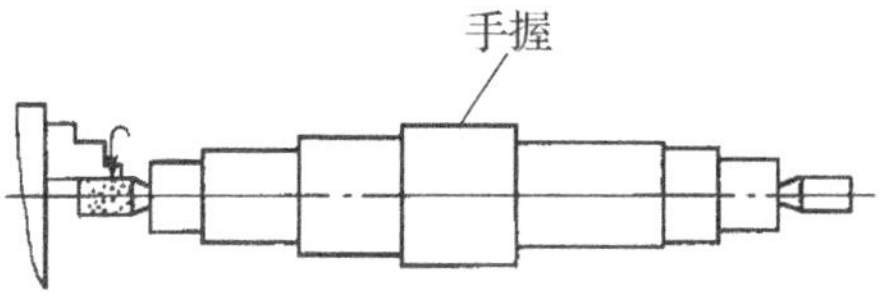	车床
50	车	(1) 双顶尖安装,半精车螺纹大径至 $\phi24_{-0.2}^{-0.1}$,其余两个台阶直径上留余量 0.5 mm; (2) 切槽三处,倒角三处	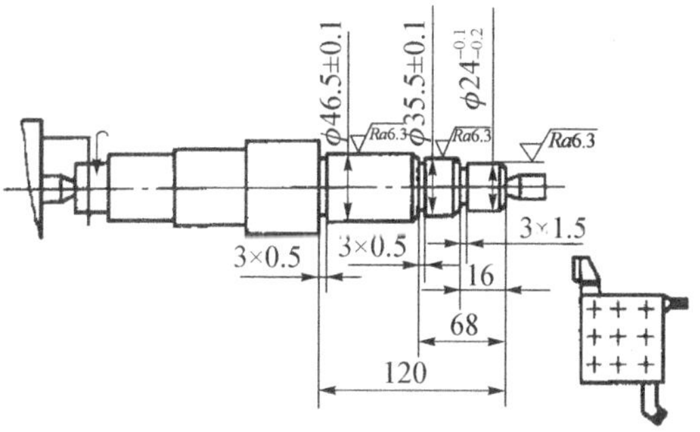	车床
60	车	(1) 调头,双顶尖安装,半精车 $\phi44$ 及 $\phi52$ 达图,螺纹大径车到 $\phi24_{-0.2}^{-0.1}$,其余两个台阶直径上留余量 0.5 mm; (2) 切槽三处,倒角四处	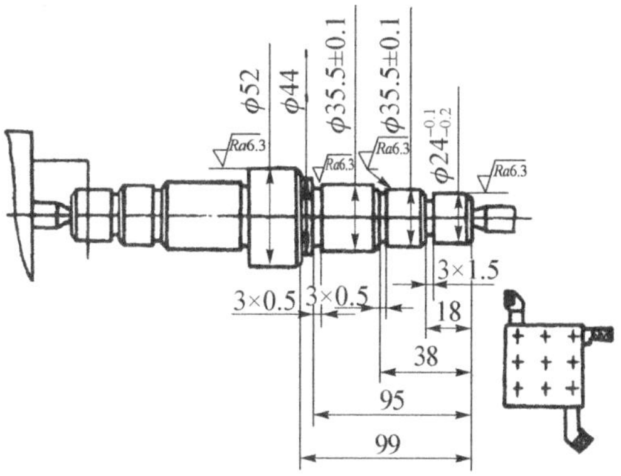	车床
70	车	双顶尖安装,分别车两端螺纹 M24×1.5－6g	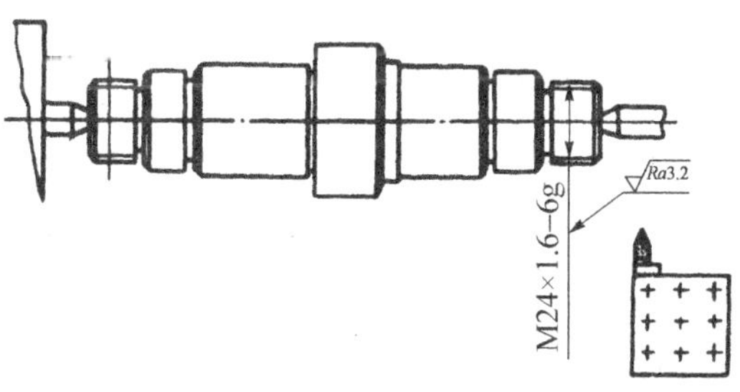	车床
80	钳	划出两个键槽及一个止动垫圈槽加工线		

续 表

工序号	工序名称	工序内容	加工简图	设备
90	铣	铣两个键槽及一个止动垫圈槽。键槽深度比图样规定尺寸多铣 0.25 mm,作为磨削的余量	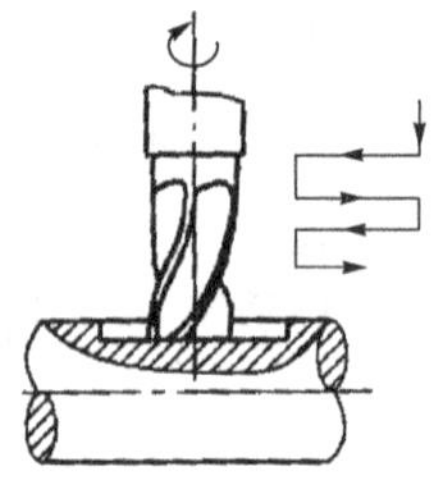	键槽铣床或立铣
100	钳	修研两端中心孔	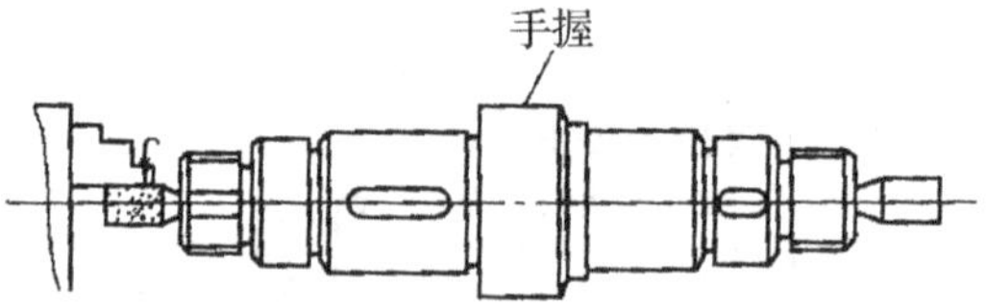	车床
110	磨	1. 两顶尖安装,鸡心夹头传动,磨外圆 Q、M,并用砂轮端面靠磨台肩 H、I 2. 调头,磨外圆 N、P,并靠磨台肩 G	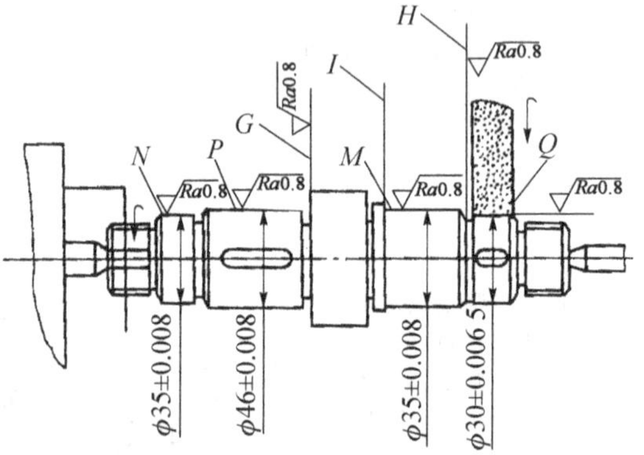	外圆磨床
120	检	按产品图检验		
130	入库	清洗、上防锈油、入库		

8.1.4 轴类零件的检验

轴类零件在加工过程中和加工结束以后,都要按工艺规程的要求进行检验。检验的项目包括尺寸精度、形状精度、相互位置精度、表面粗糙度和硬度等,以确定是否达到了设计图纸上的全部技术要求。

1) 硬度

硬度在热处理后用硬度计抽检或全部检验。一般毛坯、半成品用布氏硬度计检验,成品用洛氏硬度计检验。

2) 表面粗糙度

通常使用标准的粗糙度样板用外观比较法凭目测或借助放大镜进行比较检验。对于表面粗糙度值较小的零件,可用光切显微镜进行测量。

3) 形状精度

(1) 圆度误差。在车间检测一般可采用两点法或三点法,对精度较高的轴检测,一般用圆度测量仪测量,参见表3-6。

(2) 圆柱度误差。将零件放在V形块上用千分表采用三点法测量,参见表3-6圆柱度误差测量。精度要求高的轴用圆度仪或三坐标测量仪测量。

4) 尺寸精度

在单件小批量生产中,一般用游标卡尺、千分尺检验轴的直径;在大批量生产中,常采用卡规检验轴的直径。直径尺寸精度要求较高时,可用杠杆千分尺或块规为标准进行比较测量。轴类零件的长度尺寸一般可用游标卡尺、深度游标卡尺和深度千分尺等进行检测。

5) 相互位置精度

(1) 两支承轴颈对公共基准的同轴度。两支承轴颈对公共基准的同轴度检测如图8-15所示,将轴的两端顶尖孔作为定位基准,在支承轴颈上方分别安装千分表1和千分表2,在旋转轴一圈的过程中,分别读出表1和表2的偏摆数,这两个读数分别代表了两个支承轴颈对于轴心线的圆跳动。当几何形状误差很小时,表1和表2读数的一半,分别为这两个支承轴颈相对轴心线的同轴度。

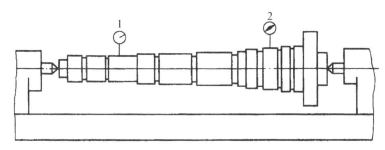

图 8-15 两支承轴颈同轴度的检验

(2) 各表面对两个支承轴颈的位置精度。各表面对两个支承轴颈的位置精度检验如图8-16所示,将轴的两支承轴颈放在同一平板上的两个V形块上,其中一个V形块上下可调。在轴的一端用挡铁挡住,限制其轴向移动。测量时,先用千分表1和千分表2调整轴的中心线,使轴与测量用平板平行。平板要有一定角度的倾斜,使轴靠自重压向钢球而与挡铁端面紧密接触。

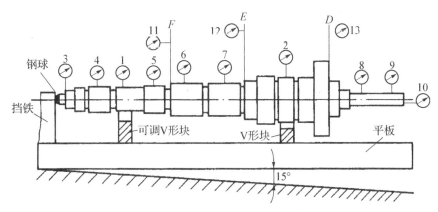

图 8-16 轴的相互位置精度的检验

8.2 套筒类零件加工

8.2.1 概述

1) **套筒类零件的功用与结构特点**

机械中套筒类零件的应用非常广泛,例如:支承回转轴的各种形式的滑动轴承、夹具中的导向套、液压系统中的液压缸以及内燃机上的汽缸套等,如图 8-17 所示。套筒类零件通常起支承和导向作用。

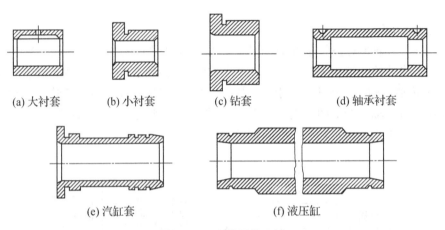

(a) 大衬套　　(b) 小衬套　　(c) 钻套　　(d) 轴承衬套

(e) 汽缸套　　(f) 液压缸

图 8-17　套筒零件示例

套筒类零件由于用途不同,其结构和尺寸有着较大的差异,但仍有许多共同的特点:套筒类零件的结构不太复杂,主要表面一般为同轴度要求较高的内外旋转表面;套筒类零件多为薄壁件,容易变形;零件尺寸大小各异,但长度一般大于直径,且长径比大于 5 的深孔比较多。

2) **套筒类零件的技术要求**

由于套筒类零件各主要表面在机械中所起的作用不同,其技术要求差别很大,主要要求如下。

(1) 内孔的技术要求。内孔是套筒类零件起支承或导向作用最重要的表面,通常与运动着的轴、刀具或活塞相配合。其内径尺寸精度一般为 IT7,精密轴承套为 IT6;形状公差一般控制在孔径公差内,较精密的套筒应控制在孔径公差的 1/2,甚至更小。对长套筒除了有圆度要求外,还应有圆柱度要求。为了保证套筒类零件的使用要求,内孔表面粗糙度一般为 $Ra1.6\sim0.02~\mu m$,精密套筒要求更高。

(2) 外圆的技术要求。外圆表面通常以过盈或过渡配合与箱体或机架上的孔相配合,起支承作用。其直径尺寸精度一般为 IT6~IT7;形状公差应控制在外径公差之内;表面粗糙度 Ra 为 $3.2\sim0.8~\mu m$。

(3) 各主要表面间的位置精度。

① 内外圆之间的同轴度。如果套筒在装配前进行最终加工,同轴度要求较高,一般为 0.01~0.05 mm;如果套筒是在装入机体后再进行最终加工,则套筒内外圆间的同轴度要求较低。

②端面与孔轴线的垂直度。套筒端面或凸缘端面如果在工作中承受轴向载荷,或是作为定位基准和装配基准,这时端面与孔轴线应有较高的垂直度或端面圆跳动要求,一般为 0.02~0.05 mm。

3) 套筒类零件的材料与毛坯

套筒类零件常用材料是钢材、铸铁、青铜或黄铜等。常用滑动轴承材料有锡基轴承合金 ZSnSb11Cu6(高速、重载)、铅基轴承合金 ZPbSb16(中速、中载)、铸锡青铜 ZCuSn10P1(中速、重载、变载荷)及铸铝青铜 ZCuAl10Fe3(低速、重载)等。常用钻套材料有 T10A、20CrMnTi 等。汽缸、液压油缸常采用 35 钢、45 钢等。

套筒类零件毛坯的选择与材料、结构尺寸、批量等因素有关。直径较小的套筒一般选择热轧或冷拉棒料,或实心铸铁。直径较大的套筒,常选用无缝钢管或带孔的铸、锻件。大批量生产时,可采用冷挤压和粉末冶金等先进的毛坯制造工艺,既提高了生产率又节约了金属材料。

8.2.2 套筒类零件加工工艺问题分析及典型工艺

套筒类零件的加工工艺根据其功用、结构形状、材料和热处理以及尺寸大小的不同而异。套筒类零件按结构形状来划分,大体可分为短套筒和长套筒两大类。它们在加工中,其安装方法和加工方法有很大的差别。下面以两个实例予以说明。

1) 短套类零件的加工工艺分析

轴承套是较为典型的短套类零件,图 8-18 为轴承套的零件图,材料为铸锡青铜 ZCuSn10P1,生产类型为单件小批生产。

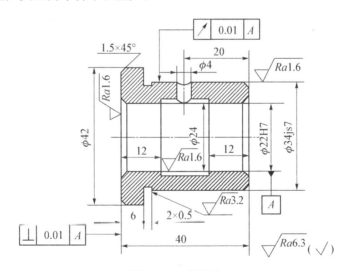

图 8-18 轴承套

(1) 轴承套主要表面及其技术要求。轴承套主要表面为外圆 ϕ34js7 与内孔 ϕ22H7,均为 IT7 级精度;ϕ34js7 外圆对 ϕ22H7 孔的径向圆跳动公差为 0.01 mm;左端面对 ϕ22H7 孔轴线的垂直度公差为 0.01 mm。

(2) 工艺分析。

①定位基准的选择。套筒类零件一般都选择外圆表面作为粗基准,因为多数中小套

筒类零件选用实心毛坯或虽有铸出或锻出的孔,但孔径小或余量不均匀,无法用作粗基准。本例轴承套采用外圆作为定位粗基准加工内孔。采用 $\phi 22H7$ 孔作为定位精基准加工外圆,符合基准重合和互为基准原则。

② 主要表面加工方法。轴承套外圆为 IT7 级精度,采用精车可以满足要求;内孔精度也为 IT7 级,采用铰孔可以满足要求。内孔的加工顺序为:钻孔→镗孔→铰孔。

由于外圆对内孔的径向圆跳动要求在 0.01 mm 以内,用软卡爪安装无法保证。因此精车外圆时应以内孔为定位基准,使轴承套在小锥度心轴上定位,用两顶尖安装。这样可使加工基准和测量基准一致,容易达到图纸要求。车铰内孔时,应与端面在一次安装中加工出,以保证端面与内孔轴线的垂直度公差在 0.01 mm 以内。

(3) 轴承套的加工工艺。表 8-2 为轴承套的机械加工工艺过程。粗车外圆时,可以采用同时加工 5 件的方法来提高生产率。

表 8-2 轴承套的机械加工工艺过程卡片

工序号	工序名称	工序内容	设备	工艺装备
10	下料	铸造,按 5 件合一铸造毛坯		
20	车	三爪卡盘夹外圆	CA6140	
		(1) 车端面,钻中心孔 A3.15		中心钻 A3.15
		(2) 调头车另一端面,钻中心孔 A3.15		
30	车	夹一端外圆,顶另一端中心孔	CA6140	
		(1) 车大外圆至 $\phi 42$ 长度为 6.5 mm,$Ra6.3$		游标卡尺:1—200/0.02
		(2) 车外圆 $\phi 34js7$ 至 $\phi 35$ mm		
		(3) 车退刀槽 2×0.5 mm		
		(4) 取总长 41 mm,车分割槽 $3\times \phi 19.5$ mm		
		(5) 两端倒角 $1.5\times 45°$,5 件同加工,尺寸均相同		
40	钻	软卡爪夹 $\phi 42$ 外圆	CA6140	
		钻孔 $\phi 22H7$ 至 $\phi 20$ mm 成单件		钻头:$\phi 20$ mm
50	车	软卡爪夹 $\phi 42$ 外圆	CA6140	软卡爪
		(1) 车端面,保证总长 40 ± 0.2 mm 达图,$Ra1.6$, ⊥ 0.01 A		游标卡尺:1—200/0.02
		(2) 车内孔至 $\phi 21.8_{0}^{+0.084}$ mm,$Ra6.3$		内径百分表:1—25/0.01
		(3) 车内槽 $\phi 24\times 16$ mm 至尺寸,$Ra6.3$		铰刀:$\phi 22H7$
		(4) 铰孔 $\phi 22H7(_{0}^{+0.021})$ 至尺寸,$Ra1.6$		偏摆仪
		(5) 孔两端倒角 C1.5		$\phi 22H7$ 孔心轴

续 表

工序号	工序名称	工序内容	设备	工艺装备
60	车	顶 $\phi22H7$ 孔心轴两中心孔，鸡心夹头传动	CA6140	$\phi22H7$ 孔心轴
		车 $\phi34js7(\pm0.012)$ mm 至尺寸，$Ra1.6$，⌿ 0.01 A		偏摆仪、千分尺 1－25/0.01
70	钻	$\phi22H7$ 孔及端面	Z4112B	
		钻径向油孔 $\phi4$ mm，保证尺寸 20 mm		钻头：$\phi4$
80	检验	按产品图检验各部		
90	入库	清洗、登记入库		

(4) 防止套筒变形的工艺措施。套筒零件由于壁薄，加工中常因夹紧力、切削力、内应力和切削热的影响而产生变形。可以采取以下措施以防止或减小变形。

①减小夹紧力对变形的影响。

a. 通过增大夹紧面积，以使工件单位面积所受的压力较小，从而减小变形。例如，工件外圆可以采用专用软卡爪（曲率半径与工件外圆相等）夹紧，增加卡爪的宽度和长度。同时软卡爪应采取自镗的工艺措施，以减少安装误差，提高加工精度。图 8－19 所示是用开缝套筒装夹薄壁工件，由于开缝套筒与工件接触面大，夹紧力均匀分布在工件外圆上，不易产生变形。

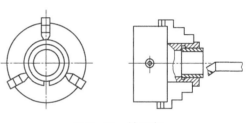

图 8－19 轴承套

b. 采用轴向夹紧工件的夹具，变径向夹紧为轴向夹紧。如图 8－20 所示，由于工件靠螺母端面沿轴向夹紧，故其夹紧力产生的径向变形极小。

c. 在工件上做出加强刚性的工艺凸边，加工时采用特殊结构的卡爪夹紧，当加工结束时再将凸边切去。如图 8－21 所示。

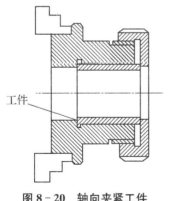

图 8－20 轴向夹紧工件

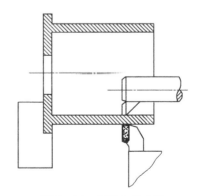

图 8－21 制造工艺凸边

②减小切削力和切削热对变形的影响。常用的方法有下列几种。

a. 减小径向力，通常可借助增大刀具的主偏角来达到，如主偏角 $\kappa_r=90°$。

  b. 内外表面同时加工,使径向切削力相互抵消,如图 8‑21 所示。
  c. 粗、精加工分开进行,使粗加工时产生的变形在精加工中能得到纠正。
  d. 精加工时采用切削液,以减小热变形。
  ③减少热处理引起的误差。热处理工序应安排在精加工之前进行,以使热处理产生的变形在精加工中得到纠正。
  2) 长套筒类零件加工工艺分析
  液压系统中的液压缸缸体是比较典型的长套筒类零件,其特点是结构简单,加工面小,但壁薄易变形,加工方法变化不大。图 8‑22 为液压缸缸体的零件图,材料为 45 钢,机械加工工艺过程见表 8‑3。

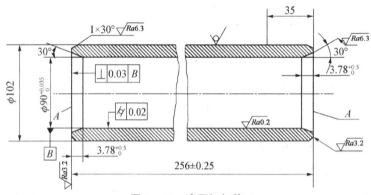

图 8‑22　液压缸缸体

表 8‑3　液压缸缸体加工工艺过程

工序号	工序名称	工序内容	设备	工艺装备
10	下料	无缝钢管 $\phi102\times8$,长 260 mm	锯床	
20	热	调质:241～285 HB		
30	车	三爪卡盘夹外圆	CA6140	
		粗镗、半精镗内孔至 $\phi89\pm0.2$ mm		游标卡尺:1‑200/0.02
40	车	顶 $\phi89$ 孔可涨芯轴两中心孔	CA6140	$\phi89$ 孔可涨芯轴
		(1) 车右端面,$Ra3.2$,保证全长 258 mm		游标卡尺:1‑300/0.02
		(2) 倒角 $0.5\times45°$		游标角度测量仪
		(3) 车内锥角 $3.78^{+0.5}_{0}\times30°$		
		(4) 车工艺外圆 $\phi99.3^{0}_{-0.12}$ mm,长 35 mm		
		(5) 调头车另一端面,$Ra3.2$,保证总长 256 ± 0.25 mm, $\perp\ 0.03\ B$		
		(6) 车工艺外圆 $\phi99.3^{0}_{-0.12}$ mm,$Ra\ 3.2\ \mu m$,长 16 mm		
		(7) 倒内、外角至尺寸		

续 表

工序号	工序名称	工序内容	设备	工艺装备
50	车	夹工艺外圆,托另一端	CA6140	中心架
		镗内孔至 $\phi 89.94 \pm 0.035$ mm,$Ra3.2$		
60	研	夹工艺外圆,托另一端	CA6140	中心架
		研磨内孔至 $\phi 90^{+0.035}_{0}$ mm,$Ra0.2$, ⌀ 0.02		
70	检	按产品图检验各部分		
80	入库	清洗、登记、入库		

现对长套筒类零件加工的共性问题进行分析。

(1) 液压缸缸体的技术要求。见图 8-22 缸体零件图,其主要加工表面为 $\phi 90^{+0.035}_{0}$ mm 的内孔,尺寸精度和形状精度要求较高,为保证活塞在液压缸缸体内自由移动且不串油,要求内孔光滑无划痕。两端面对内孔有垂直度要求,外圆表面为非加工面,但自 A 端起在 35 mm 内外圆允许加工至 $\phi 99$ mm。

(2) 工艺过程分析。为保证内外圆的同轴度,长套筒零件的加工中也应采用互为基准、反复加工的原则。该液压缸缸体的外圆为非加工面,但为了保证壁厚均匀,仍应先以外圆为粗基准面加工内孔,然后再以内孔为精基准加工出 $\phi 99.3^{0}_{-0.12}$ mm,$Ra3.2$ μm 的工艺外圆,这样,既提高了基准面的位置精度,又保证了加工质量。因液压缸孔径尺寸较大,精度和表面质量要求较高,故孔的终加工为研磨。加工方案为粗镗—半精镗—粗研—精研。

8.2.3 深孔加工

孔的长度与直径之比 L/D 大于 5 时,一般称为深孔。深孔按长径比又可分为以下三类。

$L/D=5\sim20$ 属一般深孔,如各类液压缸缸体的孔。这类孔在卧式车床、钻床上用深孔刀具或用加长麻花钻就可以加工。

$L/D=20\sim30$ 属中等深孔,如各类机床的主轴孔。这类孔在卧式车床上必须使用深孔刀具加工。

$L/D=30\sim100$ 属特殊深孔,如枪管、炮管、电机转子等。这类孔必须使用深孔机床或专用设备,并使用深孔刀具加工。

1) 深孔加工的特点

钻削深孔时,要从孔中排出大量的切屑,同时又要向切削区注放足够的切削液。普通钻头由于排屑空间有限,切削液进出通道没有分开,无法注入高压切削液。所以,冷却和排屑都相当困难。另外,孔越深,钻头就越长,刀杆的刚性就越差,钻头就越容易产生歪斜,就会影响加工精度与生产率的提高。所以,深孔加工中必须首先解决排屑、导向和冷却这三个主要问题,以保证钻孔精度,提高刀具寿命和生产率。

如果深孔的精度要求较高时,钻削后还要进行深孔镗削或深孔铰削。深孔镗削与一般的镗削不同,它使用的机床仍是深孔钻床,只要在钻削杆上装有深孔镗削刀头,即可进行粗、精镗削。深孔铰削是在深孔钻床上对半精加工后的深孔进行加工的方法。

2) 深孔加工的方式

深孔加工时,由于工件较长,工件一般采用"一夹一托"的安装方式,工件与刀具的运动形式有以下三种。

(1) 工件旋转、刀具不旋转只作进给运动。这种加工方式多在卧式车床上用深孔刀具或用加长麻花钻加工中小型套筒类与轴类零件的深孔时应用。

(2) 工件旋转、刀具旋转并作进给运动。这种加工方式大多用在深孔钻镗床上用深孔刀具加工大型套筒类零件及轴类零件的深孔。这种加工方式由于钻削速度高,因此钻孔精度及生产率较高。

(3) 工件不旋转、刀具旋转并作进给运动。这种钻孔方式主要应用在工件特别大而笨重、工件不宜转动或孔的中心线不在旋转中心上等情况。这种加工方式易产生孔轴线的歪斜,钻孔精度较低。

8.2.4 套筒类零件的检验

套筒类零件的检验项目主要有内孔和外圆的尺寸精度、内外圆之间的同轴度、端面与孔轴线的垂直度等。

1) 尺寸精度

(1) 外圆尺寸测量。外圆尺寸精度一般为 IT6~IT7 级,一般要用千分尺或比较仪借助于量块比较测量,批量生产时用卡规测量以提高效率。

(2) 内孔尺寸测量。内孔尺寸精度一般为 IT7~IT8 级,一般要用内径百分表借助于环规比较测量;内径大于 50 mm 的,可以用内径千分尺测量;批量生产时可以用圆柱塞规测量以提高效率和检测的可靠性。

2) 位置精度的测量

(1) 内外圆之间的同轴度。一般是外圆相对于内孔的同轴度或径向圆跳动。如果是要测量如图 8-19 所示的轴承套的径向圆跳动,可以用小锥度检验芯轴模拟孔轴心线,用百分表、支架、等高顶尖等就可测量。如果零件图标注的是同轴度要求,也可以用此法近似替代,因为外圆加工一般都是在磨床等主轴回转精度很高的机床上加工的,外圆圆度误差很小。

(2) 端面与孔轴线的垂直度。可以用测量端面相对于孔轴线端面全跳动的方法替代测量。参见表 3-7。

8.3 箱体类零件的加工

8.3.1 概述

1) 箱体类零件的功用与结构特点

箱体是机器中箱体部件的基础零件,由它将有关轴、套和齿轮等零件组装在一起,使其保持正确的相互位置关系,彼此按照一定的传动关系协调运动。常见的箱体类零件有:汽车、拖拉机的发动机机体、变速箱等。机床的主轴箱、进给箱、溜板箱,农机具的传动箱体和各种减速箱箱体等,见图 8-23。

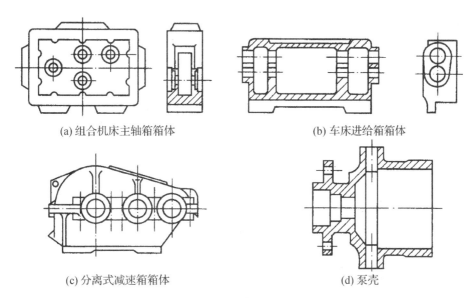

(a) 组合机床主轴箱箱体　　(b) 车床进给箱箱体

(c) 分离式减速箱箱体　　(d) 泵壳

图 8-23　几种箱体的结构简图

箱体类零件由于用途不同,其结构形式和尺寸大小有很大的差别,但在结构上仍有一些共同点:构造比较复杂,箱壁较薄且不均匀,内部呈腔形,在箱壁上既有许多精度较高的轴承支承孔和平面,也有许多精度较低的紧固孔。箱体类零件需要加工的部位较多,加工的难度也较大。

2) 箱体类零件的材料、毛坯及热处理

箱体类零件毛坯通常是用灰铸铁铸造,常用牌号为HT200～HT400。单件小批生产中,常采用普通碳素钢钢板焊接作为毛坯。如果需要减轻箱体重量,也可采用铝镁合金等有色金属铸造。为了消除内应力,箱体类毛坯应进行退火或时效处理。对精度要求高和容易变形的箱体,在粗加工后要进行退火或时效处理。

3) 箱体类零件的主要技术要求

(1) 支承孔的精度和表面粗糙度。箱体上轴承支承孔应有较高的尺寸精度和形状精度以及较小的表面粗糙度值,否则将影响轴承外圈与箱体上孔的配合精度,使轴的旋转精度降低,若是机床主轴支承孔则会影响加工精度。

(2) 支承孔之间的孔距尺寸精度和相互位置精度。在箱体上有齿轮啮合关系的相邻孔之间,应有一定的孔距精度及平行度的要求,否则会使齿轮的啮合精度降低,工作时产生噪音和振动,会降低齿轮的使用寿命;在箱体上同轴线孔,则应有一定的同轴度要求,否则不仅给轴的装配带来困难,还会使轴承磨损加剧,温度升高,影响机器的工作精度和正常的运转。

(3) 主要平面的精度和表面粗糙度。箱体的主要平面有装配基准面和加工中的定位基准面,它们应有较高的平面度和较小的表面粗糙度值,否则将影响箱体与机器总装时的相对位置和接触刚度以及加工中的定位精度。

(4) 支承孔与主要平面的尺寸精度和相互位置精度。箱体上的支承孔对装配基准面要有一定的尺寸精度和平行度要求,对端面要有一定的垂直度要求。如果是车床主轴箱的主轴孔轴心线相对装配基准面在水平方向内有倾斜,则加工时会使工件产生锥度。

8.3.2 箱体类零件加工的主要工艺问题

1) 箱体类零件平面的加工

箱体类零件主要平面的加工,对于中、小件,一般在牛头刨床或普通铣床上进行。对于大件,一般在龙门刨床上进行。刨削的刀具结构简单,机床成本低,调整方便,但生产率低;在大批、大量生产时,多采用铣削;当生产批量大且精度较高时可采用磨削。单件小批量生产精度较高的平面,除一些高精度的箱体仍需手工刮研外,一般采用宽刃精刨。当生产批量较大或为保证平面间的相互位置精度,可采用组合铣削和组合磨削,见图 8-24。

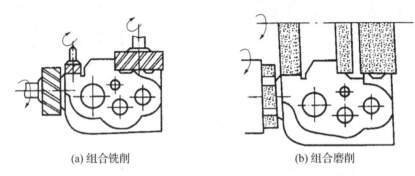

(a) 组合铣削　　　　　　　　(b) 组合磨削

图 8-24　箱体平面的组合铣削与磨削

2) 箱体类零件的孔加工

孔系是指一系列具有相互位置精度要求的孔。箱体零件的孔系主要有平行孔系、同轴孔系和交叉孔系,见图 8-25。

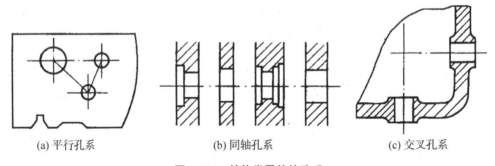

(a) 平行孔系　　　　　(b) 同轴孔系　　　　　(c) 交叉孔系

图 8-25　箱体类零件的孔系

(1) 平行孔系的加工。平行孔系的主要技术要求是各平行孔轴心线之间及中心线与基准之间的尺寸精度和相互位置精度。加工中常用找正法、镗模法和坐标法。

① 找正法。找正法是在通用机床上加工箱体类零件使用的方法,可分为划线找正法,心轴块规找正法和样板找正法,适用于单件小批量生产。

划线找正法是加工前在毛坯上划好各孔位置轮廓线,加工时按所划线找正进行。这种方法生产效率低,所加工孔的孔距误差较大,一般在 0.25～0.6 mm。

心轴块规找正法见图 8-26 所示。将心轴分别插入机床主轴孔或已加工孔中,然后用一定尺寸的一组块规来找正主轴的位置。找正时,在块规与心轴间用塞尺测定间隙,采用心轴块规找正法,孔距精度可达到±(0.02~0.06)mm,但使用该方法效率较低。

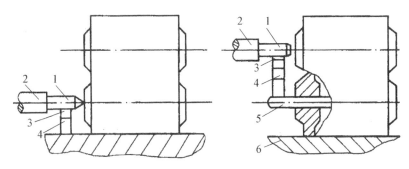

1、5—心轴　2—主轴　3—塞尺　4—块规　6—机床工作台
图 8-26　心轴块规找正法示意图

在样板找正法中,样板上孔系的孔距精度比工件孔系精度高,孔径比工件的孔径大。使用时将样板装在工件上,用装在机床主轴上的千分表定心器,按样板逐一找正机床主轴的位置进行加工。用样板法找正时间短,且不易出错,工艺装备简单,孔距精度可达±0.05 mm,常用于加工较大的工件孔。

②镗模法。用镗模法加工孔系如图 8-27 所示,工件安装在镗模上,镗杆由模板上的导向套支承。加工时,镗杆与机床主轴浮动连接。影响孔系的加工精度主要是镗模的精度。用镗模法加工孔距精度可达±(0.025~0.05)mm,用镗模法定位夹紧迅速,不需找正,生产效率高,普遍用于成批和大批量生产中。

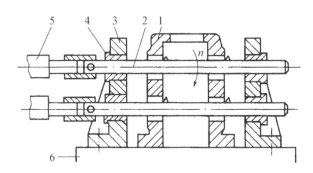

1—工件　2—镗杆　3—导向模　4—导向套　5—主轴　6—工作台
图 8-27　镗模法加工示意图

③坐标法。坐标法是在普通卧式镗床、坐标镗床或数控镗铣床等设备上,借助于测量装置,调整机床主轴与工件间在水平和垂直方向的相对位置来保证孔距精度的一种镗孔方法。

在箱体的设计图样上,因孔与孔间有齿轮啮合关系,对孔距尺寸有严格的公差要求,所以采用坐标法镗孔之前,必须把各孔距尺寸及公差借助三角几何关系及工艺尺寸链规律换算成以主轴孔中心为原点的相互垂直的坐标尺寸及公差。用坐标法镗孔时,孔距精度取决于主轴沿坐标轴移动的精度。采用光栅或磁尺的数显装置,读数精度可达0.01 mm,满足一般精度的孔系要求。坐标镗床使用的测量装置有精密刻线尺与光电瞄准、精密丝杠与光栅、感应同步器或激光干涉测量装置等,读数精度可达 0.001 mm,定位精度可达±(0.001～0.003)mm,可加工孔距精度要求特别高的孔系,如镗模、精密机床箱体等零件的孔系。

(2) 同轴孔系的加工。同轴孔系的主要技术要求是孔的同轴度。保证孔的同轴度有如下方法。

①镗模法。在成批生产中,几乎都采用镗模法加工,其同轴度由镗模保证,如图 8-28 所示,可同时加工出同轴孔系中的两个孔,两孔的同轴度误差可控制在0.015～0.02 mm。

②利用已加工过的孔作导向。见图 8-28,当箱体前壁上的孔加工好后,在孔内装一导向套,通过导向套支承镗杆来加工后壁的孔。此法对于加工箱壁距离较近的同轴孔系比较适合,但需配置一些专用的导向套。

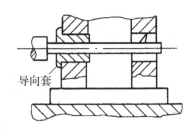

图 8-28 利用导向套加工同轴孔

③利用镗床后立柱上导向套支承镗孔。这种方法其镗杆为两端支承,刚性好,但此方法调整复杂,镗杆较长,故该方法只适用于大型箱体的加工,如图 8-29 所示。

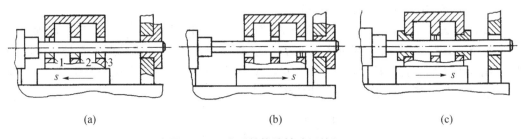

(a)　　　　　　　　(b)　　　　　　　　(c)

图 8-29 大型箱体同轴孔系的加工

④采用调头镗削。当箱体箱壁相距较远时,可采用调头镗削。工件在一次安装下,镗好一端的孔后,将镗床工作台回转 180°,再镗另一端的孔。用这种加工方法镗杆悬伸较短,刚性好,加工精度取决于镗床工作台回转精度。

(3) 垂直孔系的加工。箱体上垂直孔系的加工主要是控制有关孔的垂直度误差。在多面加工的组合机床上加工垂直孔系,其垂直度主要由机床和镗模板的精度保证;在普通镗床上,其垂直度主要依靠机床的挡块保证,定位精度较低。为了提高定位精度,可用心轴和百分表找正。如图 8-30 所示,在加工好的孔中插入心轴,然后将工作台旋转 90°,移动工作台,用百分表找正。

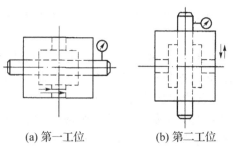

(a) 第一工位　　　(b) 第二工位

图 8-30 找正法加工垂直孔系

8.3.3 圆柱齿轮减速器箱体加工工艺

1) 结构与技术条件分析

一般减速箱，为了制造与装配的方便，常做成可分离式结构，轴承支承孔的轴心线在上下两部分的接合面上，如图 8-31 所示。

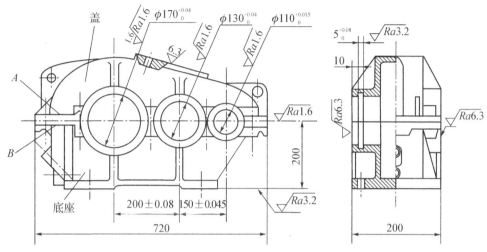

图 8-31 分离式箱体的结构简图

分离式箱体的主要加工部位有：轴承支承孔、接合面、端面及底面等。主要技术要求有：

（1）接合面对底座的平行度误差不超过 0.05 mm/100 mm；

（2）接合面的表面粗糙度 Ra 值小于 1.6 μm，接合面的接合间隙不超过 0.03 mm；

（3）轴承支承孔的轴线必须在接合面上，误差不超过 0.2 mm；

（4）轴承支承孔的尺寸精度为 IT7 级，表面粗糙度值 Ra 小于 1.6 μm，圆柱度误差不超过孔径公差之半，孔距精度误差为 $\pm 0.05 \sim 0.08$ mm；

（5）箱体机械加工前要经过时效处理。

2) 分离式箱体的工艺特点

分离式箱体为小批量生产，材料为 HT200，毛坯为铸造毛坯，其机械加工工艺过程见表 8-4~8-6。

表 8-4 箱盖的机械加工工艺过程

工序号	工序名称	工序内容	定位基准
10	铸	铸造	
20	热处理	时效处理	
30	漆	涂底漆	
40	划线	用千斤顶支承接合面，兼顾各部划全线	接合面及孔
50	刨	粗刨接合面	凸缘 A 面
60	刨	刨顶面	接合面

续 表

工序号	工序名称	工序内容	定位基准
70	磨	磨接合面	顶面
80	钳	钻接合面连接孔	接合面、凸缘轮廓
90	钳	钻顶面螺纹底孔、攻螺纹	接合面及二孔
100	检验	按产品图检验	

表 8-5　底座的工艺过程

工序号	工序名称	工序内容	定位基准
10	铸	铸造	
20	热处理	时效处理	
30	漆	涂底漆	
40	划线	用千斤顶支承底面,兼顾各部划全线	底面及孔
50	刨	粗刨接合面	凸缘 B 面
60	刨	刨顶面	接合面
70	钳	钻底面4孔、锪沉孔、铰对角二孔(定位孔)	接合面、端面、侧面
80	钳	钻侧面测油孔、放油孔、螺纹底孔、锪沉孔、攻螺纹	底面、二孔
90	磨	磨接合面	底面
100	检验	按产品图检验	

表 8-6　箱体合装后的工艺过程

工序号	工序名称	工序内容	定位基准
10	钳	将盖与底座对准合拢夹紧、配钻、铰二定位销孔,打入锥销,根据盖配钻底座接合面的连接孔,锪沉孔	底面
20	钳	拆开盖与底座,清除毛刺、切屑,重新装配箱体,打入锥销,拧紧螺栓	
30	铣	铣两端面	底面及两孔
40	镗	粗镗轴承支承孔,割孔内槽	底面及两孔
50	镗	精镗轴承支承孔,割孔内槽	底面及两孔
60	钳	去毛刺、清洗、打标记	
70	检验	按产品图检验、入库	

由上表可见,分离式箱体虽然遵循一般箱体的加工原则,但是由于结构上是分体式的,因而在工艺路线的拟定和定位基准的选择方面均有其特点。

(1) 工艺路线的拟定。分离式箱体工艺路线与整体式箱体工艺路线的主要区别在于整个加工过程分为两大阶段:第一阶段先对箱盖和底座分别进行加工,主要完成接合面及其他平面、螺纹孔和定位孔的加工,为箱体的合装做准备;第二阶段在合装好的箱体上加工孔及其端面。在两个阶段之间安排钳工工序,将箱盖与底座合装成箱体,并用两定位销定位,使其保持一定的位置关系,以保证轴承孔的加工精度和拆装后重新装配的重复精度。

(2) 定位基准的选择。

① 粗基准的选择。分离式箱体最先加工的是箱盖和箱座的接合面,分离式箱体一般不能以轴承孔的毛坯面作为粗基准,而是以凸缘不加工面为粗基准,即箱盖以凸缘 A 面,底座以凸缘 B 面为粗基准,这样可以保证接合面凸缘厚薄均匀,减少箱体合装时接合面的变形。

② 精基准的选择。分离式箱体的接合面与底面(装配基面)有一定的尺寸精度和相互位置精度要求。轴承孔轴线应在接合面上,与底面也有一定的尺寸精度和相互位置精度要求。为此,加工底座时,应以底面为精基准,使接合面加工时的定位基准与设计基准重合;箱体合装后加工轴承孔时,仍以底面为主要定位基准,并与底面上的两定位孔组成典型的"一面两孔"定位方式。这样,轴承孔的加工,其定位基准既符合"基准统一"原则,也符合"基准重合"原则。

8.3.4 箱体类零件的检验

箱体类零件的检验项目主要有:孔的尺寸精度,孔和平面的几何形状精度,孔系的相互位置精度和各加工表面的粗糙度等。

1) 孔的尺寸精度

孔的尺寸精度一般采用塞规检验。单件小批生产采用内径百分表或内径千分尺检验,精度高的还要制造专用环规比较测量。

2) 孔的形状精度

孔的形状精度(如圆度、圆柱度等)用内径量具(如内径百分表、内径千分尺等)测量,对于精密箱体,需用精密量具来测量。

3) 平面的几何形状精度

平面的直线度可用水平仪、自准直仪及刀口尺等检验。平面度可用平板与百分表等相互组合的方法进行检验。

4) 孔系的相互位置精度

(1) 同轴度。一般检验同轴度使用检验芯棒,如果检验芯棒能自由地推入同一轴线的两个孔,则表明同轴度误差符合要求,参见表 3-7 同轴度(三)误差的检测。若要测定孔的同轴度值,则可以用检验芯棒和百分表来检测,如图 8-32 所示。当测量孔径较大或孔间距较大时,使用准直仪进行检验。

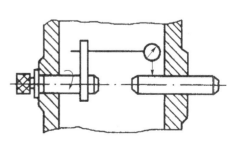

图 8-32 测定孔的同轴度值

(2) 平行度。孔的轴线对基准面的平行度检验参见表 3-7 线对面平行度误差的检测，将被测零件直接放在平板上，被测轴线由心轴模拟。在测量距离为 L_2 的距离上测得的值分别为 M_1 和 M_2，即可计算出平行度误差。孔轴心线间平行度的检验参见表 3-7 线对线平行度误差的检测，将被测零件放在等高的支承上，基准线与被测轴心线由心轴模拟，用百分表来测量。

（3）垂直度。孔轴线与孔端面垂直度的检验如图 8-33(a)所示。

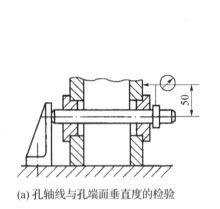
(a) 孔轴线与孔端面垂直度的检验

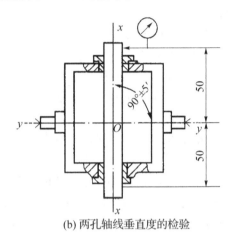
(b) 两孔轴线垂直度的检验

图 8-33　箱体孔垂直度的检验

在检验心轴上安装百分表，使百分表表头与端面接触，并保持表头与心轴轴线距离为 50 mm，然后将心轴旋转一圈，记下百分表上最大值与最小值的差值 P（例如 0.03 mm），则表明孔的轴线与端面的垂直度误差为 $P/100$ mm（例 0.03 mm/100 mm），若此值小于规定的公差值即可判定为合格。

两孔轴线垂直度的检验如图 8-33(b)所示，在需检验的两孔内装入合适的检验套和芯棒，并用顶尖顶住，使表头与芯棒接触。记下最高点的读数后，使工件旋转 180°与芯棒另一端同径处相接触，再记下最高点的读数，两次读数之差不超过规定值即为合格。

8.4　圆柱齿轮加工

8.4.1　概述

1）圆柱齿轮的功用与结构特点

齿轮传动是机械传动中应用最广泛的一种传动方式，其功用是按规定的速比传递运动和动力。圆柱齿轮因使用要求不同而具有不同的形状，可以将它们看成是由轮齿和轮体两部分构成。根据轮齿的形式不同，齿轮可分为直齿、斜齿和人字齿轮等；根据轮体的结构，齿轮大致可分为盘形齿轮、套类齿轮、轴类齿轮、内齿轮、扇形齿轮和齿条等。常见圆柱齿轮的结构形式见图 8-34。

2）圆柱齿轮的材料及毛坯

齿轮的材料种类很多。对于低速、轻载或中载一般传动的齿轮，常用 45 钢制作，经正火或调质处理后，可改善金相组织和加工性能，常对硬齿面齿轮进行齿面高频淬火处

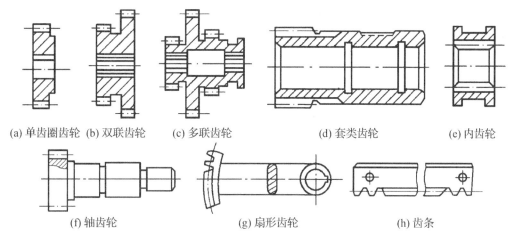

(a) 单齿圈齿轮　(b) 双联齿轮　(c) 多联齿轮　(d) 套类齿轮　(e) 内齿轮

(f) 轴齿轮　　　(g) 扇形齿轮　　(h) 齿条

图 8-34　圆柱齿轮的结构形式

理。对于速度较高、受力较大的齿轮,常采用 40Cr 等中碳合金钢,热处理与 45 钢相似。对于高速、受冲击载荷的齿轮,常采用 20Cr,20CrMnTi 等低碳合金钢,采用渗碳淬火后,使齿面硬度更大,心部韧性更好。对于低速、不重要传动有时会选用铸铁。纺织机械上常选尼龙、夹布胶木等非金属材料制造无声齿轮。

齿轮毛坯的形式主要有棒料、锻件和铸件。棒料适用于小尺寸、结构简单且强度要求不是很高的齿轮。锻造毛坯用于强度要求高、耐磨、耐冲击的齿轮。直径大于 400～600 mm 的齿轮,常用铸造毛坯。

3) 圆柱齿轮的技术要求

齿轮本身的制造精度对整个机器的工作性能、承载能力以及使用寿命都有很大的影响。根据其使用条件,传动齿轮应满足以下几个方面的要求:

(1) 齿轮传动精度。GB10095-88 中对齿轮及齿轮副规定了 12 个精度等级,1 级最高,12 级最低。其中 1～2 级是有待发展的精度等级,3～5 级为高精度等级,6～8 级为中等精度等级,9 级以下为低精度等级。每个精度等级都有三个公差组,分别评定运动精度、工作平稳性和接触精度。运动精度要求传递运动准确,传动比恒定,对于分度传动用齿轮,主要要求齿轮有较高的运动精度;工作平稳性要求齿轮传递运动平稳,冲击、振动和噪音小,对高速动力传动用齿轮,为了减少冲击和噪音,对工作平稳性精度要求较高;接触精度要求齿轮传递动力时,齿面载荷分布均匀,对于重载低速传动用的齿轮,则要求齿面有较高的接触精度,以保证齿轮不致过早磨损。

(2) 齿侧间隙。齿侧间隙是指齿轮啮合时,轮齿非工作表面之间沿法线方向的间隙,以存储润滑油,补偿因温度、弹性变形所引起的尺寸变化和加工、装配时产生的误差。为使齿轮副正常工作,必须有一定的齿侧间隙。

(3) 齿坯基准面的精度。齿坯基准面的尺寸精度和形位精度直接影响齿轮的加工精度,对于不同精度的齿轮,齿坯基准面应达到相应的公差要求。常用精度等级齿轮的齿坯基准面公差等级见表 8-7,齿轮基准面径向和端面圆跳动公差见表 8-8。当以顶圆作基准面时,齿轮基准面径向圆跳动就是指顶圆的径向跳动。

表 8-7 齿坯基准面公差等级

齿轮精度等级[1]	5	6	7	8	9	10	11	12
尺寸公差 形状公差	IT5	IT6	IT7		IT8		IT8	
顶圆直径[2]	IT7	IT8			IT9		IT11	

注：①当三个公差组的等级不同时，按最高的精度等级确定。
②当顶圆不作测量齿厚的基准时，尺寸公差按IT11给定，但不大于 $0.1m_n$。

表 8-8 齿轮基准面径向和端面圆跳动公差 （单位：μm）

分度圆直径		精度等级		
大于	到	5和6	7和8	9到12
—	125	11	18	28
125	400	14	22	36

(4) 表面粗糙度。常用精度等级的轮齿表面粗糙度与基准面的粗糙度值 Ra 的推荐值见表 8-9。

表 8-9 齿轮各表面的粗糙度 Ra 的推荐值 （单位：μm）

齿轮精度等级	5	6	7	8	9
轮齿齿面	0.4	0.8	0.8～1.6	1.6～3.2	3.2～6.3
齿轮基准孔	0.32～0.63	0.8	0.8～1.6		3.2
齿轮轴基准轴颈	0.2～0.4	0.4	0.8	1.6	
基准端面	0.8～1.6	1.6～3.2		3.2	
齿顶圆	1.6～3.2	3.2			

注：当三个公差组的等级不同时，按最高的精度等级确定。

8.4.2 圆柱齿轮加工的主要工艺问题

1) **定位基准的选择与齿坯的加工**

定位基准的精度对齿形加工精度有直接的影响。齿轮加工时的定位基准应符合基准重合与基准统一的原则，轴齿轮的齿形加工一般选择顶尖孔定位，对大直径的轴齿轮，则可采用轴颈和一个较大的端面定位；对带孔齿轮，可采用孔和一个端面定位。

不同生产类型的齿轮，齿坯的加工方案也不尽相同，以带孔齿轮齿坯的加工为例，在不同的加工批量下，其采用的加工方案如下：

大批量生产时，采用"钻—车—拉—车"的加工方案。毛坯经过模锻和正火后在钻床上钻孔，然后经过多刀半自动车床粗车后到拉床上拉孔，再以内孔定心、端面定位，在液压多刀半自动车床上对端面及外圆面进行半精加工。

中批量生产时，采用"车—拉—车"的加工方案。先在卧式车床或转塔车床上对齿坯进行粗车和钻孔，然后拉孔，再以孔定心、端面定位，精车端面和外圆。

单件小批量生产时,在卧式车床上完成孔、端面及外圆的粗、半精加工。先加工一端,再调头加工另一端。

齿轮淬火后,基准孔常发生变形,要进行修正。一般采用磨孔工艺,磨孔加工精度高,但效率低。对内孔未淬火、精度要求不特别高的齿轮,可采用推孔工艺。

2) 轮齿加工方法及工艺路线的拟定

齿轮的轮齿切齿的加工方法主要有滚齿、插齿加工,一般可达到 8 级左右精度。对于软齿面齿轮,还可以通过剃齿进一步提高精度和降低齿面粗糙度数值,一般可达到 7 级精度;对于硬齿面,可以通过珩齿加工,使齿轮精度恢复到表面淬火前的精度,一般可达到 7 级精度。如果要达到 5~6 级,甚至更高级别,一般只能通过磨齿加工才能达到。

齿轮加工工艺路线的拟定,主要取决于齿轮的精度等级、材料及热处理方法等。下面,针对常用的 45 钢或 40Cr 和 20CrMnTi 两类材料齿轮,要加工到 7 级和 8 级的轮齿加工工艺路线进行讨论。

(1) 中碳或中碳合金钢(如 45 钢或 40Cr)。

①8 级软齿面加工工艺路线。这类齿轮,在齿坯加工好后,只要经过滚齿或插齿即可达到要求,一些双联齿轮和内齿轮只能采用插齿加工。

②8 级硬齿面加工工艺路线。这类齿轮,在轮齿加工好后,经过表面淬火,轮齿精度有所下降,需在淬火前将精度提高一级,其加工工艺路线为:滚齿→剃齿→表面淬火。

③7 级软齿面加工工艺路线。这类齿轮,在滚齿后精度不能可靠达到 7 级,一般还要经过剃齿加工,其加工工艺路线为:滚齿→剃齿。

④7 级硬齿面加工工艺路线。同样由于表面淬火的影响,表面淬火后还需经过精加工,其加工工艺路线为:滚齿→剃齿→表面淬火→珩齿。由于珩齿效率比磨齿高得多,一般优选珩齿作为齿轮淬火后的精加工工序。

(2) 低碳或低碳合金钢(如 20CrMnTi、20Cr 或 20 钢)。这类材料制造的齿轮,都要经过渗碳或碳氮共渗处理,可使齿面硬度达到 58~63 HRC,心部韧性更好(33~38 HRC),其加工工艺路线如下。

①8 级齿轮加工工艺路线。这类齿轮,在齿坯加工好后,轮齿加工工艺路线为:滚齿→剃齿→渗碳淬火→抛丸。考虑到渗碳淬火会使齿轮精度下降,淬火前先将其精度提高到 7 级以上。抛丸或喷砂是为了清除表面淬火后的氧化皮,同时可以提高齿轮抗疲劳强度。

②7 级齿轮加工工艺路线。这类齿轮,因精度较高,整体热处理后必须进行精加工才能达到要求,其加工工艺路线为:滚齿→剃齿→渗碳淬火→珩齿。如果精度达不到或要加工 7 级以上齿轮,其加工工艺路线为:滚齿(或插齿)→渗碳淬火→磨齿。

8.4.3 典型圆柱齿轮的加工工艺

圆柱齿轮加工工艺过程常因齿轮的结构形状、精度等级、生产类型及生产条件不同而采用不同的工艺方案。下面列出两个精度不同、生产类型不同的齿轮典型工艺过程供分析比较。

1) 普通精度齿轮加工工艺分析

(1) 工艺过程分析。图 8-35 所示为一双联齿轮,材料为 40Cr,精度为 7-6-6 级,齿面硬度为 50~55 HRC,成批生产,其加工要求见表 8-10,机械加工工艺过程见表 8-11。

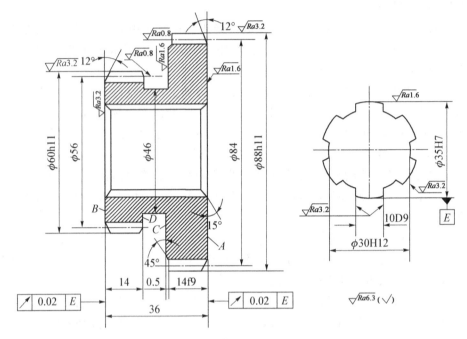

图 8-35 双联齿轮

表 8-10 双联齿轮技术要求

齿号	Ⅰ	Ⅱ	齿号	Ⅰ	Ⅱ
模数	2	2	齿圈径向跳动公差	0.036	0.036
齿数	28	42	基节极限偏差	±0.009	±0.009
压力角	20°	20°	齿形公差	0.008	0.008
精度等级	7—6—6GK	7—6—6JL	齿向公差	0.009	0.009
公法线长度变动	0.028	0.028	公法线平均长度/跨测齿数	$21.36^{0}_{-0.05}/4$	$27.6^{0}_{-0.05}/5$

表 8-11 双联齿轮机械加工工艺过程

工序号	工序名称	工序内容	定位基准
10	锻造	锻造毛坯	
20	热处理	正火:170~217 HB,按正火工艺规程	
30	车	在六角车床上粗车外圆及端面,直径、长度方向均留余量 1~1.5 mm,钻镗花键底孔至尺寸 φ30H12	外圆及端面
40	拉花键	拉花键孔	φ30H12 及 A 面
50	车	在液压多刀半自动车床上精车外圆、端面及槽至要求	花键孔及 A 面

续 表

工序号	工序名称	工序内容	定位基准
60	检	检验齿坯	
70	滚齿	滚齿($Z=42$),留剃齿余量 0.04～0.08 mm	花键孔及 A 面
80	插齿	插齿($Z=28$),留剃齿余量 0.04～0.08 mm	花键孔及 A 面
90	倒角	倒圆角(Ⅰ、Ⅱ齿 12°牙角)	花键孔及 A 面
100	钳	手工或专机去毛刺	花键孔及 A 面
110	剃齿	剃齿($Z=42$),公法线长度至尺寸上限	花键孔及 A 面
120	剃齿	剃齿($Z=28$),公法线长度至尺寸上限	花键孔及 A 面
130	热处理	齿部高频淬火;50～55 HRC	
140	推孔	用推刀推孔	花键孔及 A 面
150	珩齿	珩齿两处达图	花键孔及 A 面
160	检	按产品图检验	
170	入库	清洗、上防锈油、入库	

从表中可见,齿轮加工工艺过程大致要经过如下几个阶段:毛坯制造、毛坯热处理、齿坯加工、齿形加工、齿端加工、齿面热处理、精基准修正及齿形精加工等。

第一阶段是齿坯加工阶段。由于齿轮的传动精度主要决定于齿形精度和齿距分布的均匀性,而这与切齿时采用的定位基准(孔和端面)的精度有直接的关系,所以,这一阶段主要是为下一阶段加工齿形准备精基准,使齿的内孔和端面的精度达到规定的技术要求。在这一阶段中除了加工出基准外,对于齿形以外的次要表面的加工,一般也在这一阶段的后期完成。

第二阶段是齿形加工。对于不需要淬火的齿轮,一般来说这个阶段也是齿轮的最后加工阶段,加工完成后的轮齿精度应达到图样要求。对于需要淬硬的齿轮,则必须在这个阶段中加工出能满足齿形的最后精加工所要求的齿形精度,所以这个阶段的加工是保证齿轮加工精度的关键阶段。

第三阶段是热处理阶段。在这个阶段中主要是对齿面的淬火处理,使齿面达到规定的硬度要求。

最后阶段是齿形的精加工阶段。这个阶段的目的在于修正齿轮经过淬火后所引起的齿形变形,进一步提高齿形精度和降低表面粗糙度,使之达到最终的精度要求。在这个阶段中首先应对定位基准进行修正,因淬火以后齿轮的内孔和端面均会产生变形,如果在淬火后直接采用这样的基准进行齿形精加工,是很难达到齿轮精度要求的。以修正过的基准面定位进行齿形精加工,就可以使定位正确可靠,余量分布也比较均匀,达到精加工的目的。

(2) 齿端加工。如图 8-36 所示,齿轮的齿端加工有倒圆、倒尖、倒棱和去毛刺等。对于滑移变速齿轮,齿端倒圆、倒尖后沿轴向滑动时容易进入啮合。倒棱可去除齿端的锐边,这些锐边经淬火后很脆,在齿轮传动中容易崩裂。图 8-37 为在倒角机上用倒角刀进行齿端倒圆的加工示意图,倒圆时,铣刀在高速旋转的同时沿圆弧做往复摆动(每加工一齿往复摆动一次)。加工完一个齿后工件沿径向退出,分度后再送进加工下一个齿端。齿端加工必须安排在齿轮淬火之前,通常在滚齿、插齿之后。

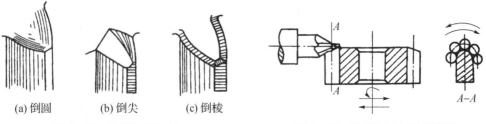

(a) 倒圆　　(b) 倒尖　　(c) 倒棱

图 8-36　齿端加工形式　　　　图 8-37　齿端倒圆加工示意图

(3) 精基准修正。齿轮淬火后基准孔产生变形,为保证齿形精加工质量,对基准孔必须给予修正。对于大径定心的花键孔齿轮,通常采用花键推刀修正,推孔时要防止歪斜。对圆柱孔齿轮的修正,可采用推孔或磨孔。对于整体淬火后内孔变形大、硬度高的齿轮,或内孔较大、厚度较薄的齿轮,则以磨孔为宜。磨孔时一般以齿轮分度圆定心,见图 8-38,用经过自磨的三爪卡盘,通过三只均布且与轮齿分度圆接触的圆柱销装夹,这样可使磨孔后的齿圈径向跳动较小,对以后磨齿或珩齿有利。

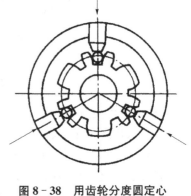

图 8-38　用齿轮分度圆定心

2) 高精度齿轮加工工艺分析

(1) 工艺过程分析。图 8-39 所示为一高精度齿轮,材料为 40Cr,精度为 6-5-5 级,齿面硬度为 50~55 HRC,单件小批生产,其技术要求见表 8-12,机械加工工艺过程见表 8-13。

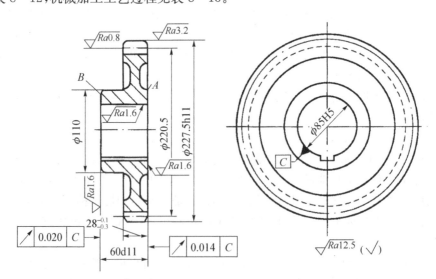

图 8-39　高精度齿轮

表 8-12 高精度齿轮技术要求

模数	3.5	精度等级	6-5-5KM	齿形公差	0.007
齿数	63	齿距累积误差	0.063	齿向公差	0.007
压力角	20°	齿距极限偏差	±0.007	公法线平均长度/跨测齿数	$70.13^{0}_{-0.05}/7$

表 8-13 高精度齿轮机械加工工艺过程

工序号	工序名称	工序内容	定位基准
10	锻造	毛坯锻造	
20	热处理	正火:170～217 HB,按正火工艺规程	
30	车	粗车各部分,长度及直径方向均留余量 1～1.5 mm	外圆及端面
40	车	精车各部分,内孔至 $\phi84.8H7$,总长留加工余量 0.2 mm,其余至尺寸	外圆及端面
50	检验	按精车图检验	
60	滚齿	滚齿(齿厚留磨余量 0.10～0.15 mm)	内孔及端面 A
70	钳	钳工去毛刺	
80	热处理	齿部高频淬火:50～55 HRC	
90	插	在刨床或插床上插键槽达图	内孔及端面 A
100	内圆磨	夹分度圆校端面,磨内孔至 $\phi85H5$	分度圆和端面 A
110	外圆磨	在外圆磨床上用芯轴靠磨大端 A 面	内孔
120	平面磨	平面磨 B 面至总长度尺寸	端面 A
130	磨齿	在磨齿机上磨齿至公法线平均长度	内孔及端面 A
140	检验	按产品图检验	
150	入库	清洗、上防锈油、入库	

(2) 加工工艺特点。

①定位基准的精度要求较高。由图 8-39 可知,作为定位基准的内孔,其尺寸精度标注为 $\phi85H5$,基准端面的粗糙度较低,Ra 值为 1.6 μm,它对基准孔的跳动度为 0.014 mm,这几项均比一般精度的齿轮要求要高。因此,在齿坯加工过程中,除了要注意控制端面与内孔的垂直度外,仍需留一定的余量进行精加工。精加工孔和端面采用磨削,先以齿轮分度圆和端面作为定位基准磨孔,再以孔为定位基准磨端面,以确保齿形精加工用的精基准的精度。

②齿形精度要求高。精度等级为 6-5-5 级,为满足齿形精度要求,其加工方案应选择磨齿,即滚(或插)齿→齿端加工→高频淬火→修正基准→磨齿。磨齿精度可达 4 级,但生产率低。本例齿面热处理采用高频淬火,变形较小,故留磨余量可缩小到 0.1 mm 左右,以提高磨齿效率。

8.4.4 圆柱齿轮的检验

齿轮检验一般可分为齿坯检测、中间检测和最终检测。

1）粗车、精车齿坯检测

粗车齿坯检测主要检测齿轮端面相对于基准孔的端面圆跳动，确保后续拉孔、精车工序的精度。主要检测仪器为偏摆仪和百分表。

精车齿坯检测主要检测拉孔后孔精度及端面圆跳动。圆柱孔孔径测量，单件小批生产一般用内径百分表或内径千分尺测量；成批或大量生产多采用圆孔塞规测量。对于矩形花键孔测量，一般用花键拉塞规和键宽塞片测量。同时，对其端面圆跳动还要用偏摆仪和百分表测量。

对粗、精车后齿坯的外形尺寸还需用游标卡尺等量具进行检测，达到相应图纸、工艺文件要求。

2）齿轮中间检测

齿轮中间检测是根据各工序的工艺要求来进行的，主要有滚齿或插齿、剃齿等齿形加工后齿形精度的检测，包括：

（1）公法线平均长度与公法线长度变动。一般用公法线千分尺在圆周上均匀地测出 6 个公法线长度，然后求其平均值为公法线平均长度，其中最大与最小值之差为公法线长度变动。精度高的一般用万能测齿仪测量。

（2）齿圈径向跳动和齿向误差。这两项误差一般现场用跳动仪进行测量，用小锥度芯轴(1∶5 000 或 1∶7 000)模拟齿轮孔轴线。

（3）渐开线齿形误差。一般对 8 级以上齿轮的渐开线齿形用万能渐开线检查仪进行测量。

此外，根据产品图纸需要，齿距偏差、基节偏差、齿距累积误差等可在万能测齿仪上测量；齿厚偏差可用齿厚游标卡尺以齿顶圆为基准进行测量。对于齿轮的一些综合误差，如齿轮径向综合误差和一齿径向综合误差可用齿形双面啮合综合检查仪测量；齿轮切向综合误差和一齿切向综合误差可用单面啮合检查仪测量。

3）齿轮最终检测

齿轮最终检测一般要按照产品图要求，对齿轮的尺寸精度、形位精度、表面质量、齿形精度进行全面抽检。对于矩形花键孔一般用花键综合塞规、大径塞片及键宽塞片共同检测，以确保装配。对齿形误差也要按照产品图要求，对各公差组规定的检验项目进行检测。

本章小结

1. 轴类零件常用两中心孔定位，主要加工方法为车削与磨削。
2. 套类零件常用"一端面一孔"定位，主要在车床和磨床上加工。
3. 箱体类零件常用"底面及两孔"定位，一般在镗床上加工。
4. 齿轮类零件常用"一端面一孔"定位，先要在车、拉等机床上加工好齿坯，再到滚、插、剃、磨等齿轮加工机床上加工。

习题八

8-1 试述轴类零件常用材料、毛坯及热处理方法。

8-2 中心孔在轴类零件加工中起什么作用？在什么情况下需要对中心孔进行修研？有哪些修研方法？

8-3 试写出一般阶梯轴单件生产和成批生产的加工工艺路线。

8-4 写出轴外圆尺寸单件生产和成批生产的检测方法。

8-5 举例说明常用衬套、钻套的材料、毛坯及热处理方法。

8-6 图8-18所示的轴承套是如何保证其外圆相对于内孔的径向圆跳动的？如何检测？

8-7 防止套筒变形的工艺措施有哪些？

8-8 举例说明一般箱体零件的材料及毛坯获得方法，新产品试制时呢？

8-9 孔系加工方法有哪几种？举例说明各加工方法的特点及其适用性。

8-10 分离式圆柱齿轮变速箱加工一般分几个阶段？写出各加工阶段的主要加工内容。

8-11 写出批量生产箱体零件的孔的尺寸、孔距检测方法，平行孔系的平行度、同轴孔系的同轴度又是如何检测的呢？

8-12 试述齿轮常用材料、毛坯及热处理方法。

8-13 一汽车变速箱齿轮，精度7级，材料为20CrMnTi，要求心部硬度为33～38 HRC，齿面硬度为58～64 HRC，成批生产，试简述其从毛坯制造到入库的工艺路线。

8-14 一机床变速箱齿轮，精度7级，材料为45钢，要求齿面有较高的耐磨性，硬度为52～57 HRC，心部有良好的综合力学性能，硬度为240～290 HBW。试简述其从毛坯制造到入库的工艺路线。

实验与实训

查阅有关《机械加工工艺手册》，编写典型机械零件加工工艺。

第 9 章　装配工艺

> **学习目标**
> 1. 了解装配的工艺过程、常用工具及装配方法；
> 2. 理解单级圆柱齿轮减速器的装配；
> 3. 掌握常用三类机构的装配方法。

本章简要介绍装配的工艺过程、常用装配工具及装配方法；作为实例介绍单级圆柱齿轮减速器的装配；主要介绍可拆卸连接件的装配、传动机构的装配和滚动轴承的装配。

9.1　概述

任何机器都是由若干零件、组件和部件组成。根据规定的技术要求，将零件结合成组件和部件，并进一步将零件、组件和部件结合成机器的过程称为装配。把零件装配成部件的过程称为部件装配，简称部装；把零件和部件装配成最终产品的过程称为总装配，简称总装。

装配是机械制造过程的最后阶段，产品的质量最终是通过装配工艺保证的。虽然零件质量是产品质量的基础，但若装配不当，即使所有零件的制造质量都合格，也不一定能够装配出合格的产品。反之，当零件的质量不是很好，只要在装配中采取合适的工艺措施，也能使产品达到规定的要求。因此，装配工艺及装配精度对保证机器的质量起着十分重要的作用。

9.1.1　装配的工艺过程

装配过程并不是将合格零件简单地进行连接，而是根据各部装和总装的技术要求，通过校正、调整、平衡、配作及试验来保证产品质量合格的过程。

机械产品的装配工艺过程可以分为以下三个阶段。

1) 装配前的准备阶段

(1) 熟悉产品（包括部件、组件）装配图样、装配工艺文件和产品质量验收标准等，分析产品（包括部件、组件）结构，了解零件的作用及装配连接关系，确定装配的方法和顺序。

(2) 准备装配所需的工具、量具和夹具等。

(3) 按清单领取成套的零件、标准件（螺钉、螺母、垫圈等）、外购件（毛毡、密封胶、电气元件等），并进行清洗、吹干，保证清洁度。检查零件的加工质量，并进行尺寸和重量分组。旋转零件应按要求进行静、动平衡试验。密封零件要作液压试验,某些零部件还要进行修配工作等。

2) 装配工作阶段

比较复杂的产品,装配工作可以分成组件装配、部件装配和总装配。

(1) 组件装配。将若干零件连接成组件的工艺过程。如车床主轴箱中某一传动轴(轴和轴上零件)的装配。

(2) 部件装配。将若干零件和组件连接成部件的工艺过程。如车床主轴箱、进给箱等部件的装配。

组件装配与部件装配的工作内容应包括:对零件进行补充加工,如配钻孔、铰孔、攻丝等;对配合零件应进行选配、修配和研配,使之合乎配合要求;应校正零件的相对位置,检验零件的连接状况,并对某些零件进行调整和定位。然后根据其作用做试验,试验合格后才能进行总装配。

装配时还应该注意以下几点:

①相配合零件要作标记;

②零件之间的相对位置重要的要铅封,一般也作标记;

③要记录部件试验所得的数据;

④不能马上进行总装配的组、部件应作防锈、防尘保养。

(3) 总装配。将若干零件和部件装配成最终产品的工艺过程。如完整的机床、汽车、汽轮机等的装配。

总装配应按照装配工艺规程进行。在装配过程中应遵循从里到外,从下到上,以不影响下道工序的原则和次序进行。总装后,在滑动和旋转部分加润滑油,防止运转时有拉毛、咬住或烧毁的危险。在任何情况下应保证污物不进入机器的部件、组件或零件内,特别是油孔、管口等处都应该用纱布包扎或用板堵死。最后按技术要求,逐项检查油路、水路,保证其畅通;各种变速和变向机构要操纵灵活,手柄位置要正确等。

3) 装配后的调整、精度检验和试车阶段

(1) 调整是调节零件或机构的相互位置、配合间隙、结合松紧,使机构工作协调。常见的调整有轴承间隙的调整、镶条位置的调整、蜗轮轴向位置的调整等。

(2) 精度检验包括几何精度检验和工作精度检验。前者主要检查产品静态时的精度,如车床主轴顶尖与尾座顶尖等高性检验,主轴轴线与床身导轨平行度的检验等;后者主要检验工作状态下的精度,对于车床来说,主要是切削试验,如车螺纹的螺距精度检验,车外圆的圆度及圆柱度检验,车端面的平面度检验等。机器的工作精度检验一般在试车后进行。

(3) 试车是指机器装配后,按设计要求进行的运转试验。试车用来检查产品运转的灵活性、振动、温升、密封性、转速、功率和切削性能是否满足要求。试车包括空运转试验、负荷试验。

试车合格后,还要对机器的外表面进行整体油漆、包装等。

9.1.2 常用装配工具

目前,在多数工厂中,装配工作大多靠手工劳动完成,用到很多手工工具。这些工具除了钳工常用的各种起子、钳子、锉刀、手锤和一些测量、划线工具外,还经常用到各种扳手、挡圈钳、压力机等。

1) 扳手

扳手用来旋紧六角形、正方形螺栓和各种螺母,用工具钢、合金钢或可锻铸铁制成。它的开口处要求光洁并坚硬耐磨。扳手可分为通用的、专用的和特殊的三类。

(1) 通用扳手(即活络扳手)。它是由扳手体、固定钳口、活动钳口及蜗杆等组成的,如图9-1所示。其开口尺寸可在一定范围内进行调节,其规格是用扳手的长度及开口尺寸的大小来表示的,见表9-1。但一般习惯上都以扳手长度作为它的规格,计有 3″、4″、6″、8″、10″、12″、14″、18″ 的活络扳手等。

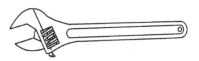

图9-1 活络扳手

表9-1 活络扳手规格

长度	公制/mm	100	150	200	250	300	375	450	600
	英制/in	4	6	8	10	12	15	18	24
开口最大宽度/mm		14	19	24	30	36	46	55	65

使用活络扳手时,应让固定钳口受主要作用力,见图9-2,否则扳手容易损坏。钳口的开度应适合螺母的对边间距的尺寸,否则会损坏螺母。不同规格的螺母(或螺钉),应选用相应规格的活络扳手。扳手手柄不可任意接长,以免旋紧力矩过大而损坏扳手或螺钉。活络扳手的工作效率不高,活动钳口容易歪斜,往往会损坏螺母或螺栓的头部表面。

(2) 专用扳手。专用扳手只能扳一种尺寸的螺母或螺钉,根据其用途的不同又可分为以下几种:

①开口扳手(呆扳手)。用于装卸六角形或方头的螺母或螺栓,分单头或双头两种,见图9-3。它们的开口尺寸是与螺钉、螺母的对边间距的尺寸相适应的,并根据标准尺寸做成一套。双头开口扳手的规格按开口尺寸有:5.5×7、8×10、9×11、12×14、14×17、17×19、19×22、22×24、24×27、30×32 等10种。

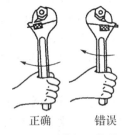

图9-2 活络扳手的使用

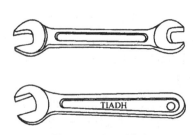

图9-3 开口扳手

②整体扳手。有正方形、六角形、十二角形(梅花扳手)等几种。见图9-4,梅花扳手应用较广泛,由于它只要转过30°,就可调换方向再扳,所以能在扳动范围狭窄的地方工作。

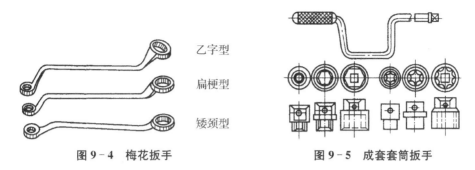

图 9-4 梅花扳手　　　　　图 9-5 成套套筒扳手

③成套套筒扳手。它是由一套尺寸不等的梅花套筒及扳手柄组成的,见图 9-5。扳手柄方榫插入梅花套筒的方孔内即可工作。其中弓形手柄能连续地转动,棘轮手柄能不断来回地扳动。因此使用方便,工作效率也高。

④锁紧扳手。它的形式多样,见图 9-6,可用来装卸圆螺母。

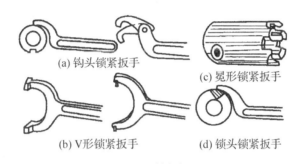

(a) 钩头锁紧扳手　　(c) 冕形锁紧扳手
(b) V形锁紧扳手　　(d) 锁头锁紧扳手

图 9-6　锁紧扳手

⑤内六角扳手。它用于旋紧内六角螺钉,这种扳手是成套的,见图 9-7,内六角扳手可旋紧 M3～M24 的内六角头螺钉,其规格是用六角形对边间距的尺寸表示的。

(3) 特种扳手。特种扳手是根据某些特殊要求而制造的。

①棘轮扳手。见图 9-8,它适用于狭窄的地方。工作时,正转手柄,棘爪 1 在弹簧 2 的作用下,进入内六角套筒 3(棘轮)的缺口内,套筒便跟着转动。当反向转动手柄时,棘爪在斜面的作用下,就从套筒的缺口内退出来打滑,因而螺母不会随着反转。旋松螺母时,只要将扳手翻身使用即可。

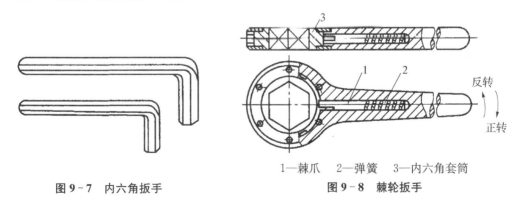

1—棘爪　2—弹簧　3—内六角套筒

图 9-7　内六角扳手　　　　图 9-8　棘轮扳手

②测力矩扳手。它可以用来控制施加于螺纹连接的拧紧力矩,使之适合于规定的大

小。如图9-9所示,它有一个长的弹性扳手柄3(一端装着手柄6,另一端装有带方头的柱体2),方头上套装上一个可更换的梅花套筒,柱体2上还装有一个长指针4,刻度板7固定在柄座上,每格刻度值为公斤力·米(kgf·m)。工作时,由于扳手杆和刻度板一起向旋转的方向弯曲,因此指针尖5就在刻度板上指出拧紧力矩的大小。

③气动扳手。以压缩空气为动力,适用于汽车、拖拉机等批量生产安装中螺纹连接的旋紧和拆卸。如图9-10所示,气动扳手可根据螺栓的大小和所需要的扭矩值,选择适宜的扭力棒,以实现不同的定扭矩要求。气动扳手尤其适用于连续生产的机械装配线,能提高装配质量和效率,并降低劳动强度。

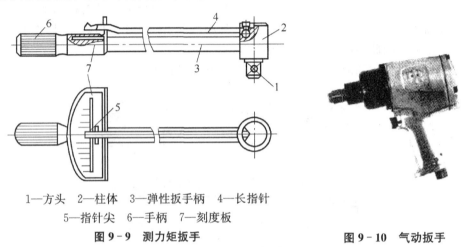

1—方头 2—柱体 3—弹性扳手柄 4—长指针
5—指针尖 6—手柄 7—刻度板

图9-9 测力矩扳手　　　　　图9-10 气动扳手

2)挡圈钳

挡圈钳专用于装拆弹性挡圈。由于挡圈形式分为孔用和轴用两种,且安装部位不同,因此挡圈钳可分为直嘴式和弯嘴式两种,见图9-11。

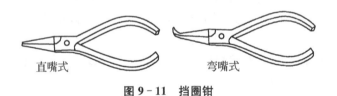

直嘴式　　　　弯嘴式

图9-11 挡圈钳

3)拔销器

拔销器专用于拆卸端部带螺纹的圆锥销。对于如图9-12所示的内螺纹圆锥销或只能单面装拆的圆锥销,拆卸比较困难,常用如图9-13所示的拔销器拆卸。拆卸时,先将拔销器螺纹旋入销的内螺纹,再迅速向外滑动拔销器上的滑块,产生向外的冲击力,以拔掉圆锥销。

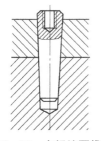
图9-12 内螺纹圆锥销
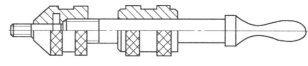
图9-13 拔销器

4) 压力机

装配用压力机一般采用液压式。由于压力大小、压装速度均可调,因而压装平稳、无冲击性,特别适用于过渡或过盈配合件的装配。如压装轴承、带轮等。

9.1.3 装配方法

1) 装配精度

机械产品的装配精度是指装配后实际达到的精度,在装配工艺文件和产品质量验收标准中有明确的要求。一般机械产品的装配精度包括零部件间的距离精度、相互位置精度、相互运动精度以及接触精度等。

(1) 距离精度:指相关零件间的距离的尺寸精度和装配中应保证的间隙。如卧式车床主轴轴线与尾座孔轴线不等高的精度、齿轮副的侧隙等。

(2) 相互位置精度:指相关零部件间的平行度、垂直度、同轴度、跳动等。如车床主轴莫氏锥孔的径向圆跳动、其轴线对床身导轨面的平行度等。

(3) 相互运动精度:指产品中有相对运动的零部件间在相对运动方向和相对速度方面的精度。相对运动方向精度表现为零部件间相对运动的平行度和垂直度,如铣床工作台移动时与主轴轴线的平行度和垂直度。相对速度精度即传动精度,如车螺纹时车床主轴与车刀的相对运动速度等。

(4) 接触精度。零部件间的接触精度通常以接触面积的大小、接触点的多少及分布的均匀性来衡量。如锥面与锥套的接触、机床工作台与床身导轨的接触等。

各装配精度之间有密切的联系,相互位置精度是相互运动精度的基础,接触精度对距离精度、相互位置精度和相互运动精度的实现有一定的影响。

2) 保证装配精度的方法

装配工作的主要任务是保证产品在装配后达到规定的各项精度要求。根据产品的结构特点和装配精度要求,在不同的生产条件和生产批量下,应采用不同的装配方法。具体装配方法有四种:互换装配法、分组装配法、修配装配法和调整装配法。

(1) 互换装配法。按互换装配法装配时,装配精度由零件制造的精度保证。在同类零件中,任取一个装配零件,不经修配即装入部件中,都能达到规定的装配要求,这种装配方法称为互换装配法。它的优点如下:

①各零部件能完全互换,装配简便,生产率高;

②装配过程的时间容易确定,能保证一定的生产节奏,便于组织流水装配线;

③更换被磨损的零件方便。

但是,这种方法对零件加工精度要求较高,制造费用也将增加。因此,只适用于配合件的组成件数少、精度要求不太高或产品批量较大的情况。如汽车、中小型柴油机的部分零部件等。

(2) 选配法。选配法是将零件的制造公差适当放宽,然后选取其中尺寸相当的零件进行装配,以保证达到规定的装配精度的装配方法。它又可分为直接选配法和分组选配法两种。

① 直接选配法。它是由装配工人直接从一批零件中选择"合适"的零件进行装配的。这种方法比较简单,其装配质量凭工人的经验和感觉来确定,因此装配效率不高。

② 分组选配法。它是将一批零件逐一测量后,按实际尺寸大小划分为若干组。然后将尺寸大的包容件(如孔)与尺寸大的被包容件(如轴)相配;将尺寸小的包容件与尺寸小的被包容件相配。这种装配方法每组装配具有互换装配法特点,在不提高零件制造精度的条件下,可以获得很高的装配精度。如一批直径为 30 mm 的孔、轴配合副,装配间隙要求为 0.005~0.015 mm。若采用互换装配法,设孔的加工要求为 $\phi30^{+0.005}_{0}$ mm,则轴径加工要求应为 $\phi30^{-0.005}_{-0.010}$ mm,显然精度要求很高,加工困难,成本高。若采用分组选配法,将孔、轴零件的制造公差向同一方向放大三倍;孔径加工要求改为 $\phi30^{+0.015}_{0}$ mm,轴的加工要求改为 $\phi30^{+0.005}_{-0.010}$ mm,然后对加工后的孔径、轴径逐个进行精确测量,按实测尺寸分成三组,分别涂上红、黄、蓝三种颜色,再将相同颜色的孔、轴进行互换装配,仍能保证0.005~0.015 mm 的间隙要求。分组与配合的情况见表 9-2。

表 9-2 孔、轴分组尺寸及配合间隙　　　　　　　　　　（单位:mm）

组别	标记颜色	孔径尺寸	轴径尺寸	配合情况	
				最小间隙	最大间隙
1	红	$\phi30^{+0.015}_{+0.010}$	$\phi30^{+0.005}_{0}$	0.005	0.015
2	黄	$\phi30^{+0.010}_{+0.005}$	$\phi30^{0}_{-0.005}$	0.005	0.015
3	蓝	$\phi30^{+0.005}_{0}$	$\phi30^{-0.005}_{-0.010}$	0.005	0.015

分组选配法的优点是:
① 因零件制造公差放大,降低了零件的制造成本;
② 经分组选择后零件配合精度高。

但是,这种方法由于需要测量、分组,所以增加了装配时间和量具的损耗,并造成半成品和零件的堆积,一般应用于成批或大量生产中装配精度要求高、参与装配的零件数量少且不便于调整装配的场合。如中、小型柴油机的活塞与缸套,活塞与活塞销,滚动轴承内、外圈和滚动体的装配等。

(3) 修配装配法。在装配过程中修去某零件上的预留量以达到装配精度的方法称为修配装配法。

修配装配法的特点是参与装配的零件仍按经济加工精度制造,其中一件预留修配量,装配时进行修配,补偿装配中的累积误差,从而达到装配的质量要求。如图 9-14 所示床鞍的修配装配为修配装配法的一个实例。图中压板是在机床工作时用来限制床鞍离开床面的,床鞍与床面的间隙(即压板与床身下导轨面的间隙)$\Delta=a-b$,装配时通过修整压板使间隙 Δ 满足装配要求。由于床身和床鞍都是笨重的零件,因而采用控制 a、b 的尺寸(提高精度)保证间隙的方法是不经济的。

用修配装配法的优点是在不提高零件加工精度的情况下可以达到较高的装配精度,但这种方法增加了装配工作量,生产率低,且要求工人技术水平高。修配装配法常用于成批生产精度高的产品或单件、小批生产。

(4) 调整装配法。在装配时改变产品中可调整零件的相对位置或选用合适的调整件以达到装配精度的方法称为调整装配法。调整装配法的特点是零件按经济加工精度制造,装配时产生的累积误差用机构设计时预先设定的固定调整件(又称补偿件)或改变可动调整件相对位置来消除。常用的调整方法有两种:

① 固定调整法。预先制造各种尺寸的固定调整件(如不同厚度的垫圈、垫片等),装配时根据实际累积误差,选定所需尺寸的调整件装入,以保证装配精度要求。如图 9-15 所示,传动轴组件装入箱体时,使用适当厚度的调整垫圈 D 补偿累积误差,保证箱体内侧面与传动轴组件的轴向间隙。

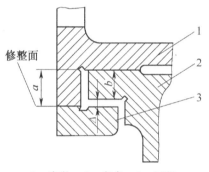

1—床鞍 2—床身 3—压板

图 9-14 床鞍的修配装配

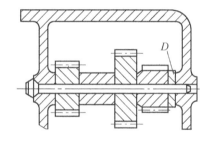

图 9-15 用调整垫圈调整轴向间隙

② 可动调整法。使调整件移动、回转或移动、回转同时进行,以改变其位置,进而达到装配精度。常用的可动调整件有螺钉、螺母、楔块等。如图 9-16 所示,为通过调整螺钉使楔块上下移动,改变两螺母间距,从而调整传动丝杠和螺母的轴向间隙。图 9-17 所示为用螺钉调整轴承间隙。

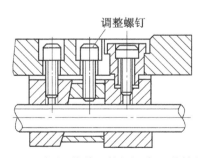

图 9-16 用螺钉、楔块调整丝杠、螺母的轴向间隙

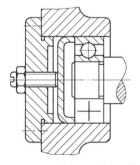

图 9-17 轴承间隙的调整

调整装配法的优点：

a. 装配时，零件不需任何修配，只靠调整就可达到较高的装配精度；

b. 可以定期进行调整，容易恢复配合精度。

不足之处就是增加了零件数量及调整工作量，易使配合件的刚度受到影响，有时甚至影响其精度和寿命，所以要认真调整，且在调整后要固定牢固。

9.2 常用机构装配

9.2.1 可拆卸连接件的装配

装配过程中有大量的连接。常见的连接方式有两种，一种是可拆卸连接，如螺纹连接、键连接和销连接等；另一种是不可拆卸连接，如焊接、铆接和过盈配合连接等。机械产品中可拆卸连接更为常见。

1) 螺纹装配

螺纹连接是一种可拆卸的连接，它具有结构简单、连接可靠、装拆方便等优点，应用非常广泛。

(1) 螺纹连接预紧力矩的确定。在使用时，绝大多数螺纹连接在装配时都必须拧紧，使连接在承受工作载荷之前，预先受到力的作用。经验证明：适当选用较大的预紧力对螺纹连接的可靠性以及连接件的疲劳强度都是有利的，特别对于像汽缸盖、齿轮箱轴承盖等紧密性要求较高的螺纹连接，预紧更为重要。但过大的预紧力会导致整个连接的结构尺寸增大，也会使连接件在装配或偶然过载时被拉断。

通常规定，拧紧后螺纹连接件的预紧力不得超过其材料的屈服极限 σ_s 的 80%。对于一般连接用的钢制螺栓的预紧力 Q_p，推荐按下列关系确定：

碳素钢螺栓：$Q_p \leqslant (0.6 \sim 0.7)\sigma_s A_1$

合金钢螺栓：$Q_p \leqslant (0.5 \sim 0.6)\sigma_s A_1$

式中：σ_s——螺栓材料的屈服极限；

A_1——螺栓危险截面的面积，$A_1 \approx \pi d_1^2/4$，d_1 为螺纹小径。

螺纹连接预紧可以采用各种扳手（活络扳手、呆扳手、套筒扳手等），对于需要严格控制力矩的重要场合，须采用限力矩扳手或测力矩扳手，批量连续生产的机械装配线可采用气动扳手。

(2) 螺母和螺钉的装配。螺钉、螺母在装配后，要连接得紧固有力、不可松动，拆卸时要完整无损，为此应注意以下要点：

①在装配螺钉、螺母时，一定要选择合适的扳手、起子，以免将螺钉头、螺母的六角扳圆，或者把螺钉上的开口槽弄毛，把表面防护层，如发蓝、镀锌等弄坏。在一些场合下，活络扳手用起来并不理想，因为它占地大，刚性也差。用活络扳手时，一定要按螺钉、螺母尺寸调整好，开口不能过大，不然既容易损坏螺钉，也容易损坏扳手。

②螺钉、螺母与零件贴合的表面应光洁、平整和完整，贴合处的表面应当经过加工，否则装配后容易松动或使螺钉弯曲。

③成组螺纹连接件装配时，为了保证各螺钉（或螺母）具有相等的预紧力，使连接零件均匀受压，紧密贴合，必须注意各螺钉（或螺母）的拧紧顺序，如图 9-18 所示，各组螺纹

连接采用对称拧紧的顺序。用力时,要做到分次逐步拧紧:先把所有螺母拧到靠近工件,但不要加力,然后按顺序加 1/3 预紧力,拧一遍后,再从头开始,再加 1/3 预紧力,如此往复 3～5 遍,直至完全旋紧为止。

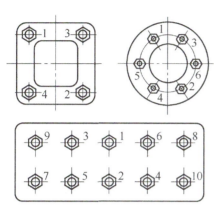

图 9-18　螺钉(或螺母)的拧紧顺序　　　　图 9-19　双头螺栓的拧紧

④拧紧力矩要恰当,可适当大些,但也不宜过大。

⑤连接件在工作中有振动或冲击时,为了防止螺钉和螺母回松,必须采用防松装置。

(3) 双头螺栓的装配。双头螺栓装配后应保证其紧固端与基体螺纹配合牢固,在拆卸螺母过程中不会有任何松动现象,且装好的螺栓轴线必须与基体表面垂直。具体装配方法有以下三种:

①双螺母旋紧法:如图 9-19(a)所示,将两个螺母互相旋紧,然后旋上面一个螺母,使双头螺栓旋入孔中。

②长螺母旋紧法:如图 9-19(b)所示,止动螺钉阻止螺母和双头螺栓之间的相对运动,然后旋动长螺母,将双头螺栓旋入。放松螺母时只需先使止动螺钉回松即可。

③在成批大量的装配中,可使用电动或气动扳手旋入双头螺栓,既快又松紧适度。

装配时应注意:

a. 螺栓与基体有较小的偏斜时,重要场合可用丝锥校正螺孔后再装正,一般只要将装入的双头螺栓敲正即可。当偏斜较大时,不得强行校正,只能制作一个新螺纹孔。

b. 发现螺栓拧不到底时,可用丝锥校正后再拧入。

c. 若双头螺栓旋入过松时,应调换一个中径较大的重新旋入,并保证旋入后有一定的过盈量。

d. 拧入基体的双头螺栓必须涂抹润滑油,以免发生咬合现象,且有利于以后拆卸、更换。

(4) 螺纹的防松措施。作紧固用的螺纹连接一般具有自锁作用,但在受到冲击、振动或变载荷作用时,有可能松动,因此应采取相应的防松措施。常用的方法有:

①对顶螺母。如图 9-20 所示,两对顶螺母对顶拧紧(用两个扳手在正反方向同时并紧)后,使旋合的螺纹间始终受到附加的压力和摩擦力的作用。该措施结构简单,适用于平稳、低速和重载的固定装置上的连接。

②弹簧垫圈。如图9-21所示,螺母拧紧后,靠垫圈压平面而产生的弹性反力使旋合螺纹间压紧,结构简单,使用方便,广泛应用于不甚重要的连接。

③自锁螺母。如图9-22所示,螺母一端制成非圆形收口或开缝后径向收口。当螺母拧紧后,收口胀开,利用收口的弹力使旋合螺纹间压紧。该措施结构简单,防松可靠,可多次装拆而不降低防松性能。

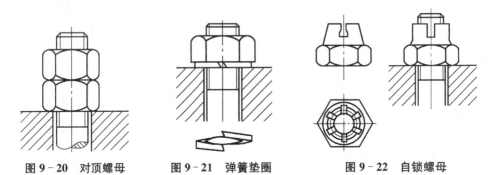

图9-20 对顶螺母　　　图9-21 弹簧垫圈　　　图9-22 自锁螺母

④开口销与六角开槽螺母。如图9-23所示,六角开槽螺母拧紧后将开口销穿入螺栓尾部小孔和螺母的槽内,并将开口销尾部掰开与螺母侧面贴紧。也可用普通螺母代替六角开槽螺母,但需拧紧螺母后再配作销孔。该措施适用于较大冲击、震动的高速机械中运动部件的连接,应用于安全性能要求极高的场所。

⑤止动垫圈。如图9-24所示,螺母拧紧后,将单耳或双耳止动垫圈分别向螺母和被连接件的侧面折弯贴紧,即可将螺母锁住。若两个螺栓需要双联锁紧时,则可采用双联止动垫圈,使两个螺母相互制动。该措施结构简单,使用方便,防松可靠。

⑥串联钢丝。如图9-25所示,用低碳钢丝穿入各螺钉头部的孔内,将各螺钉串联起来,使其相互制动。使用时必须注意钢丝的穿入方向((a)图正确,(b)图错误)。该结构适用于螺钉组连接,防松可靠,但装拆不便。

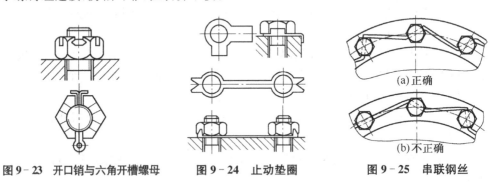

图9-23 开口销与六角开槽螺母　　　图9-24 止动垫圈　　　图9-25 串联钢丝

2) 键的装配

键是一种标准件,通常用来实现轴与轮毂之间的周向固定以传递转矩。有的还能实现轴上零件的轴向固定或轴上滑动的导向。键连接的主要类型有:平键连接、楔键连接和花键连接。

(1) 平键的装配。平键制造简单、工作可靠、装拆方便,应用很广。如图9-26所示,平键是靠两侧面与键槽的两侧面相接触而传递扭矩的,即侧面为工作面,所以装配的主要技术要求是:保证平键与轴上零件键槽间的配合要求,能平稳地传递运动和转矩。

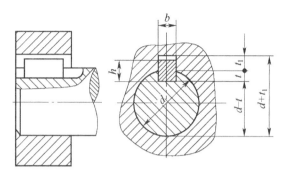

图 9-26　普通平键连接的结构

键与键槽的配合性质,一般取决于机构的工作要求。键可以固定在轴或轮毂上,而与另一相配件能相对滑动(导向平键);也可以同时固定在轴和轮毂上(普通平键),并以键的极限尺寸为基准,通过改变轴键槽、轮毂键槽的极限尺寸来得到不同的配合要求。

普通平键与轴及轮毂的连接要求,键的两侧面与键槽必须配合精确,原则上键与键槽的配合应紧密没有松动,这样在工作中如需顺、逆转时,不易产生松动现象。键与轮毂键槽的配合比键与轴键槽的配合略微松一些,这样便于装卸,但间隙还是越小越好。若在键与轮毂键槽或轴键槽间有相对滑动情况时,则在保证滑动灵活的条件下,要求间隙尽量地小。

在成批生产中,键、轴键槽及轮毂键槽均按图纸规定加工,一般不需要修配;但在单件及小批生产条件下,常需手工修配后,才能达到配合要求。其装配要点如下:

①清理键和键槽的锐边,把口部稍微倒角,以防装配时造成过大的过盈量;

②用键头与键槽试配松紧,并修配到能使键紧紧地嵌在轴键槽中;

③锉配键长、键头,使其与轴键槽间留有 0.1 mm 左右的间隙;

④将键涂机油后压装在轴键槽中,使键底平面与槽底紧贴,压装时可用铜棒敲击或虎钳垫铜皮后夹紧;

⑤试配并安装套件,键与键槽的非配合面应留有间隙,以求轴与套件达到同心。装配后的套件在轴上不能摇动,否则容易引起冲动和振动。

(2) 楔键的装配。楔键的形状和平键相似,不同之处是楔键顶面带有 1∶100 的斜度,如图 9-27 所示,装配时与之相对应的轮毂键槽上也要有同样的斜度。此外,楔键的一端有钩头,便于装卸。楔键除了传递扭矩外,还能承受单向轴向力。

楔键装配后,要求键的顶面、底面分别与轮毂键槽、轴上键槽紧贴,两侧面与键槽有一定的间隙。

楔键装配和平键装配相同,但应注意两点:一是保证楔键顶面与轮毂键槽紧密贴合(一般可用涂色法检查接触情况);二是勿使轮毂发生倾斜和偏心。

(3) 花键的装配。当需要传递大扭矩时,单个键的强度就显得不足了,可以采用花键

(如图9-28所示)来传动。花键连接与其他键连接比较,其最大优点是相配件的同轴度好,传递动力大。

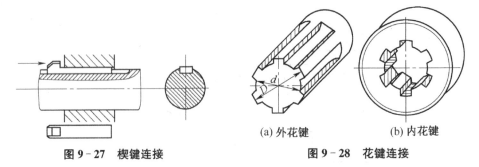

图9-27 楔键连接　　　　　　　图9-28 花键连接

花键连接有两种类型,即套件在轴上固定和套件在轴上滑动。对于前者,配合后允许有少量过盈,装配时可用铜棒轻轻敲入,但不得过紧,否则会拉伤配合表面;过盈较大的,可用压力机压装,在压入前倒去毛刺并加润滑油。也可将套件加热(80～120 ℃)后进行装配。在多数情况下,套件与花键轴为动配合,在轴上应滑动自如,没有阻滞现象,但也不能过松,即用手摇动套件时,不感觉到有间隙。

在成批生产中,花键轴在滚切或铣削后,一般还要磨削加工。花键孔由于是拉刀拉制的,因此孔和轴加工后,尺寸都比较精确,装配时只需去掉毛刺、锐边,将花键孔套在轴上即可。如果花键配合后滑动不灵活,可用花键推刀修整花键孔,也可用涂色法或其他方法来检查、修正它们之间的配合,直到符合要求为止。

3) 销的装配

销按形状可分为圆柱销和圆锥销。销连接在机械中主要起定位、紧固、传递转矩及保护等作用,如图9-29所示。

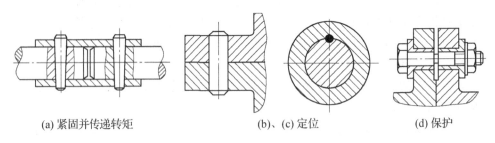

(a) 紧固并传递转矩　　　　(b)、(c) 定位　　　　(d) 保护

图9-29 销连接的应用

(1) 圆柱销装配。圆柱销靠过盈(一般属于过渡配合范围内)固定在孔中,故一经拆卸,便失去过盈,必须更换。

装配时,先将两个零件紧固在一起进行钻孔和铰孔,以保证两零件的销孔轴线重合,并严格控制孔的尺寸精度和表面粗糙度值(Ra 为 $0.4\sim1.6\ \mu m$)。然后将润滑油涂在销钉上,用铜棒垫在销钉的端面上,把销打入孔中。对于某些不能用打入法装配的定位销,可用压力机压入,或用如图9-30所示C形夹头压入,以防止销变形和工件移动。

(2) 圆锥销装配。圆锥销大部分是定位销。其优点是装拆方便,可反复使用几次而不损坏连接质量。

其装配要求是：装配时，两连接件的销孔也应一同钻、铰；钻孔时按小头直径选用钻头，铰刀的锥度应为1∶50；对于铰好的圆锥销孔应将圆锥销塞入销孔试配，以销子自由地插入孔内长度占销子长度的80%～85%为宜。装配后，圆锥销的大端应稍露出零件表面或与零件表面一样平；小端应稍比零件表面缩进一些或一样平，如图9-31所示。对于盲孔或较难拆卸的场合，可采用大头带螺纹的圆锥销，这样需要拆卸时就可用拔销器将其取出了。

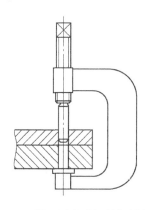
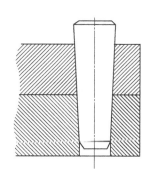

图9-30 用C形夹头把销钉压入孔中　　图9-31 用圆锥销试配销孔

9.2.2 传动机构的装配

1) 带传动机构的装配

常用的带传动有平带传动和V带传动等，如图9-32所示。

(1) 主要技术要求。

①带轮的歪斜和跳动要符合要求。通常允许其径向跳动量为$(0.00025\sim0.005)D$，端面跳动量为$(0.0005\sim0.001)D$（D为带轮直径）。

②两轮中间平面应重合。其倾斜角和轴向偏移量不得超过规定要求。一般倾斜角小于1°。

③传动带的张紧力大小要适当。张紧力过小，不能传递所需功率；张紧力过大，带、轴和轴承都会因受力过大而加速磨损，并降低传动效率。

张紧力的调整可以通过调整两带轮间中心距或使用张紧装置的方法进行。对于中等中心距的V带传动，其张紧程度以大拇指将V带中部压下15 mm左右为宜，如图9-33所示。

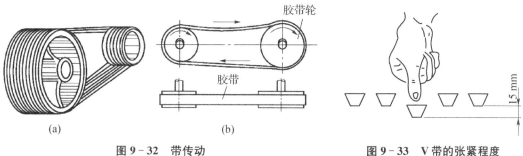

图9-32 带传动　　图9-33 V带的张紧程度

(2) 装配作业要点。

①带轮的安装。带轮在轴上安装一般采用过渡配合,并用键或螺纹等固定。在安装带轮前,必须按轴键槽和轮毂键槽来修配,然后清除表面上的污物,涂上机油,再用木槌敲打法或用螺旋工具(如图9-34所示),将带轮安装到轴上。

安装后,可使用划针盘或百分表检查带轮径向圆跳动和端面圆跳动,如图9-35所示。如发现跳动量超过允许的范围,则可从下述三方面找原因:

a. 轴弯曲或带轮装置不正;
b. 键的修配不正确;
c. 带轮本身不合格。

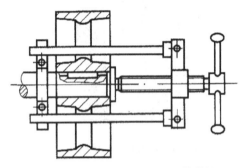

图9-34 用螺旋压入工具安装带轮

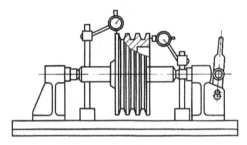

图9-35 带轮跳动的检测

安装不合格或修理时,需将带轮拆卸下来。拆卸时,一般先拆去固定螺母或螺钉,再用压力机压出带轮,或用拉拔器拆卸带轮,如图9-36所示。

②带轮间相互位置的保证。带轮间相互位置不正确,会引起张紧不匀和加快磨损。两带轮对称中心平面的重合度一般在装配过程中通过调整达到。检查方法是:当两轮中心距不大时可用钢直尺检查,中心距较大时可用拉线方法检查,如图9-37所示。

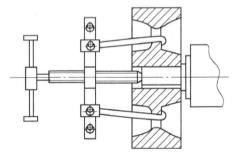

图9-36 用拉拔器拆卸带轮

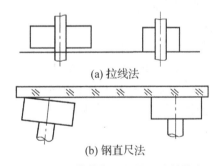

(a) 拉线法

(b) 钢直尺法

图9-37 带轮相互位置正确性检查

③传动带的安装。以V带为例,先将三角带套在小胶带的带轮槽中,然后转动大胶带轮,用起子将带拨入大带轮槽中。安装好的V带在带轮槽中的正确位置应是V带的外边缘与带轮轮缘平齐(新装V带可略高于轮缘),如图9-38(a)所示。V带陷入槽底会导致工作侧面接触不良,如图9-38(b)所示;V带高出轮缘则使工作侧面接触面积减小,导致传动能力降低,如图9-38(c)所示。

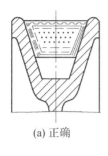  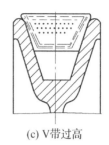

(a) 正确　　　　　　　(b) V带过低　　　　　　(c) V带过高

图 9-38　V带在带轮中的位置

2) 齿轮传动机构装配

圆柱齿轮传动是齿轮传动中最常见、应用最普遍的一种。它可以用来传递扭矩和运动，改变转速的大小和方向，还可以把转动变为移动。

(1) 装配时的主要技术要求。齿轮传动要求传动平稳、传动比恒定、振动及噪音均很小，同时要保持足够的承载能力。为此，装配技术要求如下：

① 齿轮孔与轴的配合要适当，不能有偏心或歪斜等现象；

② 齿轮啮合后，应有适当的齿侧间隙。侧隙过小，齿轮转动不灵活，甚至卡齿，使齿面磨损加剧；侧隙过大，换向时产生冲击；

③ 两齿轮啮合时，轮齿接触部位（反映两齿轮相互位置）正确，接触面积符合要求；

④ 齿轮的轴向错位量不得超过规定值。

(2) 齿轮的安装。齿轮在轴上的连接有固定、滑移和空套等不同的方式。

在轴上空套或滑移的齿轮，与轴的配合为间隙配合，装配后的精度主要由加工的精度来决定。装配后齿轮在轴上不得有晃动现象。

在轴上固定的齿轮，与轴的配合多数为过渡配合，带有少量的过盈。装配时如果过盈量不大，则可用敲击的方法装入，过盈量较大时，应用压力机压装或热套。

齿轮装在轴上可能出现的误差是：齿轮偏心、歪斜和端面未贴紧轴肩。

精度高的齿轮传动机构，在压装后需检验其径向和端面的跳动，如图 9-39 所示。将齿轮轴放在 V 形块或顶尖上，用百分表在齿轮的端面和齿圈处（需在齿间放一圆柱销，直径 $d \approx 1.5$ m），一面转动齿轮一面进行测量，齿轮回转一周，百分表最大读数与最小读数之差就是齿轮端面跳动和径向跳动。当然也可在齿圈径向跳动检查仪或普通偏摆检查仪上进行测量。齿圈径向跳动允差值如表 9-3 所示。

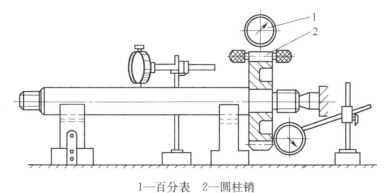

1—百分表　2—圆柱销

图 9-39　齿轮径向与端面跳动的检测

表 9-3　圈径向跳动允差值　　　　　　　　　　　　　　　（单位：μm）

分度圆直径/mm		法向模数/mm	精度等级			
大于	到		6	7	8	9
—	125	≥1~3.5	25	36	45	71
		>3.5~6.3	28	40	50	80
125	400	≥1~3.5	45	63	80	100
		>3.5~6.3	50	71	90	112

（3）检验齿轮的啮合质量。啮合质量检验的内容包括侧隙检验和接触斑点检验。

①侧隙检验。侧隙在齿轮零件加工时用控制齿厚的上、下偏差来保证，也可在装配时通过调整中心距来达到（一般固定中心距极限偏差，通过改变齿厚偏差大小而获得不同的最小侧隙）。侧隙大小由齿轮工作条件决定：用于分度传动的齿轮要求侧隙很小或为零；对于经常正、反转的齿轮要求侧隙小些；对于高温高速传动齿轮要求侧隙大些。一般传动齿轮的齿侧间隙为$(0.041\sim0.078)m$（m 为齿轮模数），具体可按工作条件和相关公式计算。装配时，侧隙可用塞尺或百分表直接测量。

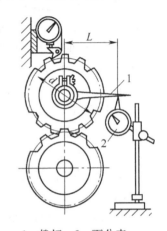

1—拨杆　2—百分表
图 9-40　齿轮副侧隙的检测

用百分表直接测量时，应先将一齿轮固定，再将百分表测量杆抵在另一齿轮表面上，测出可动齿轮齿面的摆动量即为侧隙。更精确的测量方法可使用拨杆进行，如图 9-40 所示。侧隙值可通过下式计算：

$$j_n = \frac{cd}{2L}$$

式中：j_n——齿轮副法向侧隙，单位为 mm；

c——摆动齿轮时百分表读数差，单位为 mm；

d——齿轮分度圆直径，单位为 mm；

L——拨杆长（测量点至齿轮中心的距离），单位为 mm。

大模数齿轮的侧隙较大，可用压铅片的方法测量：将铅片放在轮齿间压扁后，测量最薄处的尺寸。精度要求不高时，可用塞尺直接测出。

②接触斑点检验。检验齿轮接触斑点，可用涂色法进行，将轮齿涂红丹粉后转动主动轮，使被动轮轻微制动。轮齿上印痕分布面积应该是：在轮齿高度上接触斑点不少于 30%~50%；在轮齿宽度上不少于 40%~70%（随齿轮的精度而定，如表 9-4 所示）。其分布位置应该是自节圆处对称分布，如图 9-41 所示：中心距太大则接触斑点上移；中心距太小则接触斑点下移；两齿轮轴线不平行则接触斑点偏向齿宽方向一侧。如出现上述情况，可在中心距允差的范围内，通过刮削轴瓦或调整轴承座加以改善。

表 9-4　圆柱齿轮的接触斑点

名　　称		精　度　等　级		
		7	8	9
接触面积/%	按高度不小于	45	40	30
	按长度不小于	60	50	40

　(a) 正确啮合　　　(b) 中心距太大　　　(c) 中心距太小　　　(d) 两轴线歪斜

图 9-41　圆柱齿轮副的接触斑点

9.2.3　滚动轴承的装配

滚动轴承的特点是摩擦阻力小，功耗小，精度高，装配方便，但耐冲击性差。滚动轴承使用时，轴承内圈和轴颈配合，外圈与轴承座配合。一般情况下内圈随轴颈一起转动，外圈是不动的；但也可以是外圈转动而内圈不转动。转动的圈叫紧圈，与轴或轴承座孔的配合一般采用过盈较小的静配合或过渡配合。不转动的圈叫动圈，与轴或轴承孔的配合一般采用过渡配合或间隙很小的动配合。

滚动轴承按承载方向分类有：向心轴承、推力轴承和向心推力轴承。

1) 滚动轴承装配要求

(1) 安装前，先将轴承、轴、孔及油孔等处仔细清理、洗涤。在配合表面上涂以润滑油，需要用牛油润滑的轴承涂上清洁的牛油(或产品要求的润滑脂)。涂时不宜过多，一般达到轴承间隙的 1/3 左右即可。

(2) 装配时要保持清洁，严格防止污物和铜屑、铁屑等硬颗粒掉入轴承，以免运转时划伤滚道表面和降低轴承精度。

(3) 装配时，应将轴承上有规格、牌号的端面装在可见的部位，以便将来更换时识别。

(4) 装配时，应该在配合较紧的圈上加压力或进行锤击。如图 9-42 所示，最好用套筒把轴承装到轴上或用压力机压入轴承孔内，这样轴承受力均匀，不会倾斜，装配时又快又好。

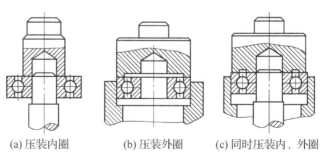

　(a) 压装内圈　　　(b) 压装外圈　　　(c) 同时压装内、外圈

图 9-42　滚动轴承的压装

若无套筒,用手锤、铜棒敲击装配时,则应保证轴承的滚动体不受压力,即:轴承装在轴上时,应在内圈上施加压力,不可敲打轴承外圈;轴承装在轴承孔内时,应在外圈上施加压力。敲击时,应在四周对称交替轻敲,把轴承渐渐地打进去。

当过盈量大时,轴承的装配可用压力机压入,或将轴承加热(80～100 ℃)后套入。注意加热温度不宜过高,以防轴承退火。有时,由于过盈量太大,轴承游隙太小,使运转迟钝。当试车时,会使温升过大,应采取措施,加以解决。

(5) 轴承端面应与轴肩,或与孔的支承面紧贴,如图 9-43 所示。

(6) 装配后,轴承转动要灵活,噪音越小越好,工作温度一般不超过 50 ℃。

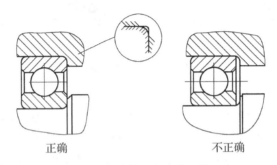

图 9-43 滚动轴承在台肩处的配合

2) 滚动轴承的固定

为使轴承能承受轴向力,并使轴承在机器中的轴向位置相对固定,安装轴承时,其内、外圈应分别固定在轴和轴承座上。

内圈在轴上的固定方法有:用轴肩固定,如图 9-44(a)所示;用装在轴端的压板固定(如图 9-44(b)所示);用圆螺母和带翅垫圈固定(如图 9-44(c)所示);用轴用弹性挡圈紧卡在轴上的槽中进行固定(如图 9-44(d)所示)。挡圈的装拆可用挡圈钳进行。

外圈的轴向固定方法有:用轴承座上的突肩固定(如图 9-44(e)所示);用轴承盖端部压紧固定(如图 9-44(f)所示);用轴承盖和凸肩固定(如图 9-44(g)所示);用孔用弹性挡圈在孔内的槽中固定。

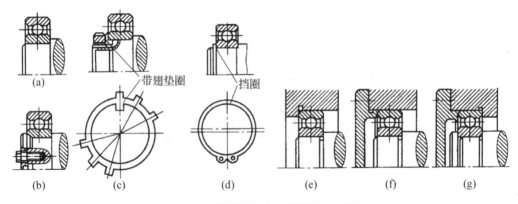

图 9-44 滚动轴承内外圈的轴向固定

3) 向心推力轴承的调整

这类轴承可承受径向和单向轴向载荷,通常成对使用。向心推力轴承的内圈与轴配合,外圈与孔配合的情况和向心轴承相同。

(1) 圆锥滚子轴承径向间隙的调整。圆锥滚子轴承能承受很重的径向及单向轴向负荷,其内、外圈是分开的。内圈、保持架和滚动体装在轴颈上,外圈装在轴承座孔中。内、外圈的合适间隙是通过调整内、外圈的轴向相对位置控制的。常用调整间隙的方法有:用垫圈调整,用螺钉、通过带凸缘的垫片调整和用螺纹圆环调整三种,如图9-45所示。

(2) 推力角接触球轴承的预紧。这种轴承常用在转速较高、回转精度要求较高的场合,如机床主轴、蜗轮减速器等。为了提高轴承的刚度和回转精度,常在装配时给轴承内、外圈加一预载荷,使轴承内、外圈产生轴向相对位移,消除轴承的游隙,使滚动体与内、外圈滚道产生初始的接触弹性变形,这种方法称为预紧,如图9-46所示。预紧后,滚动体与滚道的接触面积增大,承载的滚动体数量增多,各滚动体受力较均匀,因此刚度增大,寿命延长。但预紧力不能过大,否则会使轴承磨损和发热增加,显著降低其寿命。

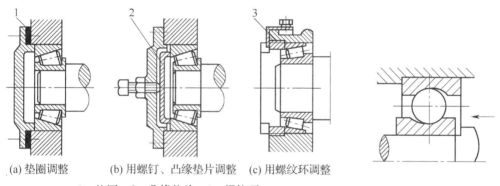

(a) 垫圈调整　(b) 用螺钉、凸缘垫片调整　(c) 用螺纹环调整

1—垫圈　2—凸缘垫片　3—螺纹环

图9-45　圆锥滚子轴承的间隙调整　　　　图9-46　推力角接触球轴承的预紧

预紧的方法有:用两个长度不同的间隔套筒分别抵住成对轴承的内、外圈,如图9-47(a)所示;将成对轴承的内圈或外圈的宽度磨窄,如图9-47(b)、图9-47(c)所示。为了获得一定的预紧力,事先必须测出轴承在给定预紧力作用下内、外圈的相对偏移量,据此确定间隔套筒的尺寸,或内、外圈宽度的磨窄量。

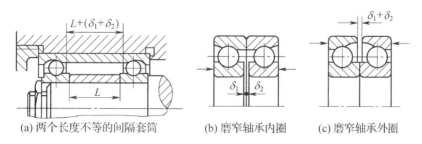

(a) 两个长度不等的间隔套筒　(b) 磨窄轴承内圈　(c) 磨窄轴承外圈

图9-47　推力角接触轴承的预紧方法

4) 推力轴承间隙的调整

推力轴承由紧环、松环及滚珠等零件组成。松环的内孔比紧环的内孔直径大 0.2 mm。装配时,一定要使紧环靠在转动零件的平面上,松环靠在静止零件的平面上,否则在轴承与配合件之间会产生滑动摩擦,滚珠不起作用,轴很快就会损坏。

装配好的推力轴承的间隙是用螺纹来调整的,如图 9-48 所示。间隙太小,则磨损加快;间隙太大,则工作时会振动。

5) 轴承的拆卸

滚动轴承磨损到一定限度时,要更换新轴承。更换时一般采用拉拔器来拆卸(如图 9-49所示),然后再换装一个新的轴承。

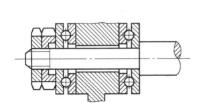
图 9-48 推力轴承及其间隙的调整

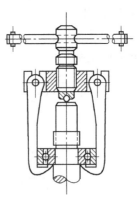
图 9-49 用拉拔器拆卸滚动轴承

9.3 单级圆柱齿轮减速器的装配

9.3.1 减速器的结构及工作原理

减速器安装在原动机与工作机之间,用来降低转速和相应增大转矩。如图 9-50 所示为单级圆柱齿轮减速器。这类减速器的特点是效率高,工作持久,维护简便,因而应用范围很广。

工作时,动力从主动齿轮轴 32 输入(最大输入速度为 1 450 r/min),小齿轮旋转带动大齿轮 21 旋转,并通过平键 22 将动力传递到从动轴 25 输出。箱体采用分体式,分成箱体 1 和箱盖 8。主动齿轮轴 32 上装有两个单列向心球轴承 28,起着支承和固定轴的作用。轴承本身利用两个支点,挡油环 29 顶住内圈,端盖 31、调整环 27 压住外圈,以防止轴向移动。同时利用调整环来调整端盖与外座圈之间的间隙,以适应温度有高低变化时,轴发生伸缩变化。从动轴 25 的装配结构与此相似。

齿轮采用油池浸油润滑,齿轮转动时溅起的油及充满减速器内的油雾,使齿轮得到润滑。打开盖 10 可观察齿轮啮合情况,也可以把油注入箱体。换油时,打开箱体下部的螺塞 18 放出污油。为排出减速器工作时因油温升高而产生的油蒸气,以便保持箱内外气压平衡,盖上装有通气塞 11,否则箱内压力增高会使密封失灵,造成漏油现象。

减速器采用毡圈密封。主动齿轮轴上还装有挡油环 29,也起密封作用。

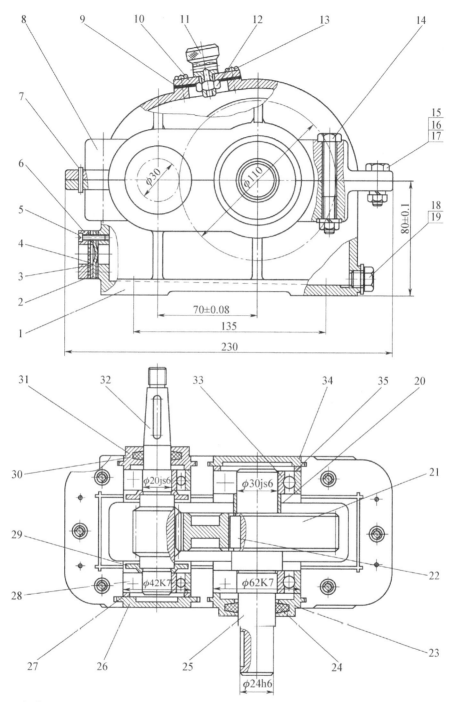

1—箱体 2—垫片 3—反光片 4—油面指示器 5—螺钉 6—小盖 7—销 8—箱盖
9—垫片 10—盖 11—通气塞 12—螺母 13—螺钉 14、15—螺栓 16—垫圈
17—螺母 18—螺塞 19—垫圈 20—套筒 21—大齿轮 22—平键
23—端盖 24—毛毡圈 25—从动轴 26—端盖 27—调整环 28—单列向心球轴承 29—挡油环
30—毛毡圈 31—端盖 32—主动齿轮轴 33—滚动轴承 34—端盖 35—调整环

图 9-50 减速器总装配图

9.3.2 减速器装配的主要技术要求

零件和部件必须按图样安装在规定位置,不允许装入图样未规定的垫圈、衬套之类零件,并保证相应的位置精度,具体如下:

(1) 各零部件装配前必须去毛刺,并清洗干净。

(2) 毛毡垫片装配时应涂上黄油,纸垫片、端盖、箱体与箱盖装配时应涂上密封胶,保证相应结合面无泄漏。

(3) 结合面 M8 螺栓拧紧力矩为 $(12\sim15)$ N·m。

(4) 装配后主、从动轴齿轮啮合正确,转动灵活、平稳,无卡滞现象;轴承轴向游隙在 $0.02\sim0.05$ mm 之间。

(5) 装配好后,箱内注入工业用润滑油,高度为大齿轮的 $1\sim2$ 个齿高,浸入油中。

(6) 减速器外表油漆光亮、平整,不得有漏油、脱漆和划伤等现象。伸出轴涂润滑脂。

9.3.3 减速器的装配工艺过程

减速器的装配工艺过程主要包括:装配前的准备工作、零件的补充加工、试装、部装、总装和验收试验等。

1) 装配前的准备工作

装配前的准备工作包括:熟悉产品图样及工艺文件,准备工具,领取及清洗成套零件等。

(1) 熟悉产品图样及工艺文件。在装配之前,首先要仔细研究总装配图,只有这样,才能对箱体的构造,零件的种类和它们相互之间的关系有一个全面的了解。在看图时,还必须分析装配工艺,以便按照工艺要求进行装配。

在看图过程中,还要知道装配过程中需要什么加工工具、测量和检验工具,如钻头、丝锥、力矩扳手、跳动检测装置等,事先应准备好,以便连续生产。还要准备一些自制工具,如压装滚动轴承用的套筒等。

(2) 成套零件的领取。按产品零部件明细表、标准件及外购件明细表,成套领取装配所需的零件、标准件、外购件及相应的辅料。本减速器共包括 21 种零件、10 种标准件和 4 种外购件,按每种数量及总装配套数领取,不得多领或少领。

(3) 整形。修锉箱盖、轴承盖等铸件的不加工表面,使其与箱体结合部位的外形一致。对于零件上未去除干净的毛刺、锐边及运输中因碰撞而产生的印痕也应锉除。

(4) 清洗。用清洗剂清除零件、标准件表面的油污、灰尘、切屑等,防止装配时划伤、研损配合表面。常用清洗剂有煤油、汽油和化学清洗液。清洗后还要及时吹干,在有相对滑动的表面、滚动轴承内应填入适量的润滑脂。

2) 零件的补充加工

零件上某些部位需要在装配时进行加工,如小盖、油面指示器片、反光片、垫片与箱体的配作,盖、垫片与箱盖的配作。配作后的零件须重新清洗,以备总装时使用。

具体配作方法是,将需配作的零件按外形对齐放置后,压紧,按螺纹底孔尺寸一起钻孔后,螺纹孔再攻丝,其余通孔再按图扩孔。另一种配作方法是,先将最外面的零件连接孔做好,其他零件以它为基准配划线,再钻孔或攻丝。

3) 零件的试装与分组件的装配

零件的试装又称试配,是为了保证产品总装配质量而进行的各连接部位的局部试验性装配。为了保证装配精度,某些相配的零件需要进行试装,对未满足装配要求的,须进行调整或更换零件。例如,输出轴与大齿轮的平键连接,就需要连接试配。这里要求平键与轴槽过渡配合,与齿轮槽间隙配合,齿轮与轴过渡配合。装配时,平键可用台虎钳压入,齿轮可用压力机压装。装配后,应保证相应的配合要求,能平稳地传递运动和转矩。平键顶面与齿轮槽底面应有一定的间隙,以不破坏齿轮原有的跳动精度。

装配后的齿轮,可用齿圈径向跳动检查仪检测其径向跳动,按表 9-3,不应大于 0.045 mm。

试装后的零件,一般仍要卸下,并作好配套标记,待部件总装时再重新安装。此处齿轮与轴的连接,不影响其他零件的装配,故无须卸下。

分组件的装配:这里的分组件就是两个带毛毡圈的端盖 23 和端盖 31。单件、小批生产时,只要购买一定厚度的工业毛毡,剪成宽度略大于槽深的长条,配放到端盖槽内一圈,长度合适后将其涂上润滑脂后嵌入槽内,待组件装配时直接使用。成批生产时,毛毡圈可用冲模冲制。

4) 组件的装配

由减速器部件总装配图(如图 9-50 所示,在某机器中减速器仅是一个改变转速和扭矩的部件)可以看出,减速器主要有输入轴组件、输出轴组件和小盖组件。

(1) 输入轴组件装配。如图 9-51 所示为输入轴组件的装配顺序,图 9-52 为轴组件的装配系统图,输入轴 32 是组件的装配基准件,其他零件或分组件依次装配到装配基准件上;将输入轴 32 小齿轮端朝上插入装配台支承孔内,先放入挡油环 29,再压装滚动轴承 28,注意,最好在压力机上用专用套筒压内圈。将轴调头,将已装轴承端插入装配台支承孔内,放入另一只挡油环 29,再压装另一只滚动轴承 28,装上端盖分组件 201。

组件中各零件或分组件的相互装配关系和装配顺序,通常用如图 9-52 所示的装配系统图表示。在装配系统图中,零件或分组件用长方格表示,并标明名称、代号和数量。画图时,先画一条水平线,左边画出表示基准件的长方格,右边画出表示组件的长方格。依次将装入装配基准件上的零件或分组件引出,零件、标准件在横线上方,分组件在横线下方。当产品结构复杂时,可分别绘制组件、部件及产品整机的装配系统图。

(2) 输出轴组件装配。如图 9-53 所示为输出轴组件装配系统图,输出轴 25 是组件的装配基准件。将已装上平键 22 和齿轮 21 的输出轴插入装配台支承孔内(小端向下),放入套筒 20,再压入滚动轴承 33,调头,先压入另一只滚动轴承 33,再装上端盖分组件 401。

(3) 小盖组件装配。如图 9-50 所示,用螺母 12 将通气塞 11 紧固在盖 10 上。

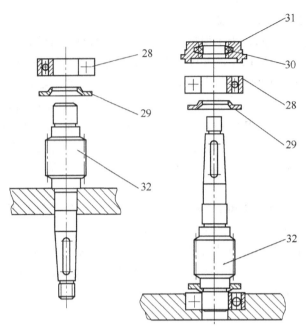

28—滚动轴承　29—挡油环　30—毛毡密封圈　31—端盖　32—输入轴

图 9-51　输入轴组件装配顺序

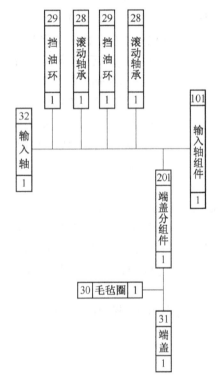

图 9-52　输入轴组件装配系统图

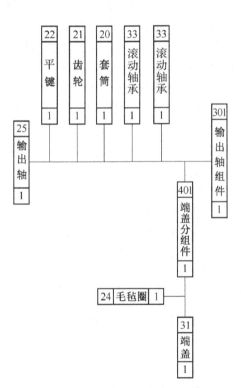

图 9-53　输出轴组件装配系统

5）减速器部件总装和调整

减速器部件总装的基准件是箱体。

（1）装配输入轴组件。将已经装配好的输入轴组件装入箱体左支承孔内，向下压紧到位。轻轻敲击输入轴前轴承外圈，使轴承消除游隙并紧靠后端盖支承孔。装入端盖 26，测量端盖端面与滚动轴承端面之间的距离 H（见图 9-54），据以确定调整环 27 的厚度为 $H_{-0.02}^{-0.05}$。磨去调整环 27 的修配量（预留修配量为 0.5 mm），将厚度合适的调整垫圈 27 装好。

（2）装配输出轴组件。装配输出轴组件的过程与装配输入轴组件过程相似，不再赘述。装配后要保证齿轮正确啮合。合箱前，在大、小齿轮齿面均匀涂上薄薄一层红丹粉，合箱后检测齿轮啮合接触精度。

（3）装配箱盖。安装箱盖，敲入定位锥销，如图 9-50 所示，按图插入四只长螺栓 14 和两只短螺栓 15，放上弹簧垫圈，按一定顺序分三次用力矩扳手将螺母预紧，保证螺栓拧紧力矩为 (12~15) N·m。

（4）精度检测。用手转动输入轴，齿轮传动应平稳、传动比恒定、无明显噪音和卡滞现象。

用百分表测量输入轴和输出轴的轴向窜动量在 0.02~0.05 mm 之间。

将输入轴转动若干圈后（使输出轴轻微制动），拆开箱盖，检查齿轮的接触斑点，按表 9-4 所示要求，在齿高方向接触面积不小于 40%，在齿长方向接触面积不小于 50%，并且接触斑点应处于节圆附近对称分布。

检测合格后，重新清洗箱体内腔，仍按（1）~（3）的顺序，重新装配好箱盖。注意，装配前应在四只端盖外表与箱体支承孔表面、结合平面间均匀涂抹密封胶，保证箱体密封。

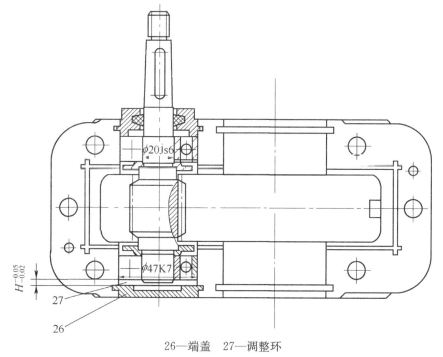

26—端盖　27—调整环

图 9-54　输入轴轴向间隙的调整

(5) 装配油位观察孔零件。将相应表面均匀涂上密封胶,垫片两面涂上黄油后,按图 9-50 依次装入垫片 2、反光片 3、垫片 2、油面指示器 4 和小盖 6,一起与箱体凸缘对齐后,用三只 M3×16 螺钉压紧。

(6) 装配放油螺塞。垫上平垫圈 19,在螺塞的螺纹表面涂上密封胶后旋入放油孔,并旋紧。

(7) 装配小盖组件。装配小盖组件前应先向箱体内注入润滑油,油面高度与观察窗中心平齐即可。

将垫片 9 及相应表面,涂上密封胶后,用四只 M3×10 螺钉将小盖组件装配在箱盖顶部,注意与箱盖凸缘对齐。

(8) 试车。总装完成后,检查所领零件是否不足或剩余,以检验是否多装或漏装。无误后减速器部件应进行运转试验。用转动输入轴的方法使润滑油均匀流至各润滑点。然后,在输入轴装上带轮,将减速器放置于试验台上,连上电动机,用手转动带轮试转。一切符合要求后,接上电源,由电动机带动空转试车。运转 30 min 后,观察运转情况,此时轴承温度不能超过规定要求,齿轮无显著噪音,符合装配的各项技术要求。

本章小结

1. 机械产品的装配工艺过程可以分为装配前的准备阶段、装配工作阶段和总装配三个阶段。常用装配工具有各种扳手、挡圈钳、压力机等。装配方法有互换装配法、分组装配法、修配装配法和调整装配法四种。

2. 常见可拆卸连接有螺纹连接、键连接和销连接等;常用传动机构有带传动和齿轮传动。本章以单级圆柱齿轮减速器为例,介绍了装配过程及其调整检测方法。

习题九

9-1 什么是装配?说明其重要性。

9-2 装配工艺过程可以分为哪几个阶段?各阶段的主要内容是什么?

9-3 使用活络扳手时,有什么注意事项?为什么扳手手柄不可任意接长?既然一把活络扳手能拧紧多种尺寸的螺母或螺钉,为何还要专用扳手?

9-4 特种扳手有哪几种?说说各自的适用场合。

9-5 什么是装配精度?保证装配精度的方法有哪几种?各举一例说明其适用范围。

9-6 螺栓或螺母的拧紧力矩如何确定?对于重要螺纹连接如何保证?

9-7 螺纹连接常用防松措施有哪些?对于一般不甚重要的连接常用何种防松措施?

9-8 普通平键连接时,平键与轴及轮毂的连接要求是什么?

9-9 在轴上装配过盈量较大的套件时(如轴承),常用加热套件再装配的方法,一般加热到多少温度为宜?过高或过低有何不妥?

9-10 销连接时,为什么被装配零件的销孔要在装配时一起钻孔、铰孔?

9-11 在作圆锥销孔时怎样确定钻孔直径?在铰孔时怎样控制铰孔直径?

9-12　带传动装配的主要技术要求是什么？如何确定传动带的松紧度？

9-13　齿轮装配技术要求是什么？如何检测已装配齿轮的跳动量和侧隙大小？

9-14　齿轮副正确啮合时的接触斑点大小、位置如何？如果发现接触斑点的位置偏移，如何分析其原因及怎样调整？

9-15　滚动轴承装配时有哪些主要要求？装配力的作用点应放在哪里？最好用何种工具装配？如果内圈与轴颈配合的过盈量较大，应采取什么措施？

9-16　滚动轴承装配后应怎样检查装配的质量？如果运转迟钝，是何原因？如何解决？

9-17　图9-50所示减速器装配的主要技术要求是什么？其输入轴、输出轴的轴向窜动量0.02~0.05是如何保证的？

9-18　减速器装配前的准备工作中，为什么成套领取零件时不得多领或少领？

9-19　试确定图9-50中箱盖与箱体6个M8连接螺栓的拧紧顺序。

实验与实训

单级圆柱齿轮减速器的拆装实训。

第 10 章　先进制造技术与先进生产制造模式

> **学习目标**
> 1. 了解三种先进制造技术各自的概念，了解先进制造生产模式的概念；
> 2. 理解三种先进制造技术的工作原理及五种先进制造生产模式的特点；
> 3. 掌握三种先进制造技术实施的关键技术及五种先进制造模式的应用。

本章简要介绍先进制造技术及先进制造生产模式的概念；介绍快速原型、高速加工、超精密加工技术的工作原理，并行工程、精益生产等五种先进生产模式的特点。主要介绍三种先进制造技术实施的关键技术及五种先进生产模式的应用情况。

先进制造技术是制造业不断吸收信息技术和现代管理技术的成果，并将其综合应用于产品设计、制造、检验、管理、销售、使用、服务乃至回收的制造全过程，以实现优质、高效、低耗、清洁、灵活生产，提高对动态多变的市场的适应能力和竞争能力并取得理想经济效益的制造技术的总称。与传统制造技术相比，先进制造技术具有实用性、应用的广泛性、集成性、系统性等特点。在 21 世纪，随着电子、信息等高新技术的不断发展，随着市场需求的个性化与多样化，未来先进制造技术发展的总趋势是向精密化、柔性化、网络化、虚拟化、智能化、清洁化、集成化、全球化的方向发展。本章仅就目前应用较广的快速原型制造技术、高速加工技术和超精密加工技术等加以简要介绍。

10.1　快速原型制造技术

10.1.1　RPM 技术的产生与发展

随着全球市场一体化的形成，制造业的竞争更趋激烈，产品开发的速度和能力已成为制造业市场竞争的实力基础。同时，制造业为满足日益变化的个性化市场需求，又要求制造技术有较强的灵活性，能够以小批量甚至单件生产而不增加产品的成本。因此，产品的开发速度和制造技术的柔性就变得十分关键。

在此社会背景下，快速原型制造技术（Rapid Prototyping Manufacturing，RPM）于上世纪 80 年代末在美国问世，很快完成数种 RPM 工艺技术的研究、开发与商品化过程。然后日本、西欧等国迅速进入这一领域，世界所有工业发达国家都站在 21 世纪全球竞争的战略高度来关心和支持这一技术。

RPM 技术是当前先进的产品开发与快速模具制造技术，它突破了传统加工模式，不需机械加工设备即可快速制造形状极为复杂的工件。RPM 技术是近 20 年来制造领域的一项重大突破,有人将其称之为继数控技术之后的制造领域又一场技术革命。

10.1.2 RPM 技术原理

RPM 技术是集 CAD 技术、数控技术、材料科学、机械工程、电子技术和激光技术等技术于一体的综合技术,是实现从零件设计到三维实体原型制造的一体化系统技术。它改变了过去的"去除"加工方法,而采用全新的"增长"加工方法,将复杂的三维加工分解成二维加工组合,即由设计者在计算机上设计出所需生产零件的三维模样,用切片软件将立体模样切成一系列二维平面轮廓曲线,犹如将一个实体切成成千上万个薄片,再用快速原型机自动形成每一截面,并将其逐一叠加成所设计的模样实体。其工作流程如图 10-1 所示。

图 10-1 RPM 工作流程图

1) 零件 CAD 数据模型的建立

设计人员可以应用各种三维 CAD 造型系统,包括 MDT, Solidworks, Solidedge, UGⅡ, Pro/E, Ideas 等进行三维实体造型,将设计人员所构思的零件概念模型转换为三维 CAD 数据模型。也可通过三坐标测量仪、激光扫描仪、核磁共振图像、实体影像等方法对三维实体进行反求,获取三维数据,以此建立实体的 CAD 模型。

2) 数据转换文件的生成

由三维造型系统将零件 CAD 数据模型转换成一种可被快速成形系统所能接受的数据文件,如 STL、IGES 等格式文件。目前,绝大多数快速成形系统采用 STL 格式文件,因 STL 文件易于进行分层切片处理。所谓 STL 格式文件即为对三维实体内外表面进行离散化所形成的三角形文件,多数 CAD 造型系统都具有对三维实体输出 STL 文件的功能。

3) 分层切片

快速原形设备根据计算机输出的三维 CAD 模型转换的 STL 数据,将三维实体沿给定的方向切成一个个二维薄片的过程,薄片的厚度可根据快速成形系统制造精度,在 0.05~0.5 mm 之间选择。

4) 快速堆积成形

快速成形系统根据切片的轮廓和厚度要求,用感光聚酯、纸、塑料、塑料粉末等材料制成所要求的薄片,通过一片片的堆积,最终完成三维形体原型的制备。

随着 RPM 技术的发展,其原理也呈现多样化,有自由添加、去除、添加和去除相结合等多种形式。目前,快速成形概念已延伸为包括一切由 CAD 直接驱动的原形成形技术,其主要技术特征为成形的快捷性。

10.1.3 典型的 RPM 工艺方法

虽然,RPM 工艺方法有数十种之多,但较为成熟并广泛应用的有如下几种。

1) 光敏液相固化法(StereolithgRaphy AppaRatus,SLA)

光敏液相固化法又称为立体印刷和立体光刻。如图 10-2 所示,在液槽内盛有液态的光敏树脂,在紫外光照射下产生固化,工作平台位于液面之下。成形作业时,聚焦后的激光束或紫外光光点在液面上按计算机指令由点到线,由线到面的逐点扫描,扫描到的地方光敏树脂液被固化,未被扫描的地方仍然是液态树脂。当一个层面扫描完成后,升降台下降一个层片厚度的距离,重新覆盖一层液态光敏树脂,再次进行第二层扫描,新固化的一层牢固地粘接在前一层上,如此重复直至整个三维零件制作完毕。

SLA方法是最早出现的一种RPM工艺,其工艺特点是:①可成形任意复杂形状的零件;②成形精度高,可达±0.1mm左右的制造精度,表面粗糙度数值小;③材料利用率高,性能可靠。

SLA法工艺适用于产品外形评估、功能试验、快速制造电极和各种快速经济模具。不足之处是所需设备及材料价格昂贵,光敏树脂有一定毒性,不符合绿色制造趋势。

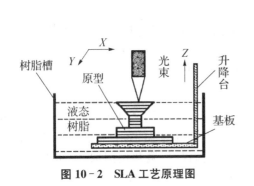

图10-2 SLA工艺原理图　　　　图10-3 LOM工艺原理图

2) 选区片层黏结法(Laminated Object Manufacturing,LOM)

LOM法是利用背面带有黏胶的箔材或纸材通过相互黏结成形的。如图10-3所示,单面涂有热熔胶的纸卷套在纸辊上,并跨过支承辊缠绕在收纸辊上。伺服电动机带动收纸辊转动,使纸卷沿图中箭头所示的方向移动一定距离。工作台上升至与纸面接触,热压辊沿纸面自右向左滚压,加热纸背面的热熔胶,并使这一层纸与基板上的前一层纸黏合。CO_2激光器发射的激光束跟踪零件的二维截面轮廓数据进行切割,并将轮廓外的废纸余料切割出方形小格,以便于成形过程完成后的剥离。每切割完一个截面,工作台连同被切出的轮廓层自动下降至一定高度,重复下一次工作循环,直至形成由一层层横截面粘叠的立体纸质原型零件。然后剥离废纸小方块,即可得到性能似硬木或塑料的"纸质模样产品",稍作处理后可在200℃以下环境中使用。

LOM工艺成形速度快、成形材料便宜、无相变及热应力、精度较高且稳定,但成形后废料剥离费时。适合于航空、汽车等行业中体积较大的制件。

3) 选区激光烧结法(Selective Laser Sintering,SLS)

如图10-4所示,SLS工艺是在一个充满氮气的惰性气体加工室中作业。先将一层很薄的可熔性粉末沉积到成形桶的底板上,该底板可在成形桶内作上下垂直运动。然后按CAD数据控制CO_2激光束的运动轨迹,对可熔粉末进行扫描融化,并调整激光束强度正好能将层高为0.125~0.25mm的粉末烧结成形。这样,当激光束按照给定的路径扫描移动后就能将所经过区域的粉末进行烧结,从而生成零件原型的一个个截面。如同SLA工艺方法一样,SLS每层烧结都是在前一层顶部进行,这样所烧结的当前层能够与前一层牢固的粘接。在零件原型烧结完成后,可用刷子或压缩空气将未烧结的粉末去除。

SLS工艺的特点是取材广泛,不需要另外的支承材料。所用的材料包括石蜡粉、尼龙粉和其他熔点较低的粉末材料。目前已有直接烧结熔点较高的金属粉、陶瓷粉工艺。

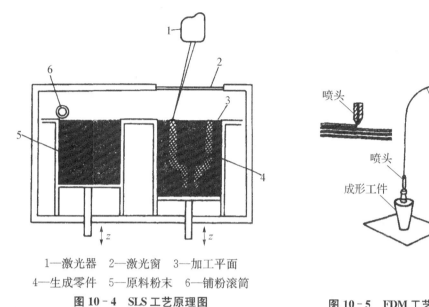

1—激光器　2—激光窗　3—加工平面
4—生成零件　5—原料粉末　6—铺粉滚筒

图10-4　SLS工艺原理图　　　　图10-5　FDM工艺原理图

4）熔丝沉积成形法（Fused Deposition Modeling, FDM）

FDM工艺使用一个外观很像二维平面绘图仪的装置,只是笔头被一个挤压头代替。通过挤出一束非常细的热熔塑料丝的方法来成形堆积由切片软件所给出的二维切片薄层。同样,制造原型从底层开始,一层一层进行。由于热熔塑料冷却很快,这样形成了一个由二维薄层轮廓堆积并粘结成的立体原型（图10-5）。

FDM工艺无需激光系统,因而设备简单,运行费用便宜,尺寸精度高,表面光洁度好,特别适合薄壁零件;但需要支承,这是其不足之处。

RPM技术典型工艺比较,见表10-1。

表10-1　典型工艺比较

工艺方法	原型精度	表面质量	复杂程度	零件大小	材料价格	材料利用	常用材料	制造成本	生产效率	设备费用	市场占有
SLA	较高	优	中等	中小	较贵	接近100%	热固性光敏树脂等	较高	高	较贵	78%
LOM	较高	较差	中等	中大	较便宜	较差	纸、金属箔、塑料、薄膜等	低	高	较便宜	7.3%
SLS	较低	中等	复杂	中小	较贵	接近100%	石蜡、塑料、金属、陶瓷粉末等	较低	中等	较贵	6.0%
FDM	较低	较差	中等	中小	较贵	接近100%	石蜡、塑料、低熔点合金等	较低	较低	较便宜	6.1%

10.1.4 RPM 技术的应用

RPM 技术在国民经济极为广泛的领域得到了应用,并且还在向新的领域发展。

1) 快速产品开发

RPM 在产品开发中的关键作用和重要意义是很明显的,它不受形状复杂程度的限制,可迅速地将显示于计算机屏幕上的设计结果变为可进一步评估的实物原型,根据该原型可对设计的正确性、造型的合理性、可装配和干涉性进行具体的检验。对于一些新产品,或如模具这样形状复杂、造价昂贵的零件,若根据 CAD 模型直接进行最终的加工制造,风险很大,有时往往需要多次返工才能成功,这不仅研制周期长,资金消耗也相当大。通过 RPM 原型的检验可将这种风险降到最低限度。

采用 RPM 快速产品开发技术可减少产品开发成本 30%~70%,缩短开发周期 50%。如德国某公司开发的光学照相机机体,采用 RPM 技术从 CAD 建模到原型制作仅需 3~5 天时间,耗费 5 000 马克;而用传统的方法则至少需一个月,耗费 3 万马克。

2) RPM 在医学领域中的应用

在医学上,应用 RPM 技术进行辅助诊断和辅助治疗的应用也得到日益推广。如脑外科、骨外科,可直接根据 CT 扫描和核磁共振数据转换成 STL 文件,再采用各种 RPM 工艺技术均可制造出病变处的实体结构,以帮助外科医生确定复杂的手术方案。在骨骼制造和人的器官制造上,RPM 有着独特的用处。如人的右腿遭遇粉碎性骨折,则用左腿的 CT 数据经对称处理后可获得右腿粉碎破坏处的骨组织结构数据,通过 RPM 技术制取骨骼原型,可取代已破坏的骨骼,注以生长素,可在若干天后与原骨骼组织长为一体。

3) 快速模具制造(Rapid Tooling,RT)

随着多品种小批量时代的到来以及快速占领市场的需要,开发快速经济型模具越来越引起人们的重视。RT 技术无需数控铣削,无需电火花加工,无需专用工装,直接根据 RPM 原型可将复杂的模具型腔制造出来,是当今 RPM 技术的最大优势。RT 技术与传统模具制造技术相比,可节省三分之一的时间和成本。RT 技术可分为直接制模和间接制模两大类,各自又都有许多不同的工艺方法。范围之广,足以使人们根据产品规格、性能要求、精度需要、成本控制、交货期限来选择合适的技术路线。

(1) 间接制模。间接制模是指利用 RPM 技术首先制造模芯,然后用此模芯复制软质模具,或制作金属硬模具,或者制作加工硬模具的工具。相对于直接制模来说,间接制模技术比较成熟,常用的技术方法和工艺有如下几种。

① 硅橡胶浇注法。该法以 RPM 原型为母模,采用硫化的有机硅橡胶浇注制作硅橡胶软模。其工艺过程为:对 RPM 原型进行表面处理,并在原型表面涂洒脱模剂→将原型放置在模框内并进行固定,同时在真空室对硅橡胶进行配置混合→抽去气泡,向已准备好的模框内浇注混合的硅橡胶液→待硅橡胶固化后开模,取出原型,便得到所需的硅橡胶模。

这种 RT 工艺方法可不考虑增设模具拔模斜度,有较好的切割性能,用薄刀片就可容易地将硅橡胶切开。因此用硅橡胶来复制软质模具时,可以先不分上下模,整体浇注出模具后再由预定的分模面将其切开,取出原型,即可得到上下模。目前高温硫化硅橡胶模可作为压铸模,铸造如锌合金这样的金属件,寿命可达 200~500 件。

②树脂浇注法。树脂浇注法是以液态环氧树脂作为基体材料,将 RPM 原型进行表面处理并涂洒脱模剂,选择设计分型面,然后进行环氧树脂浇注,取出原型后,便得到所需软质模具。环氧树脂模的制作工艺简单,成本低廉,传热性好、强度高,适合于注塑模、吸塑模等模具,其寿命可达 3 000 件。

③精密铸造陶瓷型模具。其工艺过程为:RPM 原型→复制硅橡胶或环氧树脂软模→移去母模原型→利用软模浇注或喷涂陶瓷浆料并硬化→浇注金属形成金属模→金属模型腔表面抛光→加入浇注系统和冷却系统→批量生产用注塑模具。

④电铸法制作金属模。工艺过程:RPM 原型→复制软模→移去母模原型→在软模中浇注石蜡石膏模型→石蜡石膏模型表面金属化处理→电铸形成金属硬壳→制作背衬→加入浇注系统和冷却系统→作为注塑、压铸模具。

⑤金属熔射喷涂法制作金属模。工艺过程:RPM 原型表面处理→原型表面喷涂雾状金属形成金属硬壳→制作背衬→加入浇注系统和冷却系统→作为注塑、压铸模具。所制作的模具力学性能好,可以作为工作压力较高的模具。

⑥熔模铸造制作模具。工艺过程:RPM 原型→制作蜡模压型→蜡模→利用蜡模熔模铸造制成金属模。

(2)直接制模。随着 RPM 技术的发展,可用来制造原型的材料越来越多,性能也在不断改进,一些非金属 RPM 原型已有较好的机械强度和热稳定性,可以直接用作模具。如采用 LOM 工艺的纸基原型,坚如硬木,可承受 200°的高温,并可进行机械加工,经适当的表面处理,如喷涂清漆、高分子材料或金属后,可作为砂型铸造的木模、低熔点合金的铸模、试制用的注塑模及熔模铸造用的蜡模成形模。若作为砂型铸造木模时,纸基原型可制作 50~100 件砂型,用做蜡模成形模时可注射 100 件以上的蜡模。

利用 SLS 工艺烧结由聚合物包覆的金属粉末,可得到金属的实体原型,经过对该原型的后处理,即高温熔化蒸发其中的聚合物,然后在高温下烧结,再渗入熔点较低的如铜之类的金属后可直接得到金属模具。这种模具可用作吹塑模或注塑模,其寿命可达几万件,可用于大批量生产。

利用 RPM 技术直接制造金属模具的方法在缩短制造周期,节省资源,发挥材料性能,提高精度,降低成本方面具有很大潜力。目前,用 SLS 和 FDM 等工艺方法直接成形金属模的研究仍在进行之中。

另外,注塑模、压铸模等多种模具,常常需要用电火花机床(FDM)通过成形电极进行电加工。利用 RPM 原型或其工艺转换模,采用研磨法、精密铸造、电铸、粉末冶金、石墨成形等方法,快速制作金属电极和石墨电极,用于所需模具的加工,要比通常的机械加工方法具有速度快、质量好、成本低、制造周期短的特点。

10.2 高速加工技术

10.2.1 高速加工的概念与特征

1)高速加工的概念

高速加工是一个相对的概念,由于不同的加工方式、不同工件材料有不同的高速加工范围,很难就高速加工的速度给出一个确切的定义。概括地说,高速加工技术是指采用超硬材料的刀具与磨具,利用能可靠地实现高速运动的自动化制造设备,以极高的切削速度来达到提高材料切除率,并保证加工精度和加工质量的现代制造加工技术。

德国切削物理学家 Salomon 于 1931 年提出的著名切削理论认为:一定的工件材料对应有一个临界切削速度,在该切削速度下其切削温度最高。如图 10-6 所示,在常规切削速度范围内(图 10-6 中 A 区)切削温度随着切削速度的增大而提高,当切削速度达到临界切削速度后,随着切削速度的增大切削温度反而下降。Salomon 的切削理论给人们一个重要的启示:如果切削速度能超越切削"死谷"(图中 B 区)在超高速区内(图 10-6 中 C 区)进行切削,则有可能用现有的刀具进行高速切削,从而可大大地减少切削工时,成倍地提高机床的生产率。

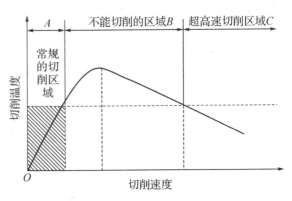

图 10-6 高速切削概念示意图

不同的材料高速切削速度的范围也不同,几种常用的材料如铝合金为 2 000～7 500 m/min,铜为 900～5 000 m/min,钢为 600～3 000 m/min,灰铸铁为 800～3 000 m/min,钛为 150～1 000 m/min。与之对应的进给速度一般为 2～25 m/min,高的可达 60～80 m/min。

2) 高速加工的特征

高速加工的速度比常规加工速度几乎高出一个数量级,在切削原理上是对传统切削认识的突破。由于切削机理的改变,而使高速加工产生出许多自身的优势,表现优越的有如下切削特征。

(1) 切削力低。由于加工速度高,使剪切变形区变窄,剪切角增大,变形系数减小,切屑流出速度加快,从而可使切削变形减小,切削力比常规切削降低 30%～90%,刀具耐用度可提高 70%,特别适合于加工薄壁类刚性较差的工件。

(2) 热变形小。切削时工件温度的上升不会超过 3 ℃,90% 以上的切削热来不及传给工件就被高速流出的切屑带走,特别适合于加工细长、易热变形的零件和薄壁零件。

(3) 材料切除率高。在高速切削时其进给速度可随切削速度的提高相应提高 5～10 倍。这样,在单位时间内的材料切除率可提高 3～5 倍,适用于材料切除率要求大的场合,如汽车、模具和航天航空等制造领域。

(4) 高精度。由于高切速和高进给率,使机床的激振频率远高于机床-工件-刀具系统的固有频率,使加工过程平稳、振动小,可实现高精度、低粗糙度加工,非常适合于光学领域的加工。

(5) 减少工序。许多零件在常规加工时需要分粗加工、半精加工、精加工工序,有时机加工后还需进行费时、费力的手工研磨,而使用高速切削可使工件加工集中在一道工序中完成。这种粗精加工同时完成的综合加工技术,叫做"一次过"技术(One pass maching)。

10.2.2 高速加工技术的发展

从德国 Salomon 博士提出高速切削概念以来,高速切削加工技术的发展经历了高速切削的理论探索、应用探索、初步应用、较成熟的应用四个发展阶段。特别是 20 世纪 80 年代以来,各工业国家相继投入大量的人力和财力进行高速加工及其相关技术方面的研究开发,在大功率高速主轴单元、高加减速进给系统、超硬耐磨长寿命刀具材料、切屑处理和冷却系统、安全装置以及高性能 CNC 控制系统和测试技术等方面均取得了重大的突破,为高速切削加工技术的推广和应用提供了基本条件。

近年来,高速切削加工机床发展迅速,美国、德国、日本、瑞士、意大利等工业国家相继开发了各自的高速切削机床。目前,我国一些公司的铣削中心,其主轴转速达到 10 000~90 000 r/min,最大进给速度可高达 100~180 m/min,功率达 90 W~5.5 kW,最大加速度高达 2~10 g。

目前的高速切削机床均采用了高速的电主轴部件;进给系统多采用大导程多线滚珠丝杠或直线电动机,直线电动机最大加速度可达 2~10 g;CNC 控制系统则采用 32 或 64 位多 CPU 系统,以满足高速切削加工对系统快速数据处理功能的要求;采用强力高压的冷却系统,以解决极热切屑冷却问题;采用温控循环水来冷却主轴电动机、主轴轴承和直线电动机,有的甚至冷却主轴箱、横梁、床身等大构件;采用更完备的安全保障措施来保证机床操作者以及在周围现场人员的安全。

在高速加工的工艺参数选择方面,国际上还没有面向生产的实用数据库可供参考,但在工件材料切削参数的研究方面取得了进展,使一些难加工材料,如镍基合金、钛合金和纤维增强塑料等在高速条件下变得易于切削。对在高速切削机理的研究,包括高速切削过程中的切屑成形机理、切削力、切削热变化规律,及其对加工精度、表面质量、加工效率的影响。目前对铝合金的研究已取得了较为成熟的结论,并用于铝合金的高速切削生产实践;但对于黑色金属及难加工材料的高速切削加工机理尚处探索阶段。

10.2.3 高速切削加工的关键技术

随着近几年高速切削技术的迅速发展,各项关键技术也正在不断地跃上新水平,包括高速主轴、快速进给系统、高性能 CNC 控制系统、先进的机床结构、高速加工刀具等。

1) 高速主轴

高速主轴单元是高速加工机床最关键的部件。主轴高速化指标 $d_m n$ 值(d_m 为轴承中径,mm;n 为转速,r/min)至少应达到 1×10^6。目前我国高速主轴 $d_m n$ 值在 $(1\sim1.5)\times10^6$ 之间,国外主轴 $d_m n$ 值已能达到 $(2.8\sim5.0)\times10^6$。目前高速主轴的转速范围为 10 000~90 000 r/min,加工进给速度在 100 m/min 以上。为适应这种切削加工,高速主轴应具有先进的主轴结构,优良的主轴轴承,良好的润滑和散热等新技术。

当前,高速主轴在结构上几乎全都采用交流伺服电动机内置式集成化结构——电主轴。

如图 10-7 所示,电主轴交流伺服电动机的转子套装在机床主轴上,电动机定子安装在主轴单元的壳体中,采用自带水冷或油冷循环系统,使主轴在高速旋转时保持恒定的温度。这样的主轴结构具有精度高、振动小、噪声低、结构紧凑的特点。

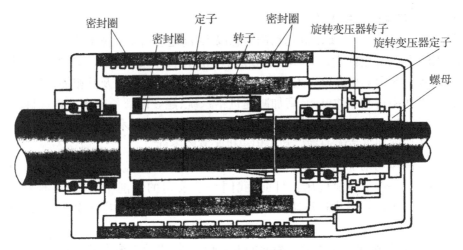

图 10-7 电主轴结构

高速主轴采用的轴承有滚动轴承、气浮轴承、液体静压轴承和磁浮轴承几种形式。

目前,高速铣床上装备的主轴多采用滚动轴承。在滚动轴承中,一种被称之为陶瓷混合轴承越来越被人们所青睐,其内外圈由轴承钢制成,轴承滚珠由氮化硅陶瓷制成。陶瓷珠密度比钢珠低60%,可大幅度降低离心力;陶瓷的弹性模量比钢高50%,相同的滚珠直径,混合轴承具有更高的刚度;此外氮化硅陶瓷摩擦因数低,由此可减少轴承运转时的摩擦发热,减少磨损及功率损失。

滚动轴承各运动体之间是接触摩擦,其润滑方式也是影响主轴极限转速的一个重要因素。适合高速主轴轴承的润滑方式有:油脂润滑、油雾润滑、油气润滑等。其中油气润滑的优点:油滴颗粒小,能够全部有效地进入润滑区域,容易附着在轴承接触表面;供油量较少,能够达到最小油量润滑;油、气分离,既润滑又冷却,而且对环境无污染。因此,油气润滑在超高速主轴单元中得到了广泛的应用。

气浮轴承主轴的优点在于高的回转精度、高转速和低温升,其缺点是承载能力较低,因而主要适合于工件形状精度和表面精度较高、所需承载能力不大的场合。

液体静压轴承主轴的最大特点是运动精度高,回转误差一般在 $0.2~\mu m$ 以下;动态刚度大,特别适合于像铣削的断续切削过程。但液体静压轴承最大的不足是高压液压油会引起油温升高,造成热变形,影响主轴精度。

磁浮轴承是用电磁力将主轴无机械接触地悬浮起来,其间隙一般在 0.1 mm 左右,由于空气间隙的摩擦热量较小,因此磁浮轴承可以达到更高的转速,其转速特征值可达 4.0×10^6 以上,为滚珠轴承主轴的两倍。高精度、高转速和高刚度是磁浮轴承的优点。但由于机械结构复杂,需要一整套传感器系统和控制电路,其造价也在滚动轴承主轴的两倍以上。

2) 快速进给系统

实现高速切削加工不仅要求有很高的主轴转速和功率,同时要求机床工作台有很高的进给速度和运动加速度。在20世纪90年代,工作台的快速进给多采用大导程滚珠丝杠和增加进给伺服电动机的转速来实现,其加速度可达 $0.6g$;在采用先进的液压丝杠轴承,优化系统的刚度与阻尼特性后,其进给速度可达到 40~60 m/min。

若要进一步提高进给速度,滚珠丝杠就显得无能为力了。然而,更先进、更高速的直线电动机已经发展起来,它可以取代滚珠丝杠传动,提供更高的进给速度和更好的加、减速特性。目前,直线电动机的进给速度可达到 160 m/mm,加速度可达 10g,定位精度达 0.5~0.05 μm,甚至更高。直线电动机消除了机械传动系统的间隙和弹性变形,减少了传动摩擦力,几乎没有反向间隙。有专家预言,直线电动机将是未来机床进给传动的基本形式。

3) 高性能的 CNC 控制系统

用于高速加工的 CNC 控制系统必须具有很高的运算速度和运算精度,以及快速响应的伺服控制,以满足高速及复杂型腔的加工要求。为此,许多高速切削机床的 CNC 控制系统采用多个 32 位甚至 64 位 CPU,同时配置功能强大的计算机处理软件,如几何补偿软件已被应用于高速 CNC 系统。当前的 CNC 系统具有加速预插补、前馈控制、钟形加减速、精确矢量补偿和最佳拐角减速控制等功能,使工件加工质量在高速切削时得到明显改善。相应地,伺服系统则发展为数字化、智能化和软件化,使伺服系统与 CNC 系统在 A/D—D/A 转换中不会有丢失或延迟现象。尤其是全数字交流伺服电动机和控制技术已得到广泛应用,该控制技术的主要特点为具有优异的动力学特征和极高的轮廓精度,无漂移,从而保证了高进给速度加工的要求。

4) 先进的机床结构

为了适应粗精加工、轻重切削负荷和快速移动的要求,同时保证高精度,高速切削机床床身必须具有足够的刚度、强度和高的阻尼特性及高的热稳定性。其措施有:一是改革床身结构,如 Gidding&Lewis 公司在其 RAM 高速加工中心上将立柱与底座合为一个整体,使机床整体刚性得以提高;二是使用高阻尼特性材料,如聚合物混凝土。日本牧野高速机床的主轴油温与机床床身的温度通过传感控制保持一致,协调了主轴与床身的热变形。机床厂商同时在切除、排屑、丝杠热变形等方面采用各种热稳定性措施,极大地保证了机床稳定性和精度。高速切削机床用防弹玻璃做观察窗;同时,采用主动在线监控系统对刀具和主轴的运转状况进行在线识别与控制,确保人身与设备的安全。

进入 20 世纪 90 年代以来,在高速切削领域出现了一种全新结构形式的机床——六杆机床,又称为并联机床。该机床的工作原理如图 10-8 所示,机床的主轴由六条伸缩杆支承,通过调整各伸缩杆的长度,使机床主轴在其工作范围内既可作直线运动,也可转动。与传统机床相比,六杆机床能够有六个自由度的运动,每条伸缩杆可采用滚珠丝杠驱动或直线电动机驱动,结构简单。由于每条伸缩杆只是轴向受力,结构刚度高,可以降低其重量以达到高速进给的目的。

5) 高速切削的刀具系统

高速切削时的一个重要问题是刀具磨损。与普通切削相比,高速切削时刀具与工件的接触时间减少,接触频

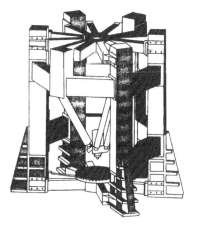

图 10-8 六杆机床结构示意图

率增加,切削过程所产生的热量更多地向刀具传递,刀具磨损机理与普通切削有很大区别。

此外,由于高速切削时的离心力和振动的影响,刀具必须具有良好的平衡状态和安全性能,刀具的设计必须根据高速切削的要求,综合考虑磨损、强度、刚度和精度等方面的因素。

目前,高速切削通常使用的刀具材料有:

① 硬质合金涂层刀具。由于刀具基体有较高的韧性和抗弯强度,涂层材料高温耐磨性好,故允许采用高切削速度和高进给速度。

② 陶瓷刀具。陶瓷刀具与硬质合金刀具相比可承受更高的切削速度。陶瓷刀具与金属材料的亲和力小,热扩散磨损小,其高温硬度优于硬质合金。但陶瓷刀具的韧性较差,常用的有氧化铝陶瓷、氮化硅陶瓷和金属陶瓷等。

③ 聚晶金刚石刀具。聚晶金刚石刀具的摩擦因数低,耐磨性极强,具有良好的导热性,特别适合于难加工材料及黏结性强的有色金属的高速切削,但价格较贵。

④ 立方氮化硼刀具。具有高硬度、良好的耐磨性和高温化学稳定性,寿命长,适合于高速切削淬火钢、冷硬铸铁、镍基合金等材料。

当主轴转速超过 15 000 r/min 时,由于离心力的作用将使主轴锥孔扩张,刀柄与主轴的连接刚度会明显降低,径向跳动精度会急剧下降,甚至出现颤振。为了满足高速旋转下不降低刀柄的接触精度,一种新型的双定位刀柄已在高速切削机床上得到应用,这种刀柄的锥部和端面同时与主轴保持面接触,定位精度明显提高,轴向定位重复精度可达 0.001 μm。这种刀柄结构在高速转动的离心力作用下会更牢固地锁紧,在整个转速范围内保持较高的静态和动态刚性,如图 10-9 所示的德国 HSK 型刀柄就是采用的这种结构。

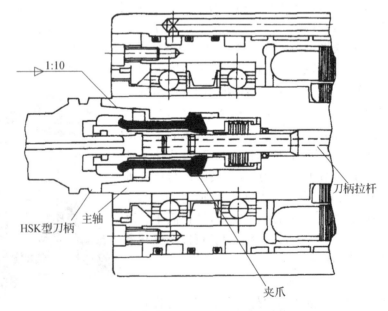

图 10-9　HSK 型刀柄及其联结结构

10.2.4 高速加工的应用

高速切削加工目前主要用于汽车工业大批生产、难加工材料、超精密微细切削、复杂曲面加工等不同的领域。

航空工业是高速加工的主要应用行业。飞机制造通常需切削加工长铝合金零件、薄层腹板件等,直接采用毛坯高速切削加工,可不再采用铆接工艺,从而降低飞机重量。飞机中有多数零件是从原材料中切除80%~90%的多余材料而制成的,即所谓"整体制造法"。采用高速加工这些构件,可使加工效率提高7~10倍,其尺寸精度和表面质量都达到无需再光整加工的水平。

在汽车制造行业,为了满足市场个性化的需求而由大批量生产逐步转向为多品种变批量生产,由柔性生产线代替了组合机床刚性生产线,高速的加工中心将柔性生产线的效率提高到组合机床生产线的水平。

模具制造是高速加工技术的主要受益者。当采用高转速、高进给、低切削深度的加工方法时,对淬硬钢模具型腔加工可获得较佳的表面质量,可省去后续的电加工和手工研磨等工序。高速加工技术在模具行业的应用,无论是在减少加工准备时间,缩短工艺流程,还是缩短切削加工时间方面都具有极大的优势。

纤维增强塑料是机械工业常用的新型复合材料,分碳素纤维和玻璃纤维两大类。切削这种材料时,纤维对刀具有十分严重的刻划作用,刀具很容易磨损。当用金刚石刀具对这种材料进行超高速切削时(切削速度 $v=2\,000\sim5\,000$ m/min,进给量 $f=10\sim40$ m/min),上述问题都可避免,加工精度和效率将明显提高。

随着高速加工技术的成熟和发展,其应用领域将会进一步扩大。

10.3 超精密加工技术

10.3.1 概述

1) 超精密加工的概念

精密和超精密加工已经成为全球市场竞争取胜的关键技术。因为许多现代技术产品需要高精度制造。发展尖端技术、国防工业及微电子工业等都需要精密和超精密加工制造出来的仪器设备。当代的精密工程、微细工程和纳米技术是现代制造技术的前沿,也是将来制造技术的基础。

按加工精度和加工表面质量的不同,通常可以把机械加工分为一般加工(粗加工、半精加工和精加工)、精密加工和超精密加工。所谓超精密加工技术,并不是指某一特定的加工方法,也不是指比某一特定的加工精度高一个数量级的加工技术,而是指在一定的发展时期,加工精度和加工表面质量达到最高水平的各种加工方法的总称。超精密的概念是相对的,是与某个时代的加工与测量水平密切相关的。例如,在50年代,能达到 $1\,\mu m$ 级加工精度的加工技术就可称为超精密加工技术了;而今,一般把按照超稳定、超微量切除等原则实现加工尺寸误差和形状误差在 $0.1\,\mu m$ 以下的加工技术,称为超精密加工技术。

在当今技术条件下,一般加工、精密加工、超精密加工的加工精度可以作如下的划分:

(1) 一般加工。加工精度在 1 μm、表面粗糙度 Ra 在 0.1 以上的加工方法。

(2) 精密加工。加工精度在 0.1～1 μm、表面粗糙度 Ra 为 0.01～0.1 μm 之间的加工方法，如金刚车、精镗、精磨、研磨、珩磨等加工等。

(3) 超精密加工。加工精度高于 0.1 μm，表面粗糙度小于 0.01 μm 的加工方法。一般可分为以下四类：

①超精密切削加工，如金刚石刀具超精密车削、微孔钻削等。

②超精密磨料加工，如超精密磨削、超精密研磨等。

③超精密特种加工，如电子束、离子束加工及光刻加工等。

④超精密复合加工，如超声研磨、机械化学抛光等。

上述方法中，最具代表性的是超精密切削加工和超精密磨料加工。

2) 发展超精密加工技术的重要性

现代机械制造业之所以要致力于提高加工精度，其主要的原因在于：可提高产品的性能和质量，提高其稳定性和可靠性；促进产品的小型化；增强零件的互换性，提高装配生产率，促进自动化装配。

超精密加工技术在尖端产品和现代化武器的制造中占有非常重要的地位。例如：导弹的命中精度是由惯性仪表的精度决定的，而惯性仪表的关键部件是陀螺仪。如果 1 吨重的陀螺转子，其质量中心偏离对称轴 0.5 nm，则会引起 100 m 的射程误差和 50 m 的轨道误差。美国民兵Ⅲ型洲际导弹系统陀螺仪的精度为 $0.03°～0.05°$，其命中精度的圆概率误差为 500 m；而 MX 战略导弹（可装载 10 个核弹头）制导系统陀螺仪精度比民兵Ⅲ型导弹高出一个数量级，从而保证命中精度的圆概率误差只有 50～150 m。

人造卫星的仪表轴承是真空无润滑轴承，其孔和轴的表面粗糙度达到 1 nm，其圆度和圆柱度均以纳米为单位。红外探测器中接收红外线的反射镜是红外导弹的关键性零件，其加工质量的好坏决定了导弹的命中率，要求反射镜表面的粗糙度达到 $Ra<0.01～0.015$ μm。

再如，若将飞机发电机转子叶片的加工精度由 60 μm 提高到 12 μm，而加工表面粗糙度由 0.5 μm 减少到 0.2 μm，则发电机的压缩效率将从 89% 提高到 94%。传动齿轮的齿形及齿距误差若能从目前的 3～6 μm 降低到 1 μm，则单位齿轮箱重量所能传递的扭矩将提高近一倍。

计算机磁盘的存储量在很大程度上取决于磁头与磁盘之间的距离（即所谓"飞行高度"），目前已达到 0.3 μm，近期内可争取达到 0.15 μm。为了实现如此微小的"飞行高度"，要求加工出极其平坦、光滑的磁盘基片及涂层。

从上面所述可以看出，只有采用超精密加工技术才能制造精密陀螺仪、精密雷达、超小型电子计算机及其他尖端产品。近十几年来，随着科学技术和人们生活水平的提高，精密和超精密加工不仅进入了国民经济和人民生活的各个领域，而且从单件小批量生产方式走向大批量的产品生产。在工业发达国家，已经改变了过去那种将精密机床放在后方车间仅用于加工工具、量具的陈规，已将精密机床搬到前方车间直接用于产品零件的加工。

10.3.2 超精密切削加工

超精密切削加工主要指金刚石刀具超精密车削，主要用于加工铜、铝等非铁金属及其合金,以及光学玻璃、大理石和碳素纤维等非金属材料。目前,使用单晶天然金刚石刀具加工上述材料时,一般可直接切出表面粗糙度 Ra 值在 $0.01\sim0.05~\mu m$、尺寸误差在 $0.1~\mu m$ 以下的镜面,因此可以替代手工研磨等光整加工工序。这样不仅可节约工时,同时可提高加工质量。目前金刚石刀具超精密切削加工技术已在陀螺仪、激光反射镜、天文望远镜的反射镜、计算机磁盘等精度和表面质量要求均极高的零件生产中发挥着巨大的作用。

1) 金刚石刀具

广义地讲,金刚石刀具超精密切削也是金属切削的一种,因此,金属切削过程中的一些普遍规律对它仍是适用的。但由于超精密切削时的切削层极薄(一般在 $0.1~\mu m$ 以下),而且金刚石刀具本身具有极为特殊的物理化学性能,因此,其切削过程具有相当的特殊性。

(1) 超精密切削对刀具的要求。为实现超精密切削,刀具应具有如下性能:

①极高的硬度、耐磨性和弹性模量,以保证刀具具有极长的使用寿命和尺寸耐用度。

②刃口应能刃磨得极其锋利,以满足超微薄切削的要求。

③切削刃应没有缺陷,以得到超光滑镜面。

④与工件材料的抗黏结性好、化学亲和性小、摩擦因数低,以得到极好的加工表面质量。

目前在超精密切削中一般都使用单晶金刚石刀具,特别是天然单晶金刚石刀具。这主要是由于天然单晶金刚石具有极高的硬度和耐磨性,较高的热导率,与有色金属间的摩擦因数小、亲和力差,开始氧化时的温度较高。单晶金刚石刀具可以刃磨得极其锋利,目前已经可以磨到刃口半径为 $5~nm$ 的金刚石刀尖。在放大 400 倍的显微镜下观察,其切削刃没有缺口、崩刃等现象,而且切削刃的直线度可达 $0.1\sim0.01~\mu m$,还没有其他任何材料可以磨到如此锋利的程度,且能长期切削而磨损极小。因此,单晶金刚石已成为目前最为理想的超精密切削加工的刀具材料。

(2) 金刚石车刀的结构与几何要素。金刚石车刀通常是将金刚石刀头采用机械夹持或黏结方式固定在刀杆上的。

①刀头形式。金刚石刀具一般不采用主切削刃和副切削刃相交于一点的尖锐刀尖,因为这样的刀尖不仅容易崩刃和磨损,而且易在加工表面留下加工痕迹而使加工表面的表面粗糙度值增大。为获得好的加工表面质量,目前金刚石刀具的主切削刃与副切削刃之间通常用过渡刃对加工表面进行修光,常见的修光刃形式有直线修光刃和圆弧修光刃等。

②前角和后角。由于金刚石较脆,在保证获得较小的表面粗糙度 Ra 值的前提下,为增加切削刃的强度,应采用较大的刀具楔角 β,故刀具的前角和后角一般都取得较小。

增加金刚石刀具的后角 α,可减少刀具后刀面与加工表面的摩擦,进而降低表面粗糙度值。试验表明,当 α 增加到 $15°$ 时,加工表面质量有明显提高,但为了保证切削刃强度,一般取 $\alpha=5°\sim8°$。

(3) 金刚石刀具的刃磨。金刚石刀具的刃磨是超精密切削中的一个极其重要的内容,刀具的刃磨质量主要包括以下两方面的内容。

①晶面的选择。由于单晶金刚石是各向异性的,其不同方向的性能(如硬度和耐磨性、微观强度和解理破碎的或然率、研磨加工的难易程度等)相差很大。因此,一颗单晶金刚石毛坯要制成精密金刚石刀具,首先要经过精确的晶体定向,以确定所制成刀具的前、后刀面的空间位置及需要磨去的部分。晶面选择的正确与否将直接影响刀具的使用寿命。目前使用的金刚石晶体定向方法主要有人工目测定向、X 射线晶体定向和激光定向等。

②刀具刃口的刃磨。在金刚石刀具超精密切削中,超微量切除的好坏主要取决于刀具刃口的锋利程度。由于金刚石是目前所发现的最硬的材料,因此对它的精密刃磨是比较困难的。目前仍然主要采用研磨机来刃磨金刚石刀具。研磨盘一般用优质铸铁制造,要求其表面平整无砂眼等缺陷,盘的直径一般为 300 mm,转速为 2 000~3 000 r/min。刃磨时,金刚石刀头装在夹具中,按要求的角度调整好并加一定的压力压在研磨盘上,再加上研磨剂就可以进行刀具的刃磨了。

2) 超精密切削加工的微量进给装置

(1) 超精密切削对微量进给装置的要求。为实现超精密切削加工,加工机床除应具有高精度的主轴组件和导轨部件外,还必须具有高精度的微量进给系统,这是实现超微量切削和达到高精度尺寸加工的重要保证。在超精密切削加工中,刀具的超微量进给是由精确、稳定、可靠的微量进给装置来实现的,因此,一个好的微量进给装置应具有如下性能:

①微量进给与粗进给分开,以提高微量进给的精度和稳定性,同时保证加工效率。

②运动副必须是低摩擦和高稳定性的,以保证进给速度均匀、进给平稳、无爬行现象,从而使进给装置达到较高的重复定位精度。

③装置内部各连接处必须可靠接触,接触间隙极小,接触刚度极高。

④末级传动件(即刀具夹持处)必须具有很高的刚度,以保证刀具进给的可靠性。

⑤在要求快速微量位移(如用于随机误差补偿)时,微量进给装置应具有好的动态特性,即极高的频率响应特性。

⑥工艺性好,容易制造。

(2) 常见的微量进给装置。为满足微量进给的上述要求,除应提高进给装置零部件的制造和安装精度外,目前已出现了多种利用不同材料在磁场、电场、温度场和负荷作用下所产生的物理现象来实现微量位移的微量进给装置。下面简要介绍在超精密加工机床上应用较为成熟的压电陶瓷微量进给装置。

压电陶瓷具有电致伸缩效应。电致伸缩效应的变形量与电场强度的平方成正比。用压电陶瓷制造微量进给装置具有很多优点,如:能实现高刚度、无间隙位移;能实现极精细的微量位移(分辨率可达 1.0~2.5 nm);变形系数大,频响特性好,其响应时间可达 100 μs;无空耗电流发热问题等。

图 10-10 为压电陶瓷微量进给装置。压电陶瓷器件 3 在预压应力状态下与弹性变形载体刀夹 1 和后垫块 4 黏结安装。在电场作用下,陶瓷伸长,推动刀夹作微量位移。位移量可由电感测头 5 测出,作为位移量的校准或监控之用。此装置的最大位移量可达 15~16 μm,分辨率为 0.01 μm,静刚度为 60 N/μm。

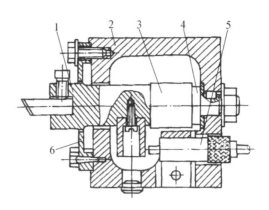

1—刀夹　2—主体　3—压电陶瓷器件
4—后垫块　5—电感测头　6—弹性支承
图 10-10　压电陶瓷微量进给装置

10.3.3　超精密磨削加工

对于铜、铝及其合金等软金属,用金刚石刀具进行超精密车削是十分有效的;而对于黑色金属、硬脆材料等,用精密和超精密磨削加工在当前是最主要的精密加工手段。磨削加工可分为砂轮磨削、砂带磨削,以及研磨、珩磨和抛光等加工方法,这里仅介绍超精密砂轮磨削加工。

超精密磨削是指加工精度达到或高于 $0.1~\mu m$、表面粗糙度 Ra 低于 $0.025~\mu m$ 的一种亚微米级加工方法,并正向纳米级发展。超精密磨削的关键在于砂轮的选择、砂轮的修整、磨削用量和高精度的磨削机床。

1) 超精密磨削砂轮

在超精密磨削中所使用的砂轮,其材料多为金刚石、立方氮化硼磨料,因其硬度极高,故一般称为超硬磨料砂轮。金刚石砂轮有较强的磨削能力和较高的磨削效率,在加工非金属硬脆材料、硬质合金、有色金属及其合金时有较大的优势。由于金刚石易于与铁族元素产生化学反应和亲和作用,故对于硬而韧、高温硬度高、热导率低的钢铁材料,则用立方氮化硼砂轮磨削较好。立方氮化硼比金刚石有较好的热稳定性和较强的化学惰性,其热稳定性可达 1 250~1 350 ℃,而金刚石磨料只有 700~800 ℃,虽然当前立方氮化硼磨料的应用不如金刚石磨料广,且价格也比较贵,但它是一种很有发展前途的磨具磨料。

超硬磨料砂轮通常采用如下几种结合剂形式:

(1) 树脂结合剂。树脂结合剂砂轮能够保持良好的锋利性,可加工出较好的工件表面,但耐磨性差,磨粒的保持力小。

(2) 金属结合剂。该结合剂砂轮有很好的耐磨性,磨粒保持力大、形状保持性好、磨削性能好,但自锐性差,砂轮修整困难。常用的结合剂材料有青铜、电镀金属和铸铁纤维等。

(3) 陶瓷结合剂。它是以硅酸钠作为主要成分的玻璃质结合剂,具有化学稳定性高、耐热、耐酸碱功能,脆性较大。

用金刚石砂轮磨削石材、玻璃、陶瓷等材料时,选择金属结合剂,砂轮的锋利性和寿命都好;对于硬质合金和金属陶瓷等难磨材料,选用树脂结合剂,具有较好的自锐性。CBN 砂轮一般用树脂结合剂和陶瓷结合剂。

2) 超精密磨削砂轮的修整

砂轮的修整直接影响被磨工件的加工质量、生产效率和生产成本。砂轮修整通常包括修形和修锐两个过程。所谓修形,是使砂轮达到一定精度要求的几何形状;修锐是去除磨粒间的结合剂,使磨粒突出结合剂一定高度,形成足够的切削刃和容屑空间。普通砂轮的修形与修锐一般是同步进行的,而超硬磨料砂轮的修形和修锐一般是分为先后两步进行。修形要求砂轮有精确的几何形状,修锐要求砂轮有好的磨削性能。超硬磨料砂轮,如金刚石和立方氮化硼,都比较坚硬,很难用别的磨料磨削以形成新的切削刃,常通过去除磨粒间结合剂的方法,使磨粒突出结合剂一定高度,形成新的磨粒。

超硬磨料砂轮修整的方法很多,可归纳为以下几类:

(1) 车削法。用单点、聚晶金刚石笔、修整片等车削金刚石砂轮以达到修整目的。这种方法的修整精度和效率都比较高,但修整后的砂轮表面平滑,切削能力低,修整成本也高。

(2) 磨削法。用普通磨料砂轮或砂块与超硬磨料砂轮进行对磨修整。普通砂轮磨料如碳化硅、刚玉等磨粒被破碎,对超硬磨料砂轮结合剂起到切削作用,失去结合剂后磨粒就会脱落,从而达到修整的目的。这种方法的效率和质量都较好,是目前较常用的修整方法,但普通砂轮的磨损消耗量较大。

(3) 喷射法。将碳化硅、刚玉磨粒从高速喷嘴喷射到转动的砂轮表面,从而去除部分结合剂,使超硬磨粒突出,这种方法主要用于修锐。

(4) 电解在线修锐法(Electrolytic in-process dressing,ELID)。ELID 是由日本大森整等人在 1987 年推出的超硬磨料砂轮修锐新方法。该法用于以铸铁纤维为结合剂的金刚石砂轮,应用电解加工原理完成砂轮的修锐过程。如图 10-11 所示,将超硬磨料砂轮接电源正极,石墨电极接电源负极,在砂轮与电极之间通以电解液,通过电解腐蚀作用去除超硬磨料砂轮的结合剂,从而达到修锐

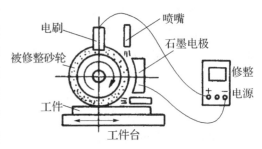

图 10-11 在线电解修锐法原理图

效果。在这种电解修锐过程中,被腐蚀的砂轮铸铁结合剂表面逐渐形成钝化膜,这种不导电的钝化膜将阻止电解的进一步进行,只有当突出的磨粒磨损后,钝化膜被破坏,电解修锐作用才会继续进行,这样可使金刚石砂轮能够保持长时间的切削能力。

此外,尚有电火花修整法、超声波修整法、激光修整法等,有待进一步研究开发。

3) 磨削速度和磨削液

金刚石砂轮的磨削速度一般不能很高,根据磨削方式、砂轮结合剂和冷却情况的不同,其磨削速度为 12～30 m/s。磨削速度太低,单颗磨粒的切屑厚度过大,不但使工件表面粗糙度值增加,而且也使金刚石砂轮磨损增加;磨削速度提高,可使工件表面粗糙度值降低,但磨削温度将随之升高,而金刚石的热稳定性只有 700～800 ℃,因此金刚石砂轮

的磨损也会增加。所以,应根据具体情况选择合适的磨削速度,一般陶瓷结合剂、树脂结合剂的金刚石砂轮其磨削速度可选高些,金属结合剂的金刚石砂轮磨削速度可选低些。

立方氮化硼砂轮的磨削速度可比金刚石砂轮高得多,可达 80~100 m/s,主要是因为立方氮化硼磨料的热稳定性好。

超硬磨料砂轮磨削时,磨削液的使用与否对砂轮的寿命影响很大,如树脂结合剂超硬磨料砂轮湿磨可比干磨提高砂轮寿命 40% 左右。磨削液除了具有润滑、冷却、清洗功能之外,还有渗透性、防锈、提高切削性等功能。磨削液被分为油性液和水溶性液两大类,油性液主要成分是矿物油,其润滑性能好;水溶性液主要成分是水,其冷却性能好,主要有乳化液、无机盐水溶液、化学合成液等。磨削液的使用应视具体情况合理选择。金刚石砂轮磨削硬质合金时,普遍采用煤油,而不宜采用乳化液;树脂结合剂砂轮不宜使用苏打水。立方氮化硼砂轮磨削时宜采用油性的磨削液,一般不用水溶性液,因为在高温状态下,CBN 砂轮与水会起化学反应,称为水解作用,会加剧砂轮磨损。若不得不使用水溶性磨削液时,可加极压添加剂,以减弱水解作用。

10.3.4 影响超精密加工的主要因素

如前所述,超精密加工技术已成为融合当代最新科技成果,涉及面极其广泛的系统工程。因此,影响超精密加工的因素是相当多的,这不仅包括加工方法本身的影响,而且还包括整个制造系统及其相关技术的影响。归纳起来,一般认为影响超精密加工的主要因素有如下几个方面。

1) 加工方法的原理及超微量加工机理

一般加工时,"工作母机"的精度总是要高于被加工零件的精度要求,这一规律被称为"母性"原则。此时,机床的几何误差与传动链误差会以刀具相对于工件的相对运动"遗传"给工件,而且在加工过程中还存在着诸如热变形、力变形、振动、磨损等因素的影响,致使被加工零件的精度总是低于机床的精度,这就是所谓的精度"退化"现象。而对于超精密加工,由于对被加工零件的精度要求极高,这使得具有误差遗传和精度退化特征的"母性"原则加工极难胜任超精密加工的要求,此时必须考虑使用精度低于被加工零件精度要求的机床,借助于工艺手段和特殊工具来满足加工要求,这就是所谓的"创造性"加工原则。在实施"创造性"加工时,一方面要利用先进的工艺方法,如前面讲到的 ELID 磨削法,它可以在普通磨床上加工出 Ra 为 $0.03~\mu m$ 的镜面;另一方面就是要利用误差的补偿和均化技术等。"创造性"加工方法是符合机械加工精度不断提高的历史事实的,它一直是超精密加工的主要手段。正因为如此,在实施超精密加工时,不但应考虑加工方法本身的原理性误差,还应考虑"创造性"加工所带来的问题。

超精密加工必须能均匀地去除(或附着)不大于加工精度和表面粗糙度要求的极薄的加工层,即超微量加工。由于加工层极薄,这使得超微量加工的加工机理与普通加工相差甚大。它已经深入到了物质的微观领域,此时不得不考虑材料物质内部的不均匀性和不连续性而引起的切削阻力的急剧变化,以及由此而带来的一系列问题。因此,必须重视超微量加工机理的研究。

2) 加工设备及其基础元件

即使采用"创造性"原则进行超精密加工时,加工设备及其基础元件的质量仍然是获得高质量加工的关键,世界各国都对此投入了极大的人力和物力。如日本新研制的一台盒式超精密立式车床,其整体结构采用了盒式结构,加工区域形成了封闭空间,自成系统而不受外界干扰,同时该机采用热对称结构及低热变形复合材料以抑制热变形的影响,并且在冷却、恒温等方面均进行了改进,该机获得了优良的加工性能。一般说来,为满足超精密加工要求,其加工设备应满足如下要求:

(1) 高精度和高刚性。加工设备本身具有极高精度和刚度的主轴系统、进给系统及微量进给装置等,是实现超精密加工的基础。目前,超精密加工机床的主轴系统一般采用回转精度高、刚性好、阻尼大、抗震动性能好的空气或液体静压轴承支承的主轴系统。

(2) 高稳定性和高可靠性。这主要是指机床抵抗热变形、磨损、振动等的性能。

(3) 高自动化程度。提高自动化程度,减少人为因素的影响,是提高超精密加工水平的重要条件。

3) 测量技术

加工与测量技术是相辅相成的、不可分离的整体。如果没有与加工精度相适应的测量技术,就不能判断加工精度是否达到要求,也就无法为加工精度的进一步提高指明方向。超精密加工要求测量精度比加工精度至少高一个数量级。目前,超精密加工精度已可稳定达到亚微米($0.1\ \mu m$)级甚至百分之一微米级。这就要求测量精度能达到纳米级水平。目前,在超精密加工中除广泛应用基于光学原理的测量技术和高灵敏度的电气测量技术外,还在探索使用新出现的高新技术进行显微测量。下面简单介绍目前比较先进的扫描隧道显微测量技术。

图 10-12 是扫描隧道显微镜原理图。在探针与被测件之间有微小电压,当其间隙仅为 1.2 nm 时产生隧道效应,流过这一间隙的电流值对间隙的大小十分敏感。利用这一效应,通过精密调整由压电陶瓷侍服驱动的探针的 z 向位置,可使流过这一间隙的电流保持常量。水平方向的运动由 x 和 y 向的压电陶瓷来实现,这样即可完成三维尺寸和表面粗糙度的精确测量。目前,应用这种方法已可获得 0.01 nm 垂直方向的分辨力和 0.5 nm 的水平方向的分辨力。

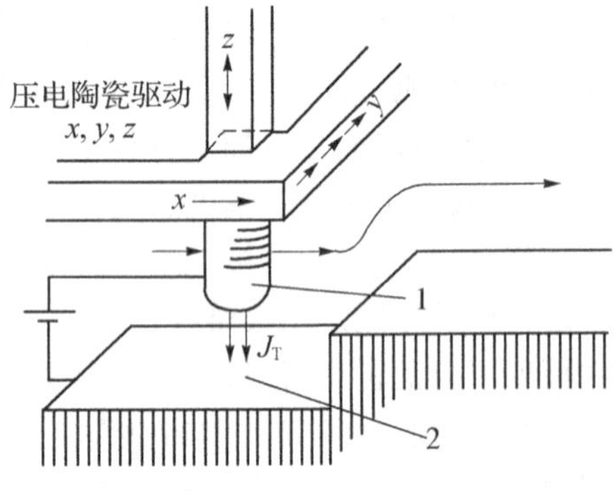

1—探针 2—被测件
图 10-12 扫描隧道显微镜原理图

4) 加工环境条件

在超精密加工中,加工环境条件对加工质量的影响极大,其极其微小的变化都可能导致加工达不到目的。因此,超精密加工必须在超稳定的加工环境下进行。超稳定的加工环境条件,主要指恒温、恒湿、防振和无尘等方面。机床的防振和抗震性能的好坏,对超精密加工的影响是至关重要的,下面简单介绍超精密加工机床通常防振措施。

加工工艺系统的振动主要来自机内振源和机外振源的干扰。为消除机内振源的干扰,通常是对机床的高速回转部件(如主轴、砂轮、电动机转子)等进行精确的动平衡,并将振源与机座之间用防振垫隔开;将液压系统的油箱、马达、液压泵等供油系统与机床分开,通往机床的油液用软管输送,以减少脉动的影响;对于机床的传动系统,则应提高齿轮的制造精度和装配质量,以切实减少啮合振动,若采用带传动,则应选择薄厚均匀、无接头、软质的平带;选择抗震性能好的材料来制造机床也已经成为提高机床抗震性的一个重要方面,如采用花岗石来制造床身,它既是气动导轨的一部分,又是重载机座。由于花岗石的自振频率通常为 3 Hz,与机床的工作频率相差甚远,因此可以有效地抗震。对于机外振源的干扰,通常是采取隔振的方法来减少或消除,目前广泛采用的隔振方法是增设隔振平台(或称隔振地基)。

事实上,除上述主要因素外,影响超精密加工的因素还有很多,如加工工具、工件的定位与夹紧方式、操作者的技艺水平等。值得注意的是,上述各影响因素并不是独立地起作用的,而是相互影响、相互制约的。

10.4 先进制造生产模式

制造生产模式是制造业为了提高产品质量、市场竞争力、生产规模和生产速度,完成特定的生产任务而采取的一种有效的生产方式和一定的生产组织形式。现代先进制造生产模式是从传统的制造生产模式中发展、深化和逐步创新而来的。工业化时代的特大批量生产模式以提供廉价的产品为主要目的;信息化时代的柔性生产模式、精益生产模式、敏捷制造模式等都以快速满足顾客的多样化需求为主要目的;未来的发展趋势是知识化时代的绿色制造生产模式,它以产品的整个生命周期中有利于环境保护、减少能源消耗为主要目的。下面简单介绍一些有代表性的制造模式,如并行工程、精益生产、虚拟制造、敏捷制造和绿色制造等。

10.4.1 并行工程

1) 并行工程相关概念、核心问题及系统组成

(1) 并行工程概念。1998 年,美国国家防御分析研究所(IDA)完整地提出了并行工程(Concurrent Engineering,CE)的概念,即"并行工程是集成地、并行地设计产品及其相关过程(包括制造过程和支持过程)的系统方法"。这种方法要求产品开发人员一开始就考虑产品整个生命周期中从概念形成到产品报废的所有因素,包括质量、成本、进度计划和用户要求。通过集成企业的一切资源,使产品开发人员尽早地考虑产品生命周期中的所有因素(包括设计、分析、制造、装配、检验、维护、成本和质量),以达到提高产品质量、降低成本、缩短开发周期的目的。自并行工程提出以来,所依靠的基础技术,如网络技术、数据库技术和仿真技术等已经有了飞速的发展,其技术手段也在不断改进。

(2) 并行工程的核心问题。传统制造业的工作方式是产品设计——工艺设计——计划调度——生产制造的串行方式。在这种方式中,设计工程师与制造工程师之间互相不了解,互相不交往,因而造成了设计图样上的技术要求可能不适合于制造工艺,甚至可能根本无法实现;制造工程师若主观做修改,可能会降低产品性能、质量;出现问题时双方互相推诿,影响效率和质量。串行工作方式的产品开发周期长,适应性差。

并行工程的组织是多功能小组。并行工程将其目标明确放在缩短开发时间(包括新产品和用户定制产品的生产)及提高产品质量方面。多功能小组由各个专业、各个部门的人员联合组成,技术设计、工艺设计、加工制造的需求和经验在这里互相交流,取长补短,机械、电子、电气、计算机、液压等各种专业的工程师一起工作,相互配合,用最有效的

方法去解决一个又一个问题。多功能小组并行地进行产品的开发,统一考虑产品的设计、工艺及制造等各方面的因素,统一完成设计小组及制造等方面参数的确定,把满足用户需求作为产品开发的最终目标。

并行工程是一个关于设计过程的方法,它需要在设计中全面考虑到相关过程的各种问题。它要求所有设计工作要在生产开始前完成,并不是要求在设计产品的同时就进行生产。并行工程不是指同时或交错地完成设计生产任务,而是指对产品及其下游过程进行并行设计,不能随意消除一个完整工程过程中现存的、顺序的、向前传递信息的任一必要阶段。并行工程是对设计过程的集成,是企业集成的一个侧面,它企图做到的是优化设计,依靠集成各学科专业人员的智慧做到设计和制造周期最短,一次成功。

并行工程的主要任务有:①组织管理与协同工作;②并行进行产品开发,注重早期概念设计阶段,持续地改善产品的开发过程;③信息管理、交流与集成;④各种现代技术的集成及综合运用。

并行工程的关键是在设计产品时考虑相关过程,包括工艺、装配、检验、质量保证和销售维护等。产品开发过程中各个阶段的设计工作交叉、并行进行。通过各项工作的仿真、分析和评价,进行不断地改善。并行工程涉及产品整个生命周期中的方方面面,要使并行工程正常运行,必须集成并综合运用各种现代技术,如计算机技术、信息技术、通信网络技术、CAD/CAM 技术、人工智能技术和系统仿真技术等。

(3) 并行工程的系统组成。并行工程包括 4 个分系统:①管理与质量分系统;②工程设计分系统;③支持环境分系统;④制造分系统。

2) 并行工程的实施与应用

并行工程不同于计算机集成制造,却能为计算机集成制造系统提供良好的运行环境。并行工程是一种哲理、指导思想、方法论和工作模式,其本质是:强调在设计阶段考虑制造过程的可行性,包括可制造性、可装配性和可检验性等;注重根据企业的设备和人力资源条件,考虑产品的可生产性;考虑产品的可使用性、可维修性和报废时易于处理等特性。

实现并行工程有两种方式:一种是基于专家协作的并行管理;另一种是基于计算机的并行设计。

基于专家协作的并行管理的重点是以人为中心的组织管理问题,其实施要点包括三个方面:组织一个一体化的多层次管理体系;建立多功能学科小组;企业组织和文化相应改变。

基于计算机的并行设计是应用计算机技术和人工智能技术等来表达产品生命周期的所有信息,以辅助并行工程的实现。

实施并行工程的基本要求有:①建立统一的产品模型;②建立分布式设计环境;③提供设计的开放式环境;④提供不同平台间的信息交换渠道。

10.4.2 精益生产

精益生产(Lean Production,LP)是起源于日本丰田汽车公司的一种生产管理方法,也叫精良生产,就是及时制造、消灭故障、消除一切浪费,向零缺陷、零库存进军。精益生产综合了大量生产中实现多品种和高质量产品的低成本生产。精益生产方式既是先进制造技术,又是企业生产要素的配置方式,它是以市场需求为依据,以发挥人的力量为根本,以有效配置和合理使用企业资源、最大限度地为企业谋求利益为目标的一种新型生产方式。

精益生产追求精益求精和不断改善,去掉生产环节中一切无用的东西,精减产品开发设计、生产和管理中一切不产生附加值的工作,并围绕此目标发展了一系列工具和方法,逐渐形成了一套独具特色的生产经营管理模式。

1) 精益生产的内涵

(1) 精益生产以零库存、高柔性、无缺陷为目标,防止过量生产。精益生产方式的最终目标与企业的经营目标一致:利润最大化。实现这个最终目标的方式:一是不断取消那些不增加产品价值的工作,即降低成本;二是快速应对市场需求,这两方面体现到生产中便成为零库存、高柔性、无缺陷。

库存可以掩盖企业存在的各种问题,如设备故障造成停机,计划不周造成生产脱节等,库存的产品可以帮助钝化和缓解生产系统的问题。但库存所掩盖的生产系统中的问题,可能长期得不到解决。精益生产提出"向零库存进军"的口号,直接针对生产系统中的各种问题,寻找解决办法,使整个系统高效、连续地运转起来。

高柔性是指能适应市场需求多样化的要求,及时生产多品种的产品。精益生产的目标是消除各种引起不合格品的因素,在加工过程中,每一个工序都要达到最好水平,建立"零缺陷"质量控制体系,追求零缺陷的目标。当然,这只是一种理想境界,但永无止境地去追求这一目标,才会使企业永远走在行业的前头。

精益生产在零库存的目标下,采用高柔性的生产组织形式生产零缺陷的产品,通过彻底消除浪费,防止过量生产,来实现企业的利润目标。

(2) 精益生产以精简为手段,消除一切不增值的活动。精益生产把生产中一切不能增加附加值的活动都视为浪费,彻底消除浪费体现着精益生产方式的精髓。生产、运送、库存和管理等过程中的浪费都给企业增加了成本,减少了利润。为杜绝这些浪费,精益生产要求在生产和组织过程中,取消一切不直接为产品增值的环节和工作岗位。

精益生产以用户为"上帝",以"人"为中心,强调人的作用。精益生产体现用户是"上帝"的精神,生产出用户需要的产品,并尽可能地缩短交货期。精益生产方式把工作任务和责任最大限度地转移到直接为产品增值的员工身上,强调人是一切活动的主体,大力推行独立自主的小组化工作方式。加大员工对生产的自主权和决策权。小组协同工作使员工工作的范围扩大,充分发挥一线职工的积极性和创造性,使一线员工真正成为"零缺陷"生产的主力军,更有利于精益生产的推行。

2) 精益生产的特征

精益生产之所以在世界范围引起了强烈反响,关键就在于它将近几十年出现的先进技术和思想都运用到企业的精益改造中,主要表现在以下几方面。

(1) 拉动式生产(Pull)。拉动式生产强调只生产必需的产品,它既向生产线提供了良好的柔性,又充分挖掘了生产中降低成本的潜力。拉动式生产方式可以保证最小的库存和最少的在制品数。

(2) 全面质量管理(TQM)。精益生产强调好的质量是生产出来的而非检验出来的,由生产过程中的质量管理来保证最终质量。

(3) 并行工程(CE)。并行工程是精益生产方式的基础。它要求产品开发人员从设计阶段就考虑产品生命周期的全过程,在考虑质量、成本、进度和用户要求的前提下,将概念设计、结构设计、工艺设计和最终需求等结合起来,保证以最快的速度完成产品开发。

(4) 成组技术(GT)。成组技术是精益生产方式的集中体现。成组技术按照一定的要求将零件以相似性分组,同组的零件尽量采用相同的工艺方式。

(5) 团队工作法(Teamwork)。精益生产讲究团队协作性。每位员工不仅要执行上级的命令,还要积极地参与到决策与辅助决策中去,和相关人员组成合作团队。

10.4.3 虚拟制造

1) 虚拟制造(Virtual Manufacturing,VM)的概念

虚拟制造是虚拟现实技术和计算机仿真技术在制造领域的综合发展和应用,是实际制造过程在计算机上的模拟实现。它通过计算机技术构造一个虚拟但逼真的制造环境,将与产品制造相关的各种过程集成在三维动态的仿真模型之上,实现从设计技术(如制图、有限元分析、原型制作等)到制造技术(如工艺计划、加工控制等)乃至车间布局、车间调度及服务培训等各个方面的模拟和仿真。虚拟制造由计算机群组协同工作,不仅减少了新产品开发的投资,而且还大大缩短了产品的开发周期,从而对不断变化的市场做出快速响应。虚拟制造技术是 CAD、CAE、CAM、CAPP 和仿真技术的更高阶段。利用虚拟现实技术、仿真技术等在计算机上建立起虚拟制造环境给产品从开发到生产制造带来了极大的柔性。当产品设计成形时,利用虚拟制造系统模拟生产过程可以让设计者及时发现制造过程中的问题,通过修改方案来解决这些矛盾,设计的效率和可靠性都将大大提高,在提高产品质量的同时也缩短了开发周期。总之,虚拟制造技术以信息技术、仿真技术和虚拟现实技术为支持,在产品生产出来之前,就使生产者对未来产品的性能或制造过程有整体的把握,从而做出前瞻性的决策与优化方案。

2) 虚拟制造的特点

由于虚拟制造系统基本上不消耗能量和资源,也不生产实际产品,所以与实际制造相比较,它具有如下主要特征。

(1) 高度集成化。虚拟制造系统综合运用了系统工程、知识工程和人机工程等多学科先进技术来实现信息集成、智能集成、串并行工作机制集成和人机集成。

(2) 功能一致性。虚拟制造系统的功能和结构与实际制造系统的功能和结构一致,可以真实地反映制造过程本身的动态特性。

(3) 支持敏捷制造。产品开发在计算机上完成,使得企业能根据用户需求或市场变化,快速更改设计,快速投入生产,从而大幅度缩短新产品的开发时间、提高产品质量、降低生产成本。同时,无须制造实物样机就可以预测产品性能,及早发现生产中可能存在的问题,及时反馈和改正,提高了设计效率。

(4) 分布式合作。虚拟制造系统利用网络,使不同地点、不同部门的不同专业人员在同一个产品模型上同时工作,相互交流,信息共享,提高了整个制造活动的并行处理能力,减少了文件生成及传递的时间,并从系统全局的角度寻找全局最优的解决方案,从而

使企业可快捷、高效、低耗地响应市场变化。

3) 虚拟制造的分类

按照与生产各个阶段的关系,可以把虚拟制造划分为三类:以设计为中心的虚拟制造,以生产为中心的虚拟制造和以控制为中心的虚拟制造。

(1) 以设计为中心的虚拟制造,强调将制造信息加入产品设计与工艺设计过程中,在计算机中分别对产品模型的多种制造方案进行仿真、分析和优化,进行产品的结构性能、运动学、动力学、热力学方面的分析,检验其可制造性、可装配性,以获得对产品设计方案的评估结果。

(2) 以生产为中心的虚拟制造,将仿真能力加入生产计划模型中,对企业的生产过程进行仿真,对不同的加工过程及其组合进行优化,通过提供精确的生产成本信息对生产计划与调度进行合理化决策,对制造资源和环境进行优化组合。

(3) 以控制为中心的虚拟制造,将仿真技术引入控制模型,提供对实际生产过程仿真的环境,来评价产品的设计、生产计划和控制策略,着重于生产过程的规划、组织管理、资源调度、物流、信息流等的建模、仿真与优化,如虚拟企业、虚拟研发中心等。

4) 虚拟制造的应用

波音777全面采用VM技术,其整机设计、部件测试、整机装配及各种环境下的试飞均是在计算机上完成的,使其开发周期从过去的8年时间缩短到5年,甚至在一架样机都未生产的情况下就获得了订单;福特和克莱斯勒公司与IBM合作开发的虚拟制造环境用于其新型汽车的研制,在样车生产之前,发现其定位系统的控制及其他许多设计缺陷,缩短了研制周期,新型汽车的开发周期由36个月缩短至24个月。

10.4.4 敏捷制造

1) 敏捷制造(Agile Manufacturing,AM)的概念

敏捷制造是"将柔性生产技术,有技术、有知识的劳动力与能够促进企业内部和企业之间合作的灵活管理(三要素)集成在一起,通过所建立的共同基础结构,对迅速改变的市场需求和市场实际做出快速响应"的生产模式。从这一目标中可以看出,敏捷制造实际上主要包括三个要素:生产技术、管理和人力资源。

敏捷制造的优点:生产更快,成本更低,劳动生产率更高,机器利用率高,质量可靠,可靠性好,库存少,适用于CAD/CAM操作。

敏捷制造是指制造系统在满足低成本和高质量的同时,具有对变幻莫测的市场需求的快速反应能力,其敏捷能力应反映在:①市场变化;②竞争力;③柔性;④快速;⑤企业策略;⑥企业日常运作等。

敏捷制造是自主的、虚拟的和可重构的制造系统,强调资源的可重组、可重用和可扩充;是在"竞争—合作—协同"的机制下,实现对市场需求做出灵活快速反应的一种生产制造新模式。敏捷制造可以使企业间从竞争走向合作,从相互保密走向信息交流。这虽与传统观念不一致,但会给企业带来更大的经济效益。如果市场上出现一个新的机遇,几家本来是竞争对手的大公司,可能立即组成一种合作关系:A公司开发齿轮箱,B公司开发轴及齿轮,C公司负责总装、测试,各家拿出最强手段来共同开发,迅速占领市场。完成这次合作之后,各家还是各自独立的公司,这种方式称为"虚拟企业"(Virtual Enterprise)。

2) 敏捷制造的关键技术基础

敏捷性的提高本身并不依赖于高技术或高投入,但适当的技术和先进的管理能使企业的敏捷性达到一个新的高度。敏捷制造的关键技术基础有以下几点。

(1) 一个跨企业、跨行业、跨地域的信息技术框架。

(2) 一个支持集成化产品过程设计的设计模型和工作流控制系统,包括数据模型定义、过程模型定义、产品数据管理、动态资源管理、开发过程管理、必要的安全措施和分布系统的集中管理等。

(3) 供应链管理系统和企业资源管理系统。

(4) 各类设备、工艺过程和车间调度的敏捷化。

敏捷性的度量可以看成时间、成本、健壮性和自适应范围的综合度量。但在不同的行业或不同的企业,针对不同的产品和生产过程,具体的评价指标和内容可能都是不一样的。这其中有许多不确定和综合性的因素。敏捷意味着善于把握各种变化的挑战,敏捷赋予企业适时抓住各种机遇及不断通过技术创新来引领潮流的能力。企业在不同时刻对这两种能力的把握决定了它对市场和竞争环境变化的反应能力。

10.4.5 绿色制造

绿色制造是一个综合考虑环境影响和资源消耗的现代制造模式,其目标是使产品从设计、制造、包装、运输、使用到报废处理的整个生命周期中,对环境的负面影响极小,资源利用率极高,并使企业经济效益和社会效益协调优化。绿色制造涉及三个方面的问题:一是制造问题,包括产品生命周期全过程;二是环境保护问题;三是资源优化利用问题。绿色制造就是这三部分内容的交叉。

1) 绿色制造的体系结构

绿色制造的体系结构中包括两个层次的全过程控制,三项具体内容和两个实现目标。

两个层次的全过程控制,一是指具体的制造过程,即物料转化过程,它是充分利用资源,减少环境污染,实现具体绿色制造的过程;另一个是指在构思、设计、制造、装配、包装、运输、销售、售后服务及产品报废后回收整个产品周期中每个环节均充分考虑资源和环境问题,以实现最大限度地优化利用资源和减少环境污染的广义绿色制造过程。

三项内容是用制造系统工程的观点,综合分析产品生命周期,从产品材料的生产到产品报废回收处理的全过程的各个环节的环境及资源问题所涉及的主要内容。三项内容具体包括绿色资源、绿色生产和绿色产品。

三条途径有:①改变观念,树立良好的环保意识,并具体体现在行动上,可通过加强立法、宣传教育来实现;②针对具体产品的环境问题,采取技术措施,即采用绿色设计、绿色生产工艺、产品绿色程度的评价机制等,解决所出现的问题;③加强管理,利用市场机制和法律手段,促进绿色技术、绿色产品的发展和延伸,并加强舆论和市场对绿色产品的正面导向,提倡民众尽量购买通过绿色制造产出的绿色产品,促使企业对其产品绿色化,提升整个行业的绿色制造水平。两个目标:资源综合利用和环境保护。通过资源综合利用、短缺资源的代用,可再生资源的利用,二次能源的利用及节能降耗措施延缓资源的枯竭,实现持续利用;减少废料和污染物的生成和排放,提高工业产品在生产过程和消费过程中与环境的相容程度,降低整个生产活动给人类和环境带来的风险,最终实现经济效益和环境效益的最优化。

2) 绿色制造的相关技术

绿色制造主要涉及"五绿"技术(绿色设计、绿色材料选择、绿色制造工艺、绿色包装和绿色处理),其中绿色设计是关键。

(1) 绿色设计。这里的"设计"是广义的,它不仅包括产品设计,也包括产品的制造过程和制造环境的设计。绿色设计在很大程度上决定了材料、工艺、包装和产品生命周期终结后处理的绿色性。绿色设计是指在产品及其生命周期全过程的设计中,在充分考虑产品的功能、质量、开发周期和成本的同时,优化各有关设计因素,使得产品及其制造过程对环境的总体影响极小,资源利用率极高。绿色设计又称为面向环境的设计(Design For Environment,DFE),它强调开发绿色产品。

面向环境的产品设计包括的内容很广泛,产品材料选择和产品包装方案设计等环节本来也应包括在其中,但考虑这些环节对资源消耗和环境状况的影响甚大,因而把它们单独作为面向环境的设计问题的一个子项加以专门考虑。因此,此处的面向环境的产品设计重点考虑产品方案设计和产品结构设计中的环境影响问题。

①面向环境的产品设计,包括面向环境的产品方案设计和面向环境的产品结构设计。

②面向环境的产品材料选择,要考虑到产品材料及其在使用过程中对环境的污染,材料在制造加工过程中对环境的污染,所用材料使用报废后的回收处理和所用材料本身的生产过程对环境的污染。因此,面向环境的产品材料选择就是采用系统分析的方法从材料及其产品生命周期全过程对环境的多方面影响加以考虑,并综合考虑产品功能、质量和产品成本等多方面的因素,要在产品设计中尽可能选用对生态环境影响小的材料,即选用绿色材料。

③面向环境的制造环境设计或重组。面向环境的制造环境设计或重组是指应根据产品的制造加工要求,创造出一个清洁、低能耗、低噪声、高效率和优美协调的工作环境。这方面的工作既是一个技术问题,也是一个管理问题,应对两者进行统筹考虑和实施。

④面向环境的工艺设计。

⑤面向环境的产品包装方案设计。

⑥面向环境的产品回收处理方案设计,产品生命周期终结后,若不回收处理,将造成资源浪费并导致环境污染。通过各种回收策略,产品的生命周期形成一个闭合回路。寿命终了的产品最终通过回收进入下一个生命周期的循环中。

(2) 绿色制造工艺技术。绿色制造工艺技术是以传统的工艺技术为基础,并结合材料科学、表面技术和控制技术等新技术的先进制造工艺技术。其目标是对资源的合理利用,节约成本,降低对环境造成的污染。根据这个目标可将绿色制造工艺划分为三种类型:节约资源的工艺技术、节约能源的工艺技术和环保型工艺技术。

①节约资源工艺技术是指在生产过程中简化工艺系统组成,节约原材料消耗的工艺技术。它的实现可从设计和工艺两方面着手。在设计方面,通过减少零件数量、减轻零件质量、采用优化设计等方法使原材料的利用率达到最高;在工艺方面,可通过优化毛坯制造技术、优化下料技术、少无切削加工技术、干式加工技术、新型特种加工技术等方法

减少材料的消耗。

②节约能源的工艺技术是指在生产过程中,降低能量损耗的工艺技术。目前采用的方法主要有减磨、降耗或采用低能耗工艺等。

③环保型工艺技术是指通过一定的工艺技术,使生产过程中产生的废液、废渣、废气和噪声等对环境和操作者有影响或危害的物质尽可能减少或完全消除。目前最有效的方法是在工艺设计阶段全面考虑,积极预防污染的产生,同时增加末端治理技术。例如,采用干切削和干磨削技术能够节约资源,从改变刀具、机床的材料选择和结构改进入手,消除切削液的使用需求,降低能耗。就目前来看,其加工的范围还比较有限,有待进一步研究。

本章小结

1. RPM 技术改变了过去的"去除"加工方法,而采用全新的"增长"加工方法,用切片软件将立体模样切成一系列二维平面轮廓曲线,再用快速原型机自动形成每一截面,并将其逐一叠加成所设计的模样实体。与机械加工方法相比具有速度快、质量好、成本低、制造周期短的特点,在快速产品开发、医学及模具制造等领域得到广泛应用。

2. 高速加工技术是指采用超硬材料的刀具与磨具,利用能可靠地实现高速运动的自动化制造设备,以极高的切削速度来达到提高材料切除率,并保证加工精度和加工质量的现代制造加工技术。其关键技术有高速主轴、快速进给系统、高性能的 CNC 控制系统及超硬刀具等,在航空、汽车及模具制造业等领域应用较广。

3. 超精密加工技术是指在一定的发展时期中,加工精度和加工表面质量达到最高水平的各种加工方法的总称。超精密加工工艺方法主要有超精密切削加工和超精密磨削加工,前者适合于加工铜、铝等非铁金属及其合金,后者适合于加工黑色金属、硬脆材料等。实现超精密加工,需要超精密机床和刀具,还需要超稳定的环境、实时检测反馈系统等。

4. 制造生产模式是制造业为了提高产品质量、市场竞争力、生产规模和生产速度,以完成特定的生产任务而采取的一种有效的生产方式和一定的生产组织形式。常用先进生产模式有并行工程、精益生产、虚拟制造、敏捷制造和绿色制造等。

习题十

10-1 分析 RPM 工作原理和工作流程,列举典型的 RPM 工艺方法。

10-2 如何利用 RPM 技术进行模具制造?试列举几种直接制模和间接制模工艺。

10-3 在怎样的速度范围下进行加工属于高速加工?高速加工有哪些特征?

10-4 分析高速切削加工所需解决的关键技术。

10-5 就目前技术条件下,一般加工、精密加工和超精密加工是如何划分的?

10-6 描述金刚石刀具的性能特征,为什么当今超精密切削加工一般采用金刚石刀具?

10-7 超精密磨削一般采用什么类型的砂轮?这些砂轮有哪些修整方法?

10-8 如何消除超精密加工过程中的振动干扰?

10-9 并行工程的核心问题是什么？如何实施？

10-10 与实际制造相比，虚拟制造有何特点？

10-11 敏捷制造有何特点？

10-12 精益生产的核心思想是什么？

10-13 绿色制造的基本内涵是什么？

实验与实训

查阅有关文献资料，撰写一篇4 000字左右的有关机械制造最新进展的论文。要求参考文献数不少于10篇。

参 考 文 献

[1] 周正元. 机械制造基础. 成都:电子科技大学出版社,2008
[2] 苏建修. 机械制造基础. 北京:机械工业出版社,2008
[3] 宋昭祥. 机械制造基础. 北京:机械工业出版社,2000
[4] 关跃奇. 机械制造基础. 北京:电子工业出版社,2014
[5] 刘会霞. 金属工艺学. 北京:机械工业出版社,2001
[6] 王雅然. 金属工艺学. 2版. 北京:机械工业出版社,2005
[7] 孙自力,姜晶. 机械制造技术. 大连:大连理工大学出版社,2005
[8] 梁耀能. 工程材料及加工工程. 北京:机械工业出版社,2001
[9] 杨瑞成,等. 工程材料. 北京:科学出版社,2012
[10] 林江. 工程材料及机械制造基础. 北京:机械工业出版社,2013
[11] 宋杰,李蕾. 工程材料及成形工艺. 大连:大连理工大学出版社,2004
[12] 李爱菊,等. 工程材料成形与机械制造基础. 北京:机械工业出版社,2012
[13] 高波. 机械制造基础. 大连:大连理工大学出版社,2006
[14] 屈波. 互换性与技术测量. 北京:机械工业出版社,2014
[15] 汪恺. 形状和位置公差. 北京:中国计划出版社,2004
[16] 梁子午. 检测工实用技术手册. 南京:江苏科学技术出版社,2004
[17] 崔兆华. 数控加工工艺. 济南:山东科学技术出版社,2006
[18] 王茂元. 金属切削加工方法与设备. 北京:高等教育出版社,2003
[19] 肖继德,等. 机床夹具设计. 2版. 北京:机械工业出版社,1999
[20] 薛源顺. 机床夹具设计. 北京:机械工业出版社,2001
[21] 张权民. 机床夹具设计. 北京:科学出版社,2006
[22] 倪森寿. 机械制造工艺与装备. 3版. 北京:化学工业出版社,2005
[23] 王小彬. 机械制造技术. 北京:电子工业出版社,2003
[24] 陈海魁. 机械制造工艺基础. 北京:中国劳动社会保障出版社,2001
[25] 尹玉珍. 机械制造技术常识. 北京:电子工业出版社,2005
[26] 隋明阳. 机械设计基础. 北京:机械工业出版社,2008
[27] 陈宏钧. 实用机械加工工艺手册. 3版. 北京:机械工业出版社,2009
[28] 成大先. 机械设计手册. 北京:化学工业出版社,2009
[29] 王隆太. 先进制造技术. 北京:机械工业出版社,2003
[30] 孙燕华. 先进制造技术. 西安:西安电子科技大学出版社,2006